I0074189

DIE THEORIE MODERNER HOCHSPANNUNGS-ANLAGEN

VON

DR.-ING. **A. BUCH**

MIT 152 ABBILDUNGEN IM TEXT

ZWEITE AUFLAGE

MÜNCHEN UND BERLIN 1922
DRUCK UND VERLAG VON R. OLDENBOURG

Alle Rechte, einschließlich des Übersetzungsrechtes, vorbehalten
Copyright 1922 by R. Oldenbourg, München

Vorwort zur ersten Auflage.

Die Starkstromtechnik bezeichnet mit »Hochspannungsanlagen« diejenigen Anlagen, in welchen die effektive Gebrauchsspannung zwischen irgendeinem stromführenden Teil und der Erde die vom Verbande Deutscher Elektrotechniker normierte untere Grenze von 250 Volt (bei Bahnen 500 Volt) überschreitet. Eine obere Grenze ist nicht gezogen, vielmehr ist es der Praxis überlassen, die immer höher gesteckten Spannungsgrenzen als verwendbar zu erweisen. Zurzeit dürfte in Deutschland die Kraftübertragungsanlage Lauchhammer-Riesa in Sachsen mit 110000 Volt Betriebsspannung zwischen den Leitungen des dort benutzten Drehstromsystems den Rekord darstellen. An und für sich spricht kein Gesichtspunkt dagegen, noch weit höhere Spannungen dem praktischen Bedürfnis dienstbar zu machen, die einzige Schwierigkeit beruht lediglich in der hinreichenden Isolierung.

Jedes Isoliermaterial besitzt nur bis zu einem gewissen Grade die Fähigkeit, die Ableitung des elektrischen Stromes von einem Leiter zum anderen oder zur Erde zu verhindern; denn es gibt in der Natur keine vollkommenen »Nichtleiter«. Aber hier allein liegt nicht die Schwierigkeit, brauchbare Anlagen für sehr viel höhere Spannungen als die obengenannte herzustellen, denn schließlich bleibt es doch immer nur eine Frage der Wirtschaftlichkeit, zu entscheiden, wie hohe Verluste, die infolge des endlichen Isolationswertes jeder Anlage eintreten müssen, man in jedem Falle in Kauf nehmen will. Mit der zunehmenden Betriebsspannung haben sich vielmehr andere Schwierigkeiten ergeben, die in der begrenzten »elektrischen Festigkeit« der Isolierstoffe wurzeln. Solange man mit verhältnismäßig niedrigen Spannungen arbeitete, lag zur Nachrechnung der elektrischen Festigkeit kein Anlaß vor, weil schon die mechanische Festigkeit der isolierenden Konstruktionsteile solche Abmessungen bedingte, daß man von der Durchschlagsgrenze noch weit entfernt blieb. Erst als man bei höheren Spannungen in dieser Beziehung unliebsame Überraschungen in Gestalt von Durchschlägen, Überschlägen und dadurch hervorgerufenen partiellen Zerstörungen erlebte, begann man, einer theoretischen Untersuchung in bezug auf elektrische Festigkeit nachzugehen. Heute kann man wohl sagen, daß die Kenntnis der elektrischen Festigkeitslehre erst die Grundlage für den richtigen Entwurf von Anlagen hoher Spannungen bildet.

Ich habe deshalb in meinem Buch über »Die Theorie moderner Hochspannungsanlagen« diese Lehre vorangestellt und ihr einen verhältnismäßig breiten Raum gewidmet, da sie das Fundament für den Aufbau der gesamten Hochspannungstheorie bildet. Mit Rücksicht darauf, daß sich die Literatur mit Festigkeitsrechnungen bisher nur wenig beschäftigt hat, habe ich eine systematische Ableitung unter Beifügung aller Rechnungsvorgänge für zweckdienlich gehalten. Die Wiedergabe fertiger Formeln oder Endresultate dürfte meines Erachtens ein gründliches Verständnis für diesen schwierigen Zweig der elektrischen Fachwissenschaft und eine richtige Erkenntnis der obwaltenden Verhältnisse nicht in dem Grade fördern können, der erforderlich ist, um ähnliche Rechnungen selbständig durchzuführen.

Hat man mit Hilfe der Festigkeitslehre die Isolierungsfrage gelöst, so kann man zur Ermittelung der übrigen Konstruktionsdaten schreiten. Es schlossen sich deshalb zwanglos an den Abschnitt über Festigkeitslehre die für die Berechnung von Hochspannungsleitungen maßgebenden Faktoren. Bei der Querschnittsermittelung üben »Selbstinduktion« und »Kapazität« einen mitbestimmenden Einfluß aus, wenn man bei gegebener Leitungsanordnung eine vorausbestimmte Endspannung erreichen will.

Auch hier hielt ich eine eingehende analytische Behandlung unter Durchführung aller in Frage kommenden Rechnungsvorgänge für zweckdienlich.

In der systematischen Ableitung von Gesetzen und Formeln erblicke ich den einfachsten Weg, um zum vollen Verständnis zu gelangen. Zu jeder exakt-wissenschaftlichen Untersuchung gehört ein gut Teil Mathematik. Deshalb war auch hier die Anwendung ausführlicher und an und für sich vielleicht ermüdender Rechnungen unvermeidlich.

Wie schon eingangs erwähnt, lassen sich infolge des endlichen Isolationswertes aller Isoliermaterialien zusätzliche Verluste nicht vermeiden, deren annähernd richtige Vorausbestimmung mir wichtig erscheint. Da unter den Begriff »zusätzliche Verluste« sowohl die Ableitungs- als auch die dielektrischen Verluste fallen, so habe ich es vorgezogen, die Veranlassung und Vorausbestimmung dieser Verluste dort zu besprechen, wo die Gebiete ihres hauptsächlichsten Auftretens behandelt werden. Es sind dies die Abschnitte über »Koronastrahlung«, »Isolatoren usw.« und »Hochspannungskabel«, wobei ich Veranlassung nahm, auf wertvolle Versuchs- und Rechnungsergebnisse anderer Fachmänner zurückzugreifen, um namentlich dem projektierenden Ingenieur einen vollständigen Überblick über alle Rechnungsvorgänge zu ermöglichen und zu erleichtern.

War der Weg für die Berechnung und den Entwurf hiermit gewiesen, so galt es jetzt, einzelne Betriebserscheinungen zu besprechen, deren Kenntnis für die einwandfreie Projektierung unerläßlich ist. Es sind dies die Erscheinungen von »Überspannungen« und die veranlassenden Ursachen derselben. Bei der ausführlichen Behandlung dieses Themas bin ich den neuesten Synthesen gefolgt, welche Herr Professor Dr.-Ing. Petersen in seinem vorzüglichen Werk »Hochspannungstechnik« und in seinen Aufsätzen »Überspannungen und Überspannungsschutz« (Elektrotechnische Zeitschrift 1913) über die Theorie von Wellen mit steiler Stirn, namentlich über die sog. »Wanderwellen« aufgestellt hat. Ich hoffe, durch die von mir gegebenen ausführlichen Rechnungen zur Verbreitung der Petersschen Theorien das meinige beigetragen zu haben.

Sind die Ursachen der Überspannung erkannt, so lassen sich auch die von mir im vorletzten Abschnitt besprochenen »Überspannungsschutzvorrichtungen« in bezug auf ihre Wirkung rechnerisch ermitteln und anwenden. An dieser Stelle konnte ich der Mathematik am wenigsten entraten, doch war ich bemüht, durch Einfügung zahlreicher der Praxis entlehnter Beispiele dem abstrakten Stoff anregende Seiten abzugewinnen.

Im letzten Abschnitt glaubte ich — lediglich der Vollständigkeit halber — den meist im Gefolge der Überspannungen auftretenden »Überströmen« insofern eine, wenn auch kurze Würdigung angedeihen lassen zu müssen, als ich die zweckentsprechenden Schutzmittel hiergegen einer Besprechung unterworfen habe.

Die vielen rein mathematischen Untersuchungen sind manchmal gegen meine anfängliche Absicht unerwünscht breit geworden; die Notwendigkeit ihrer Durchführung ergab sich indes im Lauf der Bearbeitung von selbst durch den behandelten Stoff und durch das Bestreben, das Verständnis für den Leser zu erleichtern. Bei der rein mathematischen Lösung der vielen Probleme unterstützte mich Herr Dr. phil. Johannes Meyer in liebenswürdigster Weise, und benutze ich gern die Gelegenheit, ihm an dieser Stelle hierfür meinen Dank auszusprechen.

Hamburg, im Herbst 1913.

A. BUCH.

Vorwort zur zweiten Auflage.

Die Reihenfolge des behandelten Stoffes wurde im allgemeinen beibehalten. Bei einigen wichtigen Kapiteln sind Umarbeitungen und Erweiterungen vorgenommen, um den Erfahrungen der letzten Jahre Rechnung zu tragen.

In dem Abschnitt »Elektrische Festigkeitslehre« wurden neu bearbeitet und erheblich erweitert die Kapitel: Randwirkungen und Durchführungen. Der Abschnitt »Koronastrahlung und zusätzliche Verluste in Freileitungen durch Glimmentladungen« erfuhr eine gänzliche Neubearbeitung. Ebenfalls wurde der Abschnitt »Isolatoren« neu bearbeitet und hierbei besonders die für moderne Höchstspannungsanlagen wichtigen Hänge-Isolatoren rechnerisch erfaßt. Der Abschnitt »Hochspannungskabel« erfuhr in seinem zweiten Teil, welcher Drehstromkabel betrifft, eine erhebliche Änderung und Erweiterung. In dem Abschnitt »Überspannungsschutz-Einrichtungen« ist ein neues Kapitel über eisenhaltige Spulen eingefügt (Transformatoren und Maschinen), um sie der Behandlung von Überspannungsproblemen in die früher gegebenen Berechnungen der Schutzmittel rechnerisch einbeziehen zu können. Das Kapitel »Nullpunktserdung« wurde den neueren Theorien von Petersen folgend vollständig umgearbeitet. Ebenso erfuhr der Abschnitt »Schutzeinrichtungen gegen Überströme« eine Umgestaltung, besonders wurde der Teil über automatisch wirkende Ölschalter den letzten Neuerungen angepaßt.

Bei der Bearbeitung dieser zum Teil recht erheblichen Änderungen unterstützte mich durch praktische Ratschläge und Kontrollrechnungen Herr Oberingenieur H. Flögel aus Ahrensburg. Ich sage ihm an dieser Stelle für seine Mitarbeit meinen wärmsten Dank.

Hamburg, Dezember 1921.

A. BUCH.

Inhalts-Verzeichnis.

Berichtigung: S. 27 in Fig. 6 rechnet Strecke x nur bis zur A- (nicht O_2-) Achse.

1. Elektrische Festigkeitslehre.

Die in der Hochspannungstechnik gebräuchlichen Isoliermaterialien besitzen eine gewisse Festigkeit, mit welcher sie elektrischen Entladungen durch das isolierende Mittel hindurch widerstehen. Wird die Festigkeitsgrenze überschritten, so erfolgt der elektrische Durchschlag. Man spricht deshalb kurz von der »Durchschlagsfestigkeit« eines Materials und drückt dieselbe durch den Quotienten $\frac{\text{Volt}}{\text{cm}}$ aus, d. h. man gibt durch einen Spannungsgradienten an, welche Spannung pro cm Dicke auf die Begrenzungsflächen einer isolierenden Schicht wirken darf, ehe eine Entladung durch die Schicht eintritt.

Diese Entladung äußert sich nicht immer sofort in einem kurzschlußartigen Durchschlag durch das Material hindurch, sondern es gehen dem völligen Durchschlag meist schon unvollkommene Elektrizitätsausgleiche voraus, welche als Dunkelentladungen unter Knistern einsetzen; diesen folgen Glimmentladungen.

Will man mit Sicherheit die Grenze vermeiden, bei welcher Glimmlichtentladung oder gar Durchschlag eintritt, so muß man die zu erwartende elektrische Beanspruchung kennen, welcher ein Isoliermittel im gegebenen Falle ausgesetzt sein wird. Die erste Aufgabe der Festigkeitslehre ist es deshalb, die voraussichtliche Beanspruchung, die man ebenfalls als Spannungsgradient, d. h. $\frac{\text{Spannung}}{\text{Weg}}$ aussdrückt, zu ermitteln und zweitens die Stellen an einer elektrischen Anordnung anzugeben, wo die höchsten Beanspruchungen auftreten.

Zur Lösung dieser Aufgaben bedienen wir uns der Gesetze der Elektrostatik und erweitern die gefundenen Ergebnisse später auch auf kinetische Zustände.

A. Das elektrische Feld.

Nach dem Coulombschen Gesetz üben zwei elektrische Massen m und m', welche um die Strecke r voneinander entfernt sind, eine Kraft aufeinander aus

$$F = c \frac{m \cdot m'}{r^2} \text{ Dyn.}$$

Hierbei stoßen sich gleichnamige Elektrizitäten gegenseitig ab, während ungleichnamige einander anziehen. Der Faktor c ist von der Beschaffenheit des Stoffes abhängig, durch welchen hindurch die elektrischen Massen aufeinander einwirken. Handelt es sich um die Luft als umgebendes isolierendes Medium, so wird der Proportionalitätsfaktor $c = 1$.

Setzt man $r = 1$ und $F = 1$ Dyn (ungefähr $= 1$ Milligramm), so erhält man unter der Bedingung, daß $m = m'$ ist, die elektrostatische Einheit der Elektrizitätsmenge.

Die Wirkung einer Elektrizätsmenge erstreckt sich über den ganzen umgebenden Raum; man nennt diesen Raum das »elektrische Feld«.

Die Wirkung im Felde ist an jeder Stelle eine sowohl der Kraftrichtung als auch der Kraftstärke nach ganz bestimmte. Die Stärke des Feldes mißt man an jeder Stelle durch die Kraft, welche eine das elektrische Feld erzeugende Masse m auf eine an der betrachteten Stelle befindliche Einheitsmasse der Elektrizität ausübt. Bezeichnet man die Stärke der Kraft, welche an einer Stelle im Felde auf die Einheitsmasse ausgeübt wird, kurz mit »Feldstärke« und nennt sie $\mathfrak{H}$, so ist

$$\mathfrak{H} = \frac{m \cdot 1}{r^2} = \frac{m}{r^2} \quad \ldots \ldots \ldots \ldots \quad 1)$$

Die elektrische Feldstärke 1 wird also von der Elektrizitätsmasse 1 in der Entfernung 1 erzeugt. Befindet sich an der betrachteten Stelle des Feldes die Masse m', so ist die Kraft, welche dort wirkt

$$F = \frac{m\, m'}{r^2} = \mathfrak{H}\, m' \quad \ldots \ldots \ldots \ldots \quad 2)$$

Die Richtung, in welcher die Kraft F an einer Stelle des Feldes auf eine elektrische Masse m' wirkt, wird durch die Bahn bestimmt, die eine frei bewegliche punktförmige Masse einschlagen würde, wenn sie an die Stelle von m' gesetzt würde. Man nennt diese Bahn eine »Kraftlinie«. Da man sich für jeden Ort im Felde eine solche Kraftlinie konstruieren kann, so ist das elektrische Feld der Inbegriff aller Kraftlinien.

Die Dichte der Kraftlinien gibt ein Mittel an die Hand, um die Feldstärke eines Ortes im elektrischen Felde zu bezeichnen. Man teilt der Flächeneinheit auf einer Kugeloberfläche, welche mit dem Radius 1 um die punktförmige Elektrizitätsmasse 1 beschrieben ist, die Kraftlinienzahl 1 zu. Da die Oberfläche einer solchen Kugel 4π ist, so gehen demnach von der im Mittelpunkt gedachten Einheitsmasse der Elektrizität 4π Kraftlinien aus. Befindet sich im Mittelpunkte die Elektrizitätsmenge m, so gehen von dieser demnach $4\pi m$ Kraftlinien aus, und die Flächeneinheit einer Kugeloberfläche vom Radius r wird von $\frac{4\pi m}{4\pi r^2} = \frac{m}{r^2}$ Kraftlinien getroffen. Wie aus Gleichung 1) hervorgeht, ist also die Feldstärke $\mathfrak{H}$ mit der Kraftliniendichte identisch.

Der gesamte von der Elektrizitätsmenge m ausgehende Kraftlinienfluß ist nach obigem

$$N = 4\pi m \quad \ldots\ldots\ldots\ldots \quad 3)$$

Divergieren die Kraftlinien, so nimmt die Feldstärke in Richtung der Divergenz ab, laufen sie parallel, so ist das Feld homogen und die Feldstärke konstant.

B. Das elektrische Potential.[1])

Unter dem Potential der elektrischen Masse m in bezug auf einen Punkt in der Entfernung r versteht man die skalare Größe $\frac{m}{r}$. Die physikalische Bedeutung des Potentials ist ein Arbeitswert. Bewegt sich die freibewegliche Elektrizitätsmenge 1 unter der Kraftwirkung, welche die Elektrizitätsmasse m ausübt, auf der Bahn einer Kraftlinie, so nimmt zwar die Kraft F, mit welcher m auf die Masse 1 wirkt, mit dem Quadrate der Entfernung ab, doch kann man für eine unendlich kleine Strecke dr annehmen, daß die Kraft konstant bleibt. Die auf der Wegstrecke dr geleistete Arbeit ist demnach

$$dA = F\,dr = \frac{m}{r^2}\,dr.$$

Läßt man die Strecke dr von der Entfernung r aus bis in das Unendliche wachsen, so wird die gesamte Arbeit

$$A = \int_r^\infty \frac{m}{r^2}\,dr = -\left[\frac{m}{r}\right]_{r=r}^{r=\infty} = \frac{m}{r}.$$

Das Potential

$$V = \frac{m}{r} \quad \ldots\ldots\ldots\ldots \quad 4)$$

ist also die Arbeit, welche aufzuwenden ist, um die Einheitsmasse der Elektrizität in dem von der Elektrizitätsmasse m ausgehenden Kraftfelde vom Unendlichen auf die Entfernung r heranzuführen. Auf die

[1]) Näheres über den Begriff des Potentials siehe: Emile **Mathieu**, Theorie des Potentials. 1890.

Wegrichtung kommt es hierbei nicht an, da die geleistete Arbeit vom Wege unabhängig ist.

Würde man statt der elektrischen Masseneinheit die Elektrizitätsmenge m' aus dem Unendlichen bis auf die Entfernung r heranführen, so wäre die geleistete Arbeit $\frac{m \cdot m'}{r}$ oder mit anderen Worten: Die potentielle Energie zwischen den Massen m und m' beträgt

$$V \cdot m'.$$

Die Potentiale mehrerer an verschiedenen Stellen gedachten Massen in bezug auf einen Punkt kann man zur Bildung des Gesamtpotentials einfach addieren, da den Potentialen keine Richtung beizumessen ist. Das Gesamtpotential ist daher

$$V = \frac{m}{r} + \frac{m'}{r_1} + \frac{m''}{r_2} + \dots$$

Die Kraft, welche die Masse m in einem Punkte des von m ausgehenden Kraftfeldes auf die Elektrizitätsmasse 1 ausübt, nämlich $F = \frac{m}{r^2}$, steht in einem bestimmten Verhältnis zum Potential $V = \frac{m}{r}$. Differenziert man nämlich das Potential V nach r, so erhält man

$$\frac{dV}{dr} = \frac{d\left(\frac{m}{r}\right)}{dr} = -\frac{m}{r^2} = -F$$

oder

$$F = -\frac{dV}{dr} \qquad \dots\dots\dots\dots \quad 6)$$

Die von der Masse m in der Entfernung r auf die Einheit der Elektrizitätsmasse ausgeübte Kraft ist also gleich dem negativen Differentialquotienten des Potentials. Da die Kraft gleich der Feldstärke ist, so gibt uns dieser Zusammenhang ein Mittel an Hand, um aus dem für eine bestimmte Entfernung bestehenden Potential die Feldstärke an dem in Betracht kommenden Orte des Kraftfeldes zu bestimmen.

Flächen, welche Orte mit demselben Potentialwert miteinander verbinden, nennt man Äquipotential- oder Niveauflächen. Die Niveauflächen einer punktförmigen Masse müssen daher konzentrische Kugelflächen sein. Da die Kraftlinien, welche von einer punktförmigen Masse ausgehen, radial verlaufen, so stehen die Kraftlinien auf den Niveauflächen senkrecht. Hieraus ergibt sich, daß die Feldstärke nach der Anzahl von Kraftlinien bewertet werden kann, welche die Flächeneinheit einer Niveaufläche senkrecht treffen.

In den beiden vorbehandelten Kapiteln A und B ist von den grundlegenden Zuständen der Elektrizität die Rede. Es dürfte daher angebracht sein, noch einige Worte, unter Berücksichtigung der neuesten

Untersuchungen auf diesem Gebiet, über das Wesen der Elektrizität hinzuzufügen, da dieses zum besseren Verständnis der Materie beitragen wird. Nachdem man in den ersten Jahrzehnten nach der Entdeckung der Elektrizität glaubte, es hier mit einem sehr leicht beweglichen Fluidum zu tun zu haben, drängte sich später immer weiter die Theorie in den Vordergrund, daß die Elektrizität eine Schwingungsform des hypothetischen Äthers sei; sehr viele experimentelle Untersuchungen schienen diese Annahme zu bestätigen. Erst die Arbeiten der letzten Jahrzehnte, die vielfach auf ganz anderen Gebieten, wie dem der Radioaktivität, der kinetischen Gastheorie, des Atomaufbaues usw. geführt wurden, brachten auch andere Ansichten über das Wesen der Elektrizität zustande. Man ist heute wieder auf den ursprünglichen Standpunkt gelangt, welcher in der Elektrizität eine nachweisbare Masse sieht, allerdings unter ganz anderen Voraussetzungen als damals. Wenn man von einer Masse spricht, so vermutet man auch die einer solchen eigentümlichen Eigenschaften, vor allem »Trägheit«. In der Tat lassen sich diese auch für die elektrischen Vorgänge nachweisen. So, wie aus der Chemie bekannt, sich alle Stoffe in kleinste Teile zerlegen lassen, die sog. Atome, welche nicht weiter teilbar sind, läßt sich auch sinngemäß eine elektrische Masse in kleinste nicht weiter teilbare Einheiten zerteilen. Ein einzelnes solches Teilchen nennt man ein »Elektron«. Die elektrische Ladung dieses Elementarquantums ist nach vielen Messungen zu $1{,}58 \cdot 10^{-19}$ Coulomb festgestellt. Die Größe eines solchen Teilchens steht erheblich hinter derjenigen der Atome zurück, so beträgt die Masse z. B. nur den 1800. Teil des Wasserstoffatoms ca. 10^{-27} g. Diese sog. Elektronen sind negative Ladungen, welche im normalen Fall Atomkerne umkreisen und beweglich sind. Die Atomkerne dagegen sind positiv, und ist die Größe ihrer Ladungen bestimmend für die Eigenschaften des betreffenden Elementes. Ebenso sind die Größenverhältnisse der Atome ein Vielfaches derjenigen der Elektronen. Der Radius des Elektrons beträgt nach den neuesten Messungen ca. 10^{-13} cm, während das Atom einen Radius besitzt, der bis 100000mal größer ist. Um diese Größenverhältnisse etwas anschaulicher zu gestalten, mag folgender Vergleich dienen. Man denke sich das kleinste uns bekannte Atom, nämlich das Wasserstoffatom, so vergrößert, daß es den Durchmesser der Erde annimmt (ca. 12700 km), so hat bei dieser Vergrößerung ein Elektron einen Durchmesser von ca. 180 m. Es leuchtet also ohne weiteres ein, daß viele Elektronen zwischen den Atomen Platz haben. Es wird auch klar, daß ein Fließen der Elektronen, z. B. in einem Draht, stattfinden kann. Die Geschwindigkeit, mit der diese Bewegung vor sich geht, kann von verhältnismäßig kleinen bis zu solchen nahe der Lichtgeschwindigkeit sein. Die Übertragung von Impulsen scheint annähernd mit der bekannten Lichtgeschwindigkeit, 300000 km pro Sekunde, zu erfolgen. Eine besondere Eigenschaft muß von den Elektronen noch erwähnt werden, nämlich daß ihre Masse von der Größe ihrer Bewegung abhängig ist, und zwar wird mit größer werdender Geschwindigkeit ihre Masse größer. Hieraus ist zu schließen, daß ein Elektron nur eine scheinbare und keine wirkliche Masse besitzt. Während die negative Elektrizität nun frei vorkommen kann, ohne an Materie gebunden zu sein, ist dies bei der positiven Elektrizität nicht der Fall, diese ist stets an die Atome der Materie gebunden. Diese positiven Ladungen sind nun ebenfalls bedeutend kleiner als das betreffende behaftete Atom. Es verhält sich maßstäblich ein Atom zu dem Atomkern wie die Erde zu einer Kugel von 18 cm Durchmesser. Trotzdem ist die positive Ladung eines Kernes bestimmend für die Masse des Atoms und damit auch für seine stofflichen Eigenschaften. Auch diese Masse ist nur scheinbar. Es ließen sich nun noch weitere Ergebnisse der neueren Forschung hier zitieren, jedoch würde dieses den Rahmen des Buches überschreiten. Es dürfte auch der vorstehende Abriß einen ungefähren Überblick vermitteln.

C. Verteilung der Elektrizität auf körperlichen Leitern und Potential einfacher Rotationskörper.

Bisher haben wir die Wirkungen von elektrischen Massen betrachtet, welche in einem Punkte konzentriert angenommen wurden.

Bringt man auf einen isolierten Leiter eine Elektrizitätsmenge, oder mit anderen Worten, ladet man einen Leiter, so wird sich die Elektrizität nach beendigter Ladung derartig auf dem Leiter verteilen, daß auf keinen Punkt im Innern des Leiters eine Kraft ausgeübt wird; denn würde an irgendeinem Punkte eine Kraftwirkung auftreten, so würde an diesem Punkte eine Bewegung der Elektrizität so lange stattfinden, bis das Gleichgewicht hergestellt wäre. Da die Kraft nach Gl. 6) gleich dem negativen Differentialquotienten des Potentials ist, so muß das Potential eines Leiters an allen Stellen konstant sein; denn nur der Differentialquotient einer konstanten Größe ist nach allen Richtungen hin gleich Null. Wenn aber das Potential eines Leiters konstant ist, so heißt das nichts anderes, als daß die Oberfläche jedes Leiters eine Niveaufläche ist.

Die gesamte Ladung sitzt auf der Oberfläche des Leiters. Würden sich im Innern des Leiters elektrische Massen befinden, so müßten zwischen diesen und der Oberflächenschicht Kräfte wirken. Da nach obigem im Innern keine Kräfte auftreten können, so sind auch Kraftlinien im Innern ausgeschlossen. Alle Kraftlinien gehen also von der auf der Oberfläche sitzenden Ladung aus und verbreiten sich nach außen. Das Ende der Kraftlinien muß nach denselben Schlüssen auf der freien Oberflächenladung eines anderen Leiters liegen.

Betrachten wir eine mit der Elektrizitätsmenge Q geladene leitende Kugel vom Radius r, so muß die Dichte der auf der Oberfläche sitzenden Ladung aus Symmetriegründen überall gleich sein. Bezeichnet man die Ladung pro Flächeneinheit mit σ, so ist das Potential einer solchen Einheitsflächenladung in der Entfernung r gleich $\frac{\sigma}{r}$. Da die Potentiale aller Flächeneinheiten bzw. deren Ladungen gleich sein müssen, so ergibt sich das Gesamtpotential der Kugel durch Addition der einzelnen Potentiale

$$V = \frac{Q}{r} \qquad \text{7)}$$

Sämtliche Niveauflächen zur Kugel sind konzentrische Kugelflächen. Denkt man sich den Radius der Kugel immer kleiner werdend, so übt dies auf die Gestaltung der einzelnen konzentrischen Niveauflächen keinen Einfluß aus. Wird r schließlich gleich Null, so konzentriert sich die gesamte Ladung Q auf den Mittelpunkt, und das Potential der Kugelladung an einem beliebigen Punkte einer Niveaufläche wäre dann

$$V = \frac{Q}{a} \qquad \text{8)}$$

wenn a der Abstand des Punktes vom Kugelmittelpunkt ist.

Die Kraft, welche die Kugelladung auf eine Einheitsmasse der Elektrizität in der Entfernung a ausübt, ist dann

$$F = -\frac{dV}{da} = \frac{Q}{a^2} \qquad \text{9)}$$

In gleicher Weise läßt sich ein Zylinder untersuchen. Betrachtet man einen lang gestreckten Zylinder von der Länge l und dem Radius r, bei welchem man den Einfluß der Endflächen vernachlässigen kann, so kann man annehmen, daß sich die Ladung Q auf dem Mantel gleichmäßig verteilt.

Sei die Ladung pro Einheitsfläche des Mantels σ, so ist

$$Q = 2\pi r l \sigma.$$

Schrumpft der Zylinder zu einer Linie zusammen, so konzentriert sich die Gesamtladung auf diese Linie.

Die Ladung pro Längeneinheit der Linie ist dann

$$\frac{Q}{l} = 2\pi r \sigma.$$

Ein unendlich kleines Stück der Linie von der Länge dl hat dann die Ladung

$$\frac{Q}{l} dl = 2\pi r \sigma dl.$$

Denkt man sich nun im Punkte P der ursprünglichen Zylinderoberfläche, also einer Niveaufläche mit dem Radius r, die Einheit der

Elektrizität, so ist die Kraft, welche von der Ladung des Linienelements auf die Ladung 1 im Punkte P ausgeübt wird,

$$\frac{2\pi r \sigma d l}{x^2},$$

wenn x die Entfernung zwischen P und dem Linienelement bedeutet.

Die zur Zylinderachse senkrechte Komponente dieser Kraft ist (s. Fig. 5)

$$\frac{2\pi r \sigma d l}{x^2}\cos\alpha$$

und die Summe aller senkrechten Komponenten

$$F = 2\int_0^l \frac{2\pi r \sigma d l}{x^2}\cos\alpha .$$

Setzt man $x = \frac{r}{\cos\alpha}$, so wird

$$F = 2\int \frac{2\pi\sigma d l \cos^3\alpha}{r}.$$

Es ist ferner $l = r\,\mathrm{tg}\,\alpha$ und hieraus $dl = r\frac{d\alpha}{\cos^2\alpha}$.

Mithin

$$F = 2\int_0^{90} 2\pi\sigma\cos\alpha\, d\alpha = 4\pi\sigma\,[\sin\alpha]_0^{90}$$

$$F = 4\pi\sigma.$$

Da nach obigem

$$2\pi\sigma = \frac{Q}{l r}$$

so ist

$$F = \frac{2Q}{l r}.$$

Diese Kraft, welche von der Zylinderladung auf die Einheitsmasse der Elektrizität in der Entfernung r ausgeübt wird, ist gleich dem negativen Differentialquotienten des Potentials. Daher

$$V = -\int F\,dr$$

$$V = -\int\frac{2Q}{l r}dr$$

$$V = -\frac{2Q}{l}\int\frac{dr}{r} = -\frac{2Q}{l}\ln r + \text{Const.}$$

Die Konstante wird Null, weil für $r = \infty$ das Potential Null werden muß.

Der absolute Wert des Selbstpotentials eines langgestreckten Zylinders von der Länge l und dem Radius r ist also im elektrostatischen Maßsystem

$$V = \frac{2Q}{l} \ln r.$$

In den vorstehenden Ausführungen ist Näheres über die Verteilung der Elektrizität auf körperlichen Leitern gesagt worden. Bei dieser Gelegenheit muß noch auf eine hiermit in unmittelbarem Zusammenhang stehende Wirkung aufmerksam gemacht werden, auf die sog. Schirmwirkung. Wie erwähnt, ist jeder elektrisch geladene Körper mit Niveauflächen umgeben, die der Form seiner Oberfläche angepaßt sind. Bringt man jetzt in die Nähe dieses Körpers, es sei z. B. eine Kugel angenommen, einen anderen Körper, z. B. eine Platte mit einem anderen Potential, so bildet sich zwischen Platte und Kugel ein kombiniertes elektrostatisches Feld aus, wo die Niveaulinien wieder die Punkte gleichen Potentials verbinden. Wenn vor dem Heranbringen der Platte an dieser Stelle das elektrostatische Feld der Kugel vorhanden war, so ist dies nach Anwesenheit derselben nicht mehr der Fall. Die Platte wirkt hier gewissermaßen als Schirm, der Raum hinter der Platte ist in bezug auf die Kugel völlig neutral und mit keinen Niveauflächen erfüllt. Dieselbe Wirkung wie die Platte bringt auch ein engmaschiges Drahtnetz hervor. Die hier erwähnten Vorgänge spielen bei dem Entwurf von elektrostatischen Feldern eine große Rolle, worauf später noch eingehender zurückgekommen wird. Derartige Störungen in der Ausbildung des elektrostatischen Feldes kommen in der Praxis ungemein häufig vor. Erwähnt mag noch werden, daß man sich diese Erscheinung auch vielfach zunutze macht, z. B. bei elektrometrischen Messungen, wo man das Meßinstrument zum Schutze gegen äußere Einflüsse mit einem geerdeten Blech- oder Drahtnetzmantel umgibt.

D. Kapazität eines einzelnen Leiters und Begriff des Kondensators.

Das Potential eines isolierten Leiters ist proportional der aufgeladenen Elektrizitätsmenge. Bezeichnet man das Potential mit V und die auf dem Leiter befindliche Elektrizitätsmenge mit Q, so ist

$$Q = C\,V \qquad \text{10)}$$

Den Faktor C nennt man die Kapazität des Leiters. Die Kapazität eines einzelnen Leiters ist also das Verhältnis der Ladung zum Potential des Leiters. Die Größe C ist ein Maß für das Fassungsvermögen des Leiters. Da das Potential einer Kugel nach Gl. 7) $V = \frac{Q}{r}$ ist, so ist die Kapazität einer Kugel

$$C = r \qquad \text{11)}$$

Wird der Radius in cm ausgedrückt, so ergibt sich C in elektrostatischen Einheiten. Da eine elektrostatische Einheit der Kapazität gleich $\frac{1}{9} 10^{-20}$ elektromagnetische Einheiten ist, und da 10^{-9} elektromagnetische Einheiten ein Farad sind, so ist für die Umwandlung elektrostatischer Kapazitätseinheiten in Farad das elektrostatische Resultat mit $\frac{1}{9} 10^{-11}$ zu multiplizieren.

Da die Erde eine sehr große Kapazität besitzt und ihre Ladung durch technische Vorgänge nicht geändert wird, benutzt man ihr Potential als Basis. Positiv geladen nennt man einen Körper, dessen Potential größer als das der Erde, und negativ einen solchen, dessen Potential kleiner als das der Erde ist. Man teilt der Erde das Potential Null zu.

Man kann die im Kapitel B ausgesprochene Erklärung des Potentials jetzt dahin vereinfachen, daß man sagt: »Unter Potential ist die Arbeit zu verstehen, die nötig ist, um eine elektrische Masseneinheit von der Erde auf die Entfernung r an einen geladenen Leiter heranzubringen.«

Betrachten wir nun zwei benachbarte, entgegengesetzt geladene Leiter, so wird die aufzuwendende Arbeit, um eine positiv geladene elektrische Masseneinheit in die Nähe eines positiven Leiters zu bringen, durch die Gegenwart des anderen negativ geladenen Leiters erhöht, denn die anziehende Wirkung des negativ geladenen Leiters hemmt das Heranbringen. Das Potential des positiven Leiters vermindert sich. Aus Gl. 10) folgt

$$C = \frac{Q}{V} \qquad \text{12)}$$

Wird V kleiner, so wird bei gleichbleibender Ladung die Kapazität größer. Das Fassungsvermögen nimmt zu. Die beschriebene Anordnung nennt man einen Kondensator und die beiden entgegengesetzt geladenen Leiter die Kondensatorbelegungen. Es genügt die direkte Aufladung einer Belegung, wenn man die andere an Erde legt; denn sobald sich eine Belegung mit einer Elektrizitätsart aufladet, wird auf der zugewandten Seite der andern durch Influenz die entgegengesetzte Elektrizität erzeugt, während die frei werdende gleichnamige Elektrizität von der abgewandten Seite der anderen Platte zur Erde abfließt.

E. Der Plattenkondensator.

Bestehen die Belegungen eines Kondensators aus zwei ebenen Platten, welche in geringem Abstande einander gegenüberstehen, so kann das zwischen den entgegengesetzt geladenen Platten verlaufende elektrische Feld als ein homogenes angesehen werden. Um die Feldstärke eines beliebigen Punktes O zwischen den Platten zu berechnen, untersuchen wir zunächst die an der Oberfläche einer Platte herrschende Feldstärke.

In Fig. 1 stelle AB den Schnitt durch eine Platte dar. O sei ein beliebiger außerhalb der Fläche gelegener Punkt. ON ist das Lot von O auf die Fläche.

Wir denken uns einen Kegel mit unendlich kleiner Öffnung, dessen Spitze in O liegt, und der aus der Platte das Flächenelement ds herausschneidet. Ist die Fläche AB mit Elektrizität der Dichte σ belegt, und befindet sich in O die Einheit der Elektrizitätsmenge, so herrscht zwischen ds und O nach Gl. 1) die Kraft

$$F = \frac{(\sigma \cdot ds) \cdot 1}{r^2},$$

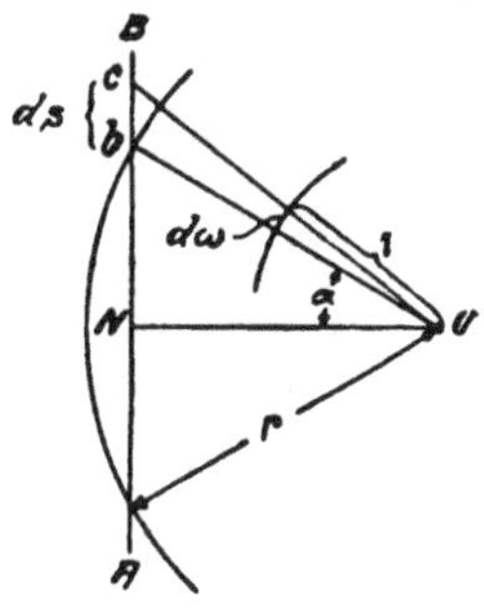

Fig. 1.

wenn r der Abstand des Punktes O vom Schwerpunkt des Flächenelements ds, in dem wir uns die Elektrizitätsmenge $\sigma \cdot ds$ konzentriert denken, bedeutet.

Nehmen wir die Platte zunächst als unendlich groß an, so läßt sich zu jedem ds ein ds' bestimmen, derart, daß die in die Plattenebene fallenden Komponenten der Kräfte, die zwischen ds und O einerseits und zwischen ds' und O anderseits wirken, einander entgegengesetzt gleich sind. Es bleiben also nur die zur Ebene senkrechten Komponenten zu berücksichtigen. Ist α der Winkel zwischen der Normalen NO und der Kegelachse, so ist die restierende Komponente

$$K_s = \frac{\sigma\, ds \cos \alpha}{r^2} \quad \ldots\ldots\ldots\ldots \quad 13)$$

Denken wir uns um O die Einheitskugel gelegt, so ist das von dem Kegel herausgeschnittene Element

$$d\omega = \frac{ds \cdot \cos \alpha}{r^2} \quad \ldots\ldots\ldots\ldots \quad 14)$$

Setzen wir diesen Ausdruck in den Komponentenwert ein, so erhalten wir

$$K_s = \sigma d\omega.$$

Wollen wir die Gesamtwirkung aller Kräfte bestimmen, so haben wir $\frac{\sigma\, ds \cos \alpha}{r^2}$ über die ganze unendliche Ebene zu integrieren oder, was dasselbe ist, $\sigma d\omega$ über die ganze der Ebene zugewandte Halbkugel; dafür erhalten wir den Wert $\sigma \cdot 2\pi$ und als Gesamtkraft

$$F = \sigma 2\pi \quad \ldots\ldots\ldots\ldots \quad 15)$$

Nehmen wir jetzt eine endliche Platte von der Größe s, so bleiben die Überlegungen dieselben, solange wir die Entfernungen r gegenüber den Dimensionen der Fläche vernachlässigen können und außerdem die Annahme machen, daß der Punkt sich nicht in der Nähe des Randes der Platte befindet.

Stellen wir dieser Platte eine zweite gegenüber, die mit gleicher Elektrizität belegt ist, so heben sich unter denselben Voraussetzungen für jeden Punkt die Wirkungen auf. Ist die Elektrizität der zweiten Platte derjenigen der ersten entgegengesetzt, so addieren sich die Wirkungen. Die Kraft ist dann

$$F = 4\pi\sigma \quad \ldots\ldots\ldots\ldots \quad 16)$$

Hat außerdem der Punkt O nicht die Masse 1, sondern m, so sind die entsprechenden Kräfte

$$F = 2\pi\sigma m \quad \ldots\ldots\ldots\ldots \quad 15a)$$

bei einer Platte und

$$F = 4\pi\sigma m \quad \ldots\ldots\ldots\ldots \quad 16a)$$

bei zwei entgegengesetzt gleich geladenen Platten. Da die Kraft senkrecht zu den mit den Plattenoberflächen parallelen Niveauflächen wirkt, so ist sie gleich der Feldstärke $\mathfrak{H}$. Wir haben also für das homogene Feld zwischen den Kondensatorplatten die Feldstärke

$$\mathfrak{H} = 4\pi\sigma \quad \ldots\ldots\ldots\ldots \quad 17)$$

Anderseits hatten wir in Gl. 6) für die auf die Masseneinheit ausgeübte Kraft den Ausdruck gefunden

$$F = -\frac{dV}{dr}.$$

In unserem Falle handelt es sich um die senkrecht zu den Niveauflächen wirkende Kraft. Nach der Betrachtung des Abschnitts B können wir deshalb den absoluten Wert dieser Kraft mit der Kraftliniendichte oder Feldstärke identifizieren und schreiben $\mathfrak{H} = \frac{dV}{dr}$. Der Ausdruck $\frac{dV}{dr}$ ist aber nichts anderes als das Potentialgefälle.

Möge die eine Kondensatorplatte das Potential V_1 und die andere das Potential V_2 haben, und sei der Abstand der beiden Platten a, so ist das Potentialgefälle zwischen den beiden Platten

$$\frac{V_2 - V_1}{a}$$

und daher die Feldstärke

$$\mathfrak{H} = \frac{V_2 - V_1}{a} \quad \ldots\ldots\ldots\ldots \quad 18)$$

Wir erhalten also aus Gl. 17) und 18)

$$\sigma = \frac{V_2 - V_1}{4\pi a} \quad \ldots\ldots\ldots\ldots \quad 19)$$

Da σ die spez. Ladung jeder Platte ist, so ist die totale Ladung jeder Platte

$$Q = s \cdot \sigma \qquad \text{20)}$$

Bezeichnet man nun das Verhältnis der Ladung auf einer Platte zu der Potentialdifferenz beider Platten als Kapazität eines Kondensators, so ist

$$C = \frac{Q}{V_2 - V_1} = \frac{V_2 - V_1}{4\pi a} \cdot \frac{s}{V_2 - V_1},$$

$$C = \frac{s}{4\pi a} \qquad \text{21)}$$

Will man die Kapazität in Farad ausdrücken, so hat man das Ergebnis mit $\frac{1}{9} 10^{-11}$ zu multiplizieren und erhält als Kapazität eines Plattenkondensators, zwischen dessen Belegungen sich Luft als Dielektrikum befindet,

$$C = \frac{s}{4\pi a} \frac{1}{9 \cdot 10^{11}} \text{ Farad.} \qquad \text{22)}$$

Hierin ist

s = innere Fläche einer Platte in qcm,
a = Abstand der beiden Platten voneinander in cm.

Wir werden später sehen, wie sich mit Hilfe der Kapazität einer elektrischen Anordnung die Beanspruchung des Isoliermaterials (Dielektrikums) leicht ermitteln läßt.

Zuvörderst müssen wir uns aber noch mit dem Einfluß der Art des Dielektrikums befassen.

F. Einfluß des Dielektrikums und Dielektrizitätskonstante.

Unsere bisherigen Betrachtungen über das Coulombsche Gesetz hatten zur Voraussetzung, daß sich die untersuchten elektrischen Massen in der Luft (oder streng genommen im leeren Raume) befinden. Ist die Materie, welche den Raum zwischen den aufeinander wirkenden elektrischen Massen oder geladenen Leitern ausfüllt, eine andere (jedoch gleichbleibender Beschaffenheit), so ist ein Proportionalitätsfaktor einzuführen und lautet das Coulombsche Gesetz in allgemein gültiger Form

$$F = \frac{1}{\varrho} \frac{m \cdot m'}{r^2} \qquad \text{23)}$$

Man nennt die jedem einzelnen Dielektrikum zugeordnete Konstante ϱ, die Dielektrizitätskonstante des betreffenden Stoffes. Die Dielektrizitätskonstante des leeren Raumes ist demnach 1. Für alle Gase nähert sich ϱ mit abnehmender Dichte einem Grenzwert, welchen man als Dielektrizitätskonstante des leeren Raumes oder

Äthers bezeichnet. Für Luft vom Atmosphärendruck ist $\varrho = 1{,}00059$. Für die Praxis kann dieser Unterschied vernachlässigt und für Luft $\varrho = 1$ gesetzt werden.

Nach Gl. 4) war das Potential

$$V = \frac{m}{r}.$$

Wir hätten daher allgemein gültig für das Potential zu schreiben

$$V = \frac{1}{\varrho}\frac{m}{r} \qquad 24)$$

Da wir unter der Kapazität eines Kondensators den Quotienten

$$C = \frac{Q}{V_2 - V_1}$$

verstanden hatten, so hätten wir hierfür zu setzen

$$C = \varrho\frac{Q}{V_2 - V_1} = \varrho\frac{Q}{V} \qquad 25)$$

Wir erhalten also als Kapazität des Plattenkondensators jetzt

$$C = \varrho\frac{s}{4\pi a}\frac{1}{9\cdot 10^{11}}\text{ Farad.} \qquad 26)$$

Wir sehen also, daß das Fassungsvermögen oder die Kapazität auf den ϱfachen Betrag gestiegen ist. Man nennt ϱ daher auch »Verstärkungsziffer«, da sie für jedes Dielektrikum angibt, auf das Wievielfache das Fassungsvermögen eines Kondensators verstärkt ist, wenn man statt der Luft das betreffende Dielektrikum verwendet.

Die Größe der Dielektrizitätskonstanten beträgt für:

Luft	1,00059	Glimmer	4,7—8
(praktisch 1)		Mikanit	4,5—5,5
Kohlensäure	1,00094	Guttapercha	2,8—4,2
Wasserstoff	1,00026	Papier	1,8—2,6
Paraffin, fest	2—2,3	Kautschuk, braun	2,12
Paraffinöl	2—2,5	Kautschuk, vulkanisiert	2,69
Petroleum	2—2,2	Crown Glas	7,0
Terpentinöl	2,2	Kabelisolation (getränktes Papier)	3,5—4,3
Olivenöl	3	Ebonit	2—3
Rüböl	3	Kolophonium	2,5
Leinöl	3,2—3,5	Schellack	2,6—3,7
Rizinusöl	4,4—4,7	Schwefel	2,42
Transformatoröl	2,22	Quarz	4,6
Wasser	81	Chatterton	2,5
Porzellan	4,4—5,3	Siegellack	4,3
Glas (Flintglas)	9,9		
Spiegelglas	6		

G. Elektrisierende Kraft und dielektrischer Widerstand.

Wir sahen im vorigen Abschnitt, daß ein Kondensator, dessen Dielektrikum die Dielektrizitätskonstante ϱ hat, den ϱfachen Betrag an Elektrizität gegenüber einem Luftkondensator aufspeichern kann. Da die von einer Elektrizitätsmenge ausgehende Kraftlinienzahl gleich dem 4πfachen Betrage der Elektrizitätsmenge ist, so erhöht sich auch die Kraftlinienzahl auf den ϱfachen Betrag. In dem gleichen Maße wächst natürlich auch die Kraftliniendichte. Bezeichnet man die Kraftliniendichte im Dielektrikum mit $\mathfrak{B}$ und die Kraftliniendichte im Luftraum wie bisher mit $\mathfrak{H}$, so ist

$$\mathfrak{B} = \varrho \cdot \mathfrak{H} \qquad 27)$$

Ebenso wie man im magnetischen Stromkreise die von einer Stromspule mit Luftkern hervorgebrachte magnetische Felddichte H die magnetisierende Kraft nennt, welche im Eisen die Induktion $B = \mu \cdot H$ hervorbringt, sobald Eisen mit der Permeabilität μ an Stelle des Luftkerns tritt, so pflegt man in der Elektrostatik die im Luftraum hervorgerufene Felddichte $\mathfrak{H}$ die »elektrisierende Kraft« zu nennen, welche in einem Dielektrikum mit der Dielektrizitätskonstanten ϱ die Feldstärke (Induktion) oder Kraftliniendichte $\mathfrak{B}$ hervorruft. Das ein Dielektrikum durchsetzende Kraftlinienfeld, also die Gesamtheit sämtlicher Kraftlinien oder der »Kraftlinienfluß«, welcher von einer Ladung oder einem geladenen Leiter ausgeht, ist gleich dem 4πfachen der Ladung. Ist diese Q, so ist der gesamte Kraftlinienfluß

$$N = 4\pi Q \qquad 28)$$

Dieser Kraftlinienfluß endigt stets auf einer freien anderen Ladung gleicher Größe, jedoch von entgegengesetzter Polarität.

Als Ursache des Kraftlinienflusses ist die Elektrizitätsmenge anzusehen, von der aus er seinen Anfang nimmt.

Für den Kraftlinienfluß läßt sich ein dem Ohmschen nachgebildetes Gesetz aufstellen, nämlich

$$N = \frac{V}{w} \qquad 29)$$

Unter N ist der Kraftlinienfluß, unter V die Potentialdifferenz der Ladungen, zwischen welchen der Kraftlinienfluß sich ausbreitet, und unter w der dielektrische oder Verschiebungswiderstand verstanden, welchen das Dielektrikum dem Durchgange des Kraftlinienflusses entgegensetzt.

Der Widerstand w ist direkt proportional der Länge λ und umgekehrt proportional dem Querschnitte q der Kraftlinienbahn, außerdem ist er abhängig von dem spezifischen dielektrischen Widerstande des Stoffes, aus welchem das Dielektrikum besteht. Bezeichnet man den spezifischen Widerstand mit $\frac{1}{\varrho}$, so ist der dielektrische oder Verschiebungswiderstand

$$w = \frac{1}{\varrho} \frac{\lambda}{q} \qquad \text{30)}$$

Die Zahl ϱ hat dieselbe Bedeutung wie im vorigen Abschnitte; sie ist nichts anderes als die Dielektrizitätskonstante, welche angibt, um wievielmal so leicht ein Dielektrikum von Kraftlinien durchsetzt wird als die Luft.

Den Ausdruck für den dielektrischen Widerstand werden wir wiederholt für die Berechnung der Kapazität gebrauchen. Ehe wir uns mit der Kapazität der einzelnen elektrischen Aufbauten beschäftigen, wollen wir uns kurz den Vorgängen zuwenden, welche bei der Elektrisierung des Dielektrikums eintreten.

H. Vorgänge im Dielektrikum.

Nach den Anschauungen Faradays und Maxwells kann man sich jede Kraftlinie, welche das Dielektrikum durchsetzt, als einen elastischen Faden vorstellen, welcher durch unendlich nahe beieinander liegende Querschnitte in kleine Zylinder geteilt ist. Diese unendlich kleinen Zylinder, welche beide Arten von Elektrizität in neutralem Zustande enthalten, werden durch Influenz von den das Dielektrikum begrenzenden geladenen Leitern derart beeinflußt, daß sich die neutralisierte Elektrizität jedes Zylinders in positive und negative scheidet und sich auf der einen Endfläche jedes Zylinders ein positiver und auf der anderen ein negativer Pol ausbildet. Die Elektrizitätsmengen, welche sich an den Endflächen der Zylinder sammeln, sind einander gleich und neutralisieren sich hinsichtlich ihrer Wirkung nach außen, da alle Pole der Zylinder gleich gerichtet sein müssen. Die Dichtigkeit der sog. Polarisationselektrizität ist also im Innern des Dielektrikums gleich Null. Nur auf den äußersten Endflächen des ersten und letzten Zylinders eines jeden Fadens bleiben freie elektrische Ladungen bestehen. Es hat also gewissermaßen eine »Verschiebung« der Elektrizität der kleinen Zylinder stattgefunden. Die auf den Grenzflächen des Dielektrikums durch Polarisation desselben entstandenen Ladungen haben natürlich das entgegengesetzte Vorzeichen wie die begrenzenden geladenen Leiterflächen. Es wird sich deshalb ein Teil der auf den Leiterflächen befindlichen Elektrizität mit der freien entgegengesetzten Elektrizität, welche sich an den Grenzflächen des Dielektrikums gesammelt hat, neutralisieren. Hierdurch sinkt das Potential zwischen den Leitern auf das $\frac{1}{\varrho}$ fache.

Erzwingt man künstlich durch Nachladung der Leiter die Konstanterhaltung der Potentialdifferenz zwischen den Leitern, so erhöht sich die Ladung der Leiter um denselben Betrag, um welchen die freien Ladungen auf den angrenzenden Flächen des Dielektrikums einen Teil der Anfangsladung der Leiter neutralisiert haben, zuzüglich der Menge, die infolge der Nachladung durch die neue Polarisation des Dielektrikums neutralisiert wird. Die Ladung wird also das ϱfache der ursprünglichen.

Denkt man sich[1]) aus dem Dielektrikum einen Würfel von 1 cm Seitenlänge in der Weise ausgeschnitten, daß die Endflächen Niveauflächen tangieren und die Richtung der Höhe des Würfels mit der Richtung der Kraftlinien zusammenfällt, so gewährt die auf den Endflächen des Würfels sitzende Ladung einen Maßstab für die Elektrisierung des Dielektrikums.

Die Dichte der Elektrizität auf den Endflächen des Würfels sei σ. Greifen wir jetzt ein beliebiges zylindrisches Stück mit den tangential zu den Niveauflächen liegenden Endflächen s aus dem Dielektrikum heraus, welches die Elektrizitätsmenge m auf seinen Endflächen trägt, so ist

$$\sigma = \frac{m}{s}.$$

Von dieser Ladung m gehen $4\pi m$ Kraftlinien aus und durchsetzen das zylindrische Stück von einer Endfläche zur andern. Außer diesen Kraftlinien verlaufen aber noch $\mathfrak{H} \cdot s$ Kraftlinien des von den Leitern erzeugten Kraftfeldes durch das zylindrische Stück. Die Gesamtkraftlinienmenge, welche den Zylinder durchsetzt, ist demnach

$$\mathfrak{Z} = \mathfrak{H} \cdot s + 4\pi m.$$

Die Kraftliniendichte im Querschnitt des Zylinders ist daher

$$\mathfrak{B} = \frac{\mathfrak{Z}}{s} = \mathfrak{H} + 4\pi \frac{m}{s},$$

$$\mathfrak{B} = \mathfrak{H} + 4\pi\sigma \quad \dots\dots\dots\dots \quad 31)$$

Die Ladung pro Flächeneinheit σ ist der elektrisierenden Kraft $\mathfrak{H}$ proportional, da ja nur diese die Ursache der Influenzierung der Fadenteilchen ist. Daher ist

$$\sigma = \mathfrak{H} \cdot \varepsilon.$$

Hierin ist ε ein Faktor, welcher für ein und denselben dielektrischen Stoff konstant ist. Gl. 31) geht daher über in

$$\mathfrak{B} = \mathfrak{H} + 4\pi \mathfrak{H} \varepsilon,$$

$$\mathfrak{B} = \mathfrak{H}(1 + 4\pi\varepsilon) \quad \dots\dots\dots\dots \quad 32)$$

[1]) Wir folgen hier im allgemeinen den Darstellungen von Dr. G. Benischke, Die wissenschaftlichen Grundlagen der Elektrotechnik, (1907). S. 50 u. f.

Da nach Gl. 27) $\mathfrak{B} = \varrho \mathfrak{H}$ ist, so ergibt sich für die Dielektrizitätskonstante

$$\varrho = 1 + 4\pi\varepsilon \quad \text{. . . . . 33)}$$

Man nennt ε die Elektrisierungszahl eines Dielektrikums.

J. Kapazität verschiedener Kondensatoren und Beanspruchung des Isoliermaterials.

Plattenkondensator.

Die Kapazität eines Plattenkondensators hatten wir bereits ermittelt. Sie betrug nach Gl. 26)

$$C = \varrho \frac{s}{4\pi a} \frac{1}{9 \cdot 10^{11}} \text{ Farad} \quad \text{. . . . . 34)}$$

Hierin waren s die Plattengröße (innere Seite einer Belegung) in qcm und a der senkrechte Abstand zwischen den Platten in cm.

Aus Gl. 10) wissen wir, daß $Q = CV$ ist. Wir erhalten also als Ladung einer Platte

$$Q = \varrho \frac{V \cdot s}{4\pi a}.$$

Der gesamte von der Ladung Q ausgehende Kraftlinienfluß ist entsprechend Gl. 3)

$$N = 4\pi Q = \varrho \frac{V \cdot s}{a} \quad \text{. . . . . 35)}$$

Nach Gl. 30) ist der dielektrische Widerstand $w = \frac{1}{\varrho} \cdot \frac{\lambda}{q}$. In unserem Falle ist die Länge λ des Widerstandes gleich dem Abstande a der beiden Platten voneinander. Der Querschnitt q des Widerstandes ist gleich der Plattengröße s. Wir können den dielektrischen Widerstand des Kondensatoraufbaues also ausdrücken

$$w = \frac{1}{\varrho} \frac{a}{s}.$$

Der Widerstand einer unendlich dünnen Schicht wäre demnach

$$dw = \frac{1}{\varrho} \frac{da}{s}.$$

Da nach Gl. 29)

$$N = \frac{V}{w},$$

so können wir auch setzen

$$V = N \cdot w,$$

$$dV = N \cdot dw,$$

$$dV = N \cdot \frac{1}{\varrho} \frac{da}{s}.$$

Setzen wir für N den Wert aus Gl. 35) ein, so wird

$$d\,V = \varrho \frac{V \cdot s}{a} \frac{d\,a}{s \cdot \varrho}$$

oder

$$\frac{d\,V}{d\,a} = \frac{V}{a} \quad \ldots\ldots\ldots\ldots\ldots \quad 36)$$

Wir sehen also, daß die Beanspruchung des Isoliermaterials in der ganzen Isolierschicht in Richtung des senkrechten Abstandes der beiden Platten voneinander konstant ist. Es war dies zu erwarten, da das elektrische Feld zwischen den beiden Platten homogen verläuft und der Querschnitt des Dielektrikums in allen mit den Platten parallelen Schnitten derselbe ist.

Walzenförmiger Kondensator.

Betrachten wir z. B. den Aufbau eines einfachen Kabels, so haben wir einen walzenförmigen Kondensator vor uns, dessen eine Belegung von der Kupferseele und dessen andere Belegung von dem Bleimantel gebildet wird. Der Zwischenraum wird durch das Dielektrikum ausgefüllt. Läßt man eine Stromquelle auf die Kupferseele und den Bleimantel wirken, so ladet sich der Kondensator mit einer Elektrizitätsmenge Q, und der gesamte sich zwischen den Belegungen ausbreitende Kraftlinienfluß ist nach Gl. 28)

$$N = 4\pi Q.$$

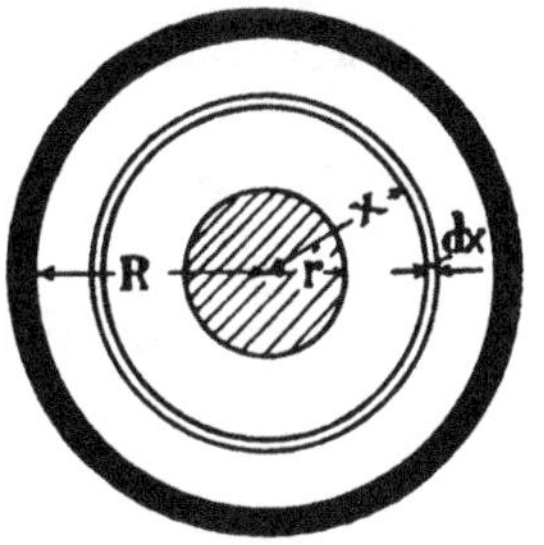

Fig. 2.

Anderseits hatten wir in Gl. 29) die Beziehung

$$N = \frac{V}{w}.$$

Wir setzen nach Gl. 30)

$$w = \frac{1}{\varrho} \frac{\lambda}{q}.$$

Der Querschnitt q ändert sich je nach seiner Entfernung x (s. Fig. 2) vom Mittelpunkt des Kondensators. Betrachten wir eine unendlich dünne Schicht des Isolation von der Stärke $d\,x$, so ist

$$d\,w = \frac{1}{\varrho} \frac{d\,x}{2\pi x l} \quad \ldots\ldots\ldots\ldots \quad 37)$$

wenn l die Länge des Kondensators bedeutet. Der Gesamtwiderstand findet sich durch Integration in den Grenzen $x = r$ bis $x = R$.

Mithin

$$w = \frac{1}{\varrho\, 2\pi l} \int_r^R \frac{dx}{x},$$

$$w = \frac{1}{\varrho\, 2\pi l} \ln \frac{R}{r}.$$

Da $V = N \cdot w$, so erhalten wir

$$V = 4\pi Q \frac{1}{\varrho\, 2\pi l} \ln \frac{R}{r},$$

$$V = \frac{2Q}{\varrho l} \ln \frac{R}{r}.$$

Nach Gl. 10) ist $Q = CV$. Wir erhalten also für die Kapazität

$$C = \frac{Q}{V} = \varrho \frac{l}{2 \ln \frac{R}{r}} \quad \text{. . . . . 38)}$$

in elektrostatischen Einheiten oder

$$C = \varrho \frac{l}{2 \ln \frac{R}{r}} \frac{1}{9 \cdot 10^{11}} \text{ Farad.} \quad \text{. . . . . 39)}$$

Hierin ist l = Länge des Kondensators in cm, R und r die Radien der Belegungen in cm.

Wir hatten

$$V = N \cdot w.$$

Bilden wir

$$dV = N dw,$$

so wird unter Zuhilfenahme von Gl. 37)

$$dV = 4\pi Q \frac{1}{\varrho} \frac{dx}{2\pi x l},$$

mithin

$$\frac{dV}{dx} = \frac{2Q}{\varrho x l}.$$

Da $Q = CV$, so ergibt sich

$$Q = \varrho \frac{Vl}{2 \ln \frac{R}{r}},$$

$$\frac{dV}{dx} = \frac{V}{x \ln \frac{R}{r}} \quad \text{. . . . . 40)}$$

Dieser Ausdruck wird ein Maximum für $x = r$, da x nicht kleiner werden kann als r. Die Beanspruchung ist also in unmittelbarer Nähe des inneren Leiters am größten und beträgt

$$\frac{dV}{dx}_{\text{für } x=r} = \frac{V}{r \ln \frac{R}{r}} \quad \ldots\ldots\ldots\ldots \quad 41)$$

Kondensator, bestehend aus Zylinder und mit diesem paralleler Ebene.

Bei der Behandlung des Problems benutzen wir die Gesetze über harmonische Teilungen.

1. Gesetz: Zieht man von einem Punkte außerhalb eines Kreises zwei Tangenten und eine Schneidende an einen Kreis, und werden die Berührungspunkte miteinander verbunden, so ist die Schneidende harmonisch geteilt.

2. Gesetz: Die Entfernungen aller Punkte des Kreises von den beiden Polen A und B (s. Fig. 3) haben ein konstantes Verhältnis. In

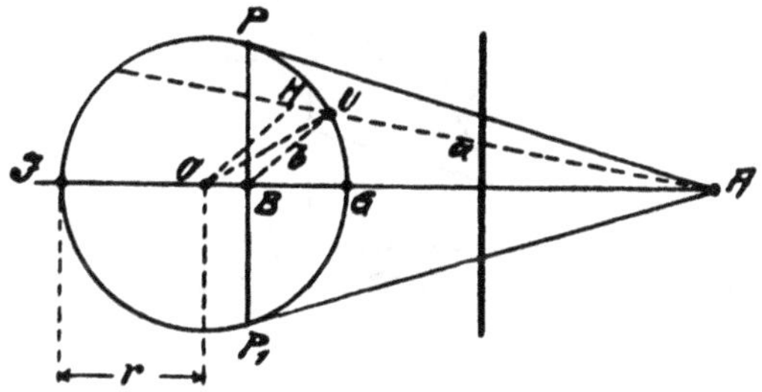

Fig. 3.

der Fig. 3 sei r der Radius des Zylinders. Nach dem zweiten Gesetz verhält sich

$$\frac{AP}{PB} = \frac{AG}{BG}.$$

Die gleiche Proportion kann man für jeden anderen Punkt des Kreises aufstellen, z. B. für U, also

$$\frac{AG}{BG} = \frac{a}{b}.$$

Die von den Punkten A und B auf den Punkt U wirkenden Kräfte fallen in die Richtungen a und b, bzw. auch in die Richtungen UH und OH, wenn OH parallel zu b gezogen wird.

Da Dreieck OHU ähnlich Dreieck AUB ist und sich demnach verhalten

$$\frac{a}{b} = \frac{OH}{UH},$$

so muß auch die Resultierende der Kräfte, welche von A und B ausgehen, nämlich AB, proportional der Resultierenden aus den Kräften OH und UH, nämlich OU sein. Da OU ein Radius des Zylindermantels ist, so muß auch die Resultierende aus den Kräften a und b stets in senkrechter Richtung zum Zylindermantel wirken.

Denkt man sich durch die Pole A und B parallel mit der Zylinderachse Linien gelegt, so bildet die Zylinderoberfläche aus denselben Gründen eine Niveaufläche zu allen von den Linienladungen A und B ausgehenden Kräften.

Eine in der Mitte der Strecke AB senkrecht zur Verbindungslinie errichtete Ebene ist natürlich aus Symmetriegründen ebenfalls eine Niveaufläche zu allen von den Linienladungen A und B ausgehenden Kräften.

Es ist also ohne weiteres statthaft, das zwischen der Zylinderoberfläche und der Ebene verlaufende elektrische Feld aus den fiktiven

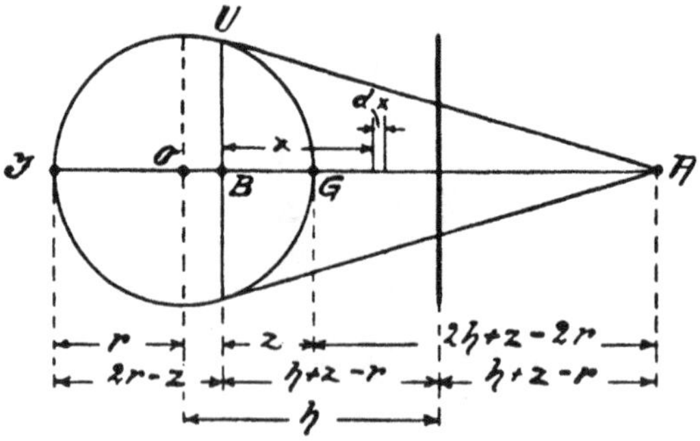

Fig. 4.

Linienladungen A und B zu berechnen. Die durch A und B gelegten Linien nennt man elektrische Achsen.

Führt man die Bezeichnungen r für den Zylinderradius, z für den kürzesten Abstand der elektrischen Achse des Zylinders von seiner Oberfläche und h für den Abstand der Zylindermitte von der Ebene ein, so kann man alle anderen Entfernungen gemäß den Eintragungen in Fig. 4 durch diese drei Größen ausdrücken.

Nach dem ersten harmonischen Gesetz ist

$$JB \cdot GA = BG \cdot JA$$

oder

$$(2r - z)(2h + z - 2r) = z(r + 2h + z - r).$$

Hieraus folgt

$$z = r - h + \sqrt{h^2 - r^2} \quad \ldots\ldots\ldots\ldots \quad 42)$$

Die von einer Linienladung auf die Einheit der Elektrizitätsmasse ausgeübte Kraft ist

$$F = \frac{2\sigma}{r}\text{[1]} \quad \ldots\ldots\ldots\ldots \quad 43)$$

wenn die Ladung pro Längeneinheit mit σ und der senkrechte Abstand der Einheitsmasse von der Linie mit r bezeichnet wird.

Nach Gl. 6) ist $F = -\frac{dV}{dr}$, wenn mit V das Potential bezeichnet wird. Hieraus folgt:

$$V = -\int F\,dr = -2\sigma \ln r + \text{const.}$$

Nach Fig. 3 sind die veränderlichen Abstände eines Punktes auf dem Zylindermantel von den auf den elektrischen Achsen gleichmäßig verteilten Ladungen a und b. Das Potential des Zylinders ist daher

$$V_{\text{Zylinder}} = V_b - V_a,$$

$$V_b = -2\sigma\int\frac{db}{b} = -2\sigma \ln b + \text{const},$$

$$V_a = -2\sigma\int\frac{da}{a} = -2\sigma \ln a + \text{const},$$

---

[1]) Auf einer Geraden in Fig. 5 sei eine Ladung derart gleichmäßig verteilt, daß pro Längeneinheit die spezifische Ladung σ beträgt. Ein unendlich kleines Teilchen hat dann die Ladung $\sigma\,dl$. In P sei die Einheit der Elektrizitätsmengé gedacht. Die Kraft, welche dann von dem Element auf P ausgeübt wird, ist $\frac{\sigma\,dl}{x^2}$. Die senkrechte Komponente dieser Kraft ist $\frac{\sigma\,dl}{x^2}\cos\alpha$. Wir setzen $\cos\alpha = \frac{r}{x}$ und erhalten $\frac{\sigma\,dl\,r}{x^3}$. Addiert man sämtliche senkrechten Komponenten, so ist die senkrecht zur Linie ausgeübte Kraft

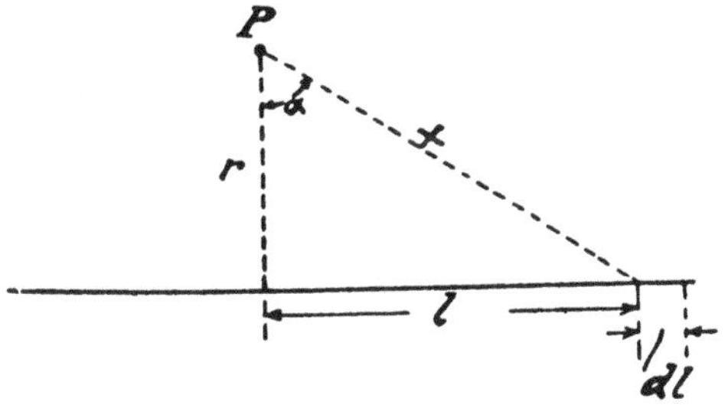

Fig. 5.

$$F = 2\int_0^l \frac{\sigma\,dl\,r}{x^3} = 2\sigma\int_0^l \frac{r\,dl}{(\sqrt{l^2+r^2})^3}.$$

Setzt man $\frac{l}{r} = \operatorname{tg}\alpha$, so wird $l = r\operatorname{tg}\alpha$ und $dl = r\frac{d\alpha}{\cos^2\alpha}$ und

$$\sqrt{l^2+r^2} = r\sqrt{1+\operatorname{tg}^2\alpha} = r\sqrt{\frac{1}{\cos^2\alpha}} = \frac{r}{\cos\alpha},$$

daher

$$F = 2\sigma\int_0^{90}\frac{r^2\cos^3\alpha}{r^3\cos^2\alpha}\,d\alpha = \frac{2\sigma}{r}\int_0^{90}\cos\alpha\,d\alpha = \frac{2\sigma}{r}\Big[\sin\alpha\Big]_0^{90},$$

$$F = \frac{2\sigma}{r}.$$

daher

$$V_b - V_a = 2\sigma \ln \frac{a}{b} + \text{const.}$$

Da für die Ebene die Abstände von den elektrischen Achsen einander gleich sind, so ist das Potential der Ebene gleich Null, woraus sich ergibt const $= 0$.

Die Potentialdifferenz zwischen Zylinder und Ebene ist daher

$$V = V_{\text{Zylinder}} - V_{\text{Ebene}} = 2\sigma \ln \frac{a}{b} - 0 = 2\sigma \ln \frac{a}{b} \quad \ldots \quad 44)$$

Nun verhält sich aber $\frac{a}{b} = \frac{AG}{BG}$.

Nach Fig. 4 ist:

$$AG = 2h + z - 2r$$

oder

$$AG = 2h - 2r + r - h + \sqrt{h^2 - r^2},$$

$$AG = \sqrt{h^2 - r^2} + h - r$$

und

$$BG = z = \sqrt{h^2 - r^2} - h + r,$$

daher

$$V = 2\sigma \ln \frac{\sqrt{h^2 - r^2} + h - r}{\sqrt{h^2 - r^2} - h + r} \quad \ldots\ldots\ldots \quad 45)$$

Hat der Zylinder die Länge l und ist seine Ladung Q, so ist $\sigma l = Q$ und daher

$$V = \frac{2Q}{l} \ln \frac{\sqrt{h^2 - r^2} + h - r}{\sqrt{h^2 - r^2} - h + r} \quad \ldots\ldots\ldots \quad 46)$$

Da die Kapazität nach Gl. 25) $C = \varrho \frac{Q}{V}$, so erhält man

$$C = \varrho \frac{l}{2 \ln \frac{\sqrt{h^2 - r^2} + h - r}{\sqrt{h^2 - r^2} - h + r}} \quad \ldots\ldots\ldots \quad 47)$$

in elektrostatischen Einheiten, oder

$$C = \varrho \frac{l}{2 \ln \frac{\sqrt{h^2 - r^2} + h - r}{\sqrt{h^2 - r^2} - h + r}} \frac{1}{9 \cdot 10^{11}} \text{ Farad.} \quad \ldots \quad 48)$$

Hierin sind h, l und r in cm ausgedrückt. Ist die Entfernung zwischen Ebene und Zylinder groß, so kann man, ohne einen nennenswerten Fehler zu machen, annehmen, daß die elektrische Achse des Zylinders mit seiner geometrischen zusammenfällt. Es wird dann (Fig. 4) $z = r$ und daher $AG = 2h - r$ oder, da r sehr klein gegen h ist, $AG = 2h$ und $GB = r$. Hiermit erhält man den sehr einfachen Ausdruck

$$C = \varrho \frac{l}{2 \ln \frac{2h}{r}} \frac{1}{9 \cdot 10^{11}} \text{ Farad.} \quad \ldots\ldots\ldots \quad 49)$$

Um die Beanspruchung des Isoliermaterials in einem beliebigen Punkte X in Richtung der Projektion der Zylindermitte auf die Ebene, also in Richtung der h-Achse (Fig. 4) zu finden, stellen wir zunächst nach Gl. 43) Ausdrücke für die Kräfte auf, welche von B und A auf den Punkt X wirken. Der Punkt X hat von der B-Achse den Abstand x und von der A-Achse den Abstand $2(h+z-r)-x$. Die Kräfte sind also

$$\frac{2\sigma}{x} \text{ und } \frac{2\sigma}{2(h+z-r)-x}.$$

Addiert man diese Kräfte, so erhält man die Gesamtkraft

$$F = \frac{2\sigma}{x} + \frac{2\sigma}{2(h+z-r)-x}.$$

Diese Kraft ist aber anderseits nach Gl. 6) gleich dem negativen Differentialquotienten des Potentials, also

$$F = -\frac{dV}{dx}.$$

Da es uns nur auf den absoluten Wert des Potentialgefälles ankommt, so ist

$$\frac{dV}{dx} = 2\sigma\left(\frac{1}{x} + \frac{1}{2(h+z-r)-x}\right).$$

Wir hatten $\sigma l = Q$, und da nach Gl. 25)

$$Q = \frac{1}{\varrho} V C = \frac{V \cdot l}{2 \ln \dfrac{\sqrt{h^2-r^2}+h-r}{\sqrt{h^2-r^2}-h+r}},$$

so können wir schreiben

$$\frac{dV}{dx} = V \frac{1}{\ln \dfrac{\sqrt{h^2-r^2}+h-r}{\sqrt{h^2-r^2}-h+r}} \left(\frac{1}{x} + \frac{1}{2(h+z-r)-x}\right),$$

$$\frac{dV}{dx} = V \frac{1}{\ln \dfrac{\sqrt{h^2-r^2}+h-r}{\sqrt{h^2-r^2}-h+r}} \cdot \left(\frac{1}{x} + \frac{1}{2(h+r-h+\sqrt{h^2-r^2}-r)-x}\right),$$

$$\frac{dV}{dx} = V \frac{1}{\ln \dfrac{\sqrt{h^2-r^2}+h-r}{\sqrt{h^2-r^2}-h+r}} \left(\frac{1}{x} + \frac{1}{2\sqrt{h^2-r^2}-x}\right),$$

$$\frac{dV}{dx} = V \frac{1}{\ln \dfrac{\sqrt{h^2-r^2}+h-r}{\sqrt{h^2-r^2}-h+r}} \frac{2\sqrt{h^2-r^2}}{x(2\sqrt{h^2-r^2}-x)} \quad \ldots\ldots 50)$$

Untersucht man die Beanspruchung des Isoliermaterials in einem Punkte, welcher unmittelbar an der Zylinderoberfläche gelegen ist, so ist in vorstehender Gleichung $x = z$ (Fig. 4) zu setzen. Es wird dann

$$\frac{dV}{dx}_{\text{für } x=z} = V \frac{1}{\ln \frac{\sqrt{h^2 - r^2} + h - r}{\sqrt{h^2 - r^2} - h + r}} \cdot \frac{2\sqrt{h^2 - r^2}}{(r - h + \sqrt{h^2 - r^2})(2\sqrt{h^2 - r^2} - r + h - \sqrt{h^2 - r^2})},$$

$$\frac{dV}{dx} = V \frac{1}{\ln \frac{\sqrt{h^2 - r^2} + h - r}{\sqrt{h^2 - r^2} - h + r}} \frac{2\sqrt{h^2 - r^2}}{h^2 - r^2 - r^2 - h^2 + 2rh},$$

$$\frac{dV}{dx} = V \frac{1}{\ln \frac{\sqrt{h^2 - r^2} + h - r}{\sqrt{h^2 - r^2} - h + r}} \frac{\sqrt{h^2 - r^2}}{r(h - r)},$$

$$\frac{dV}{dx}_{\text{für } x=z} = V \frac{1}{r \cdot \ln \frac{\sqrt{h^2 - r^2} + h - r}{\sqrt{h^2 - r^2} - h + r}} \cdot \sqrt{\frac{h + r}{h - r}} \qquad 51)$$

Die Beanspruchung unmittelbar an der Ebene findet man, wenn man in Gl. 50) $x = h + z - r$ setzt. Man erhält dann

$$\frac{dV}{dx}_{\text{für } x=h+z-r} = V \frac{1}{\ln \frac{\sqrt{h^2 - r^2} + h - r}{\sqrt{h^2 - r^2} - h + r}} \cdot \frac{2\sqrt{h^2 - r^2}}{(h + z - r)(2\sqrt{h^2 - r^2} - h - z + r)},$$

$$\frac{dV}{dx} = V \frac{1}{\ln \frac{\sqrt{h^2 - r^2} + h - r}{\sqrt{h^2 - r^2} - h + r}} \frac{2\sqrt{h^2 - r^2}}{\sqrt{h^2 - r^2} \cdot \sqrt{h^2 - r^2}},$$

$$\frac{dV}{dx}_{\text{für } x=h+z-r} = V \frac{1}{\ln \frac{\sqrt{h^2 - r^2} + h - r}{\sqrt{h^2 - r^2} - h + r}} \frac{2}{\sqrt{h^2 - r^2}} \qquad 52)$$

Die maximale Beanspruchung ergibt sich nach Gl. 50) für den kleinsten Wert von x, also für $x = z$. Es wird also die dem Zylinder am nächsten liegende Schicht des Isoliermaterials am höchsten beansprucht.

Kondensator, bestehend aus zwei parallelen Zylindern.

Dieser Fall läßt sich auf den vorhergehenden zurückführen, wenn man sich eine Ebene in der Mitte des Abstandes der elektrischen Achsen senkrecht zur Verbindungslinie der elektrischen Achsen errichtet denkt. In Fig. 6 ist diese Anordnung dargestellt. In bezug auf den linken Zylinder ist die Schneidende FD bzw. deren Verlängerung durch die Punkte A und B harmonisch geteilt; ebenso ist in bezug auf den rechten

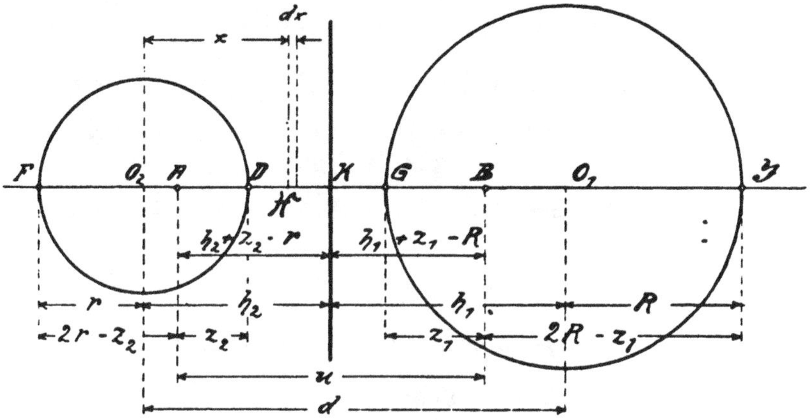

Fig. 6.

Zylinder die Schneidende GJ bzw. deren Verlängerung durch dieselben Punkte A und B harmonisch geteilt. Die Punkte A und B geben also die Lage der elektrischen Achsen der Zylinder an.

Es bestehen infolgedessen die Gleichungen

$$FA \cdot DB = AD \cdot FB$$

und

$$JB \cdot GA = BG \cdot JA$$

oder anders ausgedrückt

$$(2r - z_2)(u - z_2) = z_2(u + 2r - z_2) \quad . \quad . \quad . \quad . \quad 53)$$

und

$$(2R - z_1)(u - z_1) = z_1(u + 2R - z_1) \quad . \quad . \quad . \quad . \quad 54)$$

Aus der ersten Gleichung folgt

$$2ru - 2rz_2 - z_2 u + z_2^2 = z_2 u + 2rz_2 - z_2^2,$$
$$2z_2^2 - 4z_2 r - 2z_2 u = -2ru,$$
$$z_2^2 - 2z_2 r - z_2 u = -ru,$$
$$z_2^2 - z_2(2r + u) + ru = 0,$$
$$2z_2 = u + 2r \pm \sqrt{u^2 + 4r^2}.$$

Ebenso erhält man aus der zweiten Gleichung

$$2z_1 = u + 2R \pm \sqrt{u^2 + 4R^2}.$$

Addiert man die beiden letzten Gleichungen, so ist

$$2(z_1 + z_2) = 2u + 2r + 2R \pm \sqrt{u^2 + 4r^2} \pm \sqrt{u^2 + 4R^2} \quad . \quad 55)$$

Nach Fig. 6 kann man die Gleichung aufstellen

$$u - z_1 - z_2 = d - r - R$$

oder

$$2(z_1 + z_2) = -2d + 2r + 2R + 2u \quad . \quad . \quad . \quad . \quad 56)$$

Man erhält also aus Gl. 55) und 56)

$$-2d = \pm\sqrt{u^2 + 4r^2} \pm \sqrt{u^2 + 4R^2}$$

oder

$$4d^2 = u^2 + 4r^2 + u^2 + 4R^2 + 2\sqrt{(u^2 + 4r^2)(u^2 + 4R^2)},$$

$$(4d^2 - 2u^2 - 4r^2 - 4R^2)^2 = 4(u^2 + 4r^2)(u^2 + 4R^2).$$

$$4d^4 + u^4 + 4r^4 + 4R^4 - 4d^2u^2 - 8d^2r^2 - 8d^2R^2 + 4u^2r^2$$
$$+ 4u^2R^2 + 8r^2R^2 = u^4 + 4u^2R^2 + 4u^2r^2 + 16r^2R^2 \quad 57)$$

Setzt man

$$(r^2 + R^2 - d^2)^2 - 4r^2R^2 = m \quad . \quad . \quad . \quad . \quad . \quad 58)$$

dann ist

$$m = d^4 + r^4 + R^4 - 2d^2r^2 - 2d^2R^2 - 2R^2r^2.$$

Gleichung 57) geht dann über in

$$4m = 4d^2u^2,$$

$$u = \frac{\pm\sqrt{m}}{d}\text{[1]} \quad . \quad . \quad . \quad . \quad . \quad . \quad . \quad . \quad 59)$$

Wir brauchen nur das positive Vorzeichen zu beachten, da es nur auf den absoluten Wert ankommt.

Es war:

$$2z_1 = \frac{\sqrt{m}}{d} + 2R \pm \sqrt{\frac{m}{d^2} + 4R^2},$$

$$z_1 = \frac{\sqrt{m} + 2Rd \pm \sqrt{m + 4d^2R^2}}{2d},$$

$$z_1 = \frac{\sqrt{m} + 2Rd \pm (r^2 - R^2 - d^2)}{2d} \quad . \quad . \quad . \quad . \quad 60$$

$$2z_2 = \frac{\sqrt{m}}{d} + 2r \pm \sqrt{\frac{m}{d^2} + 4r^2},$$

$$z_2 = \frac{\sqrt{m} + 2rd \pm \sqrt{m + 4d^2r^2}}{2d},$$

$$z_2 = \frac{\sqrt{m} + 2rd \pm (R^2 - r^2 - d^2)}{2d} \quad . \quad . \quad . \quad . \quad 61)$$

[1]) Den gleichen Ausdruck gibt Dr.-Ing. W. Petersen in seinem Werk: »Hochspannungstechnik« 1911, S. 27, an.

$$z_1 = \frac{r^2 - R^2 - d^2 + 2\,R\,d + \sqrt{m}}{2\,d} \quad . \quad . \quad . \quad . \quad 62)$$

$$z_2 = \frac{R^2 - r^2 - d^2 + 2\,r\,d + \sqrt{m}}{2\,d} \quad . \quad . \quad . \quad . \quad 63)$$

Die Kapazität der in Fig. 6 dargestellten Anordnung besteht in einer Serienschaltung zweier Teilkapazitäten, von welchen jede aus einem Zylinder und einer Ebene besteht. Die Teilkapazitäten sind nach Gl. 47)

$$C_1 = \varrho \frac{l}{2 \ln \dfrac{\sqrt{h_1^2 - R^2} + h_1 - R}{\sqrt{h_1^2 - R^2} - h_1 + R}},$$

$$C_2 = \varrho \frac{l}{2 \ln \dfrac{\sqrt{h_2^2 - r^2} + h_2 - r}{\sqrt{h_2^2 - r^2} - h_2 + r}}.$$

Hierin ist l die Länge jedes der Zylinder. Die Gesamtkapazität C ergibt sich aus der Beziehung

$$\frac{1}{C} = \frac{1}{C_1} + \frac{1}{C_2}.$$

Es ist also

$$\frac{1}{C} = \frac{2}{\varrho\, l} \ln \left(\frac{\sqrt{h_1^2 - R^2} + h_1 - R}{\sqrt{h_1^2 - R^2} - h_1 + R} \cdot \frac{\sqrt{h_2^2 - r^2} + h_2 - r}{\sqrt{h_2^2 - r^2} - h_2 + r} \right) \quad . \quad 64)$$

In diesem Ausdruck ist h_1 und h_2 auszudrücken durch d, r und R. Zu diesem Zweck sind folgende Hilfsrechnungen zu machen. Nach Fig. 6 ist

$$h_1 + h_2 = d \text{ oder } h_1 = d - h_2 \text{ oder } h_2 = d - h_1$$

und

$$h_2 + z_2 - r = h_1 + z_1 - R.$$

Hieraus folgt

$$h_2 + z_2 - r = d - h_2 + z_1 - R,$$
$$2 h_2 = d + z_1 - z_2 + r - R$$

und

$$d - h_1 + z_2 - r = h_1 + z_1 - R,$$
$$2 h_1 = d + z_2 - z_1 - r + R.$$

Setzt man für z_1 und z_2 die Werte aus den Gleichungen 62) und 63) ein, so ergibt sich:

$$2\,h_1 = d + \frac{\sqrt{m} + 2\,r\,d + R^2 - r^2 - d^2}{2\,d} - r + R$$
$$- \frac{\sqrt{m} + 2\,R\,d + r^2 - R^2 - d^2}{2\,d}.$$

$$2h_1 = \frac{\begin{array}{c}2d^2 + \sqrt{m} + 2rd + R^2 - r^2 - d^2 - 2rd + 2Rd \\ - \sqrt{m} - 2Rd - r^2 + R^2 + d^2\end{array}}{2d}$$

$$h_1 = \frac{d^2 - r^2 + R^2}{2d} \quad \ldots\ldots\ldots \quad 65)$$

$$2h_2 = d + \frac{\sqrt{m} + 2Rd + r^2 - R^2 - d^2}{2d} + r - R$$

$$- \frac{\sqrt{m} + 2rd + R^2 - r^2 - d^2}{2d}.$$

$$2h_2 = \frac{\begin{array}{c}2d^2 + \sqrt{m} + 2Rd + r^2 - R^2 - d^2 + 2rd - 2Rd \\ - \sqrt{m} - 2rd - R^2 + r^2 + d^2\end{array}}{2d},$$

$$h_2 = \frac{d^2 + r^2 - R^2}{2d} \quad \ldots\ldots\ldots \quad 66)$$

Zur besseren Übersicht wollen wir noch einige Faktoren der Gl. 64) für sich allein auswerten:

$$\sqrt{h_1^2 - R^2} = \sqrt{\frac{(d^2 - r^2 + R^2)^2 - 4R^2 d^2}{4d^2}} = \frac{\sqrt{m}}{2d}$$

ferner

$$h_1 - R = \frac{d^2 - r^2 + R^2 - 2Rd}{2d} = \frac{(d - R)^2 - r^2}{2d}$$

ferner

$$\sqrt{h_2^2 - r^2} = \sqrt{\frac{(d^2 + r^2 - R^2)^2 - 4d^2 r^2}{4d^2}} = \frac{\sqrt{m}}{2d}$$

ferner

$$h_2 - r = \frac{d^2 + r^2 - R^2 - 2rd}{2d} = \frac{(d - r)^2 - R^2}{2d}.$$

Setzen wir diese Hilfswerte in Gl. 64) ein, so erhalten wir

$$\frac{1}{C} = \frac{2}{\varrho l} \ln \frac{\sqrt{m} + (d - R)^2 - r^2}{\sqrt{m} - (d - R)^2 + r^2} \cdot \frac{\sqrt{m} + (d - r)^2 - R^2}{\sqrt{m} - (d - r)^2 + R^2} \quad 67)$$

Werten wir zunächst den Zähler des Bruches für sich allein aus, so erhalten wir

$$m + \sqrt{m}\,(d - r)^2 - \sqrt{m}\,R^2 + \sqrt{m}\,(d - R)^2 + (d - r)^2 (d - R)^2$$
$$- R^2 (d - R)^2 - r^2 \sqrt{m} - r^2 (d - r)^2 + r^2 R^2$$

oder

$$2\sqrt{m}\,d^2 - 2d\sqrt{m}\,(R + r) + 2d^4 - 2d^3 (R + r) - 2rRd(R + r)$$
$$+ 2d(R^3 + r^3) - 2d^2 (R - r)^2$$

oder

$$2\sqrt{m}\,d\,(d-R-r)+2\,d^3\,(d-R-r)$$
$$+2\,d\,[R^3+r^3-d\,(R^2-2\,r\,R+r^2)$$
$$-r\,R\,(R+r)]$$

oder

$$2\,d\,(d-R-r)\,(\sqrt{m}+d^2)$$
$$+2\,d\,[(R+r)\,(R^2-r\,R+r^2-r\,R)$$
$$-d\,(R-r)^2]$$

oder

$$2\,d\,(d-R-r)\,(\sqrt{m}+d^2)$$
$$+2\,d\,[(R-r)^2\,(R+r-d)]$$

oder

$$2\,d\,(d-R-r)\,(\sqrt{m}+d^2)-2\,d\,(R-r)^2\,(d-R-r)$$

oder

$$2\,d\,(d-R-r)\,[\sqrt{m}+d^2-(R-r)^2].$$

Ebenso können wir den Nenner für sich behandeln:

$$[\sqrt{m}-(d-R)^2+r^2]\,[\sqrt{m}-(d-r)^2+R^2],$$

oder

$$m-\sqrt{m}\,(d-r)^2+R^2\sqrt{m}-\sqrt{m}\,(d-R)^2$$
$$+(d-R)^2\,(d-r)^2-(d-R)^2\,R^2$$
$$+r^2\sqrt{m}-r^2\,(d-r)^2+r^2\,R^2,$$

oder

$$-2\,d^2\sqrt{m}+2\,d\sqrt{m}\,(R+r)+2\,d^4-2\,d^3\,(R+r)$$
$$-2\,R\,r\,d\,(R+r)+2\,d\,(R^3+r^3)$$
$$-2\,d^2\,(R-r)^2$$

oder

$$-2\,d\sqrt{m}\,(d-R-r)+2\,d^3\,(d-R-r)$$
$$-2\,d\,[r\,R^2+r^2\,R-R^3-r^3+d\,(R-r)^2]$$

oder

$$-2\,d\,(d-R-r)\,(\sqrt{m}-d^2)-2\,d\,[-(R+r)\,(r^2-r\,R$$
$$+R^2-r\,R)+d\,(R-r)^2]$$

oder

$$-2\,d\,(d-R-r)\,(\sqrt{m}-d^2)-2\,d\,[(R-r)^2\,(d-R-r)]$$

oder

$$-2\,d\,(d-R-r)\,[\sqrt{m}-d^2+(R-r)^2]$$

oder

$$2\,d\,(d-R-r)\,[d^2-(R-r)^2-\sqrt{m}].$$

Setzen wir die für Zähler und Nenner ermittelten Werte in Gl. 67) ein, so erhalten wir

$$\frac{1}{C}=\frac{2}{\varrho\,l}\ln\frac{\sqrt{m}+d^2-(R-r)^2}{d^2-(R-r)^2-\sqrt{m}}$$

oder
$$C = \varrho \frac{l}{2 \ln \dfrac{d^2 - (R-r)^2 + \sqrt{m}}{d^2 - (R-r)^2 - \sqrt{m}}} \quad \ldots \ldots \quad 68)$$

in elektrostatischen Einheiten, oder
$$C = \varrho \frac{l}{2 \ln \dfrac{d^2 - (R-r)^2 + \sqrt{m}}{d^2 - (R-r)^2 - \sqrt{m}}} \frac{1}{9 \cdot 10^{11}} \text{ Farad} \quad \ldots \quad 69)$$

Hierin sind: l = Länge jedes Zylinders in cm,
d = Abstand der Zylinderachsen in cm,
R = Radius des stärkeren Zylinders in cm,
r = Radius des schwächeren Zylinders in cm,
$\sqrt{m} = \sqrt{(r^2 + R^2 - d^2)^2 - 4 r^2 R^2}$.

Haben die Zylinder gleiche Durchmesser, so wird $R = r$ und nach Fig. 6 $h_1 = h_2 = \frac{d}{2}$.

Setzt man diese Werte in Gl. 64) ein, so erhält man
$$\frac{1}{C} = \frac{2}{\varrho l} \ln \left(\frac{\sqrt{d^2 - 4 r^2} + d - 2 r}{\sqrt{d^2 - 4 r^2} - d + 2 r} \right)^2,$$
$$\frac{1}{C} = \frac{4}{\varrho l} \ln \frac{\sqrt{d^2 - 4 r^2} + d - 2 r}{\sqrt{d^2 - 4 r^2} - d + 2 r},$$
$$C = \varrho \frac{l}{4 \ln \dfrac{\sqrt{d^2 - 4 r^2} + d - 2 r}{\sqrt{d^2 - 4 r^2} - d + 2 r}} \quad \ldots \ldots \quad 70)$$

in elektrostatischen Einheiten, oder
$$C = \varrho \frac{l}{4 \ln \dfrac{\sqrt{d^2 - 4 r^2} + d - 2 r}{\sqrt{d^2 - 4 r^2} - d + 2 r}} \frac{1}{9 \cdot 10^{11}} \text{ Farad} \quad \ldots \quad 71)$$

Ist d gegen r sehr groß, so vereinfacht sich schließlich vorstehende Gleichung in
$$C = \varrho \frac{l}{4 \ln \dfrac{d}{r}} \frac{1}{9 \cdot 10^{11}} \text{ Farad} \quad \ldots \ldots \quad 72)$$

Um die Beanspruchung des Isoliermaterials in einem beliebigen Punkte X des senkrechten Abstandes zwischen den beiden Zylindern zu finden, stellen wir zunächst die Ausdrücke für die Kräfte auf, welche von den in die elektrischen Achsen der Zylinder verlegten Ladungen auf eine Einheitsladung im Punkte X (Fig. 6) ausgeübt werden. Der Abstand des Punktes X von der Achse A sei x, dann ist der Abstand des Punktes X von der Achse B gleich $u - x$. Nach Gl. 43) sind die auf den Punkt X wirkenden Kräfte, wenn die spezifische Ladung der elektrischen Achsen mit σ bezeichnet wird,

$$F_A = \frac{2\sigma}{x},$$

$$F_B = \frac{2\sigma}{u - x}.$$

Die Gesamtkraft ist daher gleich der Summe

$$F = F_A + F_B = 2\sigma\left(\frac{1}{x} + \frac{1}{u - x}\right).$$

Diese Kraft ist aber nach Gl. 6) gleich dem negativen Differentialquotienten des Potentials des Punktes X, also

$$F = -\frac{dV}{dx}.$$

Da es uns nur auf den absoluten Wert des Potentialgefälles ankommt, so können wir schreiben

$$\frac{dV}{dx} = 2\sigma\left(\frac{1}{x} + \frac{1}{u - x}\right).$$

Setzen wir nach Gl. 59) $u = \frac{\sqrt{m}}{d}$, so erhalten wir

$$\frac{dV}{dx} = \frac{2\sigma u}{x(u - x)} = \frac{2\sigma\sqrt{m}}{x(\sqrt{m} - xd)} \quad . \quad . \quad . \quad . \quad 74)$$

In dieser Gleichung ist nach Gl. 58)

$$m = (r^2 + R^2 - d^2)^2 - 4r^2R^2.$$

Es sind r und R die Radien des kleinen und großen Zylinders und d der senkrechte Abstand der Zylinderachsen voneinander in cm.

Die größte Beanspruchung liegt unmittelbar an der Oberfläche des kleinen Zylinders, weil hier die Kraftliniendichte am größten ist.

Zur Berechnung dieses Maximums setzen wir $x = z_2$, wo

$$z_2 = \frac{R^2 - r^2 - d^2 + 2rd + \sqrt{m}}{2d} \text{ (s. Gl. 63).}$$

Wir erhalten also

$$\frac{dV}{dx_{x=z_2}} = 2\sigma\frac{\sqrt{m}}{z_2(\sqrt{m} - dz_2)}.$$

Wir wollen zunächst den Zähler des Bruches umgestalten.

$$\sqrt{m} = \sqrt{d^4 + r^4 + R^4 - 2d^2r^2 - 2d^2R^2 - 2R^2r^2}$$
$$= \sqrt{(r^2 + d^2 - R^2)^2 - 4r^2d^2}$$
$$= \sqrt{(r^2 + d^2 - R^2 + 2rd)(r^2 + d^2 - R^2 - 2rd)}.$$

Rechnen wir den Nenner des Bruches auch für sich um, so erhalten wir

$$z_2(\sqrt{m} - d\,z_2) =$$

$$= \frac{R^2 - r^2 - d^2 + 2\,r\,d + \sqrt{m}}{2\,d}\left(\sqrt{m} - \frac{R^2 - r^2 - d^2 + 2\,r\,d + \sqrt{m}}{2}\right)$$

$$= \frac{\sqrt{m} + (R^2 - r^2 - d^2 + 2\,r\,d)}{2\,d} \cdot \frac{\sqrt{m} - (R^2 - r^2 - d^2 + 2\,r\,d)}{2}$$

$$= \frac{m - (R^2 - r^2 - d^2 + 2\,r\,d)^2}{4\,d}$$

$$= \frac{d^4 + r^4 + R^4 - 2\,d^2 r^2 - 2\,d^2 R^2 - 2\,r^2 R^2}{4\,d}$$

$$-\frac{R^4 + r^4 + d^4 + 4\,r^2 d^2 - 2\,R^2 r^2 - 2\,R^2 d^2 + 4\,R^2 r\,d + 2\,r^2 d^2 - 4\,r^3 d - 4\,r\,d^3}{4\,d}$$

$$= \frac{-8\,r^2 d^2 - 4\,R^2 r\,d + 4\,r\,d^3 + 4\,r^3 d}{4\,d}$$

$$= \frac{4\,d\,r\,(d^2 - 2\,r\,d - R^2 + r^2)}{4\,d}$$

$$= r\,(d^2 - 2\,r\,d - R^2 + r^2).$$

Der Bruch erhält dann die Form

$$\frac{\sqrt{m}}{z_2(\sqrt{m} - d\,z_2)} = \sqrt{\frac{(r^2 + d^2 - R^2 + 2\,r\,d)(r^2 + d^2 - R^2 - 2\,r\,d)}{r^2(d^2 - 2\,r\,d - R^2 + r^2)^2}}$$

und daher

$$\left.\frac{d\,V}{d\,x}\right|_{x = z_2} = \sqrt{\frac{r^2 - R^2 + d^2 + 2\,r\,d}{r^2 - R^2 + d^2 - 2\,r\,d}} \cdot \frac{2\,\sigma}{r} \quad . \quad . \quad . \quad . \quad 75)$$

Um die Beanspruchung unmittelbar an der Oberfläche des größeren Zylinders zu finden, setzen wir in der allgemeinen Gl. 74)

$$x = u - z_1.$$

Nach Gl. 62) war

$$z_1 = \frac{r^2 - R^2 - d^2 + 2\,R\,d + \sqrt{m}}{2\,d}.$$

Wir erhalten dann

$$\left.\frac{d\,V}{d\,x}\right|_{x = u - z_1} = 2\,\sigma\,\frac{\sqrt{m}}{z_1(\sqrt{m} - d\,z_1)}.$$

Wir behandeln zunächst wieder den Zähler des Bruches für sich allein und schreiben

$$\sqrt{m} = \sqrt{d^4 + r^4 + R^4 - 2\,d^2 r^2 - 2\,d^2 R^2 - 2\,R^2 r^2}$$

$$= \sqrt{(d^2 + R^2 - r^2)^2 - 4\,d\,R^2}$$

$$= \sqrt{(d^2 + R^2 - r^2 + 2\,d\,R)(d^2 + R^2 - r^2 - 2\,d\,R)}.$$

Für den Nenner des Bruches können wir schreiben

$$z_1(\sqrt{m}-d\,z_1)=$$
$$=\frac{r^2-R^2-d^2+2\,R\,d+\sqrt{m}}{2\,d}\left(\sqrt{m}-\frac{r^2-R^2-d^2+2\,R\,d+\sqrt{m}}{2}\right)$$
$$=\frac{m-(r^2-R^2-d^2+2\,R\,d)^2}{4\,d}$$
$$=\frac{d^4+r^4+R^4-2\,d^2r^2-2\,d^2R^2-2\,r^2R^2}{4\,d}$$
$$-\frac{r^4+R^4+d^4+4\,R^2d^2-2\,r^2R^2-2\,r^2d^2+4\,r^2R\,d+2\,R^2d^2-4\,R^3d-4\,R\,d^3}{4\,d}$$
$$=\frac{-8\,R^2d^2-4\,r^2R\,d+4\,R^3d+4\,R\,d^3}{4\,d}$$
$$=\frac{4\,R\,d\,(d^2+R^2-r^2-2\,R\,d)}{4\,d}$$
$$=R\,(d^2+R^2-r^2-2\,R\,d).$$

Der Bruch erhält dann die Form

$$\frac{\sqrt{m}}{z_1(\sqrt{m}-d\,z_1)}=\sqrt{\frac{(d^2+R^2-r^2+2\,R\,d)\,(d^2+R^2-r^2-2\,R\,d)}{R^2\,(d^2+R^2-r^2-2\,R\,d)^2}}$$

und daher

$$\frac{d\,V}{d\,x}_{x=u-z_1}=\sqrt{\frac{R^2-r^2+d^2+2\,R\,d}{R^2-r^2+d^2-2\,R\,d}}\cdot\frac{2\,\sigma}{R}\quad\ldots\ldots\quad 76)$$

Nach Definition ist $\sigma l=Q$, wenn l die Länge der Zylinder und Q die Ladung eines jeden ist. Da ferner $Q=\frac{1}{\varrho}\,V\,C$, so haben wir unter Benutzung der Gl. 68) für die gefundenen Gleichungen 74), 75) und 76):

Allgemeine Gleichung für die Beanspruchung des Isoliermaterials an einem beliebigen Punkte X in der Entfernung x von der elektrischen Achse A des kleineren Zylinders (Fig. 6)

$$\frac{d\,V}{d\,x}=\frac{V}{\ln\frac{d^2-(R-r)^2+\sqrt{m}}{d^2-(R-r)^2-\sqrt{m}}}\;\frac{\sqrt{m}}{x\,(\sqrt{m}-d\,x)}\quad\ldots\quad 77)$$

Beanspruchung unmittelbar an der Oberfläche des kleineren Zylinders, zugleich als Maximum der Beanspruchung

$$\frac{d\,V}{d\,x}_{\text{für } x=z_1}=\frac{V}{r\cdot\ln\frac{d^2-(R-r)^2+\sqrt{m}}{d^2-(R-r)^2-\sqrt{m}}}\sqrt{\frac{r^2-R^2+d^2+2\,r\,d}{r^2-R^2+d^2-2\,r\,d}}\quad 78)$$

Beanspruchung unmittelbar an der Oberfläche des größeren Zylinders

$$\frac{dV}{dx}_{\text{für } x = u - z_1} = \frac{V}{R \cdot \ln \dfrac{d^2 - (R-r)^2 + \sqrt{m}}{d^2 - (R-r)^2 - \sqrt{m}}} \sqrt{\frac{R^2 - r^2 + d^2 + 2Rd}{R^2 - r^2 + d^2 - 2Rd}} \qquad 79)$$

Haben die Zylinder gleiche Durchmesser, so werden die Beanspruchungen unter Benutzung der Gl. 70) im allgemeinen

$$\frac{dV}{dx} = \frac{V}{2 \ln \dfrac{\sqrt{d^2 - 4r^2} + d - 2r}{\sqrt{d^2 - 4r^2} - d + 2r}} \frac{\sqrt{m_1}}{x(\sqrt{m_1} - dx)} \quad . \; . \; 80)$$

In dem Ausdruck für m (s. Gl. 58) ist dann $R = r$ zu setzen. Es wird dann $m_1 = d^4 - 4r^2d^2$.

Die Beanspruchung an der Oberfläche der Zylinder, also das Maximum der Beanspruchung, wird

$$\frac{dV}{dx}_{\text{für } x = z_1} = \frac{V}{r \, 2 \ln \dfrac{\sqrt{d^2 - 4r^2} + d - 2r}{\sqrt{d^2 - 4r^2} - d + 2r}} \sqrt{\frac{d + 2r}{d - 2r}} \quad . \; . \; . \; . \; 81)$$

Ist endlich d sehr groß im Verhältnis zu r, so wird die Beanspruchung bei gleichen Zylinderdurchmessern unmittelbar an der Oberfläche derselben, also das Maximum

$$\frac{dV}{dx}_{\text{für } x = z_1} = \frac{V}{2r \ln \dfrac{d}{r}} \quad . \; . \; . \; . \; . \; . \; . \; . \; . \; . \; . \; . \; 82)$$

Kondensator, bestehend aus zwei sich umhüllenden Zylindern.

Denkt man sich eine Schneidende durch beide Zylindermitten gelegt und derartig harmonisch geteilt, daß die Punkte A und B in der Fig. 7 sowohl mit den Punkten J und G als auch mit den Punkten F und D harmonisch liegen, so kann man den Kondensatoraufbau wieder als eine Kombination von zwei Kondensatoren auffassen, von welchen jeder aus einem Zylinder und einer Ebene besteht. Die Ebene ist beiden Kondensatoren gemeinsam und ist in der Mitte der Strecke zwischen den Polen A und B senkrecht zur Linie AB zu denken.

An Hand der Fig. 7 kann man folgende Gleichungen aufstellen

$$FB \cdot AD = DB \cdot AF,$$
$$JB \cdot AG = GB \cdot AJ,$$

oder anders ausgedrückt

$$(2r - z_2)(2h_2 + z_2 - 2r) = z_2(2h_2 + z_2),$$
$$(2R - z_1)(2h_1 + z_1 - 2R) = z_1(2h_1 + z_1).$$

Ersetzt man in diesen Gleichungen h durch die sich aus Fig. 7 ergebenden Beziehungen, so erhält man

$$h_1 = \frac{u}{2} + R - z_1,$$

$$h_2 = \frac{u}{2} + r - z_2.$$

$$(2\,r - z_2)\,(u - z_2) = z_2\,(u + 2\,r - z_2) \quad \ldots\ldots\ldots \quad 83)$$

$$(2\,R - z_1)\,(u - z_1) = z_1\,(u + 2\,R - z_1) \quad \ldots\ldots\ldots \quad 84)$$

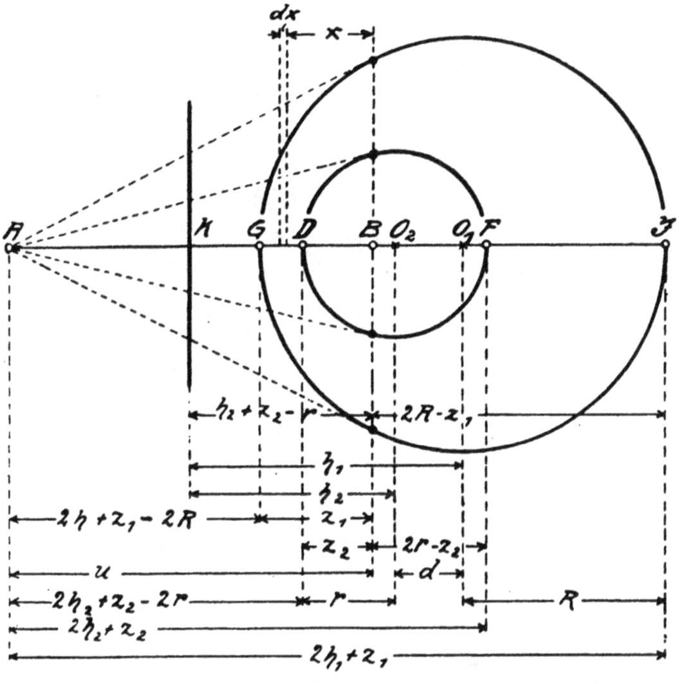

Fig. 8.

Diese beiden Gleichungen stimmen mit den Gleichungen 53) und 54) genau überein. Wir erhalten also auch

$$2\,z_1 = u + 2\,R \pm \sqrt{u^2 + 4\,R^2} \quad \ldots\ldots\ldots \quad 85)$$

$$2\,z_2 = u + 2\,r \pm \sqrt{u^2 + 4\,r^2} \quad \ldots\ldots\ldots \quad 86)$$

Subtrahiert man die letzte von der vorletzten Gleichung, so wird

$$2\,(z_1 - z_2) = 2\,R - 2\,r \pm \sqrt{u^2 + 4\,R^2} \mp \sqrt{u^2 + 4\,r^2} \quad \ldots \quad 87)$$

Nach der Fig. 7 kann man ferner die Gleichung aufstellen

$$GD = GJ - JO_1 - O_1O_2 - O_2D,$$

$$z_1 - z_2 = 2\,R - R - d - r,$$

$$2\,(z_1 - z_2) = 2\,R - 2\,r - 2\,d \quad \ldots\ldots\ldots \quad 88)$$

Aus den Gleichungen 87) und 88) erhält man

$$-2\,d = \pm\sqrt{u^2 + 4\,R^2} \mp \sqrt{u^2 + 4\,r^2}$$

$$4\,d^2 = u^2 + 4\,R^2 + u^2 + 4\,r^2 - 2\sqrt{(u^2 + 4\,R^2)\,(u^2 + 4\,r^2)}$$

$$(4\,d^2 - 2\,u^2 - 4\,r^2 - 4\,R^2)^2 = 4\,(u^2 + 4\,R^2)\,(u^2 + 4\,r^2).$$

Setzt man

$$(r^2 + R^2 - d^2)^2 - 4\,r^2\,R^2 = m \quad \ldots\ldots\ldots \quad 89)$$

so wird

$$u = \frac{\sqrt{m}}{d} \quad \ldots\ldots\ldots\ldots\ldots \quad 90)$$

Es kann hier nur das positive Vorzeichen in Betracht kommen, da es sich nur um den absoluten Wert von u handelt.

Es war

$$2\,z_1 = \frac{\sqrt{m}}{d} + 2\,R \pm \sqrt{\frac{m}{d^2} + 4\,R^2},$$

$$z_1 = \frac{\sqrt{m} + 2\,R\,d \pm \sqrt{m + 4\,d^2\,R^2}}{2\,d},$$

$$z_1 = \frac{\sqrt{m} + 2\,R\,d - r^2 + R^2 + d^2}{2\,d} \quad \ldots\ldots\ldots \quad 91)$$

$$2\,z_2 = \frac{\sqrt{m}}{d} + 2\,r \pm \sqrt{\frac{m}{d^2} + 4\,r^2},$$

$$z_2 = \frac{\sqrt{m} + 2\,r\,d \pm \sqrt{m + 4\,d^2\,r^2}}{2\,d},$$

$$z_2 = \frac{\sqrt{m} + 2\,r\,d + r^2 - R^2 + d^2}{2\,d} \quad \ldots\ldots\ldots \quad 92)$$

Die Kapazität der in Fig. 7 dargestellten Anordnung besteht in einer Serienschaltung zweier Teilkapazitäten, von welchen jede aus einem Zylinder und einer Ebene besteht. Die Teilkapazitäten sind nach Gl. 47)

$$C_1 = \varrho\,\frac{l}{2\ln\dfrac{\sqrt{h_1^2 - R^2} + h_1 - R}{\sqrt{h_1^2 - R^2} - h_1 + R}},$$

$$C_2 = \varrho\,\frac{l}{2\ln\dfrac{\sqrt{h_2^2 - r^2} + h_2 - r}{\sqrt{h_2^2 - r^2} - h_2 + r}}.$$

Hierin ist l die Länge jedes der Zylinder. Die Gesamtkapazität C ergibt sich aus der Beziehung

$$\frac{1}{C} = \frac{1}{C_1} + \frac{1}{C_2}.$$

Es ist also

$$\frac{1}{C}=\frac{2}{\varrho l}\ln\left(\frac{\sqrt{h_1^2-R^2}+h_1-R}{\sqrt{h_1^2-R^2}-h_1+R}\cdot\frac{\sqrt{h_2^2-r^2}+h_2-r}{\sqrt{h_2^2-r^2}-h_2+r}\right)\quad .\ .\ 93)$$

In diesem Ausdruck ist h_1 und h_2 zu ersetzen durch d, r und R. Zu diesem Zweck sind folgende Hilfsrechnungen zu machen. Nach Fig. 7 ist

$$h_1=\frac{u}{2}+R-z_1,$$

und da nach Gl. 91)

$$z_1=\frac{\sqrt{m}+2\,R\,d-r^2+R^2+d^2}{2\,d}$$

ist, so folgt

$$h_1=\frac{\sqrt{m}}{2\,d}+R-\frac{\sqrt{m}+2\,R\,d-r^2+R^2+d^2}{2\,d},$$

$$h_1=\frac{r^2-R^2-d^2}{2\,d}\quad .\ .\ .\ .\ .\ .\ .\ .\ .\ .\ .\ .\ 94)$$

Nach Fig. 7 ist

$$h_2=\frac{u}{2}+r-z_2,$$

und da nach Gl. 92)

$$z_2=\frac{\sqrt{m}+2\,r\,d+r^2-R^2+d^2}{2\,d},$$

so folgt

$$h_2=\frac{\sqrt{m}}{2\,d}+r-\frac{\sqrt{m}+2\,r\,d+r^2-R^2+d^2}{2\,d},$$

$$h_2=\frac{R^2-r^2-d^2}{2\,d}\quad .\ .\ .\ .\ .\ .\ .\ .\ .\ .\ .\ .\ 95)$$

Zur besseren Übersicht wollen wir noch einige Faktoren der Gl. 93) für sich allein auswerten

$$\sqrt{h_1^2-R^2}=\sqrt{\frac{(r^2-R^2-d^2)^2-4\,R^2\,d^2}{4\,d^2}}=\frac{\sqrt{m}}{2\,d},$$

ferner

$$\sqrt{h_2^2-r^2}=\sqrt{\frac{(R^2-r^2-d^2)^2-4\,r^2\,d^2}{4\,d^2}}=\frac{\sqrt{m}}{2\,d},$$

ferner

$$h_1-R=\frac{r^2-R^2-d^2-2\,R\,d}{2\,d}=\frac{r^2-(R+d)^2}{2\,d},$$

ferner

$$h_2-r=\frac{R^2-r^2-d^2-2\,d\,r}{2\,d}=\frac{R^2-(r+d)^2}{2\,d}.$$

Setzen wir diese Hilfswerte in Gl. 93) ein, so wird

$$\frac{1}{C}=\frac{2}{\varrho l}\ln\frac{\sqrt{m}+r^2-(R+d)^2}{\sqrt{m}-r^2+(R+d)^2}\cdot\frac{\sqrt{m}+R^2-(r+d)^2}{\sqrt{m}-R^2+(r+d)^2} \quad . \; . \; 96)$$

Werten wir zunächst den Zähler des Bruches für sich allein aus, so erhalten wir

$$\begin{aligned}&R^4+r^4+d^4-2r^2d^2-2R^2d^2-2r^2R^2+R^2\sqrt{m}-r^2\sqrt{m}\\&-2rd\sqrt{m}-d^2\sqrt{m}+r^2\sqrt{m}+r^2R^2-r^4-2r^3d-r^2d^2\\&-R^2\sqrt{m}-2Rd\sqrt{m}-d^2\sqrt{m}-R^4-2R^3d-R^2d^2\\&+R^2r^2+2R^2rd+R^2d^2+2Rr^2d+4rRd^2\\&+2Rd^3+d^2r^2+2rd^3+d^4\end{aligned}$$

oder

$$\begin{aligned}&-2\sqrt{m}(d^2+rd+Rd)+2d^4-2r^2d^2-2R^2d^2\\&-2r^3d-2R^3d+2Rrd(R+r)+4rRd^2+2d^3(R+r)\end{aligned}$$

oder

$$\begin{aligned}&-2d\sqrt{m}(d+R+r)+2Rrd(R+r+d)+2d^3(d+R+r)\\&-2d(R+r)(R^2-rR+r^2)-2d^2(R^2-rR+r^2)\end{aligned}$$

oder

$$\begin{aligned}&-2d(R+r+d)[\sqrt{m}-d^2-Rr]\\&-(R^2-rR+r^2)2d(R+r+d)\end{aligned}$$

oder

$$-2d(R+r+d)\left(\sqrt{m}-d^2+(R-r)^2\right).$$

Ebenso können wir den Nenner für sich behandeln

$$\left(\sqrt{m}-r^2+(R+d)^2\right)\left(\sqrt{m}-R^2+(r+d)^2\right).$$

$$\begin{aligned}&r^4+R^4+d^4-2r^2R^2-2r^2d^2-2R^2d^2-R^2\sqrt{m}+r^2\sqrt{m}\\&+2rd\sqrt{m}+d^2\sqrt{m}-r^2\sqrt{m}+r^2R^2-r^4-2r^3d-r^2d^2\\&+R^2\sqrt{m}+2Rd\sqrt{m}+d^2\sqrt{m}-R^4-2R^3d-R^2d^2\\&+R^2r^2+2R^2rd+R^2d^2+2Rr^2d+4rRd^2\\&+2Rd^3+d^2r^2+2rd^3+d^4\end{aligned}$$

oder

$$\begin{aligned}&2\sqrt{m}\,d(r+R+d)+2d^4-2d^2(R^2+r^2)\\&-2d(r^3+R^3)+2Rrd(R+r+d)+2rRd^2\\&+2d^3(R+r)\end{aligned}$$

oder

$$\begin{aligned}&2\sqrt{m}\,d(r+R+d)+2d^3(R+r+d)+2Rrd(R+r+d)\\&-2d^2(R^2+r^2-rR)-2d(R+r)(R^2+r^2-rR)\end{aligned}$$

oder

$$2d(r+R+d)(\sqrt{m}+d^2+Rr)$$
$$-(R^2+r^2-Rr)\cdot 2d(R+r+d)$$

oder

$$2d(r+R+d)(\sqrt{m}+d^2+Rr-R^2-r^2+Rr)$$

oder

$$-2d(r+R+d)\left((R-r)^2-d^2-\sqrt{m}\right).$$

Setzen wir die für Zähler und Nenner ermittelten Werte in Gl. 96) ein, so erhalten wir

$$\frac{1}{C}=\frac{2}{\varrho l}\ln\frac{(R-r)^2-d^2+\sqrt{m}}{(R-r)^2-d^2-\sqrt{m}}$$

oder

$$C=\varrho\frac{l}{2\ln\frac{(R-r)^2-d^2+\sqrt{m}}{(R-r)^2-d^2-\sqrt{m}}}$$

in elektrostatischen Einheiten, oder

$$C=\varrho\frac{l}{2\ln\frac{(R-r)^2-d^2+\sqrt{m}}{(R-r)^2-d^2-\sqrt{m}}}\frac{1}{9\cdot 10^{11}}\text{ Farad} \quad .\ .\ .\ .\ 97)$$

Hierin sind:

l = Länge jedes Zylinders in cm,
d = Abstand der Zylinderachsen in cm,
R = Radius des äußeren Zylinders in cm,
r = Radius des inneren Zylinders in cm,
$\sqrt{m}=\sqrt{(r^2+R^2-d^2)^2-4r^2R^2}$.

Um die Beanspruchung des Isoliermaterials in einem beliebigen Punkte des kürzesten senkrechten Abstandes der beiden Zylinder zu finden, stellen wir zunächst die Ausdrücke für die Kräfte auf, welche von den in die elektrischen Achsen der Zylinder verlegten Ladungen auf eine Einheitsladung in der Entfernung x von der Achse B (Fig. 7) ausgeübt werden. Nach Gl. 43) sind die auf die Einheitsladung wirkenden Kräfte, wenn die spezifische Ladung der elektrischen Achsen mit σ bezeichnet wird,

$$F_A=\frac{2\sigma}{u-x},$$

$$F_B=\frac{2\sigma}{x}.$$

Die Gesamtkraft ist daher gleich der Summe

$$F=F_A+F_B=2\sigma\left(\frac{1}{x}+\frac{1}{u-x}\right).$$

Diese Kraft ist aber nach Gl. 6) gleich dem negativen Differentialquotienten des Potentials der Einheitsladung in der Entfernung x, also

$$F = -\frac{dV}{dx}.$$

Da es uns nur auf den absoluten Wert des Potentialgefälles ankommt, so können wir schreiben

$$\frac{dV}{dx} = 2\sigma\left(\frac{1}{x} + \frac{1}{u-x}\right).$$

Setzen wir nach Gl. 90) $u = \frac{\sqrt{m}}{d}$, so erhalten wir:

$$\frac{dV}{dx} = \frac{2\sigma u}{x(u-x)} = \frac{2\sigma\sqrt{m}}{x(\sqrt{m}-dx)} \quad \ldots\ldots\ldots \quad 98)$$

In diesem Ausdruck ist nach Gl. 89)

$$m = (r^2 + R^2 - d^2)^2 - 4r^2R^2.$$

Es sind r = Radius des inneren, R = Radius des äußeren Zylinders und d der kürzeste Abstand der Zylinderachsen voneinander in cm.

Die größte Beanspruchung liegt unmittelbar an der Oberfläche des inneren Zylinders, weil hier die Kraftliniendichte am größten ist.

Zur Berechnung dieses Maximums setzen wir

$$x = z_2, \text{ wo } z_2 = \frac{\sqrt{m} + 2rd + r^2 - R^2 + d^2}{2d} \quad \text{(s. Gl. 92).}$$

Wir erhalten also

$$\left.\frac{dV}{dx}\right|_{x=z_2} = 2\sigma\frac{\sqrt{m}}{z_2(\sqrt{m}-dz_2)}.$$

Wir wollen zunächst den Zähler des Bruches umgestalten.

$$\begin{aligned}\sqrt{m} &= \sqrt{d^4 + r^4 + R^4 - 2d^2r^2 - 2d^2R^2 - 2R^2r^2}\\ &= \sqrt{(r^2+d^2-R^2)^2 - 4r^2d^2}\\ &= \sqrt{(r^2+d^2-R^2+2rd)(r^2+d^2-R^2-2rd)}.\end{aligned}$$

Rechnen wir den Nenner des Bruches für sich um, so erhalten wir

$$\begin{aligned}z_2(\sqrt{m}-dz_2) &= \frac{-R^2+r^2+d^2+2rd+\sqrt{m}}{2d}\\ &\quad\left(\sqrt{m} - \frac{-R^2+r^2+d^2+2rd+\sqrt{m}}{2}\right)\\ &= \frac{\sqrt{m}+(2rd+r^2+R^2+d^2)}{2d}\cdot\frac{\sqrt{m}-(2rd+r^2-R^2+d^2)}{2}\\ &= \frac{m-(2rd+r^2-R^2+d^2)^2}{4d}\end{aligned}$$

oder

$$\frac{d^4+r^4+R^4-2r^2R^2-2r^2d^2-2R^2d^2-4r^2d^2-r^4-R^4-d^4-4r^3d}{4d}$$

$$+\frac{4rR^2d-4rd^3+2r^2R^2-2r^2d^2+2R^2d^2}{4d}$$

oder

$$\frac{-8r^2d^2-4r^3d-4rd^3+4rR^2d}{4d}$$

oder

$$\frac{-4dr(2rd+r^2+d^2-R^2)}{4d}$$

oder

$$-r(2rd+r^2+d^2-R^2).$$

Der Bruch erhält dann die Form

$$\frac{\sqrt{m}}{z_2(\sqrt{m}-dz_2)}=\sqrt{\frac{(r^2+d^2-R^2+2rd)(r^2+d^2-R^2-2rd)}{r^2(2rd+r^2+d^2-R^2)^2}}$$

und daher

$$\frac{dV}{dx}_{x=z_2}=\sqrt{\frac{r^2+d^2-R^2-2rd}{r^2+d^2-R^2+2rd}}\cdot\frac{2\sigma}{r} \quad \ldots\ldots\ldots \quad 99)$$

Um die Beanspruchung unmittelbar an der inneren Oberfläche des äußeren Zylinders zu finden, setzen wir in der allgemeinen Gl. 98)

$$x=z_1.$$

Nach Gl. 91) war

$$z_1=\frac{\sqrt{m}+2Rd-r^2+R^2+d^2}{2d}.$$

Wir erhalten dann

$$\frac{dV}{dx}_{x=z_1}=2\sigma\frac{\sqrt{m}}{z_1(\sqrt{m}-dz_1)}.$$

Wir behandeln zunächst wieder den Zähler des Bruches für sich allein und schreiben

$$\begin{aligned}\sqrt{m}&=\sqrt{d^4+r^4+R^4-2d^2r^2-2d^2R^2-2R^2r^2}\\&=\sqrt{(d^2-r^2+R^2)^2-4R^2d^2}\\&=\sqrt{(R^2-r^2+d^2+2Rd)(R^2-r^2+d^2-2Rd)}.\end{aligned}$$

Für den Nenner des Bruches können wir schreiben

$$z_1(\sqrt{m}-dz_1)=\frac{\sqrt{m}+2Rd-r^2+R^2+d^2}{2d}\cdot$$

$$\cdot\left(\sqrt{m}-\frac{2Rd-r^2+R^2+d^2}{2}\right)$$

$$= \frac{m - (2Rd - r^2 + R^2 + d^2)^2}{4d}$$

$$= \frac{d^4 + r^4 + R^4 - 2d^2r^2 - 2d^2R^2 - 2R^2r^2}{4d}$$

$$- \frac{\begin{array}{c}4R^2d^2 + r^4 + R^4 + d^4 - 4r^2Rd + 4R^3d \\ + 4Rd^3 - 2r^2R^2 - 2r^2d^2 + 2R^2d^2\end{array}}{4d}$$

$$= \frac{-8R^2d^2 + 4r^2Rd - 4R^3d - 4Rd^3}{4d}$$

$$= \frac{-4Rd(2Rd - r^2 + R^2 + d^2)}{4d}$$

$$= -R(d^2 + R^2 - r^2 + 2Rd).$$

Der Bruch erhält dann die Form

$$\frac{\sqrt{m}}{z_1(\sqrt{m} - dz_1)} = \sqrt{\frac{(R^2 - r^2 + d^2 + 2Rd)(R^2 - r^2 + d^2 - 2Rd)}{R^2 \cdot (R^2 - r^2 + d^2 + 2Rd)}}$$

und daher

$$\frac{dV}{dx}_{x = z_1} = \sqrt{\frac{R^2 - r^2 + d^2 - 2Rd}{R^2 - r^2 + d^2 + 2Rd}} \cdot \frac{2\sigma}{R} \quad \ldots\ldots \quad 100)$$

Nach Definition ist $\sigma l = Q$, wenn l die Länge der Zylinder und Q die Ladung eines jeden derselben ist. Da ferner $Q = \frac{1}{\varrho} C V$, so haben wir unter Benutzung der Gl. 97) für die gefundenen Gleichungen 98), 99) und 100) zu schreiben:

Als allgemeine Gleichung für die Beanspruchung des Isoliermaterials in der Richtung der kürzesten Entfernung zwischen den Zylinderachsen

$$\frac{dV}{dx} = \frac{V}{\ln \frac{(R-r)^2 - d^2 + \sqrt{m}}{(R-r)^2 - d^2 - \sqrt{m}}} \frac{\sqrt{m}}{x(\sqrt{m} - dx)} \quad \ldots . \quad 101)$$

Als Gleichung für die maximale Beanspruchung, nämlich unmittelbar an der Oberfläche des inneren Zylinders

$$\frac{dV}{dx}_{\text{für } x = z_1} = \frac{V}{r \ln \frac{(R-r)^2 - d^2 + \sqrt{m}}{(R-r)^2 - d^2 - \sqrt{m}}} \sqrt{\frac{r^2 + d^2 - R^2 - 2rd}{r^2 + d^2 - R^2 + 2rd}} \quad 102)$$

Als Gleichung für die Beanspruchung unmittelbar an der inneren Seite des äußeren Zylinders

$$\frac{dV}{dx}_{\text{für } x = z_1} = \frac{V}{R \ln \frac{(R-r)^2 - d^2 + \sqrt{m}}{(R-r)^2 - d^2 - \sqrt{m}}} \sqrt{\frac{R^2 - r^2 + d^2 - 2Rd}{R^2 - r^2 + d^2 + 2Rd}} \quad 103)$$

K. Brechung der Kraftlinien.

Treffen Kraftlinien in schräger Richtung auf die Grenzfläche zweier dielektrischer Körper, so dringen die Linien von dem einen Dielektrikum nicht in der bisherigen Richtung in das andere Dielektrikum ein, sondern es findet an der Grenze eine Brechung statt.

Sei in Fig. 8 AO die Richtung der ankommenden Kraftlinien, und treffen diese unter dem Winkel α zum Einfallslot die Grenzfläche der

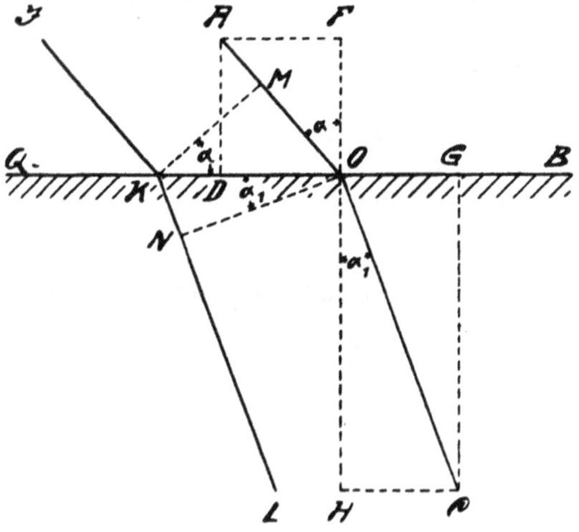

Fig. 8.

beiden Dielektriken, so kann man sich die Feldstärken in den Dielektriken durch die Längen der Strahlen AO und OC dargestellt denken. Beide Strahlen können in bezug auf die Grenzfläche in Tangential- und Vertikalkomponenten zerlegt werden. Die Tangentialkomponente der Feldstärke erleidet an der Grenzfläche keinen Sprung. Die Stetigkeit des Verlaufs bedingt zu setzen

$$DO = OG.$$

Die Vertikalkomponente der Feldstärke hingegen erleidet beim Durchsetzen der Grenzfläche einen Sprung, und zwar verhält sich

$$\frac{OF}{OH} = \frac{\varrho_1}{\varrho} \qquad \text{104)}$$

wenn mit ϱ und ϱ_1 die Dielektrizitätskonstanten der Medien bezeichnet werden.

Eine einfache geometrische Betrachtung ergibt dann

$$\frac{\operatorname{tg} \alpha}{\operatorname{tg} \alpha_1} = \frac{\varrho}{\varrho_1} \qquad \text{105)}$$

Die Dielektrizitätskonstanten der beiden Medien verhalten sich also wie die Tangenten der Einfallswinkel.

Die Kraftliniendichte des Feldes in den beiden Medien können durch die reziproken Werte der Längen KM und ON versinnbildlicht werden. Bezeichnet man diese Dichten mit $\mathfrak{B}$ und $\mathfrak{B}_1$, so verhält sich

$$\frac{\mathfrak{B}}{\mathfrak{B}_1} = \frac{\cos \alpha_1}{\cos \alpha} \quad \text{. . . . . 106)}$$

Die Kraftliniendichten in den Medien verhalten sich also umgekehrt wie die Kosinusse der Einfallswinkel.

Ist die Dielektrizitätskonstante ϱ unendlich groß, so wird $\alpha = 90^0$, d. h. bei leitenden Körpern, welche man als Stoffe mit unendlich großer dielektrischer Leitfähigkeit ansehen kann, stehen die Kraftlinien senkrecht zur Oberfläche. Diese bildet also eine Niveaufläche, wie aus dem Abschnitt C bereits bekannt war.

L. Geschichtete Anordnung des Isoliermaterials.

Von besonderem Interesse ist der Fall, wenn bei einem Kondensator zwei oder mehrere Schichten verschiedener Dielektrika verwandt werden.

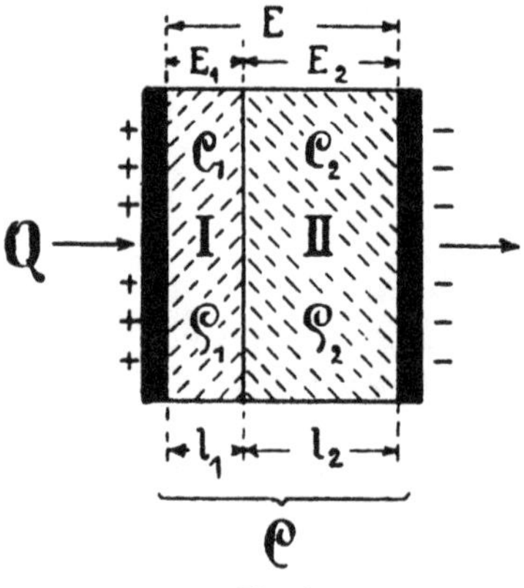

Fig. 9.

Betrachten wir den einfachen Fall einen Plattenkondensators, bei welchem nach Fig. 9 zwei Schichten von Isoliermaterialien mit den Dielektrizitätskonstanten ϱ_1 und ϱ_2 benutzt sind.

Sieht man die Trennungsfläche zwischen den Isoliermaterialien I und II als eine unendlich dünne leitende Schicht (Belegung) an, so stellt die in Fig. 9 getroffene Anordnung eine Serienschaltung von zwei Kondensatoren dar. Die Kapazitäten der Teilkondensatoren sind nach Gl. 34)

$$C_1 = \varrho_1 \frac{s}{4 \pi l_1} \quad \text{. . . . . 107)}$$

und

$$C_2 = \varrho_2 \frac{s}{4 \pi l_2} \quad \text{. . . . . 108)}$$

wenn s die Plattengröße bedeutet. Die Gesamtkapazität ergibt sich aus der bekannten Beziehung

$$\frac{1}{C} = \frac{1}{C_1} + \frac{1}{C_2}.$$

Mithin

$$\frac{1}{C} = \frac{4\pi}{s}\left(\frac{l_1}{\varrho_1} + \frac{l_2}{\varrho_2}\right)$$

oder

$$C = \frac{s}{4\pi} \frac{\varrho_1 \varrho_2}{l_1 \varrho_2 + l_2 \varrho_1} \quad \text{. . . . . 109)}$$

Wendet man auf jeden Teilkondensator die Beziehung nach Gl. 10)

$$Q = CV$$

an, so läßt sich leicht ermitteln, wie sich die zwischen den Platten bestehende Potentialdifferenz V auf die Strecken l_1 und l_2 verteilt.

Seien die gesuchten Potentialdifferenzen V_1 und V_2, so ist

$$V_1 = \frac{Q}{C_1} \text{ und } V_2 = \frac{Q}{C_2}.$$

Die Ladung Q auf einer Endfläche ist

$$Q = C \cdot V = \frac{sV}{4\pi} \frac{\varrho_1 \cdot \varrho_2}{l_1 \varrho_2 + l_2 \varrho_1}.$$

Die gesuchten Potentialdifferenzen sind mithin

$$V_1 = \frac{Q}{C_1} = \frac{sV}{4\pi} \frac{\varrho_1 \varrho_2}{l_1 \varrho_2 + l_2 \varrho_1} \frac{4\pi l_1}{\varrho_1 s} = \frac{V l_1 \varrho_2}{l_1 \varrho_2 + l_2 \varrho_1},$$

$$V_1 = \frac{V}{1 + \frac{l_2 \varrho_1}{l_1 \varrho_2}} \quad \text{. . . . . 110)}$$

Ebenso ergibt sich

$$V_2 = \frac{V}{1 + \frac{l_1 \varrho_2}{l_2 \varrho_1}} \quad \text{. . . . . 111)}$$

Sobald die Potentialdifferenzen bekannt sind, welche auf die Schichten wirken, kann mit Leichtigkeit die Beanspruchung jeder Schicht ermittelt werden.

Beispiel: Zwischen zwei unter einer Spannung von 9000 Volt stehenden Schienen sei eine Isolation angebracht, welche aus einer 2 mm starken Papier- und einer 8 mm starken Mikanitschicht besteht.

Da eine elektrostatische Einheit des Potentilas gleich 300 elektromagnetischen Einheiten, d. h. Volt ist, so ist

$$V = \frac{9000}{300} = 30,$$

$$l_1 = 0{,}2 \text{ cm},$$

$$l_2 = 0{,}8 \text{ cm},$$

$$\varrho_1 = 2 \text{ (Papier)},$$

$$\varrho_2 = 4 \text{ (Mikanit)}.$$

Für die Papierschicht gilt nach Gl. 110)

$$V_1 = \frac{V}{1 + \frac{l_2 \varrho_1}{l_1 \varrho_2}} = \frac{30}{1 + \frac{0{,}8 \cdot 2}{0{,}2 \cdot 4}} = 10.$$

Für die Mikanitschicht gilt nach Gl. 111)

$$V_2 = \frac{V}{1 + \frac{l_1 \varrho_2}{l_2 \varrho_1}} = \frac{30}{1 + \frac{0{,}2 \cdot 4}{0{,}8 \cdot 2}} = 20.$$

Das Papier hat also eine Spannung von

$$E_1 = 300 \cdot 10 = 3000 \text{ Volt},$$

das Mikanit eine Spannung von

$$E_2 = 300 \cdot 20 = 6000 \text{ Volt}$$

auszuhalten.

Da nach Gl. 36) für die Beanspruchung des Dielektrikums eines Plattenkondensators die Beziehung gilt

$$\frac{dV}{dl} = \frac{V}{l},$$

so ist die Beanspruchung des Papiers

$$\frac{dV}{dl} = \frac{V_1}{l_1} = \frac{10}{0{,}2} = 50,$$

oder in Volt/cm ausgedrückt $50 \cdot 300 = 15000$ Volt/cm und die Beanspruchung des Mikanits

$$\frac{dV}{dl} = \frac{V_2}{l_2} = \frac{20}{0{,}8} = 25,$$

oder in Volt/cm ausgedrückt $25 \cdot 300 = 7500$ Volt/cm. Da die gefundenen Beanspruchungen keineswegs das für die Materialien zulässige Maß überschreiten, so steht der Verwendung des Aufbaues nichts entgegen.

Würde man statt des Papiers Luft mit der Dielektrizitätskonstanten $\varrho_1 = 1$ als Isolierschicht wählen, so würde

$$V_1 = \frac{V}{1 + \frac{l_2 \varrho_1}{l_1 \varrho_2}} = \frac{30}{1 + \frac{0{,}8 \cdot 1}{0{,}2 \cdot 4}} = 15.$$

Für die Luftschicht würde dann die Beanspruchung

$$\frac{dV}{dl} = \frac{V_1}{l_1} = \frac{15}{0{,}2} = 75,$$

oder in Volt/cm ausgedrückt $75 \cdot 300 = 22500$ Volt/cm. Da die Luft nur eine Durchschlagsfestigkeit von 21000 Volt/cm hat, so würden Entladungen durch die Luft eintreten. Nach erfolgtem Durchschlag der Luft steigt die auf die Mikanitschicht wirkende Potentialdifferenz auf 30, und die Beanspruchung des Mikanits wird jetzt

$$\frac{dV}{dl} = \frac{V}{l_2} = \frac{30}{0{,}8} = 37{,}5,$$

oder in Volt/cm ausgedrückt $37{,}5 \cdot 300 = 11\,250$ Volt/cm.

Natürlich ist die Mikanitschicht, welche bis 160000 Volt/cm belastet werden kann, ehe ein Durchschlag eintritt, noch mehr als fest genug, um die erhöhte Beanspruchung auszuhalten; aber die Luftschicht wird durch den Übergang der Elektrizität, welcher zunächst als Glimmlichterscheinung auftritt, sehr stark erhitzt, und durch die Erwärmung kann sich die Mikanitschicht aufblättern, wodurch aber neue Luftschichten entstehen, welche die gleiche Folge haben. Es kann also die Gesamtisolation allmählich zerstört werden.

Man sieht also, welche schädlichen Folgen schwache Luftschichten unter Umständen haben können, wenn die Beanspruchung über der Festigkeitsgrenze der Luft liegt.

Solche Luftschichten können auch in Form von Luftblasen oder Poren im Isoliermaterial auftreten. Es ist deshalb großer Wert auf eine innige Oberflächenberührung zwischen Leiter und Dielektrikum unter Ausschluß aller Luftbläschen zu legen.

An dieser Stelle sei auch auf die Gefahren einer etwaigen Luftzersetzung aufmerksam gemacht. Befinden sich zwischen den Isolationsmitteln und den Spannung führenden Metallteilen Luftzwischenräume, so können bei genügend hoher Spannung Entladungen durch die Luft eintreten. Es tritt dann hierbei die bekannte Zersetzung der Luft ein, wobei eine Reihe neuer chemischer Verbindungen gebildet werden wie Ozon, Stickstoffoxyd, Stickstoffdioxyd und bei Anwesenheit von Feuchtigkeit auch Salpetersäure. Alle diese Stoffe haben eine große chemische Aktivität und wirken sowohl auf das Isoliermaterial, als auch auf das etwa benachbarte Metall, außerdem ist die Leitfähigkeit dieser Verbindungen recht gut, so daß durch solche Zersetzungsanfänge die Isolationsschicht verkleinert oder gar ganz durchfressen wird, wodurch ein Wicklungsdurchschlag herbeigeführt wird. (In der Tat sind derartige Erscheinungen an Wicklungen von Hochspannungsmotoren, die durchschlagen waren, festgestellt.) Um diesem Übelstand zu begegnen, pflegt man bei solchen Anordnungen alle Zwischenräume mit einem nach Erwärmung flüssig gewordenen Isoliermittel unter Evakuierung auszufüllen und dadurch die Beanspruchung in einen festeren Isolierstoff als Luft zu verlegen.

Würde man in unserem Beispiel nicht nur das Papier, sondern auch das Mikanit durch Luft ersetzt haben, so wäre

$$\frac{dV}{dl} = \frac{V}{l} = \frac{30}{1} = 30,$$

und die Beanspruchung in Volt/cm gleich $30 \cdot 300 = 9000$ Volt/cm. Diese Beanspruchung liegt weit unter der zulässigen Festigkeitsgrenze der Luft. Die Anordnung wäre also vollkommen betriebssicher. Man sieht, daß also die Einbringung einer 8 mm starken Mikanitschicht in den 10 mm starken Zwischenraum den Aufbau nur verschlechtert hat.

Der Weg zur rechnerischen Behandlung zusammengesetzter Isolationsaufbauten besteht also darin, daß man die Berührungsflächen zwischen den einzelnen Schichten als unendlich dünne Belegungen ansieht und hierdurch den Aufbau in eine Serienschaltung von Teilkondensatoren zerlegt. Für jeden Teilkondensator läßt sich die Kapazität aus den konstruktiven Daten ermitteln. Mit Hilfe der Kapazitätsausdrücke errechnet man die Verteilung der zwischen den Endbelegungen bestehenden Potentialdifferenz auf die Teilkondensatoren. Sobald die Verteilung bekannt ist, kann mit Hilfe der im Abschnitt J gegebenen Gleichungen die Beanspruchung des Materials ermittelt werden.

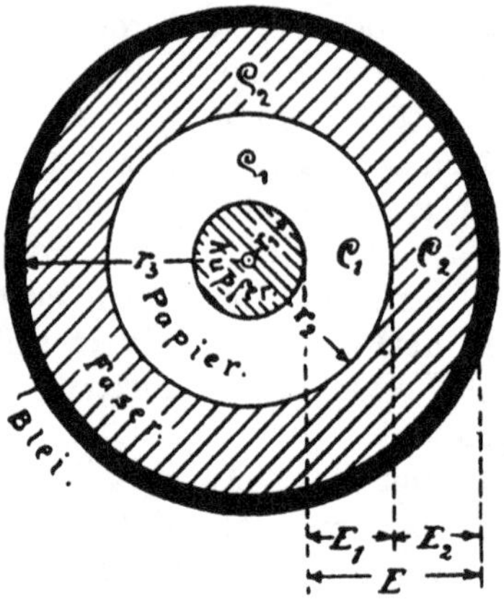

Fig. 10

Wir wollen an Hand der Fig. 10 die Beanspruchung des Isolations materials eines Einleiterkabels von der Länge l untersuchen, bei welchem zwei Isolierschichten verwendet sind.

Nach Gl. 38) ist die Kapazität des inneren Teilkondensators

$$C_1 = \varrho_1 \frac{l}{2 \ln \frac{r_2}{r_1}}$$

und die des äußeren Teilkondensators

$$C_2 = \varrho_2 \frac{l}{2 \ln \frac{r_3}{r_2}}.$$

Da

$$\frac{1}{C} = \frac{1}{C_1} + \frac{1}{C_2}$$

ist, so haben wir

$$\frac{1}{C} = \frac{2 \ln \frac{r_2}{r_1}}{\varrho_1 l} + \frac{2 \ln \frac{r_3}{r_2}}{\varrho_2 l},$$

$$C = \frac{\varrho_1 \varrho_2 l}{2\left(\varrho_2 \ln \frac{r_2}{r_1} + \varrho_1 \ln \frac{r_3}{r_2}\right)}.$$

Da ferner $Q = CV$ ist, so ist auch

$$V_1 = \frac{Q}{C_1} \text{ und } V_2 = \frac{Q}{C_2}$$

oder

$$V_1 = \frac{CV}{C_1} \text{ und } V_2 = \frac{CV}{C_2}.$$

Setzt man die obigen Werte für C_1 und C_2 ein, so wird

$$V_1 = \frac{V}{1 + \frac{\varrho_1 \ln \frac{r_3}{r_2}}{\varrho_2 \ln \frac{r_2}{r_1}}} \qquad \text{112)}$$

$$V_2 = \frac{V}{1 + \frac{\varrho_2 \ln \frac{r_2}{r_1}}{\varrho_1 \ln \frac{r_3}{r_2}}} \qquad \text{113)}$$

Beispiel: In einem Einleiterkabel sei die Kupferseele 8 mm stark. Die Isolierung erfolgt durch zwei gleich starke Schichten von je 2 mm Wandstärke. Die innere Schicht bestehe aus Papier mit einer Dielektrizitätskonstanten $\varrho_1 = 2{,}5$ und die äußere Schicht aus Faserstoff mit einer Dielektrizitätskonstanten $\varrho_2 = 1{,}75$. Zwischen Kupfer und Bleimantel bestehe eine Spannung $E = 1000$ Volt. Die Konstruktionsdaten sind also

$E = 1000$ Volt,

$V = \frac{1000}{300} = 33{,}33$ Potentialdifferenz zwischen Kupfer und Blei,

$r_1 = 0{,}4$ cm,

$r_2 = 0{,}6$ cm,

$r_3 = 0{,}8$ cm,

$\varrho_1 = 2{,}5$ (Papier),

$\varrho_2 = 1{,}75$ (Faserstoff).

Nach Gl. 112) ist

$$V_1 = \frac{33{,}33}{1 + \frac{2{,}5 \ln \frac{0{,}8}{0{,}6}}{1{,}75 \ln \frac{0{,}6}{0{,}4}}} = \frac{33{,}33}{2{,}01} = 16{,}57.$$

Nach Gl. 113) ist

$$V_2 = \frac{33{,}33}{1 + \dfrac{1{,}75 \ln \dfrac{0{,}6}{0{,}4}}{2{,}5 \ln \dfrac{0{,}8}{0{,}6}}} = \frac{33{,}33}{1{,}99} = 16{,}76.$$

Die Spannungen, welchen die Isolierschichten ausgesetzt sind, sind also

$$E_1 = 300 \cdot V_1 = 300 \cdot 16{,}57 = 497 \text{ Volt},$$
$$E_2 = 300 \cdot V_2 = 300 \cdot 16{,}76 = 503 \quad ,,$$

Nach Gl. 41) ist die größte Beanspruchung im Papier unmittelbar an der Oberfläche des Kupferleiters, und zwar

$$\frac{dV}{dx}_{\text{für } x = r_1} = \frac{V_1}{r_1 \ln \dfrac{r_2}{r_1}} = \frac{16{,}57}{0{,}4 \ln \dfrac{0{,}6}{0{,}4}} = 102{,}4,$$

oder in Volt/cm ausgedrückt 102,4 · 300 = 30720 Volt/cm.

Die größte Beanspruchung in der Faserisolation liegt an der Grenzfläche der Dielektriken und beträgt nach Gl. 41)

$$\frac{dV}{dx}_{\text{für } x = r_2} = \frac{V_2}{r_2 \ln \dfrac{r_3}{r_2}} = \frac{16{,}76}{0{,}6 \ln \dfrac{0{,}8}{0{,}6}} = 98,$$

oder in Volt/cm ausgedrückt 98 · 300 = 29400 Volt/cm.

M. Randwirkungen.

Das elektrische Feld verläuft bei Plattenkondensatoren mit parallelen Belegungen zwischen diesen nur homogen, wenn man den Einfluß der Plattenränder außer acht läßt.

Die Plattenränder kann man als gebogene Körper ansehen. Die Kraftliniendichte ist auf der Oberfläche eines Körpers dort am größten, wo der Krümmungsradius der Oberfläche am kleinsten ist.

Den Beweis liefert folgende Überlegung. Verbindet man zwei geladene Metallkugeln durch einen Draht, so muß das Potential beider Kugeln gleich werden, da sich ein Gleichgewichtszustand einstellt.

Ist die Elektrizitätsmenge auf der einen Kugel Q_1 und auf der anderen Q_2, so sind die Potentiale beider Kugeln nach Gl. 7)

$$V = \frac{Q_1}{r_1} = \frac{Q_2}{r_2}$$

wobei r_1 und r_2 die Radien der Kugeln sind. Da die Oberflächen der Kugeln $4\pi r_1^2$ bzw. $4\pi r_2^2$ sind, so sind die Flächendichten der Ladungen

$$\sigma_1 = \frac{Q_1}{4\pi r_1^2} \quad \text{und} \quad \sigma_2 = \frac{Q_2}{4\pi r_2^2}.$$

Es ergeben sich mithin die Gleichungen

$$\sigma_1 = \frac{V\, r_1}{4\pi\, r_1^2} \quad \text{und} \quad \sigma_2 = \frac{V\, r_2}{4\pi\, r_2^2}.$$

Es verhalten sich also

$$\frac{\sigma_1}{\sigma_2} = \frac{r_2}{r_1} \qquad \text{. . . . . 114)}$$

Die Dichten verhalten sich also umgekehrt wie die Radien.

Die rechnerische Bestimmung der Feldstärke an irgend einem Punkte, d. h. die Ermittlung der Beanspruchung des Isoliermaterials an einem beliebigen Punkte ist bei unregelmäßig gebogenen Körpern in den wenigsten Fällen möglich.

Man kann aber auf graphischem Wege zu einem für die Praxis hinreichend genauen Resultat gelangen. Man benutzt hierzu Bilder, in welche Niveaulinien und Induktions- oder elektrische Kraftlinien eingezeichnet werden. Die Niveaulinien zeichnet man so, daß die Potentialdifferenz der Endflächen des Dielektrikums, die ja mit den Auflageflächen der geladenen Belegungen identisch sind, möglichst in gleiche Spannungsdifferenzen ΔV zerlegt wird.

Werden die Induktionslinien nun so gelegt, daß zwischen ihnen und den Niveauflächen kleine Induktionsröhren entstehen, welche in ihrer Gestalt praktisch einen Zylinder gleichen, so ist bei hinreichender Unterteilung jeder dieser kleinen Zylinder als parallelebener Kondensator anzusehen, dessen Dielektrikum in Richtung des Abstandes der Zylinderendflächen konstant beansprucht wird. Ist dieser Abstand Δl, so beträgt die Beanspruchung nach Gl. 36)

$$\frac{dV}{dl} = \frac{\Delta V}{\Delta l}.$$

In diesem Falle ist Δl nichts anderes als der Abstand der Niveauflächen voneinander.

Bei parallelebenen Anordnungen kann man solche Kraftlinienbilder so zeichnen, daß kleine rechteckförmige Zellen entstehen, die alle gleichen Widerstand haben, soweit sie zwischen denselben Niveauflächen liegen. Da die Kraftlinien auf den Niveauflächen senkrecht stehen müssen, ist es durch Probieren und wiederholtes Zeichnen möglich, die richtige Lage der Niveauflächen zu finden. Man wird nach einigen Änderungen des ersten Entwurfs eine befriedigende Lage der Niveauflächen gefunden haben. Dem Entwurf legt man Einheitskraftröhren zugrunde, indem man den mittleren Abstand der Kraftlinien gleich dem mittleren Abstande der Niveauflächen für jede Zelle macht. In Fig. 11 und 12 sind solche Entwürfe dargestellt.

Beträgt die Spannung zwischen den Belegungen in Fig. 11 z. B. 21000 Volt, so ist die Potentialdifferenz in absolutem Maß

$$V = \frac{21000}{300} = 70.$$

Die Potentialdifferenz zwischen einer Belegung und der mittleren Niveaufläche beträgt also $\Delta V = 35.$

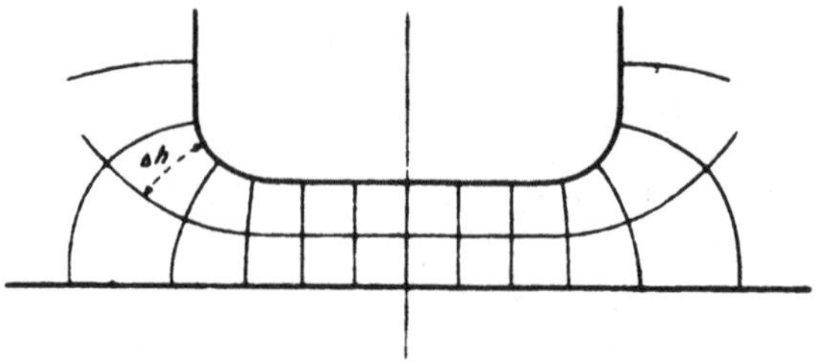

Fig. 11.

Aus der Zeichnung ergibt sich $\Delta h = 1{,}2$ cm. Die mittlere Beanspruchung im Raume dieser Zelle ist also

$$\frac{dV}{dh} = \frac{\Delta V}{\Delta h} = 28$$

oder $28 \cdot 300 = 8400$ Volt.

Aus Fig. 12 erkennt man, wie sich die Kraftlinien und Niveauflächen an starken Krümmungen (Spitzen) zusammenziehen. Es läßt

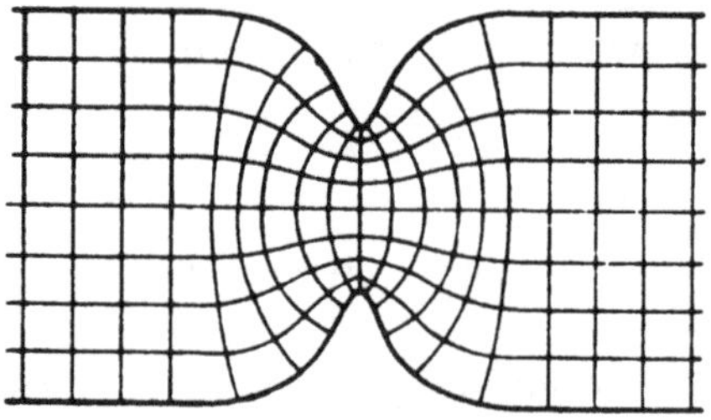

Fig. 12.

dies auf hohe Beanspruchung des Isoliermaterials an solchen Stellen schließen.

Bei der Konstruktion von Hochspannungsapparaten sind daher Unebenheiten zu vermeiden (glatte Oberflächen ohne Risse und Sprünge).

Ähnliche Kraftlinienbilder lassen sich auch für Rotationskörper entwerfen.

In Fig. 13 ist eine Durchführung dargestellt. Ein Draht vom Radius r durchdringt eine Metallwand, deren Öffnung den Radius R hat. Das Dielektrikum ist Luft. Innerhalb der Wand werden die Niveaulinien parallel mit der Wandöffnung verlaufen. Will man in dem Raume zwischen Draht und Wand $n-1$ Niveaulinien unterbringen, welche so liegen, daß die Spannung zwischen Draht und Wand in n gleiche Teile zerlegt wird, so kann die Entfernung x von der Drahtachse bis zu jeder Niveaulinie aus dem Verhältnis des dielektrischen Widerstandes vom Draht bis zur gesuchten Niveaulinie zum Widerstand vom Draht bis zur Wand ermittelt werden. Aus Fig. 2 und dem dazu Gesagten geht hervor, daß der Widerstand des Luftzylinders innerhalb der Wand beträgt:

$$W = \frac{1}{\varrho\, 2\pi l} \ln \frac{R}{r}.$$

Der Widerstand vom Draht bis zu einer beliebigen Niveaufläche im Abstande x von der Drahtachse beträgt:

$$w = \frac{1}{\varrho\, 2\pi l} \ln \frac{x}{r}.$$

Also

$$\frac{w}{W} = \frac{\ln \frac{x}{r}}{\ln \frac{R}{r}} = \frac{1}{n}$$

oder

$$x = r\, e^{\frac{1}{n} \ln \frac{R}{r}} \tag{115}$$

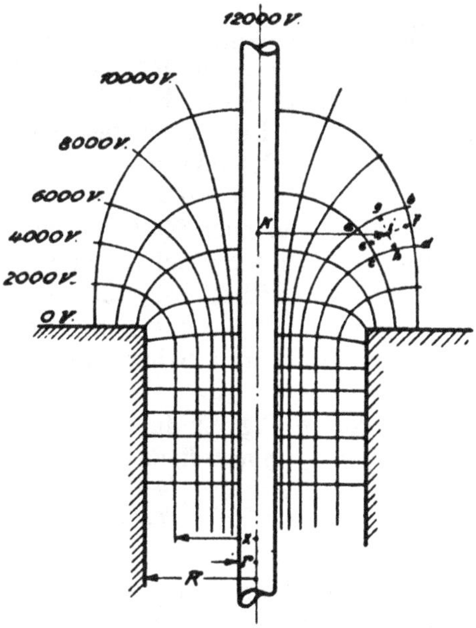

Fig. 13.

Hier ist e = Basis der natürlichen Logarithmen. Soll z. B. die Spannung in 6 gleiche Intervalle zerlegt werden, so wird

$$x = r\, e^{\frac{1}{6} \ln \frac{R}{r}}$$

Auf diese Weise sind die Abstände der Niveaulinien innerhalb der Wand ermittelt.

Den weiteren Verlauf der Niveaulinien muß man bestmöglich schätzen. Je näher den Belegungen, um so mehr müssen sie sich der Form dieser anpassen. Im übrigen verfährt man wie beim Entwurf parallelebener Anordnungen. Jede Kraftlinie muß jede Niveaufläche innerhalb desselben Mediums senkrecht durchsetzen.

Die mittlere Beanspruchung des Dielektrikums im Raum einer jeden gezeichneten Zelle ist dann unschwer zu ermitteln. Z. B. beträgt die mittlere Beanspruchung des Wulstringes mit dem Querschnitt *abcd*

$$\frac{dV}{dl} = \frac{V}{n\,\frac{\overline{ac}+\overline{bd}}{2}} = \frac{12000 \cdot 2}{6 \cdot 300 \cdot (0{,}7 + 0{,}86)} = 8{,}56.$$

Hierbei bezeichnet l die mittlere Stärke des Wulstringes in Richtung der Kraftlinien. In Volt ausgedrückt wird

$$\frac{dV}{dl} = 8{,}56 \cdot 300 = 2568 \text{ Volt.}$$

Zur Berechnung des mittleren dielektrischen Widerstandes des Wulstringes kann man sich nach Kuhlmann[1]) einer von Dr. Th. Lehmann[2]) für magnetische Kraftlinienbilder für den Durchgang der Kraftlinien durch die Luft gegebenen Methode bedienen, welche, von Kuhlmann auf ihre Genauigkeit geprüft, sehr gute Resultate lieferte.

Nach Lehmann kann man den magnetischen Widerstand der von Kurven umschlossenen Einheitsröhren pro cm Tiefe dargestellt denken als das Verhältnis der mittleren Länge der Röhre zu ihrem mittleren Querschnitte. Selbst bei stark konvergierenden Röhren mit einem Bogenverhältnis 4 : 1 hat Lehmann den Fehler, den man durch Abgreifen der mittleren Sehnenlänge macht (s. Fig. 13) unter 6% gefunden.

Bei der in Fig. 13 durch den Querschnitt *abcd* gekennzeichneten Wulst beträgt demnach der dielektrische Widerstand

$$w = \frac{1}{\varrho}\,\frac{\overline{gh}}{\overline{ef} \cdot 2\pi\,\overline{ik}}.$$

Aus dem Widerstand kann sofort die Kapazität errechnet werden, indem man den reziproken Wert desselben durch 4π dividiert. Also

$$C = \frac{\varrho \cdot \overline{ef} \cdot \overline{ik}}{2\,\overline{gh}} \qquad \text{116)}$$

Schwieriger gestaltet sich der Entwurf von Kraftlinienbildern, wenn das Dielektrikum geschichtet ist.

Beim Übergange von einem Dielektrikum zum anderen erleiden die Kraftlinien eine Brechung. Die Brechungswinkel können aus Gl. 105) ermittelt werden. Schiebt man beispielsweise über den Draht der in Fig. 13 dargestellten Durchführung ein Porzellanrohr, so entsteht das in Fig. 14 dargestellte Kraftlinienbild.

---

[1]) A. f. E. 1915, III, Heft 8 und 9.
[2]) E. T. Z. 1909, Heft 42.

Wie man sieht, ist die Anordnung nicht besser geworden. Die dem äußeren Rohrmantel benachbarten Luftschichten erhalten stellenweise eine Beanspruchung von etwa

$$\frac{dV}{dl} = \frac{2240}{0{,}01} = 22\,400 \text{ Volt.}$$

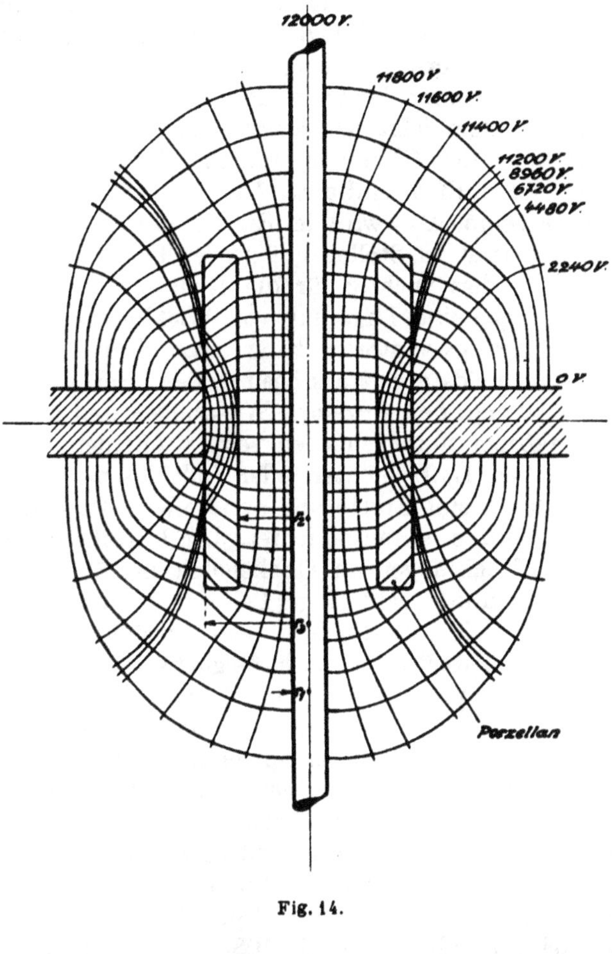

Fig. 14.

Da die Durchschlagsfestigkeit der Luft (für sinusförmigen Wechselstrom) etwa 21000 Volt effektiv beträgt, so ist mit einer Entladung an diesen Stellen zu rechnen.

Durch eine geeignete Formgebung der Röhre kann die hohe Beanspruchung herabgesetzt werden.

Glimmentladungen leiten bei Steigerung der Spannung Gleitfunken ein, die sich an der Oberfläche der Dielektriken bilden und zum Kurzschluß führen können. Die Gleitfunken werden durch die tangentialen Komponenten der Feldstärke erzeugt. Die Größe dieser Komponente ist gleich der Feldstärke mal dem Sinus des Brechungswinkels. Haben Glimmentladungen an einer Stelle eingesetzt, so wird die Luft dort ionisiert und mit großer Geschwindigkeit längs der Oberfläche des Dielektrikums fortgetrieben.

Hierdurch verliert das isolierende Material in wachsendem Maße an der Oberfläche seine Isolierfähigkeit. Der Abbau beginnt und längs der Oberfläche treten rötlich leuchtende. Entladungen in Büschelform auf. Bei weiterer Steigerung der Spannung gehen diese in ausgesprochene Gleitfunken über. Dem folgt der Kurzschluß.

Die Entstehung des Glimmens und ihre Folgeerscheinungen sind vom Zustande der Luft beeinflußt. Durch abnehmenden Luftdruck und zunehmende Temperatur wird der Eintritt des Glimmens begünstigt.

Luftschichten sind an Stellen mit großer Feldstärke unbedingt zu vermeiden. Es ist dies wichtig für die Konstruktion von Durchführungen, Einführungen und Lagerung von Wicklungen.

Bei Durchführungsisolatoren kann man durch Gestaltung der Form die Höhe der Feldstärke stark beeinflussen. Bei Maschinen werden Luftschichten zwischen den einzelnen Wicklungen und zwischen diesen und dem Eisenkörper auszuschließen sein. Außerdem erzeugen Entladungen in solchen Luftschichten oder Luftblasen Ozon und salpetrige Säure, wodurch eine Zerstörung der Isolierstoffe eingeleitet wird. S. 49 haben wir hierüber schon berichtet. Um Luftblasen zu beseitigen, erwärmt man die Wicklungen im Trockenofen und durchtränkt sie mit Lack. Durch Verwendung rechteckiger Leiterquerschnitte für Maschinenwicklungen lassen sich Luftschichten von vornherein am leichtesten vermeiden. Jeder Leiter sollte nach Möglichkeit einzeln mit Isoliermaterial und Lack umpreßt werden und hierauf die ganze Spule nochmals luftdicht umpreßt und in eisernen Formen erhitzt und zusammengebackt werden. Nach Einlegen der Spulen ist der freie Nutenraum mit Lack zu kompoundieren. Die einzelnen aufeinander geschichteten Isolierstoffe haben verschiedene Dielektrizitätskonstanten. Die Beanspruchung der einzelnen Materialien verhält sich umgekehrt wie die Kosinusse der Brechungswinkel. Dies sind die Winkel zwischen Kraftlinien und den auf den Niveauflächen im Auftreffpunkt errichteten Loten. Die Brechungswinkel sind aber nach Gl. 105 direkt proportional den Dielektrizitätskonstanten. Es werden also Stoffe mit kleiner Dielektrizitätskonstante (wie Luft) stärker beansprucht als solche mit hoher Konstanten.

Glimmentladungen sind natürlich nicht nur in der Luft möglich; sie können auch in allen anderen Isolierstoffen auftreten.

Glimmentladungen im Öl bedingen Oxydation desselben und Abscheidung schlammiger Produkte; natürlich auch Verschlechterung der

Isolationsfähigkeit (wird indirekt zur Prüfung von Transformatorenöl benutzt). Die Festigkeit wird allmählich durch verkohlte Bestandteile, die sich an den gefährdeten Stellen ansammeln, stark herabgesetzt.

N. Durchführungen.

Der bei den meisten Firmen gebräuchliche Typ von Durchführungsisolatoren ist in Fig. 15 skizziert. Die Abbildung stellt einen Durchführungsisolator für 4400 Volt Gebrauchsspannung dar.

Einen generellen Schnitt zeigt die folgende Abbildung Fig. 16.

Die Durchführungen haben zwei prinzipiellen Anforderungen zu genügen. Erstens muß die Durchschlagsfestigkeit gewahrt, und zweitens muß die Möglichkeit der Randentladungen vermieden sein.

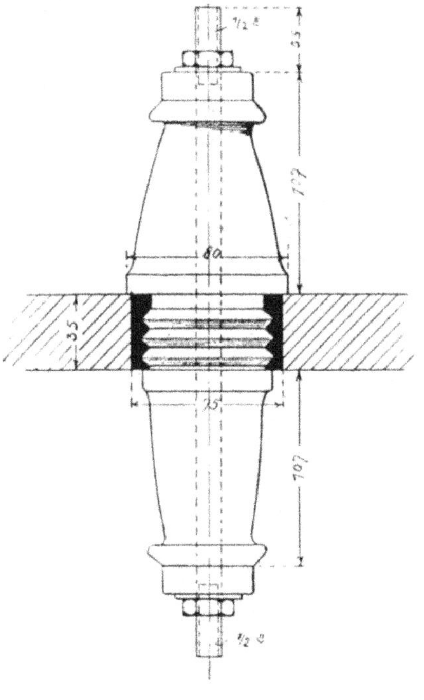

Fig. 15.

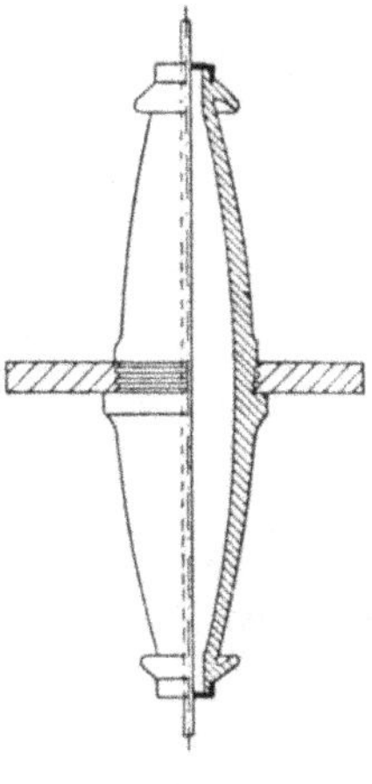

Fig. 16.

Wir beschäftigen uns zunächst mit der ersten Bedingung. Betrachtet man den in Fig. 17 dargestellten mittleren Teil einer Durchführung, so stellt derselbe einen walzenförmigen Kondensator mit geschichteter Isolation vor. Die innere Isolation ist Luft, die äußere Porzellan. Das Verhältnis $\frac{dV}{dx}$ gibt die Beanspruchung der Isolierschichten an, wenn x der Abstand der untersuchten Stelle von der Achse des Kondensators ist. Die maximale Beanspruchung der Luftschicht erfolgt nach Gl. 41) an der Oberfläche des Leiters, und zwar beträgt dieselbe

$$\frac{dV}{dx}_{\text{für } x=r_1} = \frac{V_1}{r_1 \ln \frac{r_2}{r_1}},$$

wenn mit V_1 die Potentialdifferenz zwischen dem Leiter und der inneren Seite der Porzellanhülse (Fig. 17) gemeint ist. Die Bedeutung von r_1 und r_2 geht aus Figur 17 ohne weiteres hervor.

Die Potentialdifferenz V_1 kann aus der Gl. 112) bestimmt werden und beträgt

$$V_1 = \frac{V}{1 + \frac{\varrho_1 \ln \frac{r_3}{r_2}}{\varrho_2 \ln \frac{r_2}{r_1}}}$$

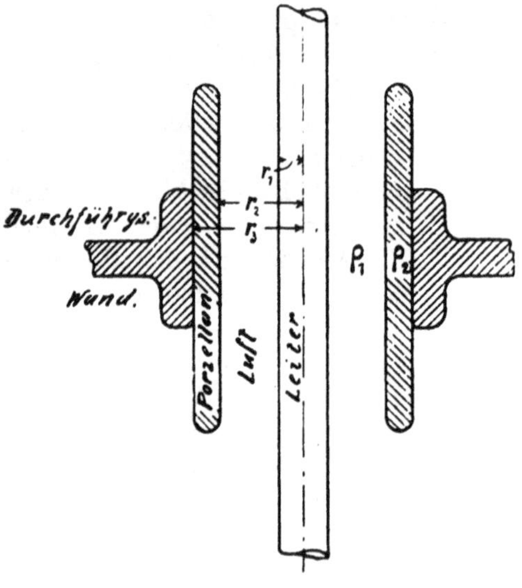

Fig. 17.

Hierbei ist V die Gesamtpotentialdifferenz zwischen Leiter und Durchführungswand. Setzt man den Wert von V_1 in die obenstehende Gleichung ein, so erhält man

$$\frac{dV}{dx}_{\text{für } x=r_1} = \frac{V}{\left(1 + \frac{\varrho_1 \ln \frac{r_3}{r_2}}{\varrho_2 \ln \frac{r_2}{r_1}}\right) r_1 \ln \frac{r_2}{r_1}}.$$

Die Beanspruchung $\frac{dV}{dx}$ darf die Festigkeit der Luft nicht überschreiten. Bezeichnet man diese mit δ, so ist

$$\delta = \frac{V \cdot \varrho_2 \ln \frac{r_2}{r_1}}{r_1 \left(\varrho_2 \ln \frac{r_2}{r_1} + \varrho_1 \ln \frac{r_3}{r_2}\right) \ln \frac{r_2}{r_1}},$$

$$\delta = \frac{V \varrho_2}{r_1 \left(\varrho_2 \ln \frac{r_2}{r_1} + \varrho_1 \ln \frac{r_3}{r_2}\right)}$$

$$V = \frac{\delta r_1}{\varrho_2} \left(\varrho_2 \ln \frac{r_2}{r_1} + \varrho_1 \ln \frac{r_3}{r_2}\right) \quad \ldots\ldots\ldots \quad 117)$$

Nimmt man die Festigkeit der Luft mit 21000 Volt/cm an, so kann die zulässige Potentialdifferenz berechnet werden, für welche eine

Durchführung mit Rücksicht auf Durchschlagsfestigkeit der Luft benutzt werden darf; man setzt alsdann $\delta = \frac{21000}{300}$.

Ist z. B.

$$r_1 = 0{,}5 \text{ cm}^{1)},$$
$$r_2 = 3 \text{ cm},$$
$$r_3 = 5 \text{ cm},$$
$$\varrho_1 = 1 \text{ (Luft)},$$
$$\varrho_2 = 4{,}5 \text{ (Porzellan)},$$

so ergibt

$$V = \frac{21000}{300} \frac{0{,}5}{4{,}5} \left(4{,}5 \ln \frac{3}{0{,}5} + 1 \ln \frac{5}{3}\right),$$
$$V = 66{,}66,$$

oder, wenn man das elektrostatische Maß des Potentials in Volt verwandeln will,

$$E = 300 \cdot V = 300 \cdot 66{,}666 = 19999{,}80 \text{ Volt}.$$

Wir wollen uns noch vergewissern, daß die zulässige Beanspruchung des Porzellans nicht überschritten wird, diese beträgt an der inneren Seite der Hülse unter sinngemäßer Benutzung der Gl. 40)

$$\left.\frac{dV}{dx}\right|_{\text{für } x = r_2} = \frac{V_2}{r_2 \ln \frac{r_3}{r_2}}.$$

Setzt man wieder nach Gl. 113)

$$V_2 = \frac{V}{1 + \frac{\varrho_2 \ln \frac{r_2}{r_1}}{\varrho_1 \ln \frac{r_3}{r_2}}},$$

---

[1]) Es besteht zwischen r_1 und r_2 ein günstigstes Verhältnis. Nach Gl. 41) ist

$$\delta = \frac{V_1}{r_1 \ln \frac{r_2}{r_1}}.$$

Dieser Ausdruck wird bei gegebenem r_2 und V_1 ein Minimum, wenn der Nenner ein Maximum wird.

Um den zugehörigen Wert von r_1 zu bestimmen, differenzieren wir den Nenner nach r_1 und setzen die Ableitung gleich Null. Dann wird

$$\ln \frac{r_2}{r_1} + r_1 \frac{r_1}{r_2} \cdot \frac{-r_2}{r_1^2} = 0,$$
$$\ln \frac{r_2}{r_1} = 1,$$
$$r_2 = e \cdot r_1 \qquad \ldots \ldots \ldots \qquad 118)$$

wo e = Basis der natürlichen Logarithmen ist.

so wird

$$\frac{dV}{dx}_{\text{für } x = r_2} = \frac{V}{\left(1 + \frac{\varrho_2 \ln \frac{r_2}{r_1}}{\varrho_1 \ln \frac{r_3}{r_2}}\right) r_2 \ln \frac{r_3}{r_2}},$$

$$\frac{dV}{dx}_{\text{für } x = r_2} = \frac{\varrho_1 V}{r_2\left(\varrho_1 \ln \frac{r_3}{r_2} + \varrho_2 \ln \frac{r_2}{r_1}\right)},$$

$$\frac{dV}{dx}_{\text{für } x = r_2} = \frac{1 \cdot 66{,}66}{3\left(1 \ln \frac{5}{3} + 4{,}5 \ln \frac{3}{0{,}5}\right)} = 2{,}59,$$

oder in Volt/cm ausgedrückt $2{,}59 \cdot 300 = 777$ Volt/cm. Diese Beanspruchung liegt natürlich weit unter der zulässigen Grenze.

Die zweite Bedingung wird erfüllt, wenn die Beanspruchung der Luftschicht (kann natürlich auch Ölschicht sein), die den Durchführungsisolator umgibt, nirgends so hoch getrieben ist, daß die elektrische Festigkeit dieser Schicht gefährdet wird. Glimmerscheinungen sind alsdann vermieden.

Die resultierende Beanspruchung dieser Schicht kann aus dem Kraftlinienbild ermittelt werden. Man erkennt ohne weiteres aus Fig. 14, daß durch eine Abweichung von der rein zylindrischen Form und Übergang zur bauchigen, wie sie in Fig. 16 und in Fig. 18 typisiert ist, die Niveaulinien näher nach dem Durchführungsdraht hingebogen werden. In Fig. 18 ist das Kraftlinienbild einer Kuhlmannschen[1]) Durchführung unter Wiedergabe des von ihm konstruierten Linienverlaufs dargestellt.

Die vom Leiter ausgehenden Kraftlinien werden beim Eintritt in die Porzellanhülse infolge ihrer bauchigen Form so gebrochen, daß sie ungefähr parallel mit dem äußeren Rande verlaufen und kaum noch — abgesehen von der Fassungsstelle — aus dem Porzellan wieder austreten. An der Fassungsstelle wird durch Einkitten jede Luftschicht entfernt.

Es liegt nahe, die Frage zu berühren: Wie wird bei kleinstem Materialaufwand die günstigste Form erzielt? Dr. A. Schwaiger[2]) hat sich mit dieser Frage beschäftigt. Er stellt den Begriff eines Wirkungsgrades für Isolatoren und Durchführungen auf und versteht unter einem solchen das Verhältnis der Spannung, welche ein Isolator aushalten könnte, wenn er auf seiner ganzen Länge mit der höchsten vor-

[1]) A. f. E. 1915, III, Heft 8 u. 9: Kuhlmann, Hochspannungsisolatoren.

[2]) E. T. Z. 1920, Heft 43: A. Schwaiger, Theorie der Hochspannungsisolatoren.

kommenden Spannung gleichmäßig belastet wäre, zu der Spannung, die der Isolator wirklich aushält. Der Wirkungsgrad gibt dann zugleich auch an, wie groß ein Isolator zu sein brauchte (und zwar in Prozenten seiner wirklichen Länge), wenn er durchgehends mit der größten vorkommenden Beanspruchung verwendet würde. An Hand der von Schwaiger entworfenen Darstellung Fig. 19 wird seine Theorie erklärt. Die Kurve, welche den Spannungsanstieg in Prozenten der Gesamtspannung darstellt, zeigt, daß der stärkste Spannungsanstieg von der Fassungsstelle abgedrängt

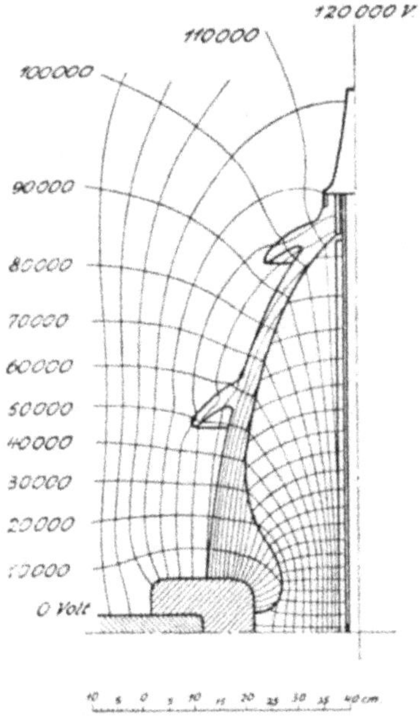

Fig. 18.

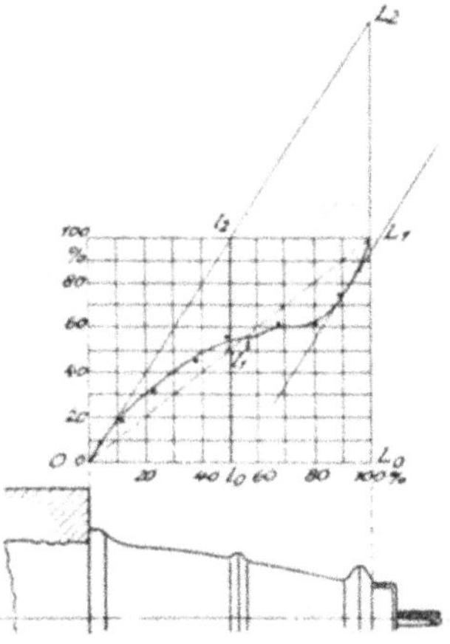

Fig. 19.

ist. Legt man im Punkte des stärksten Spannungsanstiegs an die Kurve eine Tangente und zieht zu dieser durch den Koordinatenanfangspunkt eine Parallele, so stellt $L_0 L_2$ die Spannung dar, die der Isolator aushalten könnte, wenn er auf seiner ganzen Länge gleichmäßig den Höchstwert des Spannungsanstiegs auszuhalten hätte. Die Strecke $L_0 L_1$ hingegen stellt die Spannung dar, die er wirklich auszuhalten hat. Der Wirkungsgrad ist also

$$\eta = \frac{L_0 L_1}{L_0 L_2} = \frac{l_0 l_1}{100}.$$

Die Strecke $l_0 l_1$ gibt also direkt den Wirkungsgrad an.

Es ist aber auch

$$\frac{0\, l_0}{0\, L_0} = \eta.$$

Der Wirkungsgrad gibt also auch direkt in Prozenten an, wie lang der Isolator zu sein brauchte, wenn er auf seiner ganzen Länge gleichmäßig mit dem höchsten vorkommenden Spannungsgefälle beansprucht würde. Dies ist wichtig, um zu erkennen, ob man bei der Konstruktion mit dem geringsten Materialaufwand gewirtschaftet hat.

Die Abnahme der Spannung vom Leiter aus gerechnet längs der Oberfläche bis zur Fassung ist von der äußeren Gestalt abhängig. Sie wird durch Messung ermittelt.

Man kann sich den Aufbau in elektrischer Hinsicht durch eine Ersatzschaltung nach Fig. 20 dargestellt denken.

Man stelle sich hierzu die Oberfläche mit sehr schmalen ringförmigen Belegungen versehen vor. Es herrscht zwischen diesen Belegungen eine gewisse Kondensatorspannung. Die durch diese Einteilung hergestellte Kondensatorkette habe die Kapazitäten C_1, C_2, C_3 . . . · Die kleinen Belegungen bilden aber auch Kondensatoren in bezug auf den Leiter. Die Kapazitäten dieser seien c_1, c_2, c_3 . . .

Nur für den Fall, daß $\frac{c_1}{C_1}, \frac{c_2}{C_2}, \frac{c_3}{C_3} \ldots$ konstant, kann man, wie z. B. bei Hängeisolatorenketten, die Spannung eines jeden Gliedes berechnen. Für die Berechnung einer solchen Anordnung hat Rüdiger[1]) eine Methode angegeben.

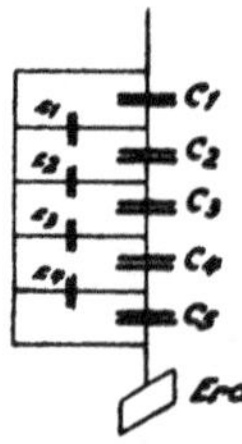

Fig. 20.

Nach ihm ist die Spannung des $n$ten Gliedes

$$E_n = E \frac{\sin \alpha n}{\sin \alpha z}.$$

Aus der Gleichung

$$\sin \frac{\alpha}{2} = \frac{1}{2} \sqrt{\frac{c}{C}}$$

ist α zu finden. Die Gesamtspannung ist mit E und die Anzahl der Glieder mit z bezeichnet.

Da das Verhältnis $\frac{c}{C}$ bei den Durchführungsisolatoren nicht konstant ist, ist man auf Messungen angewiesen. In Fig. 19 sind auf der Ordinatenachse nicht die gemessenen Spannungen selbst, sondern die Verhältnisse $\frac{\text{gemessene Spannung}}{\text{totale Spannung}}$ in Prozenten aufgetragen. Auf der Abszissenachse sind die Verhältnisse $\frac{\text{Entfernung des Meßpunktes}}{\text{ganze Länge}}$ in Prozenten vermerkt. Die Kurve stellt demnach den Spannungsanstieg dar. Der Spannungsanstieg eines jeden Punktes entspricht der dort herrschenden resultierenden Beanspruchung pro Längeneinheit. Da man für jeden Oberflächenpunkt die Richtung der austretenden Kraftlinien durch Entwurf eines Kraftlinienbildes ermitteln kann und somit den Brechungswinkel α kennt, kann auch für jeden Punkt die Tangen-

[1]) E. T. Z. 1914, Heft 15: Reinhold Rüdiger, Spannungsverteilung an Kettenisolatoren.

tialkomponente des Spannungsanstiegs berechnet werden. Ist die Beanspruchung (Spannungsanstieg) eines Punktes $\frac{dV}{dl}$, so ist die Tangentialkomponente der dort herrschenden Feldstärke

$$\frac{dV}{dl} \sin a.$$

Die Größe der Tangentialkomponente der Feldstärke muß kleiner bleiben als die Festigkeit des den Isolator umgebenden Mediums. Würde diese überschritten, so würden an der untersuchten Stelle Glimmerscheinungen auftreten.

O. Das elektrische Wechselfeld.

Erfolgt die Ladung eines Kondensators von einer Wechselstromquelle aus, so wird neben dem wechselnden elektrischen Felde auch ein elektromagnetisches Feld erzeugt. Die beiden Felder üben ihre Wirkungen nebeneinander aus, ohne sich gegenseitig zu beeinflussen. Es kann also das elektrische Wechselfeld als ein nur sehr kurze Zeit andauerndes statisches Feld angesehen werden.

Beim Laden eines Kondensators bilden sich an den Endflächen des Dielektrikums infolge Polarisation des Materials (s. Abschnitt H. »Vorgänge im Dielektrikum«) freie Ladungen aus. Diese Ladungen verschwinden, sobald die »elektrisierende Kraft« aufhört. Das Verschwinden erfolgt aber nicht ganz restlos. Es bleibt noch nach dem Aufhören der elektrisierenden Kraft ein gewisser Ladungsrückstand bestehen, welcher erst allmählich zu Null wird. Der Grund besteht in der schlechten Leitfähigkeit des Dielektrikums, das der durch Influenz entstehenden Polarisationselektrizität nur eine sehr träge Bewegung erlaubt. Absolute Nichtleiter gibt es bekanntlich nicht. Die Größe der Rückstandsbildung ist von der Reinheit des Dielektrikums abhängig. Mischungen zeigen größere Rückstände als Stoffe, welche absolut rein erhältlich sind.

Bei wechselnder Elektrisierung in verschiedenen Richtungen treten deshalb bei jedem Wechsel der Ladewelle Arbeitsverluste auf, da bei jedem Elektrisierungsvorgang eine gewisse Ladungsarbeit[1]) zu leisten ist, welche beim Entladen des Kondensators nicht vollständig oder wenigstens nicht sofort vollständig wieder gewonnen werden kann. Der Verlust findet sich als Erwärmung des Dielektrikums wieder. Man spricht als Erklärung dieses Vorgangs vielfach von einer dielektrischen Hysterese, wiewohl es sich um eine von der magnetischen Hysterese gänzlich verschiedene Erscheinung handelt.

[1]) Unter Ladungsarbeit ist Kondensatorspannung mal Ladungsstrom verstanden.

Die Erwärmung eines Dielektrikums im elektrischen Wechselfelde ist aber nicht vollkommen auf das Konto der Rückstandsbildung zu setzen.

Da es, wie bereits bemerkt, kein vollkommenes Dielektrikum gibt, so wird auch ein Teil des zur Ladung der Belegungen zugeführten galvanischen Stromes durch die Isolation hindurchfließen und Joulesche Wärme im Dielektrikum erzeugen. Die Quantität des eine isolierende Materie durchfließenden Stromes ist aber ihrerseits von der Erwärmung des Dielektrikums abhängig, denn bei den meisten Isolierstoffen, z. B. Luft, nimmt der spezifische Isolationswiderstand mit der (absoluten) Temperatur ab.

Außer diesen gibt es noch eine dritte Ursache für den bei der Umelektrisierung auftretenden Arbeitsverlust, welcher von Dr. G. Benischke[1]) auf ein gegenseitiges Anziehen und Loslassen der Belegungen zurückgeführt wird. Diese Erscheinung äußert sich in Brummen oder Singen eines Kondensators im Wechselstrombetrieb. Die hierbei geleistete mechanische Arbeit stellt einen Verlust der bei jeder Periode des Wechselfeldes aufgewendeten Arbeit dar und findet sich im Dielektrikum als Wärme wieder, bzw. wird zu einem kleinen Teil verbraucht zu rein mechanischen Schwingungen des Dielektrikums und der den Kondensator umgebenden Luft. (Hierdurch erklärt sich die Hörbarkeit der stattfindenden Schwingungen.)

Den Einfluß der durch die genannten drei Ursachen bewirkten Erwärmung des Dielektrikums auf seine elektrische Festigkeit werden wir gelegentlich der Besprechung der hauptsächlichsten Isolierstoffe soweit wie angängig mit behandeln.

Die maximale Beanspruchung eines Dielektrikums ist natürlich vom Scheitelwert der Ladewelle abhängig, und da die Festigkeit des Baustoffs der maximalen Beanspruchung gewachsen sein muß, so ist beim Wechselfeld mit dem Scheitelwert der Potentialdifferenz zwischen den Belegungen zu rechnen.

Soweit es sich nun in der Hochspannungstechnik um Maschinenströme, welche bei neueren Maschinen eine fast reine Sinusform (Abwesenheit von höheren Harmonischen zur Grundwelle) haben, handelt, kann man zur Vereinfachung von der bekannten Beziehung: Effektivwert $= \frac{\text{Maximalwert}}{\sqrt{2}}$ Gebrauch machen, da die meisten in der Literatur angegebenen Festigkeitszahlen für die einzelnen Isolierstoffe durch eine den effektiven Werten der Spannung entsprechende Materialprüfung gewonnen sind. Zur Unterscheidung werden wir diesen Festigkeitszahlen in Klammern die Bezeichnung »Effektivwert« beifügen. Es soll dies dann heißen, daß die Zahlen bei Prüfungen mit sinusförmigem

---

[1]) Wissenschaftliche Grundlagen der Elektrotechnik 1907, S. 322.

Wechselstrom gewonnen sind und der effektiven Spannung des Prüfstromes entsprechen. Durch Multiplikation mit $\sqrt{2}$ lassen sich dann die maximalen Festigkeitszahlen ohne weiteres ermitteln.

P. Die Luft als Dielektrikum.

Die Luft, einer der vorzüglichsten Isolierstoffe, zeigt im elektrischen Wechselfelde keine Rückstandsbildung. Über ihre Durchschlagsfestigkeit haben Versuche in einer Zylinderfunkenstrecke nach Art der in Fig. 13 dargestellten Durchführung interessante Aufschlüsse gegeben.

Setzt man eine solche Funkenstrecke einer hinreichend hohen Spannung aus, so tritt ein Durchbruch der Luft zuerst an der Oberfläche der Innenelektrode auf. Die Höhe dieser Spannung ist abhängig von dem Verhältnis $\frac{R}{r}$. Die Beanspruchung der Luft beträgt an der Oberfläche der Innenelektrode nach Gl. 41)

$$\vartheta = \frac{V}{r \ln \frac{R}{r}}.$$

Aus der Fußnote Seite 61 ergibt sich unter Beibehaltung eines konstanten Wertes von R eine günstigste Anordnung, und zwar wenn $r = \frac{R}{e}$, wo e die Basis der natürlichen Logarithmen ist. Wählt man r nach diesem Verhältnis, so kann man bei einem bestimmten Durchschlagswert ϑ für die Prüfanordnung ein Spannungsmaximum finden, bei dem der Durchbruch der Luft erfolgt.

Bei jeder Abweichung vom Verhältnis $\frac{R}{e}$ für r wird die Durchbruchspannung ϑ schon bei geringerer Aufladung erreicht.

Die Durchschlagsfestigkeit ist, wie wir später sehen werden

$$\vartheta = 30000 \text{ Volt/cm}$$

für Gleichstrom oder den Scheitelwert eines sinusförmigen Wechselstromes.

Berechnet man nun die Spannung V unter Benutzung des Wertes ϑ für alle Größen von r zwischen O und R, so erhält man die in Fig. 21 eingetragene Kurve. Für R wurde der feste Wert von 10 cm angenommen. Der Scheitelwert der Kurve liegt für $r = \frac{R}{e}$ bei 110220 Volt.

Von $r = 0$ bis $r = \frac{R}{e}$ steigt die Spannung, bei $r = \frac{R}{e}$ erreicht sie ihr Maximum, von $r = \frac{R}{e}$ bis $r = R$ sinkt sie wieder bis auf Null.

An Hand der Kurve erkennt man, daß bei Verkleinerung von r unter den Scheitelwert $\frac{R}{e}$ und bei Beibehaltung des Spannungsmaximums an den Elektroden von 110220 Volt die Luft über ihre Festigkeitsgrenze beansprucht wird; sie beginnt zu glimmen. Hierdurch vergrößert sich gewissermaßen der Radius der inneren Elektrode um die glimmende,

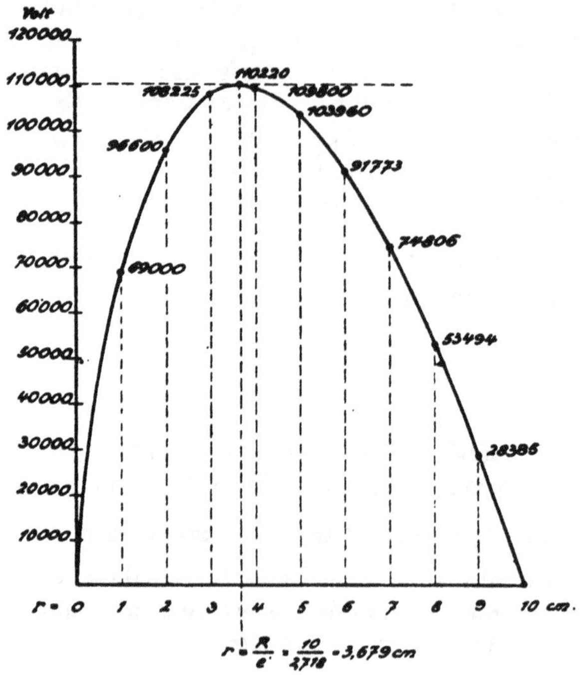

Fig. 21.

also leitend gewordene Hülle, bis wieder Gleichgewichtszustand erreicht ist. Wir haben also im Intervall $r = 0$ bis $r = \frac{R}{e}$ den Bereich des unvollkommenen Durchbruchs. Die Luft wird nur bis zum Mantel der glimmenden Hülle durchbrochen. In diesem Bereiche findet also eine stabile Entladung als Glimmlichtentladung statt. Es ist der stabile Entladungsbereich.

Vergrößert man r über den Wert $\frac{R}{e}$ hinaus, so wird ebenfalls bei Innehaltung des Spannungsmaximums von 110220 Volt die Festigkeitsgrenze der Luft überschritten, aber eine Glimmlichthülle kann nicht auftreten. Denn eine solche würde kein Gleichgewicht schaffen, sondern den Durchbruch durch Vergrößerung des Elektrodenhalbmessers noch beschleunigen. Es kann also gar kein Glimmen einsetzen. Es tritt vielmehr ein sofortiger Funkenüberschlag ein. In diesem Bereich haben wir also nur vollkommenen Durchschlag zu erwarten und nennen ihn labilen Entladungsbereich.

Zwischen beiden liegt um den Wert $r = \frac{R}{e}$ herum der indifferente Entladungsbereich, in welchem beide Arten der Entladung — Glimmentladung oder Durchbruch — möglich sind.

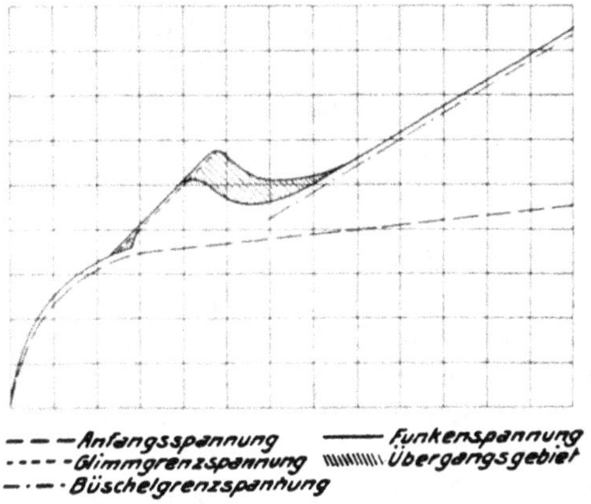

Fig. 22.

Die Formen der Entladung und der Übergang von der einen zur anderen, sowie die Übergänge im indifferenten Gebiet sind aus Fig. 22 ersichtlich.[1])

Da mit Verkleinerung des inneren Elektrodenhalbmessers der Krümmungsradius abnimmt und hiermit die Kraftliniendichte oder Feldstärke zunimmt, so können wir verallgemeinern, daß eine unvollkommene Entladung (Glimmen) um so eher eintritt, je kleiner der Krümmungsradius einer Elektrode ist. Anderseits tritt der vollkommene Durchschlag um so sicherer auf, je größer der Krümmungsradius ist. Bei ebenen Flächen mit unendlich großem Krümmungsradius kann also überhaupt keine Glimmentladung (wohl an den Rändern), sondern nur voller Funkendurchschlag möglich sein.

Zur Bestimmung der Luftfestigkeit bedient man sich daher, wie jetzt verständlich ist, der Zylinderfunkenstrecke, und zwar mit solcher Anordnung, daß der Radius der inneren Elektrode $r = \frac{R}{e}$ ist.

Steigert man die Aufladung eines solchen Kondensators bis Glimmentladung einsetzt, so ist die »Anfangsspannung« des Glimmens be-

[1]) Aus Dissertation Dr. Ing. Weicker, Dresden 1910.

stimmbar aus der bekannten Gleichung

$$\underset{\left(r=\frac{R}{e}\right)}{\vartheta} = \frac{V}{r \ln \frac{R}{r}} = \frac{V}{r} \quad \ldots\ldots\ldots \quad 119)$$

Hierin ist V die dem Kondensator zugeführte Spannung. Den Eintritt des Glimmens kann man am auftretenden Geräusch und aus dem gleichzeitig einsetzenden Leuchten erkennen.

Als Mittelwert[1]) zahlreicher Beobachtungen wurde übereinstimmend 30000 Volt Gleichstrom festgestellt. Wird die Prüfung im Wechselfeld mit sinusartig verlaufendem Strom vorgenommen, so ergibt sich als Effektivwert der Durchschlagsspannung

$$\underset{(\text{eff.})}{\vartheta} = \frac{30000}{\sqrt{2}} = 21\,000 \text{ Volt/cm}.$$

Zur Vervollständigung sei noch einiges über die Vorgänge beim Glimmen gesagt. Wird die Versuchsfunkenstrecke unter Spannung gesetzt, so erfolgt unter dem Einfluß des elektrischen Feldes eine Ionisierung der Luft. Die Ionen bewegen sich mit großer Geschwindigkeit so, daß die positiv geladenen zur negativen Belegung und die negativ geladenen zur positiven Belegung hinstürzen. Die Anzahl der Ionen ist zunächst gering. Die Bewegungsbahnen der Ionen sind die Kraftlinien. Die Geschwindigkeit ist von der Feldstärke abhängig. Steigert man die Spannung, so werden die Ionen in ihrer Bewegung derartig beschleunigt, daß sie auf ihrer Wanderung beim Aufprallen auf neutrale Moleküle diese zertrümmern und neue Ionen abspalten. Erreichen die durch Stoßwirkung entstandenen neuen Ionen wieder die nötige kinetische Energie, so erzeugen sie ihrerseits lawinenhaft neue Ionen. Der Eintritt der Stoßwirkung ist also von der genügenden Geschwindigkeit abhängig. Diese wird aber erst auf einem gewissen Mindestwege erreicht. Geht man unter diesen Mindestweg, so muß also, um Ionisierung durch Stoß zu ermöglichen, die Feldstärke erhöht werden.

Man hat nun aus den Mittelwerten zahlreicher Versuchsmessungen eine Kurve gewonnen, welche die Abhängigkeit der Feldstärke vom Halbmesser r der Innenelektrode zeigt. Weidig und Jaensch[2]) haben alle ihnen zugänglichen Meßwerte (Ryan, Mersan, Watson, Whitehead, Peek, Petersen) zur Konstruktion dieser Kurve benutzt und für die Gesetzmäßigkeit ihres Verlaufs die Gleichung gefunden:

$$\underset{(r)}{\vartheta} = 21\left(1 + \frac{0{,}47}{\sqrt{d}}\right).$$

[1]) Harris J. Ryan ermittelte 30,4 KV/cm bei 760 Barometerstand und 20° C. E. T. Z. 1911, Heft 44.

[2]) E. T. Z. 1913, Heft 23: Dr.-Ing. Weidig und Dipl.-Ing. Jaensch, Koronaerscheinungen an Leitungen.

$\vartheta(r)$ ist die Beanspruchung an der Oberfläche der Innenelektrode im Abstande r. Das Resultat ist in KV/cm ausgedrückt. d ist der Durchmesser der Innenelektrode in cm.

In vorstehender Gleichung ist der Effektivwert der Spannung enthalten. Bringt man den Scheitelwert hinein und drückt den Durchmesser durch den Radius aus, so nimmt sie die Form an

$$\vartheta_{(r)} = 30000\left(1 + \frac{1}{3{,}01\sqrt{r}}\right) \text{Volt/cm}.$$

Wird die Stärke der Glimmhülle mit s bezeichnet, und nennt man den Radius der Glimmzone x, so ist

$$x = r + s.$$

Am Rande der Glimmhülle, also in der Entfernung x von der Mittelachse aus, muß die Beanspruchung der Luft noch gerade 30000 Volt/cm betragen, weil dieser Wert der Anfangsspannung entspricht.

Es verhält sich also:

$$\frac{30000}{30000\left(1 + \frac{1}{3{,}01\sqrt{r}}\right)} = \frac{r \ln \frac{R}{r}}{x \ln \frac{R}{r}} = \frac{r}{x}$$

hieraus

$$x = r + \frac{\sqrt{r}}{3{,}01}$$

oder

$$s = \frac{\sqrt{r}}{3{,}01}.$$

Hiermit ist die Stärke der Glimmhülle ermittelt.

Ist z. B. bei unserer Versuchs-Zylinderfunkenstrecke unter Beibehaltung der Spannung von 110220 Volt eine Innenelektrode mit dem Radius $r = 3$ cm verwendet (R bleibt 10 cm), so ist die Stärke der um die Innenelektrode sich lagernden Glimmhülle

$$s = \frac{\sqrt{r}}{3{,}01} = 0{,}58 \text{ cm}.$$

Von Einfluß auf die Durchschlagsspannung, ebenso auf die »Anfangsspannung« sind Luftdruck und Temperatur. Mit zunehmendem Luftdruck nehmen beide Werte linear zu. Da die Durchschlagsfestigkeit der Luft bei 760 mm Barometerstand ermittelt ist, ist zur Umrechnung auf einen anderen Barometerstand B dieser Wert zu multiplizieren mit $\frac{B}{760}$.

Umgekehrt werden beide Werte herabgesetzt, wenn die absolute Temperatur steigt. Der Scheitelwert von 30000 Volt/cm wurde bei

20° C gefunden. Zur Umrechnung auf eine andere Temperatur t ist zu multiplizieren mit $\frac{20+273}{t+273}$. Wir können beide Faktoren vereinigen und die Durchschlagsfestigkeit $\vartheta_{(t\,B)}$ für einen Barometerstand B und eine Temperatur t^0 C ausdrücken durch

$$\vartheta_{(t\,B)} = 30000\,\frac{0{,}386\,B}{t+273}\ \text{Volt/cm}.$$

Feuchtigkeit ändert die »Anfangsspannung«, also den Eintritt der Glimmentladung nicht, dagegen wird die »Büschelgrenzspannung« mit zunehmender Luftfeuchtigkeit heraufgesetzt.

Die Frequenz hat nach Peek auf die Durchschlagsfestigkeit keinen oder nur sehr geringen Einfluß.

Praktisch kann hiernach der Einfluß der Periodenzahl für die in der Hochspannungstechnik vorkommenden Perioden außer Anrechnung bleiben.

Auf die Gefahr der Ozonbildung bei Glimmentladungen haben wir schon bei früherer Gelegenheit aufmerksam gemacht.

Eine Stromüberleitung durch die Luft kann erst nach erfolgter Stoßionisierung der Luft eintreten. Deshalb sind Glimmentladungen, wenigstens in einer Ausdehnung, daß die glimmende Hülle bis zur äußeren (anderen) Elektrode reicht, zu vermeiden. Solange Glimmentladungen[1]) nicht stattgefunden haben, kann die Luft praktisch als vollkommener Nichtleiter angesehen werden.

Q. Das Öl als Dielektrikum.

Für die Durchschlagsfestigkeit der Öle lassen sich ähnlich präzise Angaben wie für Luft nicht machen. Während sich nämlich bei der Luft die infolge des Durchschlages gespaltenen Moleküle schnellstens durch frische ersetzen, erfolgt der Nachschub in der sehr viel weniger beweglichen Ölmaterie nur langsam, und außerdem bleiben die beim Durchschlag verbrannten Restprodukte im Öl und verschlechtern seine elektrische Festigkeit. Diese Verschlechterung wird namentlich bei längere Zeit hindurch andauernden unvollkommenen Entladungen (Glimmlicht) sehr wahrnehmbar. Eine Durchschlagsprüfung zwischen Spitzen oder Spitze und Kugel liefert deshalb ein unbrauchbares Resultat, weil die Felddichte vom Krümmungsradius abhängig ist und bei Spitzen deshalb sehr bald Glimmlichtentladungen auftreten.

Die brauchbarsten Resultate erzielt man bei Durchschlagsprüfungen zwischen vertikalen Flächen oder vertikalen konzentrischen Zylindern.

---

[1]) Unter Umständen sind Glimmentladungen in der Luft erwünscht, da sie einen Ausgleich zu hoher Potentialdifferenzen bewirken und dadurch andere Teile der Anlage vor einem Durchsch.ag bewahren. Die Luft kann also unter Umständen als Sicherheitsventil wirken (Theorie der Funkenableiter).

Vertikal, damit Verbrennungsprodukte ungehindert aus der Versuchsstrecke zu Boden fallen können, ohne die Elektroden zu bedecken, und damit der Auftrieb erhitzter Ölschichten ungehindert erfolgen kann.

Dr.-Ing. Petersen[1]) fand bei Versuchen mit auswechselbaren konzentrischen Zylindern nach Gl. 41)

$$\underset{\text{für } x = r}{\frac{dV}{dx}} = \frac{V}{r \ln \frac{R}{r}} = 92 \pm 3 \text{ KV/cm}$$

Effektivwert. Hierbei waren die Zylinderabmessungen

$R = 2{,}9$	2,45	1,9	1,45	0,9 cm,
$r = 2{,}5$	2,0	1,5	1,0	0,5 cm.

also $r > \frac{R}{e}$. Unvollkommene Entladungen waren also ausgeschlossen.

Die Öltemperatur betrug 98—106° C. Das Resultat kann nur mit Vorsicht benutzt werden, da die üblichen Isolieröle Abweichungen zwischen 90 und 110 KV/cm effektive Durchschlagsfestigkeit zeigen.

Eine nennenswerte Abhängigkeit der Durchschlagsfestigkeit von der Temperatur ist bisher von keiner Seite beobachtet worden.

Dagegen sinkt die Festigkeit außerordentlich schnell mit zunehmendem Feuchtigkeitsgehalt des Öls. Die obigen Durchschlagsfestigkeitszahlen beziehen sich auf Öl, welches durch Auskochen von Wassergehalt möglichst befreit ist.

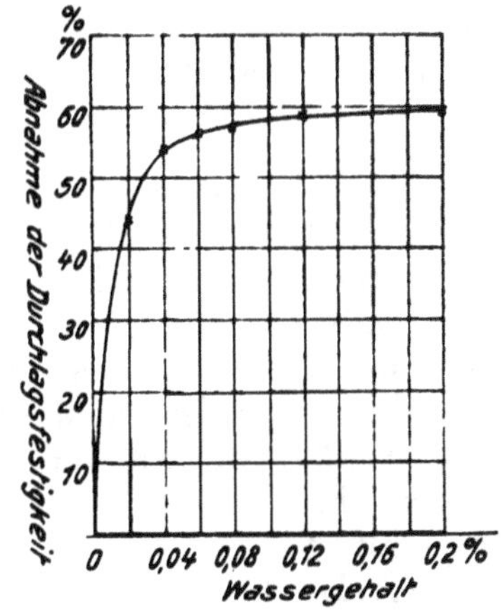

Fig. 23.

Zur Isolierung in der Hochspannungstechnik kommen nur absolut harz- und säurefreie dünnflüssige Mineralöle in Frage, welche einen hohen Entflammungspunkt haben.

Die letztere Forderung ist namentlich für Hochspannungsschalter wichtig. Auch auf geringe Verdampfung wird Wert gelegt, damit ein Nachfüllen selten erforderlich wird. Da mit Öl isolierte Schalter und Transformatoren meist in ungeheizten Räumen stehen, so darf der Gefrierpunkt nicht höher als etwa —20° C liegen.

Vor Verwendung muß Öl durch längeres Erhitzen oberhalb 100°, jedoch nicht über 115° C entfeuchtet werden. Am einfachsten bewirkt man dieses durch Auskochen (mindestens 24 Stunden unter Umrühren), bis alle Spuren von Feuchtigkeit entfernt sind. Im Gebrauch nimmt das Öl mit der Zeit aus der Luft Feuchtigkeit auf, wenn man die zu-

[1]) Dr.-Ing. Petersen, »Hochspannungstechnik« 1911, S. 50.

tretende Luft nicht andauernd durch Chlorkalzium oder ungelöschten Kalk trocknet. Man bringt deshalb bei Transformatoren, welche zwecks Ausgleichs des äußeren Luftdrucks mit dem innern ein Ventil am Kessel haben, vor der Zutrittsöffnung des Ventils einen Behälter an, welcher dauernd mit Chlorkalzium gefüllt wird. Der Ausdehnungskoeffizient des Öles ist erheblich, es ist deshalb nicht möglich, Transformatorkessel hermetisch zu verschließen. Ein Druckausgleichsventil ist nicht zu vermeiden. Die beste Entfeuchtungsvorrichtung verhindert nicht, daß das Öl mit der Zeit dennoch Feuchtigkeit aus der Luft ansaugt. Ölprüfungen sind deshalb periodisch auch im Betriebe unvermeidlich.

1. Anforderungen an Transformatorenöle[1]).

Das Öl muß sorgfältig von Wasser und Mineralsäuren befreit sein, damit es gut isoliert und das Kupfer sowie die Isoliermaterialien nicht angreift. Da es sich im Transformator bis auf etwa 90° C erhitzt und bei ziemlich großer Oberfläche benutzt wird, soll es möglichst wenig verdampfbar sein und entsprechend hohen Flammpunkt haben. Bei mehrstündiger Erhitzung auf 100° C soll das Öl keine Zersetzungen oder Niederschläge an den kalten Wandungen zeigen, denn die asphaltartigen Ölausscheidungen setzen sich auf den Spulen fest, verhindern die Fortführung der Wärme durch das Öl und stören dadurch den Betrieb des Transformators ganz empfindlich; in das Öl gehängte Baumwollbänder dürfen infolge Freiwerdens saurer Bestandteile durch das Erhitzen des Öles keine Einbuße an Festigkeit erleiden. Da im Freien aufgestellte Transformatoren der Winterkälte ausgesetzt sind, soll das Öl bei — 20° C noch bequem flüssig sein.

2. Anforderungen an Schalteröle.

Zur Verhütung der Funkenbildung an Schaltern bei Schaltung sehr hoch gespannter Ströme werden sog. »Schalteröle« benutzt. Für diese Zwecke müssen völlig wasser-, säurefreie und kältebeständige Öle mit möglichst hohem Flamm- und Brennpunkt verwendet werden. Das Öl muß ferner dünnflüssig sein, damit es schnell in die Unterbrechungsstelle eindringt und den Lichtbogen auslöscht. Harzöle werden infolge ihres hohen Kohlenstoffgehaltes durch den Lichtbogen stark verkohlt, wodurch sie die isolierende Eigenschaft einbüßen. Man verwendet als Schalteröl ausschließlich dünnflüssige Mineralöle von folgenden Eigenschaften:

Spez. Gewicht 0,880—0,900,
Englergrade bei 20° C unter 10,
Flammpunkt (offener Tiegel) über 170° C,
Brennpunkt über 200° C,
Kältepunkt unter — 20° C.

[1]) Aus Holde, Kohlenwasserstofföle usw., 5. Aufl.

Die technischen Bedingungen, welche die »Vereinigung der Elektrizitätswerke« für Lieferung von Transformator- und Schalterölen aufgestellt hat, sind nachstehend aufgeführt; sie enthalten noch eine Reihe wichtiger anderer Erfordernisse, welche an die Brauchbarkeit von Ölen gestellt werden.

Technische Bedingungen
für die Lieferung von Transformatoren- und Schalterölen der Vereinigung der Elektrizitätswerke.

Aufgestellt in Berlin, den 9. März 1911.

§ 1. Als Transformatoren- und Schalteröle sollen nur reine, hochraffinierte Mineralöle verwendet werden, die in Eisenfässern anzuliefern sind.

§ 2. Das spezifische Gewicht darf nicht unter 0,85 und nicht über 0,92 bei 15° C betragen.

§ 3. Der Flüssigkeitsgrad nach Engler, bezogen auf Wasser von 20° C, soll bei einer Temperatur von 20° C nicht über 8° sein.

§ 4. Der Flamm und Brennpunkt, in einem offenen Tiegel nach Marcusson bestimmt, soll nicht unter 160° C bzw. nicht unter 180° C liegen.

§ 5. Der Gefrierpunkt (Festpunkt) soll nicht über — 20° C liegen. Das Öl muß im Reagenzglas von 15 mm Weite in einer Höhe von 4 cm eingefüllt, nach einstündiger Abkühlung auf — 20°, umgedreht noch fließend und klar sein.

§ 6. Die Verdampfungsverluste dürfen nicht über 0,4% nach fünfstündigem Erhitzen auf 100° C betragen.

§ 7. Das Öl soll frei von Säure, Alkali, Schwefel und außerdem absolut trocken sein. Die Trockenheit wird durch Erhitzen einer Probe im Reagenzglas festgestellt. Es darf sich hierbei weder eine Trübung des Öles noch ein knisterndes Geräusch zeigen.

§ 8. Das Öl muß vollkommen rein sein. Es darf keine suspendierten Bestandteile, Fasern, Sand o. dgl. enthalten.

§ 9. Das Öl soll nach einer 70stündigen Erwärmung auf 120° C unter Durchleitung von reinem Sauerstoffgas noch vollständig klar und in Benzin 0,700 klar löslich sein. Die Teerzahl darf 0,10% nicht übersteigen.

Prüfung von Transformatorenölen.

1. Elektrische Prüfung.

a) Isoliervermögen, wird durch Ermittlung des spez. Leitvermögens nach den bekannten Widerstandsmethoden bestimmt. Dieses muß Werte von mindestens 10^{-13} Einheiten ergeben. Für die Beurteilung der Durchschlagsfestigkeit ist diese Messung nicht maßgebend. Schlechte Isolationsfähigkeit würde die Verwendung als Transformatorenöl ohne weiteres ausschließen, daher wird noch folgende Prüfung ausgeführt:

b) Durchschlagsfestigkeit. In einem mit dem Probeöl gefüllten Gefäß von 200 cm³ Inhalt und 3 cm Durchm. wird eine Funkenstrecke angeordnet und die Spannung gemessen, bei welcher Funken überspringen. Die Tauchtiefe der Funkenstrecke muß bei den Versuchen immer dieselbe sein; Wasser oder Luftblasen und kleine Fasern beeinflussen in hohem Grade das Meßergebnis.

Nach einer anderen Methode ermittelt man die Durchschlagsfestigkeit des Öles gegen Hochspannung zwischen zwei vertikal übereinander stehenden Stahlkugeln von 10 mm Durchm. und 5 mm Abstand. Das Öl wird auf 80° C erwärmt, und dann bei abnehmender Temperatur die Effektivwerte der Spannung ermittelt, für welche die 5 mm dicke Ölschicht kontinuierlich durchschlagen wird, z. B.

Temperatur C°	Durchlagsspannung
68	50000 Volt,
59	48000 »
45	45000 »
34	43000 »
26	40000 »

Allgemein wurde festgestellt, je dünnflüssiger ein Öl ist, um so wiederstandsfähiger erweist es sich gegen Funkendurchschlag.

2. Sonstige Prüfungen nach den von der Vereinigung der Elektrizitätswerke herausgegebenen Bedingungen.

Anmerkung:

1. Harzöle dürfen mit Mineralölen nicht vermischt werden.

2. Zur Vornahme der im § 9 angegebenen Versuche werden 150 g Öl in einem 400 ccm fassenden Erlenmeyerkolben unter Durchleiten von Sauerstoff (lichte Weite des Rohres mindestens 3 cm, Anzahl der Blasen pro Sekunde 2) im Ölbade auf 120° C während 70 Stunden ununterbrochen erwärmt. Nach Beendigung des Versuches werden zur Bestimmung der Teerzahl 50 g Öl in einem mit Kühler versehenen Glasgefäß 20 Minuten auf siedendem Wasserbad mit 50 ccm einer Lösung erwärmt, welche 1000 Gewichtsteile Alkohol, 1000 Gewichtsteile Wasser und 75 Gewichtsteile Ätznatron enthält. Nach Aufsetzen eines Kühlrohres wird das warme Gemisch während 5 Minuten kräftig geschüttelt, alsdann in einen Scheidetrichter übergeführt und ein möglichst großer Anteil der alkoholisch-wässerigen Lauge abfiltriert. 40 ccm des Filtrates werden mit Salzsäure angesäuert und die Teerstoffe mit 50 ccm Benzol aufgenommen. Die Aufschüttelung mit Benzol ist nötigenfalls zu wiederholen. Die Benzollösung wird alsdann zweimal mit Wasser gewaschen und in einer Glasschale verdunstet. Der Rückstand wird bei 100° C ca. 5 Minuten getrocknet und gewogen.

R. Die festen Isolierstoffe als Dielektrika.

Experimentelle Untersuchungen fester Isolierstoffe sind Gegenstand ausführlicher Sonderliteratur.

Die bisherige Ansicht, daß die Durchschlagsfestigkeit mit zunehmender Stärke relativ abnimmt, wird durch neuere Arbeiten Schwaigers[1]) widerlegt, welcher den Satz aufstellt: »Die Durchschlagsspannung wächst bei allen nicht hygroskopischen Isolierstoffen direkt proportional mit der Dicke der Isolierschicht.« Den Beweis führt er durch zahlreiche Versuchsergebnisse. Im Gegensatz zu ihm wurde von anderen Forschern[2]) ein Zusammenhang zwischen Durchschlagsfestigkeit und Dicke ermittelt, und zwar beträgt derselbe

nach Bauer $E = c\, d^{2/3}$
„ Kinzbrunner $E = k \sqrt{d}$
„ Steinmetz $d = a\, E + C\, E^2$.

Schwaiger unterscheidet streng zwischen nicht hygroskopischen und hygroskopischen Stoffen. Abweichende anderseitige Beobachtungen führt Schwaiger auf die Wirkungen von Vorentladungen (Glimm- und Büschelentladungen) zurück, welche an den Rändern der zur Prüfung benutzten Plattenkondensatoren oder durch Luftblasen infolge mangelhafter Auflage der Platten entstehen. Um sich von den Wirkungen dieser Vorentladungen frei zu machen, verlegt er die Prüffunkenstrecke in ein Ölbad, welches so zusammengesetzt ist, daß das Öl dieselbe Dielektrizitätskonstante hat wie das zu prüfende Material. Daneben muß das Öl natürlich eine höhere Durchschlagsfestigkeit haben als das Prüfmaterial. Die Prüfungen selbst hat er mit sprungweise zunehmenden Spannungen vorgenommen, wobei der Zeitraum zwischen den Steigerungen beliebig lang ausgedehnt werden konnte. Er bediente sich zur Regelung der Zeitintervalle eines durch eine Uhr beeinflußten automatischen Regulators an der Spannung erzeugenden Maschine.

Bei hygroskopischen Stoffen versagt die geschilderte Methode, da sich die Stoffe voll Öl saugen. Bei diesen Materialien spielt der Grad der Feuchtigkeit eine große Rolle. Im allgemeinen kann man annehmen, daß die Durchschlagsspannung mit zunehmender Feuchtigkeit abnimmt. Der Grund liegt wohl darin, daß die Feuchtigkeit die Leitfähigkeit erhöht, wodurch die Erwärmung gesteigert wird. Diese führt unter Umständen zur Zerstörung. Die Dauer der Prüfung ist auf die entstehende Erwärmung von Einfluß. Dünne Schichten trocknen schneller als dickere.

---

[1]) A. Schwaiger, Lehrbuch der elektrischen Festigkeit der Isoliermaterialien 1919, S. 104 u. folgende.

[2]) C. Kinzbrunner, E. T. Z. 1906, S. 388; F. Kock, E. T. Z. 1915, S. 85; Wagner, E. T. Z. 1915, Heft 11; Bauer, Das elektr. Kabel, S. 45; Kinzbrunner, Z. für Elektrot., Wien 1905, Heft 46.

Dadurch kann die Durchschlagsspannung bei zunehmender Prüfdauer verbessert werden.

Da hygroskopische Materialien beim Bau von Hochspannungsapparaten nicht verwendet werden, ist die Bestimmung ihrer Durchschlagsfestigkeit nicht bedeutsam.

Schwaiger veröffentlicht nachstehende Tabelle der effektiven Durchbruchsfeldstärken:

90	100	120	140	160	180	200	300	500	1000	$\frac{KV}{cm}$
Transformatorenöl Porzellan Leatheroid Ambrion		Stabilit		Pertinax Mikanit	Paraffin Hartpapier Kabelpapier Paraffinpapier			Hartgummi, Glas Glimmer		
	Ebonit									

Die Zahlen sind nur als Mittelwerte aufzufassen. Je nach Herkunft und Zusammensetzung können Unterschiede bis zu 250% auftreten.

Eine Abhängigkeit von der Frequenz innerhalb der Grenzen 20 bis 75 Perioden/Sek. ist nicht festgestellt.

Im »Hilfsbuch für die Elektrotechnik« von Dr. Karl Strecker[1]) sind die Durchschlagsspannungen für eine Reihe von Stoffen als Anhalte angegeben. Die angegebenen Zahlen beziehen sich auf Stoffe, die zwischen parallelen Platten, also im homogenen Felde, durchschlagen wurden. Die obere Zahl bedeutet die effektive Durchschlagsspannung in Kilovolt, die untere die durchschlagene Dicke in mm. Wir lassen die Zahlen folgen:

Glimmer	$\frac{11,5}{0,1}$	$\frac{19}{0,2}$	$\frac{37}{0,5}$	$\frac{52}{0,8}$	$\frac{60}{1,0}$			
Mikanit	$\frac{22}{1,0}$	$\frac{42}{2,0}$	$\frac{53}{3,0}$	$\frac{58}{4,0}$				
Paraffin	$\frac{27}{1,0}$	$\frac{39}{2,0}$	$\frac{56}{4,0}$	$\frac{68}{6,0}$	$\frac{78}{8,0}$	$\frac{87}{10,0}$	$\frac{95}{12,0}$	$\frac{102}{14,0}$
Hartporzellan	$\frac{16}{1,0}$	$\frac{25}{2,0}$	$\frac{44}{4,0}$	$\frac{61}{6,0}$	$\frac{77}{8,0}$	$\frac{92}{10,0}$		
Glas	$\frac{6,4}{0,2}$	$\frac{13}{0,5}$	$\frac{18}{1,0}$					
Ebonit	$\frac{14}{1,4}$							
Vulk. Gummi	$\frac{6,8}{0,5}$	$\frac{10}{1,0}$	$\frac{16,8}{2,0}$	$\frac{26}{4,0}$	$\frac{40}{10,0}$			

[1]) 1912, S. 49.

Papierisolation für Kabel	$\frac{20}{1,0}$			
Imprägn. Jute	$\frac{2,2}{1,0}$	$\frac{7}{6,0}$	$\frac{10,2}{10,0}$	$\frac{12,7}{14,0}$
Preßspan	$\frac{12}{1,0}$			
Rote Vulkanfiber	$\frac{5}{1,0}$			

Über die Technologie einiger der wichtigsten Isolierstoffe wollen wir noch einige Worte anführen.

Papier: Dasselbe ist in der Hochspannungstechnik wegen seiner Anschmiegbarkeit und gleichmäßigen Dicke ein sehr beliebtes Isoliermittel. Man verwendet es in der Wickelei und namentlich bei der Kabelfabrikation. Die geeignetsten Sorten sind Manilapapier und Hanfpapier. Um dem Papier seine hygroskopischen Eigenschaften zu nehmen, wird es mit Ölen und Harzlacken durchtränkt. Durch die Imprägnation darf die Festigkeit und Biegsamkeit nicht beeinträchtigt werden. Soll Papierisolation bei in Öl eintauchenden Spulen verwendet werden, so dürfen die Imprägnierstoffe sich im heißen Öl nicht lösen und auch zu Säurebildung des Öles keinen Anlaß geben. Die Durchschlagsfestigkeit schwankt sehr. Als mittlere Durchschlagsspannung (Effektivwert) in Volt pro mm kann man in der Kinzbrunnerschen Formel, wenn man d in mm ausdrückt, setzen

für gewöhnliches Papier	$K = 1450$	als Funktion der Materialstärke bei 50—70% Luftfeuchtigkeit.
» Manilapapier	$K = 2800$	
» getränktes Papier	$K = 2250$	
» imprägniertes Papier	$K = 10500$	
» Preßspan	$K = 4600$	

Die totale Durchschlagsspannung ist bei »imprägniertem Papier« bis 0,49 mm Papierstärke noch der Lagezahl proportional, während bei »getränktem Papier« von über 0,14 mm Papierstärke bereits der Einfluß der Lagenzahl verschwindet. Der Grund liegt darin, daß sich die einander berührenden Lackschichten zu einer zusammenhängenden Schicht vereinigen.

Die Firma Meirowsky & Co. in Köln gibt für ihr Excelsiorpapier folgende Durchschlagsspannungen an:

0,07 mm	Dicke	2500 Volt
0,15 »	»	6500 »
0,2 »	»	10000 »

Für Papierisolation bei Kabel kann man 200 KV/cm annehmen.

Ein besonderes Präparat ist das Hartpapier. Das Hartpapier besteht aus getränkten Papierschichten, die unter hohem Druck und starker Erhitzung zusammengefügt werden. Das Hartpapier kann wie Holz bearbeitet werden. Die Durchschlagsfestigkeit beträgt etwa 170 bis 150 KV/cm (Effektivwert) bei Schichtstärken bis ½ cm.

Glimmer. Der Naturglimmer ist ein Silikat, welches blättriges Gefüge hat. Er läßt sich bis auf Bruchteile von mm spalten. Das spezifische Gewicht ist 2,7 bis 2,9. Temperaturen bis 400, 500° C sind zulässig, ohne der Festigkeit zu schaden. Die mechanische Festigkeit ist gering. Glimmer darf nur auf Druck beansprucht werden. Die Durchschlagsfestigkeit kann mit ca. 600 KV/cm (Effektivwert) bei Dicken bis 0,1 cm Platten angenommen werden.

Mikanit ist ein Kunstprodukt und wird durch Zusammenkleben von kleinen Glimmerplättchen mittels Lack bei hohem Druck hergestellt. Bei Berührung mit Öl leidet Mikanit sowohl an mechanischer Festigkeit als auch an Durchschlagsfestigkeit, da Öl die Lackbestandteile angreift. Die geringste zulässige Wandstärke in bezug auf mechanische Festigkeit beträgt ca. 0,2 mm. Seine Durchschlagsfestigkeit ist unter der Hälfte des Naturglimmers und beträgt etwa 180 KV/cm (Effektivwert) für 0,1 bis 0,5 cm Plattendicke.

Als Glimmerpapier und Glimmerleinwand werden dünne Schichten Mikanit zwischen zwei Schichten der genannten Stoffe gepreßt und in den Handel gebracht. Die Durchschlagsfestigkeit dieser Stoffe hängt von dem Verhältnis der Stärken der Zusammensetzung ab. Als unteren Wert kann man etwa 150 KV/cm (Effektivwert) bei 0,1 mm Schichtstärke annehmen.

Porzellan hat eine fast dem Gußeisen gleichkommende Druckfestigkeit von ca. 4500 kg/qcm. Das spezifische Gewicht ist 2,2 bis 2,5. Die Zugfestigkeit beträgt etwa 1700 kg/qcm und die Biegungsfestigkeit nur etwa 500 kg/qcm. Eine Erwärmung bis etwa 80° C verändert die Festigkeit nicht. Gegen Feuchtigkeit ist Porzellan unempfindlich. Die Durchschlagsfestigkeit ist sehr hoch. Sie liegt bei etwa 100 KV/cm (Effektivwert), doch sind auch erheblich höhere Werte beobachtet worden. Porzellan wird unter 5 mm Wandstärke nicht verwendet.

Glas ist ein schon lange bekanntes Kunstprodukt, das in der Hauptsache aus einer Schmelze von Natron bzw. Kali, Kalk bzw. Bleioxyd und Kieselsäure besteht. Es läßt sich heiß gießen und in Formen pressen und in kaltem Zustande schleifen, sägen und bohren; hat eine glatte, glänzende Oberfläche und ist im allgemeinen spröde und empfindlich gegen schroffen Temperaturwechsel. Die Oberfläche ist schwach in Wasser löslich und wird daher mit der Zeit von der Witterung angegriffen. Spez. Gewicht für Alkaligläser 2,4 bis 2,6, bei Bleigläsern 3,0 bis 3,8 Druckfestigkeit 1500 kg/cm² Durchschlagsfestigkeit 15000 Volt/mm. Es wird neuerdings vielfach verwendet zur Herstellung von kleinen Blockkondensatoren.

Hartgummi darf der Erwärmung nicht ausgesetzt werden, da es bei ca. 70° C bereits weich wird. Hartgummi ist brennbar, seine Asche jedoch nicht leitend. Infolge seiner geringen Zerreißfestigkeit sollte Hartgummi nur auf Druck beansprucht werden (ca. 1200 kg/qcm). Hartgummi besteht in der Hauptsache aus Kautschuk, welchem Schwefel zugesetzt ist. Die Durchschlagsspannung entspricht etwa $28500\sqrt{d}$, wo d die Stärke in mm bedeutet. Als Durchschlagsfestigkeit kann man mit etwa 160 KV/cm (Effektivwert) rechnen. Hartgummi muß gegen Einfluß von Öl geschützt werden, da es sich in diesem auflöst. Unter 1 mm Wandstärke wird Hartgummi nicht verarbeitet. Sein spezifisches Gewicht beträgt 1,4 bis 1,7.

Gummi- oder Vulkanasbest besteht aus einer Zusammensetzung von Gummi mit Asbest. Diese Zusammensetzung hat den Vorzug, Temperaturen bis etwa 300° C ertragen zu können, besitzt dagegen eine nur etwa halb so hohe Durchschlagsfestigkeit als Hartgummi.

An Stelle der zuletzt genannten Gummiarten sind in den letzten Jahren die bis zu einer großen Vollkommenheit entwickelten Kunstharze getreten, die sogenannten

Bakelite. Diese sind Kondensationsprodukte von Phenolen mit Formaldehyd unter Verwendung von verschiedenen Zusätzen. Bakelit kann je nach der Wärmebehandlung in drei verschiedenen Formen erhalten werden, und zwar 1. weich, elastisch und löslich, 2. im kalten Zustand spröde, aber in der Hitze weich und 3. unschmelzbar, unlöslich und von allerhöchster Härte, Festigkeit und Widerstandsfähigkeit. Diese vielseitige Eigenschaft läßt eine ausgedehnte Anwendung in der Elektrotechnik zu, sowohl rein verbraucht zu Preßteilen, Lacken usw., als auch zusammengesetzt mit anderen Stoffen. Die zweite Gruppe sind die sogenannten

Cumaronharze. Diese werden erhalten durch Einwirkung von konzentrierter Schwefelsäure auf Rohbenzol. Ihre Anwendung für die Elektrotechnik erstreckt sich zur Hauptsache auf die Fabrikation von Isolierlacken. Ein schnelle Verbreitung erlangt habender Isolierstoff dieser Gruppe ist das von der Firma Meirowsky hergestellte Pertinax. Dieses wird erhalten durch lagenweises Aufeinanderschichten von mit Kunstharz getränkten Papieren besonderer Zusammensetzung unter gleichzeitiger Anwendung von Druck und Wärme. Die Farbe ist verschieden, äußerlich sieht es aus wie hartes Holz. Die Zugfestigkeit ist ca. 1000 kg/cm². In chemischer Hinsicht ist es widerstandsfähig gegen die meisten Säuren und Ammoniak. Von Ölen und Fetten wird dieses Material nicht angegriffen. Pertinaxplatten und Rohre vertragen Temperaturen bis zu 180° C. Dielektrizitätskonstante 4 bis 5. Durchschlagsfestigkeit 25000 Volt für 1 mm. Es wird für die Konstruktion mit einer dauernden Beanspruchung von 6000 Volt pro mm gerechnet. Es läßt sich drehen, hobeln, schneiden, bohren usw.

Der Vollständigkeit halber muß noch auf einen neuerdings vielfach angewendeten Isolierstoff hingewiesen werden, der insbesondere zu Lacken benutzt wird. Es ist dies Cellon, nach dem Verfahren von Dr. Eichengrün. Seinen Eigenschaften nach dem Zelluloid ähnlich, in seiner Zusammensetzung abweichend, es besteht aus Azethylhydrozellulose und indifferenten Lösungsmitteln. Lieferbar in Platten, Stäben, Röhren und als Isolierlack. Spez. Gewicht 1,35. Zugfestigkeit 200 bis 300 kg/cm².

Durchschlagsfestigkeit:

0,2	mm	Stärke	13200 Volt
0,35	»	»	22000 »
0,45	»	»	25000 »
1,0	»	»	26000 »
1,3	»	»	31000 »
2,0	»	»	35000 »

8. Sicherheitsfaktor.

Unter Sicherheitsfaktor versteht man das Verhältnis von maximaler Beanspruchung des Isoliermaterials zur Durchschlagsfestigkeit

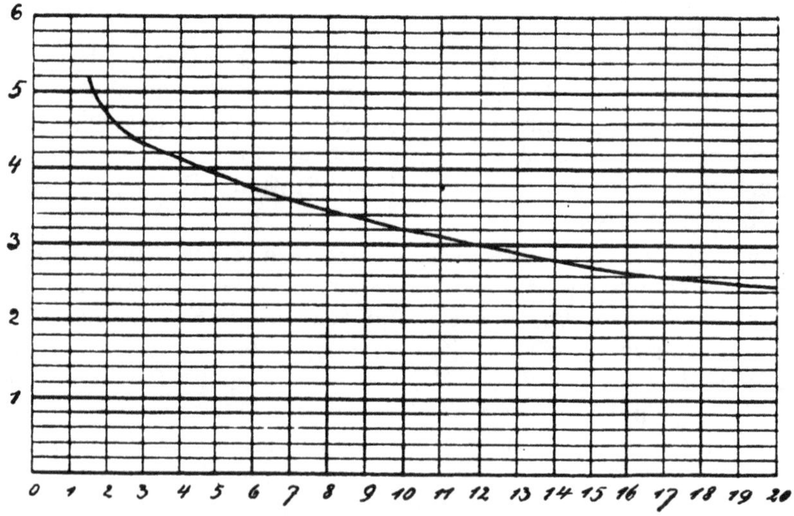

Fig. 24.

desselben. Mit Rücksicht auf die Unsicherheit, welche in der zuverlässigen Ermittlung der Durchschlagsfestigkeit liegt, geht man mit der Beanspruchung nicht bis an die elektrische Festigkeitsgrenze. Wie weit man sich der Festigkeitsgrenze nähern will, hängt von dem Empfinden des betreffenden Konstrukteurs ab und von der Wahrscheinlichkeit, ob und wie weit die zum Ausgangspunkt genommenen Potentialdifferenzen zwischen den Belegungen gelegentlich höhere werden können. Streng genommen müßte der Sicherheitsfaktor für alle Anlagen derselbe sein. Man begnügt sich aber bei hohen Spannungen mit einem geringeren Sicherheitsfaktor, weil man bei sehr hohen Betriebsspannungen sonst auf einen allzu großen Materialaufwand kommen würde. Man kann aber auch bei sehr hohen Betriebsspannungen den Sicherheitsfaktor weniger ängstlich bestimmen, weil die Luft ein sehr gutes Sicherheitsventil darstellt. Es werden an Apparaten und Leitungen eher Glimmlichtentladungen auftreten und gefährlichen Potentialdifferenzen einen Ausgleich schaffen, ehe der Durchschlag, d. h. die Zertrümmerung fester Isoliermaterialien, eintritt.

Einigen Anhalt mag die nachstehende Kurve Fig. 24 gewähren. Als Abszisse ist die Betriebsspannung, d. h. die Spannung zwischen zwei Leitungen in KV, aufgetragen.

Für Kabel wird im allgemeinen ein höherer Sicherheitsfaktor verlangt als er der Kurve entsprechen würde. Für Ölschalter sind durch die »Richtlinien« des V. D. E. Normen für die Konstruktion gegeben.

2. Berechnung von Hochspannungsleitungen.

A. Querschnittsermittelung.

Bei Hochspannungsleitungen ist es üblich, den zur Übertragung einer gewissen Energiemenge benötigten Leitungsquerschnitt aus dem beabsichtigten Wattverlust zu ermitteln, welchen man aus wirtschaftlichen Gründen zulassen kann.

Bezeichnet man die am Anfange einer Leitung vorhandene Energiemenge mit A_1 und die am Ende verbleibende mit A_2, so beträgt der Energieverlust

$$A_1 - A_2.$$

Sei der in jeder Leitungsader fließende effektive Strom i und der Ohmsche Widerstand jeder Leitungsader w, so ist bei induktionsloser Belastung

$$A_1 - A_2 = 3\, i^2 w \quad . \; . \; . \; . \; . \; . \; . \; . \quad 120)$$

für Drehstrom, und

$$A_1 - A_2 = 2\, i^2 w \quad . \; . \; . \; . \; . \; . \; . \; . \quad 121)$$

für Einphasenwechselstrom.

Bezeichnet man den prozentualen Wattverlust mit p, so ist

$$A_1 - A_2 = A_1 \frac{p}{100}$$

oder

$$A_1 \frac{p}{100} = 3\, i^2 \cdot w$$

für Drehstrom, bzw.

$$A_1 \frac{p}{100} = 2\, i^2 \cdot w$$

für Einphasenwechselstrom.

Setzt man

$$w = \frac{l}{k\,q},$$

wo l = einfache Länge der Leitung in m,
q = Querschnitt jeder Leitungsader in qmm,
k = Leitfähigkeit des Leitungsmaterials (für Kupfer mindestens 57 bei 15° C),

so ergibt sich

$$A_1 \frac{p}{100} = \frac{3\, i^2 l}{k \cdot q}$$

für Drehstrom,

$$A_1 \frac{p}{100} = \frac{2\, i^2 l}{k \cdot q}$$

für Einphasenstrom, oder

$$q = \frac{100 \cdot 3 \cdot i^2 l}{A_1 \cdot k \cdot p} \quad . \; . \; . \; . \; . \; . \; . \; . \quad 122)$$

für Drehstrom,

$$q = \frac{100 \cdot 2 \cdot i^2 l}{A_1 \cdot k \cdot p} \quad . \; . \; . \; . \; . \; . \; . \; . \quad 123)$$

für Einphasenstrom.

Erweitert man die rechten Seiten der Gleichungen mit $E_1^2 \cos^2 \varphi_1$, so erhält man

$$q = \frac{100 \cdot 3 \cdot i^2 \cdot l \cdot E_1^2 \cos^2 \varphi_1}{A_1 \cdot k \cdot p \cdot E_1^2 \cos^2 \varphi_1}$$

bzw.

$$q = \frac{100 \cdot 2 \cdot i^2 \cdot l \cdot E_1^2 \cos^2 \varphi_1}{A_1 \cdot k \cdot p \cdot E_1^2 \cos^2 \varphi_1}.$$

Hierin ist E_1 die effektive Spannung zwischen zwei Leitungen am Anfange der Leitung und φ_1 der Phasenverschiebungswinkel zwischen Spannung und Strom am Anfange der Leitung bei induktiver Belastung derselben.

Da nun bekanntlich

$$A_1 = E_1\, i \cos \varphi_1 \sqrt{3}$$

für Drehstrom, bzw.

$$A_1 = E_1\, i \cos \varphi_1$$

für Einphasenstrom ist, so ergibt sich

$$q = \frac{100 \cdot l \cdot A_1}{k \cdot p \cdot E_1^2 \cos^2 \varphi_1} \quad . \; . \; . \; . \; . \; . \; . \; . \quad 124)$$

in qmm für Drehstrom, bzw.

$$q = \frac{100 \cdot 2 \cdot l \cdot A_1}{k \cdot p \cdot E_1^2 \cos^2 \varphi_1} \quad . \; . \; . \; . \; . \; . \; . \; . \quad 125)$$

in qmm für Einphasenstrom.

Gewöhnlich sind E_1 und φ_1 nicht gegeben, sondern nur E_2 und die Phasenverschiebung $\cos \varphi_2$ am Ende der Leitung. Man setzt dann zur vorläufigen Querschnittsermittelung E_1 um den gleichen Prozentsatz höher als E_2, den man für den Wattverlust angenommen hat.

Die genauen Werte für E_1 und φ_1 findet man dann später durch Nachrechnen bzw. durch zeichnerische Ermittelung aus einem Diagramm.

B. Die Selbstinduktionsspannung.

Durchfließt ein Wechselstrom einen Leiter, so tritt eine mit Selbstinduktion bezeichnete Erscheinung auf. Ändert sich der Momentanwert des Stromes i_{mom} in der unendlich kurzen Zeit von dt Sekunden um di, so ändert sich das von dem Strome in der Umgebung des Leiters erzeugte magnetische Kraftlinienfeld N um dN. Durch diese Änderung des Kraftlinienfeldes wird nach dem Induktionsgesetz in dem Leiter selbst eine E.M.K. erzeugt. Bezeichnen wir diese E.M.K. der Selbstinduktion mit e_s, so ist ihre Größe nach dem Induktionsgesetz

$$e_s = -\frac{dN}{dt} \quad \text{. . . . . 126)}$$

Nehmen wir zunächst an, daß der Strom am Ende der Leitung einen induktionslosen Verbraucher speist, so sind Strom und Spannung in Phase. Mit dem Strome ist aber auch der Vektor des vom Strome erzeugten magnetischen Kraftlinienfeldes in Phase. Da nun die von einem magnetischen Felde erzeugte Spannung dem Felde selbst um $\frac{1}{4}$ Periode oder im Kreisdiagramm um $\frac{\pi}{2} = 90^0$ nachhinkt, so muß auch die Selbstinduktionsspannung dem erzeugenden Strome um 90^0 nachhinken.

Die E.M.K. der Selbstinduktion drückt man gebräuchlicherweise nicht durch die Änderung des Kraftlinienfeldes, sondern durch die Änderung des Stromes selbst aus und schreibt

$$e_s = -L\frac{di}{dt} \quad \text{. . . . . 127)}$$

Den Koeffizienten L nennt man den Selbstinduktionskoeffizienten.

Vereinigt man Gl. 126) mit Gl. 127), so erhält man

$$e_s = -L\frac{di}{dt} = -\frac{dN}{dt}.$$

Hieraus folgt

$$L = \frac{dN}{di},$$

$$L\,di = dN,$$

$$L\,J_{max} = N_{max},$$

$$L = \frac{N_{max}}{J_{max}}. \quad \text{. . . . . 128)}$$

Nach dem allgemeinen Induktionsgesetz ist die in einem Leiter induzierte maximale Spannung, wenn der Maximalwert des magnetischen Kraftlinienfeldes mit N_{max} und die Periodenzahl mit $\sim$ bezeichnet wird,

$$E_{max} = 2\,\pi \sim N_{max}.$$

Setzt man den Wert aus Gl. 128) ein, so wird

$$E_{s\,max} = 2\,\pi \sim J_{max}\,L \quad . \; . \; . \; . \; . \; . \quad 129)$$

oder, wenn man sowohl für den Strom als auch für die Spannung die Effektivwerte e_s und i einsetzt,

$$e_s = 2\,\pi \sim i\,L \quad . \; . \; . \; . \; . \; . \; . \; . \quad 130)$$

Sofern e_s in Volt und i in Amp. ausgedrückt sind, ist L in Henry einzusetzen.

Mit Hilfe der Gl. 130) läßt sich die Selbstinduktionsspannung, welche in einem Leiter erzeugt wird, berechnen, wenn der Selbstinduktionskoeffizient L bekannt ist.

C. Selbstinduktionskoeffizient einer Doppelleitung.

Durchfließt ein Strom einen geradlinigen Leiter, so bilden sich um die Achse des Leiters ringförmige magnetische Kraftlinien aus, welche (Fig. 25) um die Leiterachse rotieren. Die magnetische Feldstärke in irgendeinem Punkte, welcher sich im senkrechten Abstande x von der Leiterachse befindet, ist

$$H = \frac{2 \cdot i}{x}.$$

Unter i versteht man dabei den Strom auf dem Querschnitte $x^2\pi$. Hierbei ist i in abs. Maßeinheiten und x in cm ausgedrückt.

Ist r der Radius eines Leiters, über dessen Querschnitt $q = r^2\pi$ der Strom gleichmäßig verteilt ist, und wollen wir die Feldstärke an irgendeinem Punkte ermitteln, welcher innerhalb des Leiterquerschnitts liegt, also $x < r$, so müssen wir zunächst feststellen, welcher Strom für den Querschnitt $x^2\pi$ in Frage kommt.

Nennen wir den für den Querschnitt $x^2\pi$ verbleibenden Strom i_x, so ist

$$\frac{i_x}{i} = \frac{x^2\,\pi}{r^2\,\pi}$$

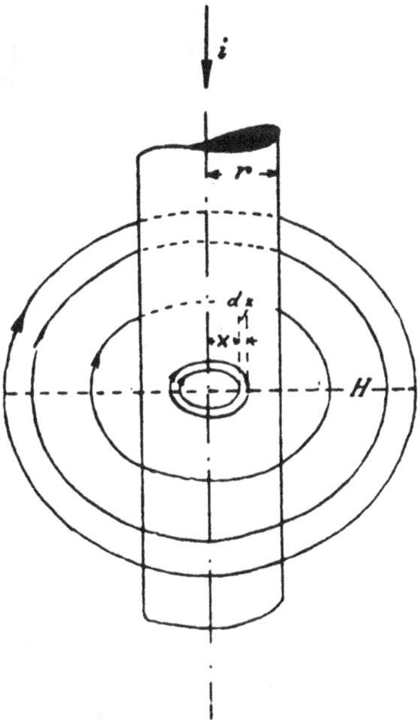

Fig. 25.

oder

$$i_x = \frac{i\,x^2}{r^2}.$$

Die gesuchte Feldstärke im Abstande x, für $x < r$, ist demnach

$$H = \frac{2\,i\,x^2}{r^2\,x},$$

$$H = \frac{2\,i\,x}{r^2} \quad . \quad . \quad . \quad . \quad . \quad . \quad . \quad . \quad . \quad 131)$$

Betrachten wir nun zwei im Abstande D cm gegenüberliegende parallele Leiter I und II in Fig. 26 von der Länge l cm, welche beide

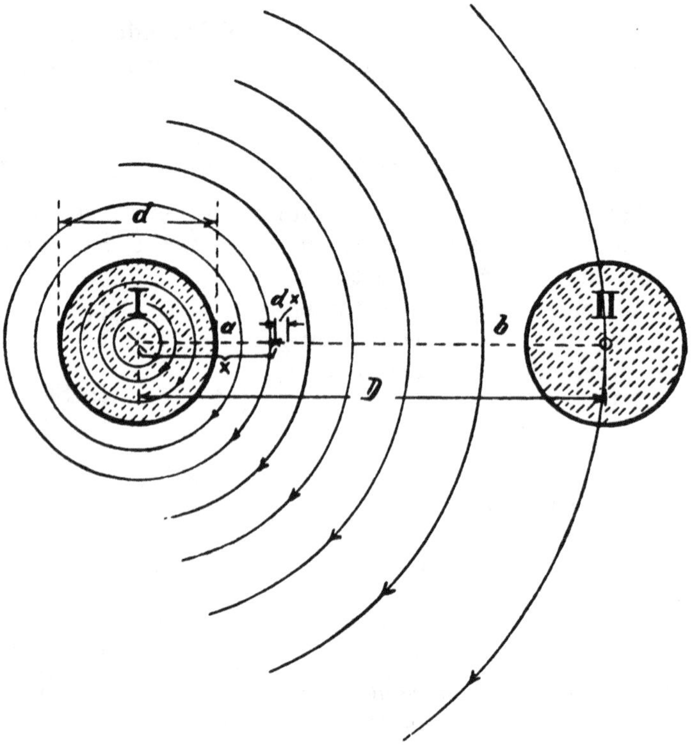

Fig. 26.

denselben Durchmesser d cm haben, und sei zunächst nur der eine dieser beiden Leiter, nämlich I, vom Strome i durchflossen, so können wir mit Hilfe der eben gefundenen Beziehung Gl. 131) das gesamte Kraftlinienfeld ermitteln, welches den Raum zwischen I und II bildet. Dieses Feld besteht nämlich aus einem im Leiter I selbst erzeugten Teilfelde N_1 und einem außerhalb des Leiters I entstandenen Teilfelde N_2.

Betrachten wir einen unendlich kleinen Teil des Gesamtfeldes N im Abstande x vom Leiter I, so ist

$$d N = H\, d x\, l$$

oder

$$N = l \int H\, d x.$$

Das innerhalb des Leiters I erzeugte Teilfeld wird daher

$$N_1 = l \int_0^{\frac{d}{2}} H\, d x,$$

$$N_1 = \frac{2 l i}{\left(\frac{d}{2}\right)^2} \int_0^{\frac{d}{2}} x\, d x,$$

$$N_1 = \frac{2 l i}{\left(\frac{d}{2}\right)^2} \left[\frac{x^2}{2}\right]_0^{\frac{d}{2}}$$

$$N_1 = \frac{2 l i}{\left(\frac{d}{2}\right)^2} \frac{\left(\frac{d}{2}\right)^2}{2}$$

$$N_1 = l i \quad \ldots \ldots \ldots \ldots \quad 132)$$

Das außerhalb des Leiters I erzeugte Feld wird

$$N_2 = l \int_{\frac{d}{2}}^{D} H\, d x,$$

$$N_2 = 2 l i \int_{\frac{d}{2}}^{D} \frac{d x}{x},$$

$$N_2 = 2 l i \left[\ln x\right]_{\frac{d}{2}}^{D},$$

$$N_2 = 2 l i \ln \frac{D}{\frac{d}{2}} \quad \ldots \ldots \ldots \quad 133)$$

Das Gesamtfeld ist demnach

$$N = N_1 + N_2 = l i \left(1 + 2 \ln \frac{2 D}{d}\right) \quad \ldots \quad 134)$$

Würden wir jetzt nur einen Strom i im Leiter II annehmen und Leiter I als stromlos voraussetzen, so erhielten wir ein genau ebenso großes Gesamtfeld im Intervall von II zu I.

Lassen wir nun denselben Strom beide Leiter, und zwar den einen als Hin- und den anderen als Rückleitung, durchfließen, so erhalten wir ein resultierendes Feld

$$N = 2\ (N_1 + N_2).$$

Wir haben daher

$$N = l\,i\left(2 + 4 \ln \frac{2\,D}{d}\right) \quad . \quad . \quad . \quad . \quad . \quad . \quad 135)$$

Nach Gl. 128) des vorigen Abschnittes ist der Selbstinduktionskoeffizient

$$L = \frac{N_{\max}\,10^{-9}}{J_{\max}} \text{ Henry} \quad . \quad . \quad . \quad . \quad . \quad . \quad 136)$$

wenn der Wert im technischen Maßsystem ausgedrückt wird.

Führen wir in Gl. 135) ebenfalls Maximalwerte ein, so wird

$$N_{\max} = l\,J_{\max}\left(2 + 4 \ln \frac{2\,D}{d}\right) \quad . \quad . \quad . \quad . \quad . \quad 137)$$

Setzen wir den Wert von Gl. 137) in Gl. 136) ein, so wird der Selbstinduktionskoeffizient einer Doppelleitung

$$L = \frac{l\,J_{\max}\left(2 + 4 \ln \frac{2\,D}{d}\right) \cdot 10^{-9} \text{ Henry}}{J_{\max}}$$

oder

$$L = l\left(2 + 4 \ln \frac{2\,D}{d}\right) \cdot 10^{-9} \text{ Henry} \quad . \quad . \quad . \quad . \quad . \quad 138)$$

Bei einer hohen Wechselzahl des Stromes verteilt sich der Strom, wie Lord Kelvin gefunden hat, nicht mehr gleichmäßig über den ganzen Querschnitt eines Leiters, sondern verläuft nahe unter der Oberfläche desselben. Man nennt diese Erscheinung »Hauteffekt«. Die Erklärung ergibt sich, wenn man sich jeden Leiter in ein Bündel dünner Drähte zerlegt denkt. Jeder der Drähte würde, wenn er seinen anteiligen Strom führte, ein Kraftlinienfeld erzeugen. Dieses Feld induziert aber in allen mit ihm verschlungenen benachbarten Drähten eine der Hauptspannung entgegengerichtete E.M.K. der Selbstinduktion. Je näher nun ein dünner Draht der Mitte des Leiters liegt, mit um so mehr Kraftlinien ist er verschlungen. Die Wirkung der gegenseitigen Induktion ist also in der Mitte am größten. Der Strom findet also in der Mitte den größten induktiven Widerstand; er wird daher nach dem Umfange hingedrängt.

Durch das Hinausdrängen des Stromes auf die äußeren Schichten eines Leiters wird der Ohmsche Widerstand vergrößert, da nur diese Schichten den Hauptanteil des Stromes führen; zugleich wird aber der induktive Widerstand verkleinert, weil die gegenseitige Induktion an den äußeren Schichten geringer wirkt. Der scheinbare Widerstand des Leiters kann deshalb vergrößert oder verkleinert erscheinen. Bei Leitern aus unmagnetischem Material überwiegt die Vergrößerung des Ohmschen Widerstandes; bei magnetischem Material ist das Umgekehrte der Fall.

Durch eine Unterteilung des Querschnittes, also durch Verwendung von Seilen, wird die Wirkung des Hauteffektes herabgesetzt.

Der scheinbare Widerstand ist bekanntlich

$$w_w = \sqrt{w^2 + \sim^2 L^2}$$

wo w der mit Gleichstrom gemessene Ohmsche Widerstand, und L die gewöhnliche Selbstinduktion bedeuten. Nennt man das Verhältnis des scheinbaren Widerstandes zu dem Ohmschen Widerstande k, also

$$k = \frac{w_w}{w},$$

so kann k für Kupferleitungen aus der nachstehenden Kelvinschen Tabelle entnommen werden.

$\sim \cdot d^2$	k	$\sim \cdot d^2$	k
0	1,0000	1 620	1,8628
20	1,0000	2 000	2,0430
80	1,0001	2 420	2,2190
180	1,0258	2 880	2,3937
320	1,0805	5 120	3,0956
500	1,1747	8 000	3,7940
720	1,3180	18 000	5,5732
980	1,4920	32 000	7,3250
1280	1,6778		

Mit d ist der Durchmesser des Leiters in cm und mit $\sim$ die Periodenzahl pro Sekunde bezeichnet.

Der Faktor k weicht bei der üblichen Periodenzahl von $\sim = 50$ und Querschnitten bis 120 qmm weniger als 0,01% von 1 ab.

Bei Eisenleitungen dagegen kann der Einfluß der Hautwirkung beträchtlich werden.

Betrachten wir den Grenzfall, in welchem der Strom nur auf der Oberfläche des Leiters verläuft, näher, so finden wir, zu unserer Doppelleitung zurückkehrend, daß wir nur außerhalb der stromdurchflossenen Leiter Kraftlinien haben. Es werden alsdann von jedem der beiden Leiter erzeugt

$$N_2 = l\, i\, 2 \ln \frac{2\,D}{d}$$

oder von beiden zusammen

$$N = 2N_2.$$

Der Selbstinduktionskoeffizient der Doppelleitung würde dann

$$L = l\left(4 \ln \frac{2D}{d}\right) 10^{-9} \text{ Henry} \quad . \; . \; . \; . \; . \quad 140)$$

In der Praxis rechnet man mit einem Mittelwert aus den beiden erhaltenen Grenzfällen und schreibt

$$L = l\left(1 + 4 \ln \frac{2D}{d}\right) \cdot 10^{-9} \text{ Henry}.$$

Führt man die Länge l in km ein und schreibt $\ln x = 2{,}3 \log x$, so erhält man als endgültigen Ausdruck für den Selbstinduktionskoeffizienten einer Doppelleitung

$$L = l_{(\mathrm{km})}\left(0{,}1 + 0{,}92 \log \frac{2D}{d}\right) 10^{-3} \text{ Henry} \quad . \; . \; . \quad 141)$$

Hierin bedeuten:

$l_{(\mathrm{km})}$ = Länge der Doppelleitung in km,
D = Abstand der beiden Leitungen voneinander in cm,
d = Durchmesser jeder der beiden Leitungen in cm.

Anmerkung: Nimmt man an, daß jeder der beiden Leiter das halbe Gesamtfeld hervorruft, so können wir als Selbstinduktionskoeffizient einer einzigen Leitung (Rückleitung Erde, ersetzt zu denken durch einen im gleichen Abstande unter der Erde verlaufenden virtuellen Leiter) setzen

$$L = l\left(0{,}05 + 0{,}46 \log \frac{2D}{d}\right) 10^{-3} \text{ Henry} \; . \; . \; . \; . \quad 142)$$

D ist dann der Abstand des einzelnen Leiters von dem virtuellen. Nennt man den Abstand des einzelnen Leiters von der Erde h, so ist der Abstand des Leiters von dem virtuellen $D = 2h$. Gl. 142) geht dann über in

$$L = l_{(\mathrm{km})}\left(0{,}05 + 0{,}46 \log \frac{4h}{d}\right) 10^{-3} \text{ Henry} \quad . \; . \; . \quad 143)$$

Hierin ist $l_{(\mathrm{km})}$ in km ausgedrückt (Leitungslänge),
h = Abstand des Leiters von der Erde in cm,
d = Durchmesser des Leiters in cm.

D. Selbstinduktionskoeffizient eines konzentrischen Zweileiterkabels mit massivem Innenleiter.

Wir setzen zunächst voraus, daß sich der Strom über die Leiterquerschnitte gleichmäßig verteilt.

Betrachten wir die Feldstärke im Intervall a bis b (Fig. 27), so ist dieselbe im Abstande x von der Kabelachse

$$H = \frac{2\,i_1}{x}.$$

Hierbei ist i_1 derjenige Teil des den Innenleiter durchfließenden Stromes, welcher bei gleichmäßiger Stromverteilung über den ganzen Leiterquerschnitt auf den Teil $x^2\pi$ entfällt.

Sei der gesamte Innenleiterstrom i, so ist

$$i_1 = \frac{i\,x^2}{r^2},$$

wo r der Halbmesser des Leiterquerschnitts ist.

Hiermit wird die Feldstärke innerhalb des Innenleiters

$$H = \frac{2\,i\,x}{r^2} \quad . \; . \; . \quad 144$$

Hieran wird nichts geändert, wenn der Außenleiter Strom führt; denn wir betrachten die Feldstärke nur in Abhängigkeit von demjenigen Stromquantum, welches auf den Querschnitt $x^2\pi$ entfällt.

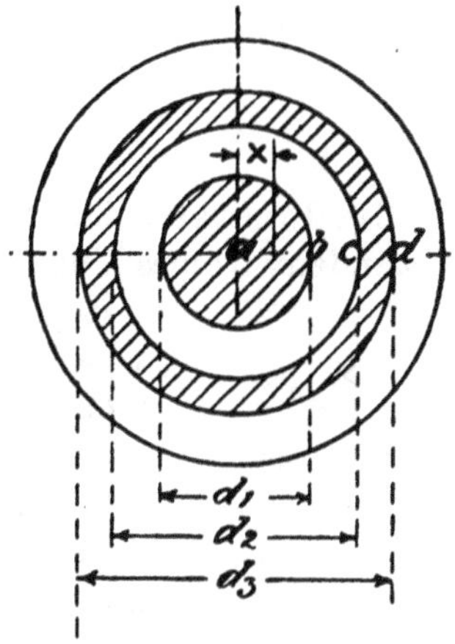

Fig. 27.

Sei die betrachtete Kabellänge l cm, so ist das Kraftlinienfeld im Intervall von a bis b

$$N_{ab} = l \int_0^{\frac{d_1}{2}} H\,d\,x,$$

$$N_{ab} = \frac{2\,l\,i}{\left(\frac{d_1}{2}\right)^2} \int_0^{\frac{d_1}{2}} x\,d\,x,$$

$$N_{ab} = i\,l \; . \; . \; . \; . \; . \; . \; . \; . \; . \; . \; . \quad 145)$$

Lassen wir den Abstand x von der Kabelachse, von $\frac{d_1}{2}$ bis $\frac{d_2}{2}$ wachsen, so entfällt auf den Querschnitt $x^2\pi$ nur der Strom des Innenleiters.

Das Feld im Intervall von b bis c wird daher

$$N_{bc} = l \int_{\frac{d_1}{2}}^{\frac{d_2}{2}} H\,d\,x,$$

und da die Feldstärke außerhalb des Innenleiters

$$H = \frac{2\,i}{x}$$

ist, so wird

$$N_{bc} = 2\,i\,l \int\limits_{\frac{d_1}{2}}^{\frac{d_2}{2}} \frac{d\,x}{x}$$

$$N_{bc} = 2\,i\,l \ln \frac{d_2}{d_1} \quad \ldots\ldots\ldots \quad 146)$$

Im Intervall c bis d tritt der Einfluß des den Außenleiter durchfließenden Stromes hinzu. Der im Außenleiter fließende Strom sei $-i$.

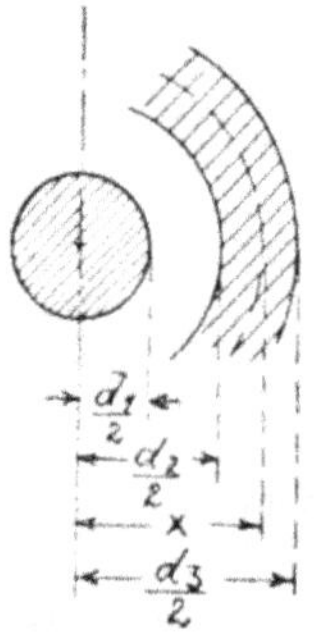

Fig. 28.

Würden wir x bis zum Punkte d wachsen lassen, so wäre der den Querschnitt $x^2\pi$ durchfließende Strom $i + (-i) = 0$.

Ist $x > \frac{d_2}{2}$, aber $< \frac{d_3}{2}$ (Fig. 28), so ist der auf den betrachteten Querschnitt entfallende resultierende Strom gleich dem für den Ringquerschnitt

$$\left[\left(\frac{d_3}{2}\right)^2 - x^2\right]\pi$$

verbleibenden Teil des Außenleiterstromes. Wir können diesen resultierenden Strom i_2 aus der Proportionsgleichung ermitteln

$$\frac{i_2}{i} = \frac{[(d_3)^2 - (2\,x)^2]\,\pi \cdot 4}{[(d_3)^2 - (d_2)^2]\,\pi \cdot 4},$$

$$i_2 = i\,\frac{d_3^2 - (2\,x)^2}{d_3^2 - (d_2)^2}.$$

Das Feld im Intervall von c bis d (Fig. 27) wird hiermit

$$N_{cd} = l \int\limits_{\frac{d_2}{2}}^{\frac{d_3}{2}} H\,d\,x,$$

und da

$$H = \frac{2\,i_2}{x},$$

$$H = \frac{2\,i}{x}\,\frac{d_3^2 - (2\,x)^2}{d_3^2 - d_2^2},$$

so wird

$$N_{cd} = \frac{2\,i\,l}{d_3^2 - d_2^2} \int\limits_{\frac{d_2}{2}}^{\frac{d_3}{2}} \frac{d_3^2 - (2\,x)^2}{x}\,d\,x,$$

$$N_{cd} = \frac{2\,i\,l}{d_3^2 - d_2^2} \left[d_3^2 \int\limits_{\frac{d_2}{2}}^{\frac{d_3}{2}} \frac{d\,x}{x} - 4 \int\limits_{\frac{d_2}{2}}^{\frac{d_3}{2}} x\,d\,x \right],$$

$$N_{cd} = \frac{2\,i\,l}{d_3^2 - d_2^2} \left[d_3^2 \ln x - 4\,\frac{x^2}{2} \right]_{x=\frac{d_2}{2}}^{x=\frac{d_3}{2}},$$

$$N_{cd} = \frac{2\,i\,l}{d_3^2 - d_2^2} \left[d_3^2 \ln \frac{d_3}{d_2} - 4\,\frac{\left(\frac{d_3}{2}\right)^2 - \left(\frac{d_2}{2}\right)^2}{2} \right],$$

$$N_{cd} = i\,l \left(2\,\frac{d_3^2}{d_3^2 - d_2^2} \ln \frac{d_3}{d_2} - 1 \right) \quad . \; . \; . \; . \; . \; . \; . \; . \quad 147)$$

Addiert man jetzt die Felder über den drei Intervallen, so erhält man das Gesamtfeld

$$N = i\,l \left(2 \ln \frac{d_2}{d_1} + 2\,\frac{d_3^2}{d_3^2 - d_2^2} \ln \frac{d_3}{d_2} \right) \quad . \; . \; . \; . \quad 148)$$

oder führt man wieder Maximalwerte ein, so wird

$$N_{\max} = J_{\max}\,l \left(2 \ln \frac{d_2}{d_1} + 2\,\frac{d_3^2}{d_3^2 - d_2^2} \ln \frac{d_3}{d_2} \right) \quad . \; . \; . \quad 149)$$

Es ist

$$L = \frac{N_{\max}}{J_{\max}}\,10^{-9} \text{ Henry.}$$

Setzt man den Wert für $N_{\max}$ aus Gl. 149) ein, so wird

$$L = 2\,l \left(\ln \frac{d_2}{d_1} + \frac{d_3^2}{d_3^2 - d_2^2} \ln \frac{d_3}{d_2} \right) 10^{-9} \text{ Henry} \quad . \; . \quad 150)$$

Untersucht man den anderen Grenzfall, wonach der Strom nur auf der Oberfläche der Leiter verläuft, so wird das Gesamtfeld

$$N = 2\,i\,l \ln \frac{d_2}{d_1} \quad . \; . \; . \; . \; . \; . \; . \; . \; . \quad 151)$$

und hiermit der Selbstinduktionskoeffizient

$$L = 2\,l \ln \frac{d_2}{d_1} \cdot 10^{-9} \text{ Henry} \quad . \; . \; . \; . \; . \; . \quad 152)$$

In der Praxis verwendet man den Mittelwert aus beiden Grenzfällen und schreibt für den Selbstinduktionskoeffizienten eines konzentrischen Zweileiterkabels mit massivem Innenleiter

$$L = 2\,l\left(\ln\frac{d_2}{d_1} + \frac{1}{2}\,\frac{d_3^2}{d_3^2 - d_2^2}\ln\frac{d_3}{d_2}\right)10^{-9}\ \text{Henry} \quad . \quad . \quad 153)$$

Drückt man die Länge des Kabels in km aus und schreibt $\ln x = 2{,}3 \log x$, so erhält man endgültig

$$L = 0{,}46\,l_{(\text{km})}\left(\log\frac{d_2}{d_1} + \frac{1}{2}\,\frac{d_3^2}{d_3^2 - d_2^2}\log\frac{d_3}{d_2}\right)10^{-3}\ \text{Henry} \qquad 154)$$

Hierin ist

$l_{(\text{km})}$ = Kabellänge in km,

d_1, d_2 und d_3 = Durchmesser der Schichten nach Fig. 27 in cm.

E. Selbstinduktionskoeffizient eines konzentrischen Zweileiterkabels mit röhrenförmigem Innenleiter.

Es sei zunächst wieder vorausgesetzt, daß sich der Strom gleichmäßig über den ganzen Leiterquerschnitt verteilt. Die Berechnung des Selbstinduktionskoeffizienten erfolgt in ähnlicher Weise wie bei dem Zweileiterkabel mit massivem Innenleiter (Abschnitt D). Nennt man die auf die Kreisfläche $x^2\pi$ entfallende Strommenge i_1 und sei der Gesamtstrom des Innenleiters i, so verhält sich

$$\frac{i_1}{i} = \frac{[(2\,x)^2 - d_1^2]\,4\,\pi}{[d_2^2 - d_1^2]\,4\,\pi}.$$

Hieraus folgt

$$i_1 = i\,\frac{(2\,x)^2 - d_1^2}{d_2^2 - d_1^2}.$$

Die Feldstärke H im Abstande x von der Kabelachse ist

$$H = \frac{2\,i_1}{x},$$

$$H = \frac{2\,i}{x}\,\frac{(2\,x)^2 - d_1^2}{d_2^2 - d_1^2}.$$

Das Feld im Intervall von a bis c ist für die Kabellänge l cm

$$N_{ac} = l\int_{\frac{d_1}{2}}^{\frac{d_2}{2}} H\,d\,x,$$

$$N_{ac} = \frac{2\,i\,l}{d_2^2 - d_1^2}\int_{\frac{d_1}{2}}^{\frac{d_2}{2}} \frac{(2\,x)^2 - d_1^2}{x}\,d\,x$$

$$N_{ae} = \frac{2\,i\,l}{d_2^2 - d_1^2}\left[4\int\limits_{\frac{d_1}{2}}^{\frac{d_2}{2}} x\,d\,x - d_1^2 \int\limits_{\frac{d_1}{2}}^{\frac{d_2}{2}} \frac{d\,x}{x}\right]$$

$$N_{ae} = \frac{2\,i\,l}{d_2^2 - d_1^2}\left[0{,}5\,(d_2^2 - d_1^2) - d_1^2 \ln \frac{d_2}{d_1}\right]$$

$$N_{ae} = i\,l\left(1 - 2\,\frac{d_1^2}{d_2^2 - d_1^2} \ln \frac{d_2}{d_1}\right) \quad . \; . \; . \; . \; . \; . \; . \quad 155)$$

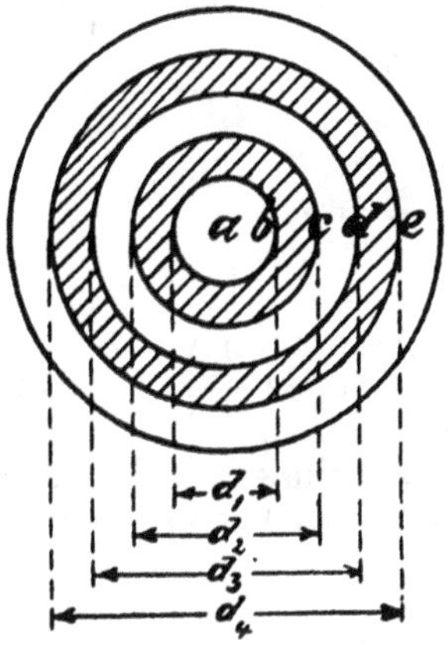

Fig. 29.

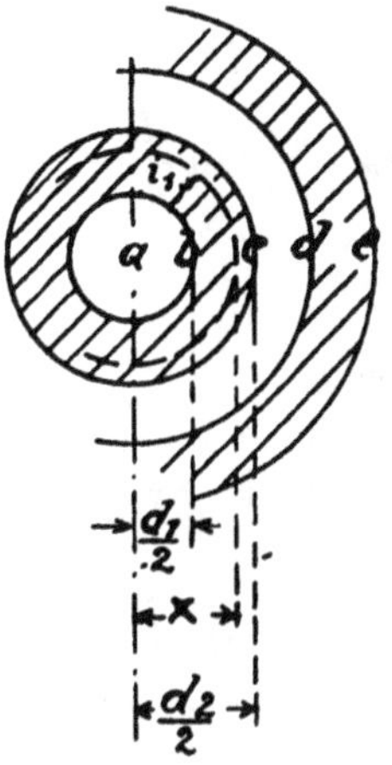

Fig. 30.

Im Intervall c bis d bleibt die von der ringförmigen Fläche eingeschlossene Strommenge konstant gleich i. Die Feldstärke in der Entfernung x von der Kabelachse ist daher

$$H = \frac{2\,i}{x}.$$

Das Feld im Intervall von c bis d wird daher

$$N_{cd} = l \int\limits_{\frac{d_2}{2}}^{\frac{d_3}{2}} H\,d\,x$$

$$N_{cd} = 2\,i\,l \int\limits_{\frac{d_2}{2}}^{\frac{d_3}{2}} \frac{d\,x}{x}$$

$$N_{cd} = 2\,i\,l \ln \frac{d_3}{d_2} \quad . \; . \; . \; . \; . \; . \; . \quad 156)$$

Für das Intervall von d bis e können wir genau dieselbe Überlegung anstellen wie beim Zweileiterkabel mit massivem Innenleiter (Abschnitt D).

Wir erhalten nach den früheren Ausrechnungen

$$N_{de} = i\,l\left(2\frac{d_4^2}{d_4^2 - d_3^2}\ln\frac{d_4}{d_3} - 1\right) \quad \text{. . . . . 157)}$$

Addieren wir die einzelnen Felder, so wird das Gesamtfeld

$$N = i\,l\left(2\ln\frac{d_3}{d_2} + 2\frac{d_4^2}{d_4^2 - d_3^2}\ln\frac{d_4}{d_3} - 2\frac{d_1^2}{d_2^2 - d_1^2}\ln\frac{d_2}{d_1}\right). \quad 158)$$

oder wenn man für Strom und Feld Maximalwerte einführt

$$N_{\max} = J_{\max}\,l\left(2\ln\frac{d_3}{d_2} + 2\frac{d_4^2}{d_4^2 - d_3^2}\ln\frac{d_4}{d_3} - 2\frac{d_1^2}{d_2^2 - d_1^2}\ln\frac{d_2}{d_1}\right) \quad 159)$$

Da

$$L = \frac{N_{\max}}{J_{\max}}\,10^{-9}\ \text{Henry},$$

so ergibt sich

$$L = 2\,l\left(\ln\frac{d_3}{d_2} + \frac{d_4^2}{d_4^2 - d_3^2}\ln\frac{d_4}{d_3} - \frac{d_1^2}{d_2^2 - d_1^2}\ln\frac{d_2}{d_1}\right)10^{-9}\ \text{Henry} \quad 160)$$

Würde man im anderen Grenzfalle annehmen, daß sich der Strom nur auf der Oberfläche der Leiter befindet, so haben wir nur ein Feld im Intervall c bis d, und es wird

$$L = 2\,l\ln\frac{d_3}{d_2}\,10^{-9}\ \text{Henry} \quad \text{. . . . . . . 161)}$$

In der Praxis verwendet man wieder den Mittelwert aus den beiden Grenzfällen und schreibt demzufolge für den Selbstinduktionskoeffizienten eines konzentrischen Zweileiterkabels mit röhrenförmigem Innenleiter

$$L = 2\,l\left(\ln\frac{d_3}{d_2} + \frac{1}{2}\left[\frac{d_4^2}{d_4^2 - d_3^2}\ln\frac{d_4}{d_3} - \frac{d_1^2}{d_2^2 - d_1^2}\ln\frac{d_2}{d_1}\right]\right)10^{-9}\ \text{Henry} \quad \text{. . . . . 162)}$$

Drückt man die Kabellänge in km aus und setzt $\ln x = 2{,}3\log x$, so erhält man endgültig

$$L = 0{,}46\,l_{(\mathrm{km})}\left(\log\frac{d_3}{d_2} + \frac{1}{2}\left[\frac{d_4^2}{d_4^2 - d_3^2}\log\frac{d_4}{d_3} - \frac{d_1^2}{d_2^2 - d_1^2}\log\frac{d_2}{d_1}\right]\right)10^{-3}\ \text{Henry} \quad \text{. . . . . . . 163)}$$

Hierin sind:

$l_{(\mathrm{km})}$ = Kabellänge in km,

d_1, d_2, d_3 und d_4 die Schichtdurchmesser (Fig. 29) in cm.

F. Selbstinduktionskoeffizient einer Drehstromleitung in Luft.

Für die Bewertung des Selbstinduktionskoeffizienten bei Drehstromfreileitungen kann für die Leiter der einzelnen Phasen ein Koeffizient benutzt werden, der halb so hoch ist wie der bei Doppelleitungen.

Wir können für die einzelnen Leiter schreiben

$$L = l_{(km)} \left(0{,}05 + 0{,}46 \log \frac{2D}{d}\right) 10^{-3} \text{ Henry} \quad . \quad . \quad . \quad 164)$$

Hierin bedeuten

$l_{(km)}$ = Länge jeder Phasenleitung in km,

D = Abstand der Phasenleitungen voneinander in cm,

d = Durchmesser jeder Leitung in cm.

Die Berechtigung zur Benutzung dieser Formel zeigt folgende Überlegung.

Wir leiteten den Selbstinduktionskoeffizienten aus Gl. 128)

$$L = \frac{N_{max}}{J_{max}}$$

ab. Hierfür können wir ebensogut die Momentanwerte für Feld und Strom setzen und haben dann

$$L = \frac{N_{mom}}{i_{mom}}.$$

Das Momentanfeld wird aber bei der Doppelleitung in jedem Augenblick von dem in jedem Draht fließenden Strome i_{mom} erzeugt und ändert sich gleichmäßig mit dem Strome. Bei Drehstrom ist aber die Summe der Momentanwerte der Ströme in den drei Leitungen jederzeit gleich Null. Daraus folgt, daß der Strom in einer Leitung zu jeder Zeit entgegengesetzt gleich der geometrischen Summe der Ströme in den beiden anderen Leitungen ist (Fig. 31). Es erzeugen also die Ströme in zwei Leitungen zusammen stets ein ebenso großes Momentanfeld wie der Strom in der dritten. Im Effekt haben wir also wieder zwei sich überdeckende gleich große Felder, welche den Zwischenraum zwischen den drei Leitungen durchdringen, und es ist daher unter der Voraussetzung, daß die drei Leitungen symmetrisch liegen, statthaft, die Hälfte des Gesamtfeldes als von dem Strome einer einzigen Leitung hervorgerufen anzusehen. Man

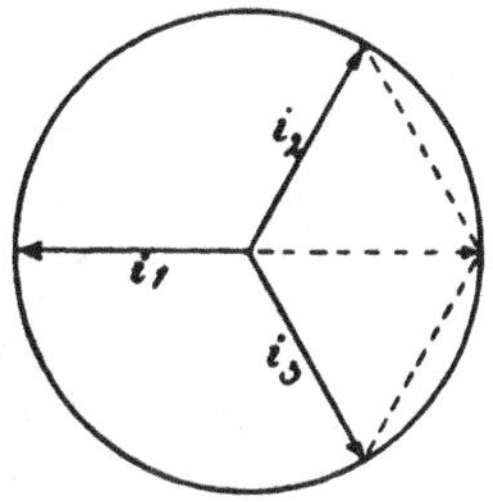

Fig. 31.

pflegt aber die drei Phasenleitungen einer Drehstromübertragung[1]) symmetrisch zu montieren, da sonst ungleiche Selbstinduktionsspannungen in den drei Phasen auftreten würden.

Selbstredend ist bei diesem Gedankengange noch vorausgesetzt, daß die Effektivwerte der drei Ströme in den drei Phasen gleich groß sind. Dieser Forderung kann man in Hochspannungsanlagen, auch bei ungleicher Belastung der Phasen im Niederspannungsnetz, Rechnung tragen, wenn man jede Phasenwickelung auf der Niederspannungsseite der Transformatoren auf sämtliche drei Schenkel gleichmäßig verteilt (Zickzackwickelung).

Man rechnet also bei Drehstromleitungen stets den Selbstinduktionskoeffizienten für eine einzige Leitung aus und bestimmt für diese die Selbstinduktionsspannung nach Gl. 130).

In der untenstehenden Tabelle sind die Werte des Selbstinduktionskoeffizienten pro 1 km Länge für einen Leiter angegeben. Der Abstand D zwischen den Leitungen ist in cm und der Durchmesser der Leitungen d in mm angegeben. Das Ergebnis ist in Millihenry ausgedrückt. Der Querschnitt q jeder Leitung ist in qmm angegeben.

d mm	q qmm	D cm 30	40	50	60	70	80	90	100	120	150	200
3	7	1,108	1,166	1,211	1,247	1,278	1,304	1,328	1,349	1,385	1,430	1,487
3,5	9,6	1,078	1,135	1,180	1,216	1,247	1,274	1,298	1,318	1,354	1,399	1,457
4	12,5	1,051	1,108	1,153	1,189	1,220	1,247	1,270	1,291	1,328	1,372	1,430
4,5	15,9	1,027	1,085	1,130	1,167	1,197	1,223	1,247	1,268	1,304	1,349	1,406
5	19,6	1,006	1,064	1,108	1,145	1,176	1,202	1,226	1,247	1,283	1,328	1,385
5,5	23,7	0,987	1,045	1,089	1,126	1,157	1,183	1,207	1,228	1,264	1,309	1,366
6	28,3	0,970	1,027	1,072	1,108	1,139	1,166	1,189	1,210	1,247	1,292	1,349
6,5	33,2	0,954	1,011	1,056	1,092	1,123	1,150	1,173	1,195	1,231	1,276	1,333
7	38,5	0,939	0,997	1,041	1,078	1,108	1,135	1,159	1,180	1,216	1,261	1,318
7,5	44,2	0,925	0,983	1,027	1,064	1,095	1,121	1,145	1,166	1,202	1,246	1,304
8	50,3	0,913	0,970	1,015	1,051	1,082	1,108	1,132	1,153	1,189	1,234	1,292
8,5	56,7	0,900	0,958	1,002	1,039	1,070	1,096	1,120	1,141	1,177	1,221	1,279
9	63,6	0,889	0,946	0,991	1,027	1,058	1,085	1,108	1,130	1,166	1,211	1,268
9,5	70,9	0,878	0,936	0,980	1,017	1,047	1,074	1,098	1,119	1,155	1,198	1,257
10	78,5	0,868	0,925	0,970	1,006	1,037	1,064	1,087	1,108	1,145	1,189	1,247
10,5	86,6	0,858	0,916	0,960	0,997	1,027	1,054	1,078	1,099	1,135	1,180	1,237
11	95,0	0,849	0,906	0,951	0,987	1,018	1,045	1,068	1,089	1,126	1,170	1,228
11,5	103,9	0,840	0,897	0,942	0,979	1,009	1,035	1,060	1,081	1,117	1,162	1,219
12	113,1	0,832	0,889	0,934	0,970	1,001	1,027	1,051	1,072	1,108	1,153	1,211

[1]) Eine unsymmetrische Anordnung der Leitungen hat nur sehr geringen Einfluß. Man kann für die Praxis mit hinreichender Genauigkeit für D den Mittelwert der Entfernungen in die Gl. 164) einsetzen.

G. Selbstinduktionskoeffizient verseilter Dreileiterkabel.

Für diese kann pro Leiter ebenfalls die im vorigen Abschnitt gegebene Gl. 164) benutzt werden. Mithin

$$L = l_{(\mathrm{km})}\left(0{,}05 + 0{,}46 \log \frac{2D}{d}\right) 10^{-3} \text{ Henry} \quad . \; . \; . \; . \; 165)$$

Voraussetzung ist, daß der Strom auf die drei Leiter gleichmäßig verteilt ist. Sind die Ströme ungleich, so können erhebliche Unterschiede in der Höhe der Selbstinduktionsspannung der drei Phasen eintreten infolge der drosselnden Wirkung des dann in der Armatur entstehenden magnetischen Feldes.

Die Bedeutung der Zeichen ist dieselbe wie in Abschnitt F.

H. Beispiel für die Ermittlung des Spannungsabfalles in einer Drehstromleitung unter Berücksichtigung der Selbstinduktion.

Ein Ort sei durch eine Fernleitung an eine Überlandzentrale angeschlossen.

Der maximale Konsum betrage 120 KW, die Leitungslänge sei 6000 m. Die Spannung an der Abnahmestelle betrage 5000 Volt. Die Periodenzahl des zur Verfügung stehenden Drehstroms sei 50 pro Sek. Es ist $\cos\varphi = 0{,}8$ aus der Belastungsart zu schätzen. Es kommt ein Leitungsprofil für die Freileitung von 70 cm zwischen den Leitungen zur Anwendung. Der Wattverlust in der Zuleitung soll ca. 2% betragen.

Der Querschnitt der Leitung ergibt sich nach Gl. 124)

$$q = \frac{100\, l\, A_1}{k \cdot p \cdot E_1^2 \cos^2\varphi_1}.$$

Wir setzen

$$l = 6000 \text{ m},$$

$$A_1 = \frac{120\,000}{0{,}98} = 122\,500 \text{ Watt},$$

$$k = 60 \text{ (Leitfähigkeit des gewählten Kupfers)},$$

$$E_1 = \text{geschätzt } \frac{5000}{0{,}98} = 5100 \text{ Volt},$$

$\cos\varphi_1$ zunächst schätzungsweise $= \cos\varphi_2 = 0{,}8$,

$$p = 2 \text{ (prozentualer Wattverlust)}.$$

Hiermit

$$q = \frac{100 \cdot 6000 \cdot 122\,500}{60 \cdot 2 \cdot 5100^2 \cdot 0{,}8^2} = 36{,}8 \text{ qmm}.$$

Wir wählen 35 qmm verseilte Kupferleitung mit einem äußeren Durchmesser von $d = 7{,}6$ mm.

Der Ohmsche Spannungsabfall beträgt

$$i \cdot w = \frac{l\,i}{60\,q} \text{ Volt.}$$

Hierin ist i der effektive Strom in jeder Leitung in Amp.

Die Leistung am Ende der Leitung $A_2 = 120000$ Watt, anderseits ist

$$A_2 = E_2\, i \sqrt{3} \cos \varphi_2$$
$$120000 = 5000\, i \sqrt{3} \cdot 0{,}8$$
$$i = 17{,}4 \text{ Amp.}$$

Hiermit wird

$$i \cdot w = \frac{6000 \cdot 17{,}4}{60 \cdot 35} = \text{rd. } 50 \text{ Volt.}$$

Bei einem Leitungsprofil von $D = 70$ cm Abstand zwischen den Leitungen und für $d = 7{,}6$ mm Durchmesser der Leitung ist der Selbstinduktionskoeffizient für 1 km einfacheLeitung nach der Tabelle S. 100

$$L = 1{,}095 \text{ Millihenry (genau für } d = 7{,}5).$$

Wir haben also für $l = 6000$ m

$$L = 6 \cdot 0{,}001095 = 0{,}006570 \text{ Henry.}$$

Die Selbstinduktionsspannung e_s beträgt nach Gl. 130)

$e_s = 2\pi \sim i L$ Volt, wenn L in Henry eingesetzt wird. Mithin

$$e_s = 2\pi\, 50 \cdot 17{,}4 \cdot 0{,}006570 = \text{rd. } 36 \text{ Volt.}$$

Die Phasenspannung am Ende der Leitung

$$E_{2\,ph} = \frac{E_2}{\sqrt{3}} = \frac{5000}{\sqrt{3}} = 2890 \text{ Volt.}$$

Die Phasenspannung am Anfang der Leitung E_{1ph} findetman aus dem Diagramm Fig. 32, wobei zu beachten ist, daß der Ohmsche Verlust e parallel zum Strome i und der induktive Spannungsabfall e_s senkrecht zur Stromrichtung anzutragen ist.

Als Spannungsmaßstab wurde gewählt

1 Teilstrich = 10 Volt

und als Strommaßstab

1 Teilstrich = 0,5 Amp.

Nach dem Diagramm ist $E_{1ph} = 2950$ Volt. Die Zentralspannung ist demnach

$$E_1 = 2950 \sqrt{3} = 5110 \text{ Volt,}$$
$$\varphi_1 \text{ ungefähr} = \varphi_2$$

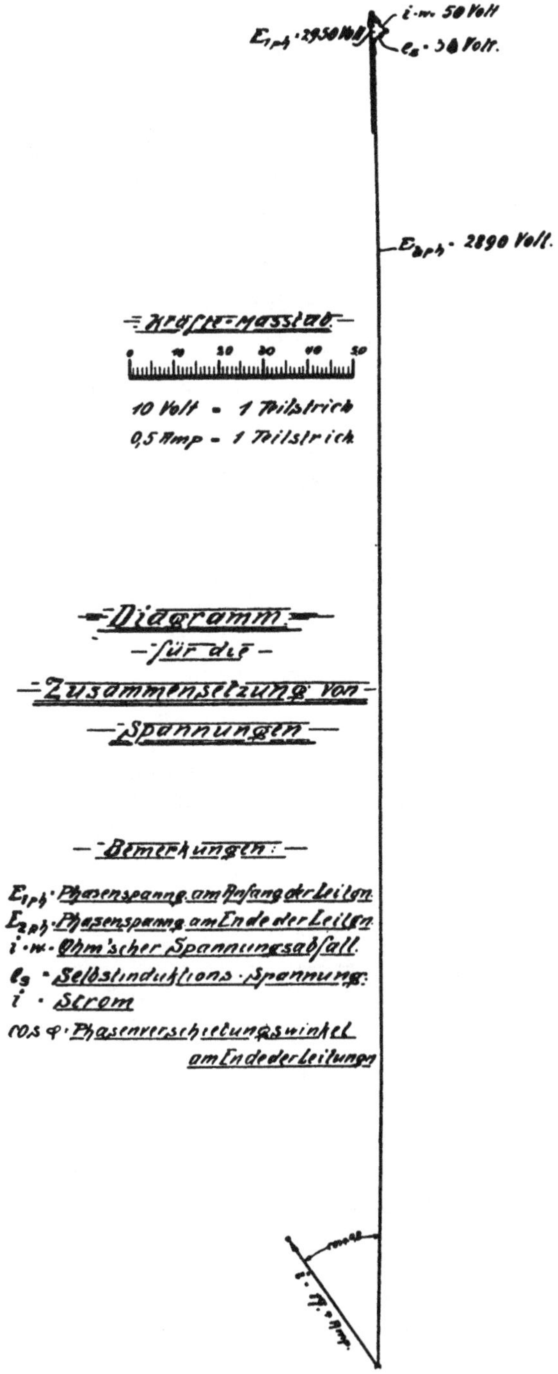
i·w = 50 Volt
E1ph = 2950 Volt
es = 30 Volt.
E2ph = 2890 Volt.
Kräfte-Masstab
0 10 20 30 40 50
10 Volt = 1 Teilstrich
0,5 Amp = 1 Teilstrich
Diagramm
für die
Zusammensetzung von
Spannungen
Bemerkungen:
E1ph = Phasenspanng. am Anfang der Leitgn.
E2ph = Phasenspanng. am Ende der Leitgn.
i·w = Ohm'scher Spannungsabfall.
es = Selbstinduktions-Spannung.
i = Strom
cos φ = Phasenverschiebungswinkel am Ende der Leitungen

Fig. 32.

mithin

$$\cos \varphi_1 = 0{,}8$$

und

$$\varphi_1 = 36^0.$$

Die Zeichnung des Spannungsdiagramms läßt sich durch eine Rechnung ersetzen, wenn man $\cos \varphi_1 = \cos \varphi_2$ annimmt. Der Spannungsabfall wird dann, wie aus dem Diagramm ohne weiteres ersichtlich:

$$e = \sqrt{(i\,w)^2 + e_s^2}$$

$$e = \sqrt{50^2 + 36^2} \cong 61{,}5 \text{ Volt}.$$

Hiermit wird die Zentralspannung

$$E_1 \sqrt{3} \times (2890 + 61{,}5) = 5110 \text{ Volt}.$$

J. Gegenseitige Induktion parallel geschalteter Leitungen.

Werden an demselben Gestänge mehrere parallele Leitungsstränge geführt, so induzieren die Ströme in den Leitungen nicht nur den eigenen Leiter, sondern auch alle übrigen.

Allgemein gültige Formeln lassen sich für die Wirkung der gegenseitigen Induktion nicht aufstellen, vielmehr müssen die Verhältnisse von Fall zu Fall berechnet werden.

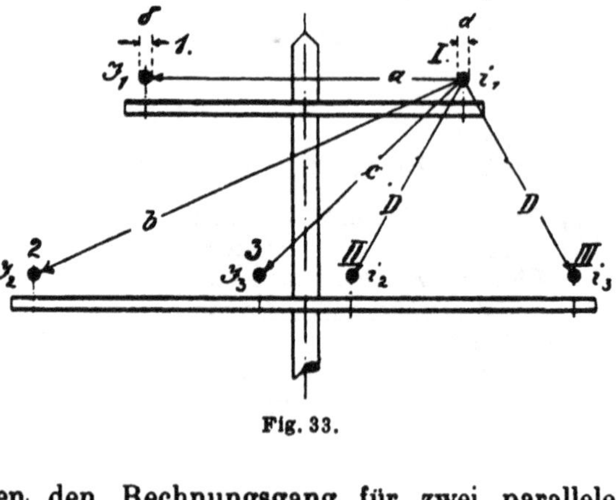

Fig. 33.

Wir wollen den Rechnungsgang für zwei parallele Drehstromleitungen durchführen. Es ist dann leicht möglich, für andere Verhältnisse einen ähnlichen Rechnungsgang einzuschlagen.

Die Anordnung der Leitungen ist in Fig. 33 dargestellt. Die Effektivströme des einen Systems seien J_1, J_2 und J_3, die des anderen Systems i_1, i_2 und i_3. Die Ströme beider Systeme mit gleichen Indizes sollen unter sich in Phase sein. Die Durchmesser der Leitungen des einen Systems seien d, des anderen δ.

In jedem Leiter, beispielsweise I Fig. 33, wird eine Selbstinduktionsspannung e_s von dem in ihm fließenden Strome i_1 erzeugt. Zur Berechnung dieser Selbstinduktionsspannung benötigen wir des Selbstinduktionskoeffizenten eines einzigen geradlinigen Leiters, dessen Länge l sehr groß gegenüber seinem Durchmesser d ist. Für den Selbstinduktionskoeffizienten gibt Dr. G. Benischke in seinem Buche »Die wissenschaftlichen Grundlagen der Elektrotechnik« 1907, S. 187, den allgemeinen Wert an

$$L = 2\,l\left(\ln\frac{4\,l}{d} - 1 + \frac{\mu}{4}\right).$$

Hierin ist μ die magnetische Permeabilität des Leiters vom Durchmesser d. Für die in der Praxis gebräuchlichen Leitermaterialien (Kupfer, Aluminium) können wir $\mu = 1$ setzen und erhalten, wenn l und d in cm ausgedrückt sind

$$L = 2\,l\left(\ln\frac{4\,l}{d} - 0{,}75\right)10^{-9}\text{ Henry.}$$

Drücken wir l in km aus und führen Briggsche Logarithmen ein, so erhalten wir für Leiter I

$$L_{\mathrm{I}} = l_{(\mathrm{km})}\left(0.46\log\frac{4\,l_{(\mathrm{km})}\cdot 10^5}{d} - 0{,}15\right)10^{-3}\text{ Henry.}$$

Darin ist der Durchmesser des Leiters in cm ausgedrückt.

Die in dem Leiter I erzeugte Selbstinduktionsspannung $e_{s\mathrm{I}}$ wird nach Gl. 130)

$$e_{s\mathrm{I}} = 2\,\pi \sim L_{\mathrm{I}}\,i_1\text{ Volt.}$$

In entsprechender Weise bestimmen sich die Selbstinduktionskoeffizienten der übrigen Leiter.

Die in diesen fließenden Ströme beeinflussen Leiter I ebenfalls, indem sie in demselben eine Gegeninduktion erzeugen. Um die Größe derselben für eine Schleife, bestehend aus dem Leiter I und einem beliebig zugepaarten anderen Leiter, bespielsweise 1, zu finden, bedienen wir uns des Koeffizienten M der gegenseitigen Induktion.[1]) Allgemein ist dieser Koeffizient

$$M = 2\,l\left(\ln\frac{2\,l}{a} - 1\right),$$

[1]) Berechnung des Koeffizienten M der gegenseitigen Induktion zweier paralleler sehr langer Leiter I und 1, deren Abstand a groß ist im Verhältnis zum Durchmesser.

Leiter I habe den Durchmesser d, Leiter 1 den Durchmesser δ. Bezeichnen wir die Selbstinduktivität beider Leiter mit L_1 und L_{I} und ihre gegenseitige Induktivität mit M, so ist der Selbstkoeffizient L der von beiden Leitern gebildeten Schleife

$$L = L_1 + L_{\mathrm{I}} - 2\,M.$$

wo a der Abstand der betrachteten Leiter und l die Länge jedes derselben ist. Drücken wir den Wert für M in Henry aus, l in km, und führen Briggsche Logarithmen ein, so erhalten wir für die fünf mit dem Leiter I möglichen Schleifenkombinationen

Koeffizient der gegenseitigen Induktion für Leiter I

$$\left\{\begin{aligned}
M_{\text{bis }1} &= l_{(\text{km})}\left(0{,}46\log\frac{2\,l_{(\text{km})}\cdot 10^5}{a}-0{,}2\right)10^{-3}\ \text{Henry},\\
M_{\text{bis }2} &= l_{(\text{km})}\left(0{,}46\log\frac{2\,l_{(\text{km})}\cdot 10^5}{b}-0{,}2\right)10^{-3}\ \text{Henry}.\\
M_{\text{bis }3} &= l_{(\text{km})}\left(0{,}46\log\frac{2\,l_{(\text{km})}\cdot 10^5}{c}-0{,}2\right)10^{-3}\ \text{Henry},\\
M_{\text{bis II}} &= l_{(\text{km})}\left(0{,}46\log\frac{2\,l_{(\text{km})}\cdot 10^5}{D}-0{,}2\right)10^{-3}\ \text{Henry},\\
M_{\text{bis III}} &= l_{(\text{km})}\left(0{,}46\log\frac{2\,l_{(\text{km})}\cdot 10^5}{D}-0{,}2\right)10^{-3}\ \text{Henry}.
\end{aligned}\right.$$

Die Spannung der gegenseitigen Induktion ε zwischen Leiter I und den fünf übrigen ergibt sich dann in Analogie der für die Selbst-

---

Daraus ergibt sich

$$M=\frac{1}{2}(L_1+L_{\text{I}}-L).$$

Der Wert für L ergibt sich gemäß Gl. 142) zu

$$L=l_{(\text{km})}\left(0{,}05+0{,}46\log\frac{2\,a}{d}\right)10^{-3}$$
$$+\,l_{(\text{km})}\left(0{,}05+0{,}46\log\frac{2\,a}{\delta}\right)10^{-3}\ \text{Henry},$$

wenn wir l in km, a, d und δ in cm ausdrücken.

Nach der obenerwähnten Formel von Benischke berechnen sich die Werte von L_{I} und L_1 zu

$$L_{\text{I}}=l_{(\text{km})}\left(0{,}46\log\frac{4\,l_{(\text{km})}\cdot 10^5}{d}-0{,}15\right)\cdot 10^{-3}\ \text{Henry},$$
$$L_1=l_{(\text{km})}\left(0{,}46\log\frac{4\,l_{(\text{km})}\cdot 10^5}{\delta}-0{,}15\right)\cdot 10^{-3}\ \text{Henry}.$$

Mithin erhalten wir

$$M=\frac{1}{2}(L_1+L_{\text{I}}-L)=\frac{1}{2}\Big[l_{(\text{km})}\left(0{,}46\log\frac{4\,l_{(\text{km})}\cdot 10^5}{\delta}-0{,}15\right)$$
$$+\,l_{(\text{km})}\left(0{,}46\log\frac{4\,l_{(\text{km})}\,10^5}{d}-0{,}15\right)-l_{(\text{km})}\left(0{,}05+0{,}46\log\frac{2\,a}{d}\right)$$
$$-\,l_{(\text{km})}\left(0{,}05+0{,}46\log\frac{2\,a}{\delta}\right)\Big]\,10^{-3}\ \text{Henry},$$
$$M=l_{(\text{km})}\left(0{,}46\log\frac{2\,l_{(\text{km})}\cdot 10^5}{a}-0{,}2\right)10^{-3}\ \text{Henry}.$$

Ist l und a in cm gegeben, und benutzt man natürliche Logarithmen, so ist allgemein

$$M=2\,l\left(\ln\frac{2\,l}{a}-1\right).$$

induktionsspannung aufgestellten Gl. 130), wenn man für L die obigen Werte M einsetzt, zu

$$\varepsilon = 2\pi \sim M\, i \text{ Volt} \quad . \; . \; . \; . \; . \; . \; . \quad 166)$$

Für i sind diejenigen Ströme einzusetzen, welche in dem zugepaarten anderen Leiter fließen und welche das Feld zwischen Leiter I und dem zugepaarten anderen Leiter hervorrufen.

Wir erhalten also für den Leiter I

Induktionsspannung, welche von den fünf übrigen Leitungen im Leiter I hervorgerufen wird.

$$\left\{\begin{array}{l} \varepsilon_{\text{bis } 1} = 2\pi \sim M_{\text{bis } 1} \cdot J_1, \\ \varepsilon_{\text{bis } 2} = 2\pi \sim M_{\text{bis } 2} \cdot J_2, \\ \varepsilon_{\text{bis } 3} = 2\pi \sim M_{\text{bis } 3} \cdot J_3, \\ \varepsilon_{\text{bis II}} = 2\pi \sim M_{\text{bis II}} \cdot i_2, \\ \varepsilon_{\text{bis III}} = 2\pi \sim M_{\text{bis III}} \cdot i_3. \end{array}\right.$$

Wir haben jetzt nur noch die erhaltenen Spannungen mit der Selbstinduktionsspannung des Leiters I vektoriell zusammenzusetzen, um die resultierende Induktionsspannung im Leiter I zu finden. Die Zusammenstellung erfolgt nach der in Fig. 34 gegebenen Darstellung.

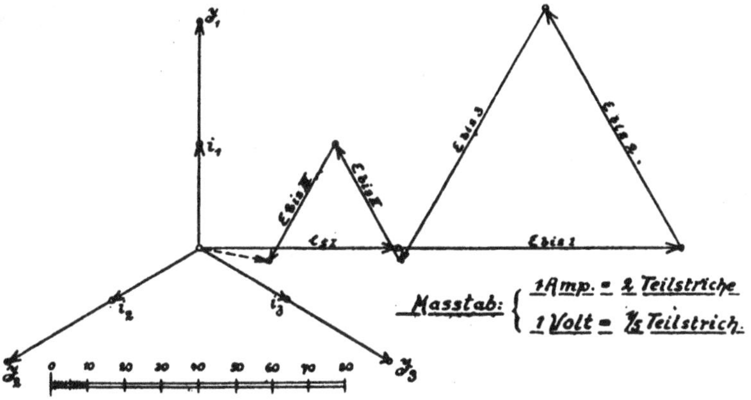

Fig. 34.

Hierbei ist darauf zu achten, daß sämtliche Spannungen senkrecht auf den Richtungen der Ströme stehen, welche die Spannungen induziert haben. In gleicher Weise lassen sich die Koeffizienten der gegenseitigen Induktion für die Leiter II und III und ebenso die Induktionsspannungen für die Leiter II und III berechnen. Mit diesen Werten kann man das Diagramm Fig. 34 erweitern und findet dann die resultierende Induktionsspannung für die Leiter II und III. Sie werden ungleich sein müssen, weil bei zwei Leitungssträngen eine Symmetrie unter den Leitern nicht möglich ist.

Wir wollen den induktiven Spannungsabfall im Leiter I für die in Fig. 34 dargestellte Anordnung an einem Beispiel untersuchen.

Beispiel: Die Länge der Fernleitung sei $l = 20$ km, die Periodenzahl $\sim = 50$. Die Querschnitte seien

$$d = 0{,}51 \text{ cm (16 qmm verseilte Leitung)},$$
$$\delta = 0{,}76 \text{ cm (35 qmm verseilte Leitung)}.$$

Aus der Gestängekonstruktion ergibt sich

$$D = 40 \text{ cm},$$
$$a = 56 \text{ cm},$$
$$b = 83 \text{ cm},$$
$$c = 50 \text{ cm}.$$

Die Ströme seien

$$J_1 = J_2 = J_3 = 30 \text{ Amp.},$$
$$i_1 = i_2 = i_3 = 13{,}7 \text{ Amp.}$$

Der Selbstinduktionskoeffizient des Leiters I ist

$$L_{\rm I} = l_{(\rm km)}\left(0{,}46 \log \frac{4\, l_{(\rm km)} \cdot 10^5}{d} - 0{,}15\right) 10^{-} \text{ Henry},$$

$$L_{\rm I} = 20\left(0{,}46 \log \frac{4 \cdot 20 \cdot 10^5}{0{,}51} - 0.15\right) 10^{-3} = 0{,}063 \text{ Henry}.$$

Die Selbstinduktionsspannung im Leiter 1 wird hiermit

$$e_{s\rm I} = 2\pi \sim L_{\rm I}\, i_1,$$
$$e_{s\rm I} = 2\pi\, 50 \cdot 0{,}063 \cdot 13{,}7 = 271 \text{ Volt}.$$

Die Koeffizienten der gegenseitigen Induktion werden

$$M_{\rm bis\,1} = l_{(\rm km)}\left(0{,}46 \log \frac{2\, l_{(\rm km)}\, 10^5}{a} - 0{,}2\right) 10^{-3} \text{ Henry},$$

$$M_{\rm bis\,1} \doteq 20\left(0{,}46 \log \frac{2 \cdot 20 \cdot 10^5}{56} - 0{,}2\right) 10^{-3} = 0{,}0406 \text{ Henry},$$

$$M_{\rm bis\,2} = l_{(\rm km)}\left(0{,}46 \log \frac{2\, l_{(\rm km)}\, 10^5}{b} - 0{,}2\right) 10^{-3} \text{ Henry},$$

$$M_{\rm bis\,2} = 20\left(0{,}46 \log \frac{2 \cdot 20 \cdot 10^5}{83} - 0{,}2\right) 10^{-3} = 0{,}039 \text{ Henry},$$

$$M_{\rm bis\,3} = l_{(\rm km)}\left(0{,}46 \log \frac{2\, l_{(\rm km)}\, 10^5}{c} - 0{,}2\right) 10^{-3} \text{ Henry},$$

$$M_{\rm bis\,3} = 20\left(0{,}46 \log \frac{2 \cdot 20 \cdot 10^5}{50} - 0{,}2\right) 10^{-3} = 0{,}041 \text{ Henry},$$

$$M_{\rm bis\,II} = l_{(\rm km)}\left(0{,}46 \log \frac{2\, l_{(\rm km)}\, 10^5}{D} - 0{,}2\right) 10^{-3} \text{ Henry},$$

$$M_{\rm bis\,II} = 20\left(0{,}46 \log \frac{2 \cdot 20 \cdot 10^5}{40} - 0{,}2\right) 10^{-3} = 0{,}042 \text{ Henry},$$

$$M_{\text{bis III}} = l_{(\text{km})} \left(0{,}46 \log \frac{2\, l_{(\text{km})} 10^5}{D} - 0{,}2\right) 10^{-3} \text{ Henry},$$

$$M_{\text{bis III}} = 20 \left(0{,}46 \log \frac{2 \cdot 20 \cdot 10^5}{40} - 0{,}2\right) 10^{-3} = 0{,}042 \text{ Henry}.$$

Die Gegeninduktionsspannungen, welche von den fünf übrigen Leitern in Leiter I hervorgerufen werden, sind

$$\varepsilon_{\text{bis 1}} = 2\pi \sim M_{\text{bis 1}}\ J_1 = 2\pi \cdot 50 \cdot 0{,}0406 \cdot 30 = 382{,}44 \text{ Volt},$$
$$\varepsilon_{\text{bis 2}} = 2\pi \sim M_{\text{bis 2}}\ J_2 = 2\pi \cdot 50 \cdot 0{,}039 \cdot 30 = 367{,}38 \text{ Volt},$$
$$\varepsilon_{\text{bis 3}} = 2\pi \sim M_{\text{bis 3}}\ J_3 = 2\pi \cdot 50 \cdot 0{,}041 \cdot 30 = 386{,}22 \text{ Volt},$$
$$\varepsilon_{\text{bis II}} = 2\pi \sim M_{\text{bis II}}\ i_2 = 2\pi \cdot 50 \cdot 0{,}042 \cdot 13{,}7 = 180{,}68 \text{ Volt},$$
$$\varepsilon_{\text{bis III}} = 2\pi \sim M_{\text{bis III}}\ i_3 = 2\pi \cdot 50 \cdot 0{,}042 \cdot 13{,}7 = 180{,}68 \text{ Volt}.$$

Aus dem Diagramm Fig. 34 ergibt sich als resultierender induktiver Spannungsabfall im Leiter I 96,5 Volt.

Nach Ausführungen von Herzog und Feldmann[1]) läßt sich die gegenseitige Induktion in ihrer Wirkung aufheben, wenn ein Leitungsstrang unterwegs eine vollständige Verdrillung und der andere auf derselben Strecke eine dreimalige vollständige Verdrillung erfährt.

Es mag noch an dieser Stelle erwähnt werden, daß eine Unterteilung starker Querschnitte in zwei parallele Leitungsstränge die Induktionsspannung herabsetzt, aber eine ungleiche Induktion der einzelnen Phasen infolge der dann einsetzenden gegenseitigen Induktion im Gefolge hat.

K. Ermittelung des Ladestromes der mit Kapazität behafteten Leitungen.

Jede elektrische Leitung kann als Kondensator aufgefaßt werden, dessen eine Belegung der Leiter selbst, dessen Dielektrikum die Luft oder sonstige isolierende Hülle des Leiters und dessen andere Belegung die Erde, falls diese zur Rückleitung benutzt wird, oder irgendein anderer Leiter ist.

Legt man einen solchen Kondensator an eine Gleichstromquelle, so ladet sich der Kondensator, wobei eine gewisse Elektrizitätsmenge auf die Belegungen fließt. Der Stromfluß dauert nur so lange, bis die Potentialdifferenz zwischen den Belegungen gleich der Spannung der Stromquelle geworden ist.

Wechselt man nach erfolgter Ladung die Pole der Stromquelle, so wird zunächst abermals eine gewisse Strommenge auf die Belegungen fließen, um die von der ersten Ladung herrührende entgegengesetzte Ladung zu neutralisieren, und dann noch so viel Elektrizität nach-

---

[1]) Herzog-Feldmann, Berechnung elektrischer Leitungsnetze, Berlin 1903.

fließen, bis die Potentialdifferenz zwischen den Belegungen wieder gleich der Spannung der Stromquelle ist.

Ändert nun die Stromquelle fortgesetzt selbständig ihre Polarität, wie dies bei Wechselstrom der Fall ist, so haben wir einen unaufhörlichen Stromfluß zum Kondensator. Diesen Stromfluß nennt man den »Ladestrom« des Kondensators. Der Ladestrom hat natürlich denselben Charakter in bezug auf Polwechselzahl und Kurvenform wie die ihn erzeugende elektromotorische Kraft der Stromquelle.

Ändert sich der Momentanwert der Spannung der Stromquelle in der Zeit dt um de, so fließt ein Strom zum Kondensator gleich $i_c\, dt$. Hierdurch sammelt sich auf den Belegungen die Elektrizitätsmenge dQ an.

Man kann also setzen
$$dQ = i_c\, dt \quad \text{. . . . . 167)}$$

Da die auf den Belegungen befindliche Elektrizitätsmenge nach Gl. 10)
$$Q = C \cdot V$$
ist und die Potentialdifferenz V zwischen den Belegungen gleich der Spannung e der Stromquelle ist (vorausgesetzt, daß die Zuleitung zum Kondensator verlustlos erfolgt), so kann man auch schreiben
$$Q = Ce$$
oder
$$dQ = C\, de \quad \text{. . . . . 168)}$$

Hierin ist C die Kapazität des Kondensators (s. 1 D).

Vereinigt man die Gleichungen 167) und 168), so wird
$$C\, de = i_c\, dt$$
oder
$$i_c = C \frac{de}{dt} \quad \text{. . 169)}$$

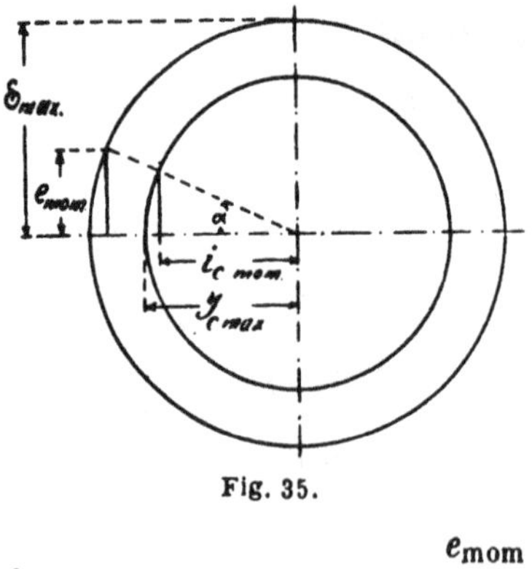

Fig. 35.

Hierin ist i_c als Momentanwert aufzufassen. Setzen wir für die Spannungskurve der Stromquelle sinusförmigen Verlauf voraus, so ist nach dem allgemeinen Induktionsgesetz
$$E_{\max} = 2\pi \sim N_{\max} \cdot 10^{-8}\ \text{Volt}.$$

Aus nebenstehender Fig. 35 ergibt sich
$$e_{\text{mom}} = E_{\max} \cdot \sin\alpha$$
oder
$$\frac{de}{d\sin\alpha} = E_{\max}$$
oder
$$de = E_{\max} \cdot \cos\alpha\, d\alpha.$$

Man kann nun a durch die Zeit ausdrücken. Es verhält sich

$$\frac{a}{2\pi} = \frac{t}{T},$$

wo T die Zeit einer vollen Periode ist.

Es ist also

$$a = \frac{2\pi t}{T}.$$

Setzt man für die Periodenzahl

$$\sim = \frac{1}{T},$$

so ist

$$a = 2\pi \sim t,$$
$$d a = 2\pi \sim d t.$$

Setzt man diesen Wert in die Gleichung für de ein, so wird

$$d e = E_{\max} \cdot \cos a \, 2\pi \sim d t$$

oder

$$\frac{d e}{d t} = E_{\max} \cdot \cos a \, 2\pi \sim,$$

und da

$$i_c = C \frac{d e}{d t}$$

ist, so ist auch

$$i_c = C \, 2\pi \sim E_{\max} \cos a.$$

Setzt man nach Fig. 35

$$i_{c\,mom} = J_{c\max} \cos a,$$

so wird

$$J_{c\max} = 2\pi \sim E_{\max} C,$$

oder wenn man die Effektivwerte einführt

$$i_{c\,eff} = 2\pi \sim e_{eff} C.$$

Da Effektivwerte üblicherweise ohne Indizes geschrieben werden, so haben wir für die Berechnung des Ladestromes die sehr einfache Formel

$$i_c = 2\pi \sim e C \quad . \quad . \quad . \quad . \quad . \quad . \quad . \quad . \quad 170)$$

Hierin ist e der Effektivwert der Spannung der Stromquelle.

Aus der Fig. 35 erkennt man, daß der Ladestrom i_c der Spannung um 90° voreilt.

Den Faktor C nennt man die Kapazität. Dieselbe wird in Farad ausgedrückt. Die Einheit des Farads definiert man so, daß ein Kondensator die Kapazität 1 hat, wenn er die Elektrizitätsmenge 1 Coulomb aufnimmt, sobald er auf 1 Volt geladen wird. Den millionten Teil des Farads nennt man ein Mikrofarad.

Die Gl. 170) ist nur ohne weiteres anwendbar, wenn in der Zuleitung zum Kondensator kein Spannungsverlust eintritt.

L. Kapazität einer Doppelleitung in Luft[1]).

Nach Anweisung des Lord Kelvin kann man Aufgaben, wie die Ermittelung der Kapazität von Leitungen, verhältnismäßig einfach lösen, wenn man sich des Hilfsmittels der Bildpunkte bedient.

In Fig. 36 seien zwei Leiter I und II vom gleichen Radius r und entgegengesetzt gleichen Ladungen Q_1 und Q_2, also $Q_1 = -Q_2$, dargestellt. Die Leiter I und II haben denselben Abstand h von der Erde. Der Abstand der beiden Leiter voneinander ist D. Die Länge jedes Leiters sei l. Das Potential der Erde sei Null.

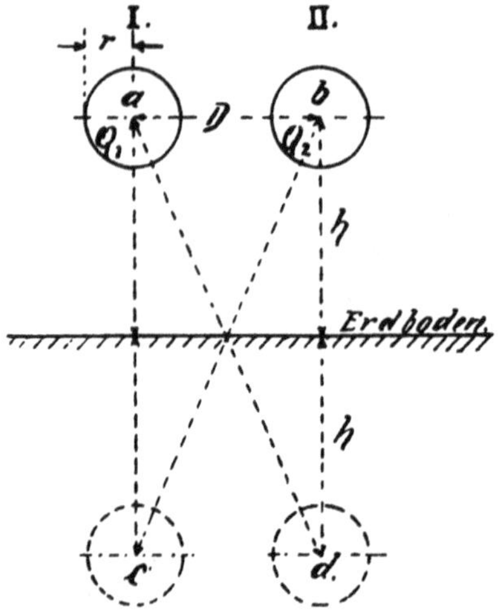

Fig. 36.

Das elektrische Feld oberhalb der Erde ändert sich nicht, wenn wir statt der Erde in c und d die entgegengesetzten Ladungen zu a und b angebracht denken, wobei c und d in bezug auf die Erdoberfläche symmetrisch zu a und b liegen.

Sämtliche Ladungen denken wir uns auf die elektrischen Achsen der Leiter bzw. ihrer Spiegelbilder konzentriert. Schließlich machen wir noch mit Rücksicht darauf, daß r klein gegen $2h$ und D ist, die vereinfachende Annahme, daß die elektrischen Achsen mit den geometrischen zusammenfallen. (Über elektrische Achsen siehe Kap. 1, Festigkeitslehre, Abschnitt »Kondensator, bestehend aus Zylinder und mit diesem paralleler Ebene«.)

Wir beschäftigen uns zunächst mit dem Leiter I. Bezeichnet man die auf die Längeneinheit der Achsen entfallende Ladung mit σ_1 bzw. σ_2, so ist

$$Q_1 = \sigma_1 l,$$
$$Q_2 = \sigma_2 l,$$

und da $Q_1 = -Q_2$, so ist auch $\sigma_1 = -\sigma_2$.

Nach Gl. 43) ist die von einer Linienladung auf die Einheit der Elektrizitätsmasse ausgeübte Kraft allgemein

$$F = \frac{2\sigma}{r},$$

wo σ die auf die Längeneinheit entfallende Ladung und r der senkrechte Abstand der Elektrizitätsmasse 1 von der Linienladung bedeutet.

---

[1]) Wir folgen dem von Leo Lichtenstein gegebenen Rechnungsgange, E. T. Z. 1904, Heft 6.

Auf eine im Punkte a (Fig. 36) befindliche Elektrizitätsmasse 1 werden daher von den übrigen Ladungen folgende Kräfte wirken

$$\text{von } b \text{ aus } F_b = \frac{2\sigma_2}{D} \quad \ldots\ldots \quad 171)$$

$$\text{von } d \text{ aus } F_d = -\frac{2\sigma_2}{\sqrt{4h^2+D^2}} \quad \ldots \quad 172)$$

$$\text{von } c \text{ aus } F_c = -\frac{2\sigma_1}{2h} \quad \ldots\ldots \quad 173)$$

Nach Gl. 6) ist die Kraft, welche auf die Einheit der Elektrizitätsmasse in einem gegebenen Punkte wirkt, gleich dem negativen Differentialquotienten des Potentials in diesem Punkte, also allgemein

$$F = -\frac{dV}{dx},$$

wo x die Entfernung ist, aus welcher die Kraft wirkt.

Hieraus folgt

$$V = -\int F\,dx.$$

Unter Benutzung dieser allgemeinen Beziehung erhalten wir aus den Gleichungen 171) bis 173) die Teilpotentiale, welche dem Leiter I von allen anderen Ladungen erteilt werden.

$$V_a' = -2\sigma_2 \int_r^D \frac{dx}{x} = -2\sigma_2 \ln\frac{D}{r} = -\frac{2Q_2}{l}\ln\frac{D}{r} \quad \ldots\ldots \quad 174)$$

$$V_a'' = 2\sigma_2 \int_r^{\sqrt{4h^2+D^2}} \frac{dx}{x} = 2\sigma_2 \ln\frac{\sqrt{4h^2+D^2}}{r}$$

$$= \frac{2Q_2}{l}\ln\frac{\sqrt{4h^2+D^2}}{r} \quad . \quad 175)$$

$$V_a''' = 2\sigma_1 \int_r^{2h} \frac{dx}{x} = 2\sigma_1 \ln\frac{2h}{r} = \frac{2Q_1}{l}\ln\frac{2h}{r} \quad \ldots\ldots \quad 176)$$

Das Gesamtpotential des Leiters I wird also

$$V_a = V_a' + V_a'' + V_a''',$$

$$V_a = \frac{2Q_1}{l}\ln\frac{2h}{r} + \frac{2Q_2}{l}\ln\frac{\sqrt{4h^2+D^2}}{D},$$

$$V_a = \frac{2Q_1}{l}\ln\frac{2h}{r} + \frac{2Q_2}{l}\ln\left[1+\left(\frac{2h}{D}\right)^2\right]^{\frac{1}{2}} \quad \ldots\ldots \quad 177)$$

Für den Leiter II erhalten wir als Gesamtpotential einen entsprechenden Ausdruck, nämlich

$$V_b = \frac{2Q_2}{l} \ln \frac{2h}{r} + \frac{2Q_1}{l} \ln \left[1 + \left(\frac{2h}{D}\right)^2\right]^{\frac{1}{2}} \quad \ldots \quad 178)$$

Da $Q_1 = -Q_2$ ist, so wird

$$V_a = \frac{Q_1}{l} \ln \frac{\left(\frac{2h}{r}\right)^2}{1 + \left(\frac{2h}{D}\right)^2} \quad \ldots \ldots \quad 179)$$

$$V_b = \frac{Q_2}{l} \ln \frac{\left(\frac{2h}{r}\right)^2}{1 + \left(\frac{2h}{D}\right)^2} \quad \ldots \ldots \quad 180)$$

Die Potentialdifferenz V zwischen den beiden Leitern ist also $V = V_a - V_b$ und da $V_a = - V_b$ ist, so wird

$$V = \frac{2Q_1}{l} \ln \frac{\left(\frac{2h}{r}\right)^2}{1 + \left(\frac{2h}{D}\right)^2} \quad \ldots \ldots \quad 181)$$

Nach Gl. 12) ist die Kapazität eines Kondensators

$$C = \frac{Q}{V},$$

wo Q die Ladung auf jeder der Belegungen ist. Wir können also in unserem Falle setzen

$$C = \frac{Q_1}{V},$$

$$C = \frac{l}{2 \ln \frac{\left(\frac{2h}{r}\right)^2}{1 + \left(\frac{2h}{D}\right)^2}} \quad \ldots \ldots \quad 182)$$

$$C = \frac{l}{2 \ln \frac{4h^2 D^2}{r^2 (D^2 + 4h^2)}} \quad \ldots \ldots \quad 183)$$

Ist D klein gegenüber $2h$, was bei Freileitungen stets der Fall ist, so wird

$$C = \frac{l}{4 \ln \frac{D}{r}} \quad \ldots \ldots \quad 184)$$

in elektrostatischen Einheiten, oder

$$C = \frac{l}{4 \ln \frac{D}{r}} \cdot \frac{1}{9 \cdot 10^{11}} \text{ Farad.} \quad . \; . \; . \; . \; . \quad 185)$$

Setzt man l in km ein und setzt $\ln x = 2{,}3 \log x$, so wird die Kapazität einer Doppelleitung

$$C = 0{,}012 \frac{l_{(\mathrm{km})}}{\log \frac{D}{r}} \text{ Mikrofarad.} \qquad 186)$$

Liegen die beiden Leiter übereinander gemäß Fig. 37, so können wir denselben Rechnungsweg beschreiten. Auf eine im Punkte a (Fig. 37) befindliche Einheit der Elektrizitätsmasse werden von den übrigen Ladungen her folgende Kräfte wirken

von b aus $F_b = \frac{2\sigma_2}{D}$

von d aus $F_d = -\frac{2\sigma_2}{2h+D}$

von c aus $F_c = -\frac{2\sigma_1}{2h}$

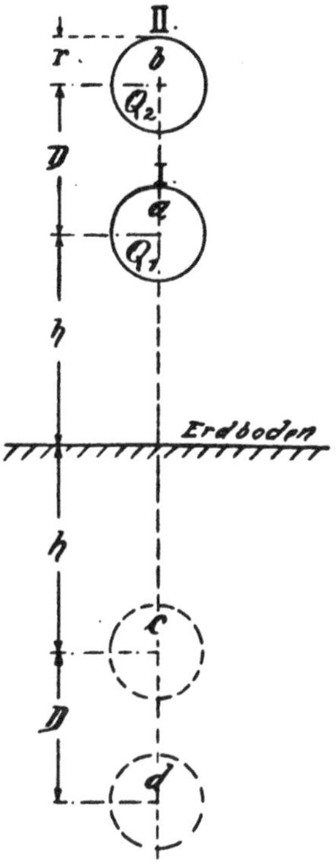

Fig. 37.

daher

$$V_a' = -2\sigma_2 \int_r^D \frac{dx}{x} = -\sigma_2 \ln \frac{D}{r}$$

$$= -\frac{2Q_2}{l} \ln \frac{D}{r} \qquad 187)$$

$$V_a'' = +2\sigma_2 \int_r^{2h+D} \frac{dx}{x} = +2\sigma_2 \ln \frac{2h+D}{r} = +\frac{2Q_2}{l} \ln \frac{2h+D}{r} \quad 188)$$

$$V_a''' = +2\sigma_1 \int_r^{2h} \frac{dx}{x} = +2\sigma_1 \ln \frac{2h}{r} = +\frac{2Q_1}{l} \ln \frac{2h}{r} \quad . \; . \quad 189)$$

Das Gesamtpotential des Leiters I wird also

$$V_a = V_a' + V_a'' + V_a''',$$

$$V_a = \frac{2Q_1}{l} \ln \frac{2h}{r} + \frac{2Q_2}{l} \ln \frac{2h+D}{D},$$

$$V_a = \frac{2Q_1}{l} \ln \frac{2h}{r} + \frac{2Q_2}{l} \ln \left[1 + \frac{2h}{D}\right] \quad . \; . \; . \; . \quad 190)$$

Für Leiter II erhalten wir als Gesamtpotential den entsprechenden Ausdruck

$$V_b = \frac{2Q_2}{l} \ln \frac{2h}{r} + \frac{2Q_1}{l} \ln \left[1 + \frac{2h}{D}\right] \quad . \quad . \quad . \quad . \quad 191)$$

Da $Q_1 = -Q_2$ ist, so wird

$$V_a = \frac{Q_1}{l} \ln \frac{\left(\frac{2h}{r}\right)^2}{\left(1 + \frac{2h}{D}\right)^2} \quad . \quad . \quad . \quad . \quad . \quad . \quad . \quad . \quad 192)$$

$$V_b = \frac{Q_2}{l} \ln \frac{\left(\frac{2h}{r}\right)^2}{\left(1 + \frac{2h}{D}\right)^2} \quad . \quad . \quad . \quad . \quad . \quad . \quad . \quad . \quad 193)$$

Da $V_a = -V_b$ ist, so wird

$$V = V_a - V_b,$$

$$V = \frac{2Q_1}{l} \ln \frac{\left(\frac{2h}{r}\right)^2}{\left(1 + \frac{2h}{D}\right)^2}.$$

Es ist

$$C = \frac{Q_1}{V},$$

mithin

$$C = \frac{l}{2 \ln \frac{\left(\frac{2h}{r}\right)^2}{\left(1 + \frac{2h}{D}\right)^2}} = \frac{l}{4 \ln \frac{2hD}{r(D+2h)}} \quad . \quad . \quad . \quad 194)$$

Ist D klein gegen $2h$, so wird

$$C = \frac{l}{4 \ln \frac{D}{r}} \quad . \quad . \quad . \quad . \quad . \quad . \quad . \quad . \quad . \quad . \quad 195)$$

in elektrostatischen Einheiten, oder

$$C = \frac{l}{4 \ln \frac{D}{r}} \frac{1}{9 \cdot 10^{11}} \text{ Farad.} \quad . \quad . \quad . \quad . \quad . \quad . \quad 196)$$

Setzt man l in km ein und schreibt $\ln x = 2{,}3 \log x$, so wird die Kapazität der Doppelleitung (Leiter übereinander)

$$C = 0{,}012 \frac{l_{(\mathrm{km})}}{\log \frac{D}{r}} \text{ Mikrofarad.} \quad . \quad . \quad . \quad . \quad . \quad . \quad 197)$$

Hierin ist l in km, D (Abstand der Drähte voneinander) und r (Radius jedes Drahtes) in cm ausgedrückt. Es ist für die Größe der Kapazität einer Doppelleitung also gleichgültig, ob die Leiter horizontal nebeneinander oder vertikal übereinander angeordnet sind, sofern der Abstand der Leiter voneinander klein ist gegenüber dem Abstande der Leiter von der Erde.

M. Kapazität einer Drehstromleitung in Luft[1]).

In Fig. 38 sind die Leiter I, II und III einer Drehstromleitung vom gleichen Radius r und den Ladungen Q_1, Q_2 und Q_3 dargestellt. Die Entfernung h des Systemmittelpunktes von der Erde ist groß gegenüber dem Abstande D der Leiter voneinander. Bringt man die Bildpunkte d, e und f in bezug auf die Oberfläche der Erde symmetrisch zu a, b und c an, so kann man die Entfernungen zwischen einem Leiter und jedem Bildpunkte, ohne einen nennenswerten Fehler zu machen, gleich $2h$ setzen. Wir denken uns in jedem Bildpunkte die entgegengesetzt gleichen Ladungen wie auf den Leitern I, II und II vorhanden.

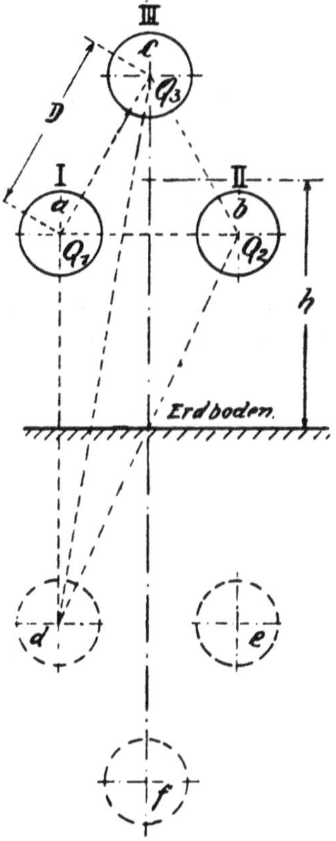

Fig. 38.

Analog zu den Betrachtungen im vorigen Abschnitte über Doppelleitungen kann man die Kräfte, welche von den anderen Ladungen auf eine Einheitsladung der Elektrizität im Punkte a wirken, wie folgt ausdrücken:

$$\text{von } b \text{ aus wirkend } F_b = \frac{2\sigma_2}{D} \tag{198}$$

$$\text{von } c \text{ aus wirkend } F_c = \frac{2\sigma_3}{D} \tag{199}$$

$$\text{von } d \text{ aus wirkend } F_d = -\frac{2\sigma_1}{2h} \tag{200}$$

$$\text{von } e \text{ aus wirkend } F_e = -\frac{2\sigma_2}{2h} \tag{201}$$

$$\text{von } f \text{ aus wirkend } F_f = -\frac{2\sigma_3}{2h} \tag{202}$$

Da nach Gl. 6) allgemein in einem Punkte $F = -\frac{dV}{dx}$, wo V das Potential und x die Entfernung der Einheitsladung von dem Punkte

[1]) Wir folgen dem von Leo Lichtenstein gegebenen Rechnungsgange, E. T. Z. 1904, Heft 6.

ist, so ergibt sich aus den Gleichungen 198) bis 202)

$$\left.\begin{aligned}
V_a' &= -2\sigma_2 \int_r^D \frac{dx}{x} = -\frac{2Q_2}{l}\ln\frac{D}{r} \\
V_a'' &= -2\sigma_3 \int_r^D \frac{dx}{x} = -\frac{2Q_3}{l}\ln\frac{D}{r} \\
V_a''' &= +2\sigma_1 \int_r^{2h} \frac{dx}{x} = +\frac{2Q_1}{l}\ln\frac{2h}{r} \\
V_a'''' &= +2\sigma_2 \int_r^{2h} \frac{dx}{x} = +\frac{2Q_2}{l}\ln\frac{2h}{r} \\
V_a''''' &= +2\sigma_3 \int_r^{2h} \frac{dx}{x} = +\frac{2Q_3}{l}\ln\frac{2h}{r}
\end{aligned}\right\}$$

wenn wir wie früher mit σ_1, σ_2 und σ_3 die Ladungen pro Längeneinheit der elektrischen Achsen bezeichnen und annehmen, daß die elektrischen Achsen mit den geometrischen zusammenfallen

Das Gesamtpotential des Leiters I ergibt sich durch Addition der Teilpotentiale, also

$$V_a = \frac{2Q_1}{l}\ln\frac{2h}{r} + \frac{2Q_2}{l}\ln\frac{2h}{D} + \frac{2Q_3}{l}\ln\frac{2h}{D} \quad . \; . \; 203)$$

Ebenso können wir die Gesamtpotentiale der Leiter II und III finden, nämlich

$$V_b = \frac{2Q_2}{l}\ln\frac{2h}{r} + \frac{2Q_1}{l}\ln\frac{2h}{D} + \frac{2Q_3}{l}\ln\frac{2h}{D} \quad . \; . \; 204)$$

$$V_c = \frac{2Q_3}{l}\ln\frac{2h}{r} + \frac{2Q_1}{l}\ln\frac{2h}{D} + \frac{2Q_2}{l}\ln\frac{2h}{D} \quad . \; . \; 205)$$

Bei sinusartigem Verlaufe der Spannungskurve ist

$$V_a + V_b + V_c = 0.$$

Wir haben also

$$\frac{2}{l}\ln\frac{2h}{r}(Q_1+Q_2+Q_3) + \frac{4}{l}\ln\frac{2h}{D}(Q_1+Q_2+Q_3) = 0,$$

$$\frac{2}{l}(Q_1+Q_2+Q_3)\left(\ln\frac{2h}{r} + 2\ln\frac{2h}{D}\right) = 0.$$

Es ist also auch

$$Q_1 + Q_2 + Q_3 = 0.$$

Wir können deshalb auch schreiben

$$V_a = \frac{2Q_1}{l}\left(\ln\frac{2h}{r} - \ln\frac{2h}{D}\right) = \frac{2Q_1}{l}\ln\frac{D}{r} \quad . \; . \; . \quad 206)$$

$$V_b = \frac{2Q_2}{l}\left(\ln\frac{2h}{r} - \ln\frac{2h}{D}\right) = \frac{2Q_2}{l}\ln\frac{D}{r} \quad . \; . \; . \quad 207)$$

$$V_c = \frac{2Q_3}{l}\left(\ln\frac{2h}{r} - \ln\frac{2h}{D}\right) = \frac{2Q_3}{l}\ln\frac{D}{r} \quad . \; . \; . \quad 208)$$

Nach Gl. 12) ist die Kapazität $C = \frac{Q}{V}$. Mithin ist die Betriebskapazität einer einzelnen Leitung des Drehstromsystems

$$C = \frac{Q_1}{V_a},$$

$$C = \frac{l}{2\ln\frac{D}{r}} \quad . \; . \; . \; . \; . \; . \; . \; . \; . \quad 209)$$

in elektrostatischen Einheiten, oder

$$C = \frac{l}{2\ln\frac{D}{r}}\,\frac{1}{9\cdot 10^{11}}\,\text{Farad} \quad . \; . \; . \; . \; . \; . \quad 210)$$

wenn l, D und r in cm ausgedrückt sind.

Setzen wir l in km und $\ln x = 2{,}3 \log x$, so wird die Betriebskapazität einer einzelnen Leitung

$$C = 0{,}024\,\frac{l_{(\mathrm{km})}}{\log\frac{D}{r}}\,\text{Mikrofarad} \quad . \; . \; . \; . \; . \quad 211)$$

wo D und r in cm ausgedrückt sind.

Gl. 211) ist streng richtig nur für ein Drehstromsystem, bei welchem die Phasen im Dreieck geschaltet sind, oder für ein Drehstromsystem, bei welchem die Phasen im Stern geschaltet sind, wenn kein vierter Leiter vorhanden ist, oder wenn der vierte Leiter in der Erde liegt.

Bei Verlegung des vierten Leiters in der Luft ist für die jedesmalige Anordnung eine besondere Rechnung nach vorstehendem Rechnungsgange aufzustellen. Annäherungsweise kann man aber auch für diesen Fall die Gl. 211) anwenden.

N. Kapazität eines verseilten Dreileiterkabels.

Um den Einfluß des Mantels zu eliminieren, bringen wir die fiktiven Leiter mit den Polen e, k und t an (Fig. 39). Die Entfernung u der fiktiven Leiter vom Kabelmittelpunkt O machen wir

$$u = \frac{R^2}{a},$$

wo a die Entfernung der Leitermittelpunkte vom Kabelmittelpunkt bedeutet.

Das Verhältnis der Abstände eines beliebigen Mantelpunktes, z. B. P, von einem Leiterpol und seinem zugeordneten Bildpol ist dann stets konstant, also

$$\frac{|d\,P|}{|t\,P|} = \frac{|d\,m|}{|m\,t|} = \frac{R - a}{u - R} = \frac{R - a}{\frac{R^2}{a} - R} = \frac{a}{R}.$$

Denken wir uns die Ladungen der Leiter auf ihre elektrischen Achsen konzentriert und nehmen an, daß diese mit den geometri-

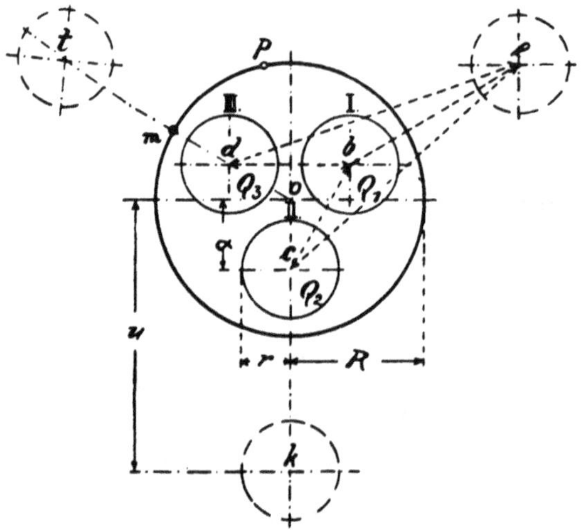

Fig. 39.

schen Achsen zusammenfallen, so ändern wir am Verlaufe des elektrischen Feldes innerhalb des Bleimantels nichts, wenn wir den Mantel durch die fiktiven Ladungen in e, k und t ersetzt denken. Die fiktiven Ladungen e, k und t sind entgegengesetzt gleich den zugeordneten Ladungen Q_1, Q_2 und Q_3.[1])

Nennen wir wieder die auf die Längeneinheit einer Achse entfallende Ladung σ, so sind die auf eine Einheitsladung der Elektrizität in einem beliebigen Punkte des Mantels, z. B. P, von einem Leiter und seinem Bildleiter ausgeübten Kräfte

$$\text{von } t \text{ aus wirkend } F_t = -\frac{2\,\sigma_3}{|t\,P|}.$$

$$\text{von } d \text{ aus wirkend } F_d = -\frac{2\,\sigma_3}{|d\,P|}.$$

[1]) Im allgemeinen folgen wir wieder dem von Leo Lichtenstein gegebenen Rechnungsgange; s. E. T. Z. 1904, Heft 6.

Da nach Gl. 6) allgemein $F = -\frac{dV}{dx}$, wo V das Potential eines Punktes und x dessen Entfernung von einer beliebigen Ladung ist, so ist auch

$$V = \int F\,dx$$

oder in unserem Falle

$$V_{P'} = 2\sigma_3 \int_r^{/dP/} \frac{dx}{x} = 2\sigma_3 \ln \frac{/dP/}{r},$$

$$V_{P''} = -2\sigma_3 \int_r^{/tP/} \frac{dx}{x} = -2\sigma_3 \ln \frac{/tP/}{r}.$$

Das Gesamtpotential des Punktes P wäre also

$$V_P = V_{P'} + V_{P''}.$$

$$V_P = 2\sigma_3 \ln \frac{/dP/}{/tP/} = 2\sigma_3 \ln \frac{a}{R}.$$

Das Potential eines beliebigen Mantelpunktes ist also konstant. Der Mantel ist mithin eine Niveaufläche in dem zwischen einem Leiter und seinem Bildpunkte verlaufenden elektrischen Felde. Wir können also die Wirkung des Mantels durch den Bildpunkt ersetzen.

Ehe wir zur eigentlichen Berechnung schreiten, wollen wir noch einige Entfernungen durch R und a ausdrücken.

$$/be/ = u - a = \frac{R^2}{a} - a = \frac{R^2 - a^2}{a},$$

$$/db/ = /cb/ = a\sqrt{3},$$

$$/de/ = /ce/ = /bk/ = /bt/ = \sqrt{a^2 + u^2 - 2au\cos 120^\circ}$$

$$= \sqrt{a^2 + u^2 + au}$$

$$= \sqrt{a^2 + \left(\frac{R^2}{a}\right)^2 + R^2}$$

$$= \sqrt{\frac{a^4 + a^2R^2 + R^4}{a^2}}.$$

Die Länge des Kabels sei l cm. Die Dielektrizitätskonstante des Dielektrikums ϱ.

Betrachten wir zunächst den Leiter I, so sind die von den übrigen Ladungen auf eine Einheitsladung, die sich im Punkte b befindet, ausgeübten Kräfte

$$\text{von } c \text{ aus wirkend } F_c = \frac{2\sigma_2}{/bc/} \quad \ldots \quad 212)$$

$$\text{von } d \text{ aus wirkend } F_d = \frac{2\sigma_3}{/db/} \quad \ldots \quad 213)$$

von e aus wirkend $F_e = -\frac{2\sigma_1}{/be/}$ . . . . 214)

von k aus wirkend $F_k = -\frac{2\sigma_2}{/bk/}$ . . . . 215)

von t aus wirkend $F_t = -\frac{2\sigma_3}{/bt/}$ . . . . 216)

Nach Gl. 6) ist allgemein $F = -\frac{dV}{dx}$. Die Bedeutung von V und x ist bereits oben gegeben worden. Es ist also

$$V = -\int F\,dx.$$

Aus Gleichungen 212) bis 216) können wir analog folgende Teilpotentiale, welche einer Einheitsladung in b von den übrigen Ladungen erteilt werden, ermitteln:

$$V_b' = -\frac{2Q_2}{l}\int\limits_r^{/bc/}\frac{dx}{x} = -\frac{2Q_2}{l}\ln\frac{a\sqrt{3}}{r},$$

$$V_b'' = -\frac{2Q_3}{l}\int\limits_r^{/db/}\frac{dx}{x} = -\frac{2Q_3}{l}\ln\frac{a\sqrt{3}}{r},$$

$$V_b''' = +\frac{2Q_1}{l}\int\limits_r^{/be/}\frac{dx}{x} = +\frac{2Q_1}{l}\ln\frac{R^2-a^2}{a\,r},$$

$$V_b'''' = +\frac{2Q_2}{l}\int\limits_r^{/bk/}\frac{dx}{x} = +\frac{2Q_2}{l}\ln\frac{\sqrt{\frac{a^4+a^2R^2+R^4}{a^2}}}{r},$$

$$V_b''''' = +\frac{2Q_3}{l}\int\limits_r^{/bt/}\frac{dx}{x} = +\frac{2Q_3}{l}\ln\frac{\sqrt{\frac{a^4+a^2R^2+R^4}{a^2}}}{r}.$$

Das Gesamtpotential, welches dem Leiter I von den übrigen Ladungen erteilt wird, ist also

$$V_b = V_b' + V_b'' + V_b''' + V_b'''' + V_b''''',$$

$$V_b = \frac{2Q_1}{l}\ln\frac{\frac{R^2-a^2}{a}}{r} + \frac{2Q_2}{l}\ln\frac{\sqrt{\frac{a^4+a^2R^2+R^4}{a^2}}}{a\sqrt{3}}$$

$$+\frac{2Q_3}{l}\ln\frac{\sqrt{\frac{a^4+a^2R^2+R^4}{a^2}}}{a\sqrt{3}},$$

$$V_b = \frac{2Q_1}{l}\ln\frac{\frac{R^2-a^2}{a}}{r} + (Q_2+Q_3)\frac{2}{l}\ln\frac{\sqrt{\frac{a^4+a^2R^2+R^4}{a^2}}}{a\sqrt{3}},$$

$$V_b = \frac{2Q_1}{l}\ln\frac{R^2-a^2}{a\cdot r} + (Q_2+Q_3)\frac{1}{l}\ln\frac{a^4+a^2R^2+R^4}{3a^4} \quad . \quad . \quad 217)$$

Ebenso lassen sich die Gesamtpotentiale ausrechnen, welche jedem der beiden anderen Leiter von allen anderen erteilt werden, nämlich

$$V_c = \frac{2Q_2}{l}\ln\frac{R^2-a^2}{a\cdot r} + (Q_1+Q_3)\frac{1}{l}\ln\frac{a^4+a^2R^2+R^4}{3a^4} \quad . \quad 218)$$

$$V_d = \frac{2Q_3}{l}\ln\frac{R^2-a^2}{a\cdot r} + (Q_1+Q_2)\frac{1}{l}\ln\frac{a^4+a^2R^2+R^4}{3a^4} \quad . \quad 219)$$

Bei sinusförmigem Verlauf der Spannungskurve ist

$$V_b + V_c + V_d = 0,$$

mithin

$$(Q_1+Q_2+Q_3)\left[\frac{2}{l}\ln\frac{R^2-a^2}{a\cdot r} + \frac{2}{l}\ln\frac{a^4+a^2R^2+R^4}{3a^4}\right] = 0.$$

Es ist also auch

$$Q_1 + Q_2 + Q_3 = 0,$$

$$Q_2 + Q_3 = -Q_1,$$

$$V_b = \frac{Q_1}{l}\ln\frac{\left(\frac{R^2-a^2}{a\cdot r}\right)^2}{\frac{a^4+a^2R^2+R^4}{3a^4}}$$

$$V_b = \frac{Q_1}{l}\ln\frac{3a^4(R^2-a^2)^2}{a^2r^2(a^4+a^2R^2+R^4)},$$

$$V_b = \frac{Q_1}{l}\ln\frac{3a^2(R^2-a^2)^3}{r^2(a^4+a^2R^2+R^4)(R^2-a^2)},$$

$$V_b = \frac{Q_1}{l}\ln\frac{3a^2(R^2-a^2)^3}{r^2(R^6-a^6)}.$$

Nach Gl. 12) ist die Kapazität

$$C = \frac{Q}{V}.$$

Mithin ist die Betriebskapazität einer Leitungsader

$$C = \frac{Q_1}{V_b} = \frac{l}{\ln\frac{3a^2(R^2-a^2)^3}{r^2(R^6-a^6)}} \quad . \quad . \quad . \quad . \quad . \quad 220)$$

in elektrostatischen Einheiten.

Ist die Dielektrizitätskonstante der Kabelisolation nicht 1, wie wir bei der Rechnung stillschweigend vorausgesetzt haben, sondern ϱ, so wird auch die Kapazität ϱ mal so groß, also

$$C = \varrho \frac{l}{\ln \frac{3\,a^2\,(R^2 - a^2)^3}{r^2\,(R^6 - a^6)}} \frac{1}{9 \cdot 10^{11}} \text{Farad} \quad . \quad . \quad . \quad . \quad 221)$$

wenn l, R, r und a (Fig. 39) in cm ausgedrückt sind. Setzt man l in km ein und $\ln x = 2{,}3 \log x$, so wird

$$C = 0{,}048\,\varrho \frac{l_{(\mathrm{km})}}{\log \frac{3\,a^2\,(R^2 - a^2)^3}{r^2\,(R^6 - a^6)}} \text{Mikrofarad} \quad . \quad . \quad . \quad 222)$$

Hierin ist:

$l_{(\mathrm{km})}$ = Länge des Kabels in km,
R = innerer Radius des Bleimantels in cm,
r = Radius der Leiter in cm,
a = Entfernung zwischen Leiter- und Kabelachse in cm,
ϱ = Dielektrizitätskonstante der Kabelisolation.

O. Kapazität eines verseilten Zweileiterkabels.

Um den Einfluß des Mantels zu eliminieren, bringen wir, genau wie im vorigen Abschnitt, die fiktiven Leiter mit den Polen b und d

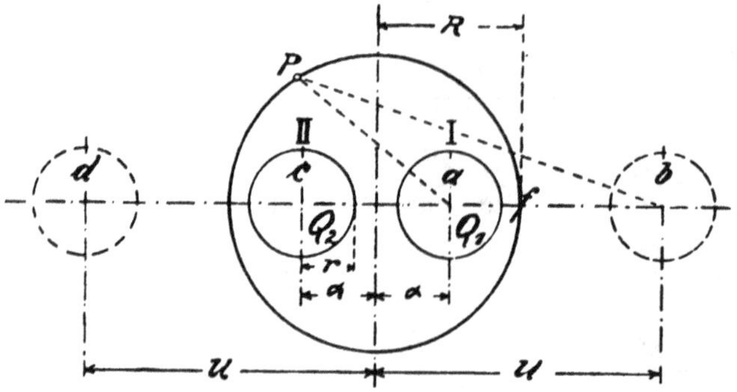

Fig. 40.

an (Fig. 40). Die Entfernung u der fiktiven Leiter vom Kabelmittelpunkt machen wir

$$u = \frac{R^2}{a},$$

wo a die Entfernung der Leitermittelpunkte vom Kabelmittelpunkt bedeutet.

Das Verhältnis der Abstände eines beliebigen Mantelpunktes, z. B. P, von einem Leiterpol und seinem zugeordneten Bildpol ist dann stets konstant, also

$$\frac{/aP/}{/bP/} = \frac{/af/}{/bf/} = \frac{R-a}{u-R} = \frac{R-a}{\frac{R^2}{a} - R} = \frac{a}{R}.$$

Denken wir uns die Ladungen der Leiter auf ihre elektrischen Achsen konzentriert und nehmen an, daß diese mit den geometrischen Achsen zusammenfallen, so ändern wir am Verlaufe des elektrischen Feldes innerhalb des Bleimantels nichts, wenn wir den Mantel durch die fiktiven Ladungen in b und d ersetzt denken. (Den Beweis dieser Behauptung haben wir im vorigen Abschnitt erbracht.) Die fiktiven Ladungen b und d sind entgegengesetzt gleich den zugeordneten Ladungen Q_1 und Q_2. Außerdem ist $Q_1 = -Q_2$.[1])

Ehe wir zur eigentlichen Berechnung schreiten, wollen wir noch einige Entfernungen durch R und a ausdrücken.

$$/cb/ = /da/ = u + a = \frac{R^2}{a} + a = \frac{R^2 + a^2}{a},$$

$$/ab/ = /cd/ = u - a = \frac{R^2}{a} - a = \frac{R^2 - a^2}{a}.$$

Die Länge des Kabels sei l cm, die Dielektrizitätskonstante der Kabelisolation sei ϱ.

Betrachten wir zunächst den Leiter I, so sind die von den übrigen Ladungen auf eine Einheitsladung, welche sich im Punkte a befindet, ausgeübten Kräfte:

von c aus wirkend $F_c = +\frac{2\sigma_2}{/ca/}$ . . . (223)

von b aus wirkend $F_b = -\frac{2\sigma_1}{/ab/}$ . . . (224)

von d aus wirkend $F_d = -\frac{2\sigma_2}{/ad/}$ . . . (225)

hierin sind σ_1 und σ_2 die Ladungen pro Längeneinheit der Achse, also

$$\sigma_1 l = Q_1$$
$$\sigma_2 l = Q_2$$

Nach Gl. 6) ist allgemein

$$F = -\frac{dV}{dx},$$

wo V das Potential eines Punktes und x die Entfernung desselben von einer beliebigen Ladung bezeichnet. Aus dieser Gleichung folgt

$$V = -\int F\,dx.$$

Nach dieser Formel ergeben sich aus den Gleichungen 223) bis 225) die Teilpotentiale

$$V_a' = -2\sigma_2 \int_r^{/ca/} \frac{dx}{x} = -\frac{2Q_2}{l} \ln \frac{/ca/}{r}$$

[1]) Im allgemeinen folgen wir wieder dem von Leo Lichtenstein gegebenen Rechnungsgange; s. E. T. Z. 1904, Heft 7.

$$V_a'' = +2\sigma_1 \int_r^{|ab|} \frac{dx}{x} = +\frac{2Q_1}{l} \ln \frac{|ab|}{r}$$

$$V_a''' = +2\sigma_2 \int_r^{|ad|} \frac{dx}{x} = +\frac{2Q_2}{l} \ln \frac{|ad|}{r}.$$

Das Gesamtpotential, welches dem Leiter I von den übrigen Ladungen erteilt wird, ist also

$$V_a = V_a' + V_a'' + V_a'''$$

$$V_a = \frac{2Q_1}{l} \ln \frac{|ab|}{r} + \frac{2Q_2}{l} \ln \frac{|ad|}{|ca|}$$

$$V_a = \frac{2Q_1}{l} \ln \frac{R^2 - a^2}{a \cdot r} + \frac{2Q_2}{l} \ln \frac{R^2 + a^2}{2a^2} \quad . \quad . \quad 226)$$

Da $Q_1 = -Q_2$ ist, so ist auch

$$V_a = \frac{2Q_1}{l} \ln \frac{2a^2(R^2 - a^2)}{ar(R^2 + a^2)}$$

$$V_a = \frac{2Q_1}{l} \ln \frac{2a(R^2 + a^2)}{r(R^2 - a^2)} \quad . \quad . \quad . \quad . \quad . \quad . \quad . \quad . \quad 227)$$

Ebenso ist das Gesamtpotential, welches dem Leiter II von den übrigen Ladungen erteilt wird,

$$V_e = \frac{2Q_2}{l} \ln \frac{2a(R^2 - a^2)}{r(R^2 + a^2)} \quad . \quad . \quad . \quad . \quad . \quad . \quad . \quad . \quad 228)$$

Die Potentialdifferenz zwischen den beiden Leitern ist also

$$V = V_a - V_e$$

und da $V_a = -V_e$ ist, so wird

$$V = \frac{4Q_1}{l} \ln \frac{2a(R^2 - a^2)}{r(R^2 + a^2)} \quad . \quad . \quad . \quad . \quad . \quad . \quad . \quad . \quad 229)$$

Nach Gl. 12) ist die Kapazität eines Kondensators

$$C = \frac{Q}{V},$$

wo Q die Ladung auf jeder der Belegungen ist. Wir können also in unserem Falle setzen

$$C = \frac{Q_1}{V}$$

$$C = \frac{l}{4 \ln \frac{2a(R^2 - a^2)}{r(R^2 + a^2)}} \quad . \quad . \quad . \quad . \quad . \quad . \quad . \quad . \quad 230)$$

in elektrostatischen Einheiten. Bei dem Gang der Rechnung haben wir stillschweigend vorausgesetzt, daß die Dielektrizitätskonstante 1 ist. In Wirklichkeit ist dieselbe ϱ. Die Kapazität wird also ϱ mal so groß, und wir erhalten

$$C = \varrho \frac{l}{4 \ln \frac{2a(R^2 - a^2)}{r(R^2 + a^2)}} \cdot \frac{1}{9 \cdot 10^{11}} \text{ Farad} \quad . \quad . \quad . \quad 231)$$

Drücken wir die Länge in km aus und setzen $\ln x = 2{,}3 \log x$, so wird die Betriebskapazität:

$$C = 0{,}012\,\varrho \frac{l_{(\mathrm{km})}}{\log \frac{2a(R^2 - a^2)}{r(R^2 + a^2)}} \text{ Mikrofarad} \quad . \quad . \quad . \quad 232)$$

Hierin ist

l = Kabellänge in km,
R = innerer Radius des Bleimantels in cm,
r = Radius der Leiter in cm,
a = Abstand der Leiterachse von der Kabelachse in cm.

P. Kapazität eines konzentrischen Zweileiterkabels.

Befindet sich auf dem inneren Leiter die Ladung Q_1, so ist das von dieser Ladung ausgehende Kraftlinienfeld nach Gl. 3)

$$N = 4\pi Q_1.$$

Der Widerstand einer unendlich dünnen Isolierschicht von der Stärke dx im Abstande x von der Kabelachse ist

$$dw = \frac{1}{\varrho_1} \frac{dx}{2x\pi \cdot l},$$

wenn ϱ_1 die Dielektrizitätskonstante des Isoliermaterials und l die Länge des Kabels ist.

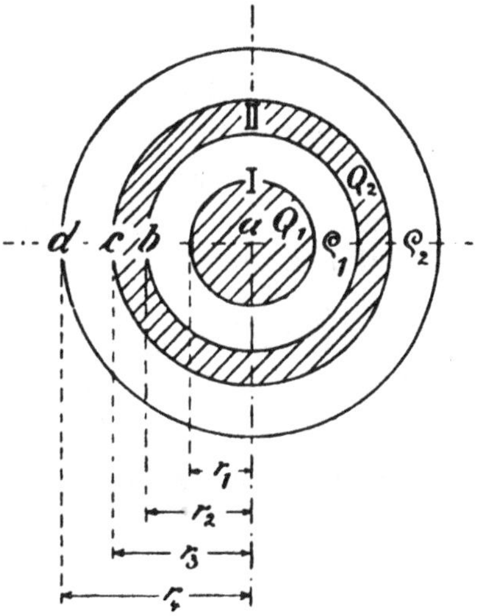

Fig. 41.

Ist die Potentialdifferenz zwischen den beiden Leitern V, so ist nach Gl. 29)

$$N = \frac{V}{w},$$

mithin

$$4\pi Q_1 = \frac{V}{\int\limits_{r_1}^{r_2} \frac{1}{\varrho_1} \frac{dx}{2x\pi l}}$$

oder

$$V = \frac{4\pi Q_1}{\varrho_1 2\pi l} \ln \frac{r_2}{r_1}.$$

Ist das Potential des Innenleiters V_a und dasjenige des Außenleiters V_b, so ist $V = V_a - V_b = V_a + V_a$, da $V_a = - V_b$; mithin $V_a = \frac{V}{2}$. Daher

$$V_a = \frac{Q_1}{\varrho_1 l} \ln \frac{r_2}{r_1}.$$

Nach Gl. 10) ist

$$Q = C V \text{ oder auch}$$
$$Q_1 = C V_a.$$

Die Betriebskapazität des Innenleiters ist daher

$$C = \frac{Q_1}{V_a} = \frac{\varrho_1 l}{\ln \frac{r_2}{r_1}} \quad \ldots \ldots \ldots \quad 233)$$

in elektrostatischen Einheiten, oder

$$C = \varrho_1 \frac{l}{\ln \frac{r_2}{r_1}} \frac{1}{9 \cdot 10^{11}} \text{ Farad} \quad \ldots \ldots \ldots \quad 234)$$

Drückt man die Länge in km aus und setzt $\ln x = 2{,}3 \log x$, so wird die Kapazität des Innenleiters

$$C_{\text{innen}} = 0{,}048\, \varrho_1 \frac{l_{(\text{km})}}{\ln \frac{r_2}{r_1}} \text{ Mikrofarad} \quad . \; . \quad 235)$$

Hierin ist:

$l_{(\text{km})}$ = Kabellänge in km,

r_1 = äußerer Radius des Innenleiters in cm,

r_2 = innerer Radius des Außenleiters in cm.

Nimmt man an, daß die Ladung Q_2 auf dem äußeren Leiter aus einer auf der inneren Oberfläche befindlichen $Q_{2\,\text{innen}}$ und einer auf der äußeren Oberfläche befindlichen $Q_{2\,\text{außen}}$ besteht, so sind die von den beiden Teilladungen ausgehenden elektrischen Kraftlinienfelder nach Gl. 3)

$$N_{2\,\text{innen}} = 4\pi Q_{2\,\text{innen}}$$
$$N_{2\,\text{außen}} = 4\pi Q_{2\,\text{außen}}.$$

Die Widerstände der inneren und äußeren Isolierschichten sind

$$w_{\text{innen}} = \int_{r_1}^{r_2} \frac{1}{\varrho_1} \frac{dx}{2 x \pi l} = \frac{1}{\varrho_1 2 \pi l} \ln \frac{r_2}{r_1}$$

$$w_{\text{außen}} = \int_{r_3}^{r_4} \frac{1}{\varrho_2} \frac{dx}{2 x \pi l} = \frac{1}{\varrho_2 \pi 2 l} \ln \frac{r_4}{r_3}.$$

Da die Potentialdifferenz zwischen den beiden Leitern V und zwischen Außenleiter und Bleimantel (letzterer geerdet) $\frac{V}{2}$ ist, so ergibt sich

$$V = N_{2\,\text{innen}} \cdot w_{\text{innen}},$$

$$\frac{V}{2} = N_{2\,\text{außen}} \cdot w_{\text{außen}},$$

oder

$$V = 4\pi Q_{2\,\text{innen}} \frac{1}{\varrho_1 2\pi l} \ln \frac{r_2}{r_1} = \frac{2}{\varrho_1 l} Q_{2\,\text{innen}} \ln \frac{r_2}{r_1} \quad . \quad . \quad 236)$$

$$\frac{V}{2} = 4\pi Q_{2\,\text{außen}} \frac{1}{\varrho_2 2\pi l} \ln \frac{r_4}{r_3},$$

$$V = \frac{4}{\varrho_2 l} Q_{2\,\text{außen}} \ln \frac{r_4}{r_3} \quad . \quad . \quad . \quad . \quad . \quad . \quad . \quad 237)$$

Aus Gl. 236) folgt

$$Q_{2\,\text{innen}} = \frac{V \varrho_1 l}{2 \ln \frac{r_2}{r_1}} \quad . \quad . \quad . \quad . \quad . \quad . \quad . \quad . \quad 238)$$

Aus Gl. 237) folgt

$$Q_{2\,\text{außen}} = \frac{V \varrho_2 l}{4 \ln \frac{r_4}{r_3}} \quad . \quad . \quad . \quad . \quad . \quad . \quad . \quad . \quad 239)$$

Es ist aber

$$Q_2 = Q_{2\,\text{innen}} + Q_{2\,\text{außen}}.$$

Daher

$$Q_2 = \frac{V l}{2} \left(\frac{\varrho_1}{\ln \frac{r_2}{r_1}} + \frac{\varrho_2}{2 \ln \frac{r_4}{r_3}} \right) \quad . \quad . \quad . \quad . \quad . \quad . \quad 240)$$

Da nun nach Gl. 10) die Kapazität des Außenleiters

$$C_{\text{außen}} = \frac{Q_2}{\frac{V}{2}},$$

so ist

$$C_{\text{außen}} = l \left(\frac{\varrho_1}{\ln \frac{r_2}{r_1}} + \frac{\varrho_2}{2 \ln \frac{r_4}{r_3}} \right) \quad . \quad . \quad . \quad . \quad . \quad . \quad 241)$$

in elektrostatischen Einheiten, oder

$$C_{\text{außen}} = l \left(\frac{\varrho_1}{\ln \frac{r_2}{r_1}} + \frac{\varrho_2}{2 \ln \frac{r_4}{r_3}} \right) \frac{1}{9 \cdot 10^{11}} \text{ Farad.} \quad . \quad . \quad 242)$$

Drückt man die Länge des Kabels in km aus und setzt $\ln x = 2{,}3 \log x$, so wird die Kapazität des Außenleiters

$$C_{\text{außen}} = 0{,}048\, l_{(\text{km})} \left(\frac{\varrho_1}{\ln \frac{r_2}{r_1}} + \frac{\varrho_2}{2 \ln \frac{r_4}{r_3}} \right) \text{Mikrofarad.} \qquad 243)$$

Hierin ist:

$l_{(\text{km})}$ = Kabellänge in km,
r_1 = äußerer Radius des Innenleiters in cm,
r_2 = innerer Radius des Außenleiters in cm,
r_3 = äußerer Radius des Außenleiters in cm,
r_4 = innerer Radius des Bleimantels in cm.

Bei der Berechnung der Ladeströme ist zu beachten, daß dieselben für die beiden Leiter verschieden sind. Beträgt die Spannung zwischen den beiden Leitern e Volt, so ist der Ladestrom des inneren Leiters nach Gl. 170)

$$i_{c\,\text{innen}} = 2\,\pi \sim e\, C_{\text{innen}}$$

und der Ladestrom des Außenleiters nach Gl. 170)

$$i_{c\,\text{außen}} = 2\,\pi \sim \frac{e}{2}\, C_{\text{außen}}.$$

C_{innen} und $C_{\text{außen}}$ sind natürlich in Farad einzusetzen.

Q. Einfluß der Kapazität auf die Spannung.

In jeder mit Kapazität behafteten Leitung fließt ein Ladestrom, welcher der aufgedrückten Spannung um ca. 90° voreilt. Dieser Ladestrom verursacht seinerseits in der Leitung einen Spannungsabfall. Infolge dieses Spannungsabfalls und des durch den Betriebsstrom verursachten weiteren Spannungsabfalls ist die Kondensatorspannung in einer langen Leitung an jedem Punkte eine andere.

Zur rechnerischen Behandlung müßte man die Leitung in eine große Anzahl sehr kleiner Teile zerlegt denken. Innerhalb eines sehr kleinen Stückes kann man dann Spannungs- und Kapazitätsverhältnisse als konstant ansehen.

In der Praxis begnügt man sich damit, daß man die gesamte Leitungskapazität in der Mitte der Leitung vereinigt und dann so rechnet, als ob die erste Hälfte der Leitung Selbstinduktion, Ohmschen Spannungsabfall und einen die Leitung belastenden Ladestrom hätte, wogegen in der zweiten Hälfte der Leitung nur Selbstinduktion und Ohmscher Spannungsabfall vorhanden wäre (Fig. 42). Bei sehr hohen Spannungen kann man das Resultat nach dem Vorschlage von Steinmetz dadurch genauer gestalten, daß man je ein

Sechstel der Gesamtkapazität am Anfang und am Ende der Leitung sowie zwei Drittel in der Mitte der Leitung konzentriert denkt.

Handelt es sich um eine auf Isolatoren verlegte Freileitung, so ist auch noch die Kapazität der Isolatoren zu berücksichtigen. Man pflegt in der Praxis für jeden Isolator je nach Gewicht desselben eine Kapazität von 0,00003 bis 0,00006 Mikrofarad anzunehmen. Es sind

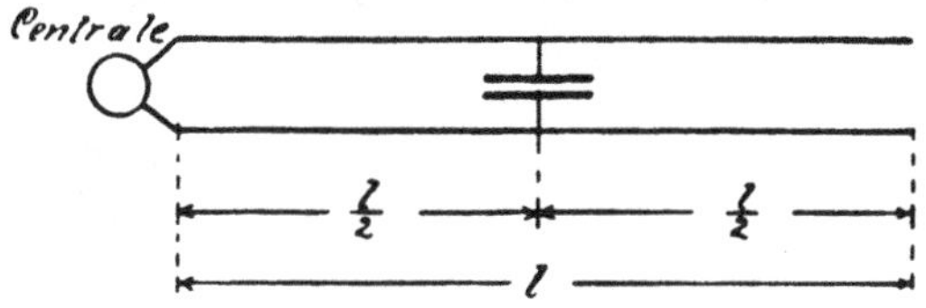

Fig. 42.

dies natürlich nur Durchschnittswerte. Die genaue Größe hängt von der Porzellanstärke und der Gestalt der Isolatoren ab.

Hat man z. B. für eine 6 km lange Freileitung pro Leiter eine Leitungskapazität (Drehstrom angenommen) von $C = 0{,}26$ Mikrofarad ausgerechnet und sind pro Leiter 100 Isolatoren erforderlich, so würde die in der Mitte der Leitung angreifende Kapazität mit

$$C = 0{,}26 + 100 \cdot 0{,}00006 = 0{,}266 \text{ Mikrofarad}$$

anzunehmen sein.

R. Ermittelung der resultierenden Strom- und Spannungsverhältnisse bei belasteten Leitungen, welche mit Selbstinduktion und Kapazität behaftet sind.

Diese Aufgabe wird unter Berücksichtigung des bisher über Selbstinduktion und Kapazität Gesagten zeichnerisch gelöst.

Man berechnet zuerst den Ladestrom i_c (Effektivwert) nach Gl. 170)

$$i_c = 2\pi \sim e\, C.$$

Für die Spannung setzt man den Mittelwert aus

E_1 = effektive Spannung am Anfang der Leitung,

E_2 = effektive Spannung am Ende der Leitung.

E_1 ist zunächst zu schätzen, indem man E_1 um den gleichen Prozentsatz höher als E_2 annimmt, den man für den prozentualen Wattverlust zugelassen hat (s. S. 84).

Unter Spannung ist bei Einphasenstrom die Spannung zwischen den zwei Leitungen, bei Drehstrom hingegen die Phasenspannung (zwischen Leiter und Nullpunkt — Erde oder viertem Leiter —) zu verstehen.

Die Kapazität C ist in Farad einzusetzen und für die verschiedenen Leitungsarten nach den dafür gegebenen Formeln zu berechnen.

Die Kapazität der Isolatoren wird der Gesamtkapazität (s. vorigen Abschnitt) zugesetzt.

Der Ladestrom wird dann nach dem Muster des nebenstehenden schematischen Diagramms (Fig. 43) senkrecht unter Berücksichtigung seiner Voreilung an den Spannungsvektor angetragen.

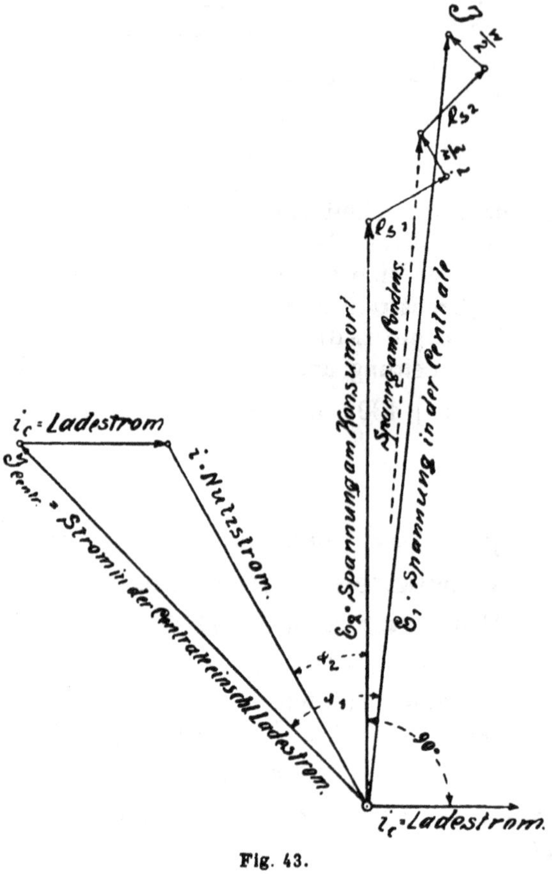

Fig. 43.

Es sei noch erwähnt, daß man das obenstehende Diagramm bei Drehstrom nur für eine Phase (bei ungleich belasteten Zweigen natürlich für jede Phase) entwirft.

Unter dem Winkel φ_2 (Phasenverschiebung am Ende der Leitung) wird der dem Konsum entsprechende Nutzstrom i (Effektivwert) angetragen. Ladestrom und Nutzstrom setzen sich dann gemaß Fig. 43 zu dem von der Zentrale zu beziehenden Strome J_{Centr} zusammen.

Alsdann bestimmt man die Selbstinduktionsspannung (erforderlichenfalls einschl. gegenseitiger Induktionsspannung, s. Abschnitt J. »Gegenseitige Induktion«) für jede Hälfte der Leitung (bei Drehstrom wieder für eine Phase) nach Gl. 130)

$$e_s = 2\pi \sim i\, L,$$

also

$$e_{s1} = 2\pi \sim i\, \frac{L}{2}$$

und

$$e_{s2} = 2\pi \sim J_{\text{Centr}}\, \frac{L}{2}.$$

Hierin ist i der am Ende der Leitung abgenommene und J_{Centr} der aus der Zentrale entnommene Strom. Der Selbstinduktionskoeffizient L ist in Henry zu nehmen und nach den für die verschiedenen Leitungsgattungen gegebenen Formeln zu bestimmen.

Den Wert e_{s1} trägt man am Ende der Spannung E_2 senkrecht zum Konsumstrome i auf und schließt hieran parallel zum Nutzstrome i den halben Ohmschen Spannungsabfall $\frac{i \cdot w}{2}$ an. Hierin ist w der Ohmsche Widerstand der Hin- und Rückleitung bei Einphasenstrom und der Ohmsche Widerstand nur einer einzigen Leitung bei Drehstrom.

An den so erhaltenen Endpunkt des Spannungsdiagramms legt man senkrecht zu J_{Centr} den anderen Wert e_{s2} der Selbstinduktionsspannung an und an diesen wieder parallel zu J_{Centr} den Wert $\frac{J_{\text{Centr}} \cdot w}{2}$ des Ohmschen Spannungsabfalls.

Verbindet man Anfang und Ende des Spannungsdiagramms, so gibt die Verbindungslinie in dem für die Spannung gewählten Maßstabe die von der Zentrale aufzudrückende Spannung E_1 in Volt an. Der von E_1 und J_{Centr} gebildete Winkel gibt die Phasenverschiebung am Anfang der Leitung an.

Die in dem Diagramm zeichnerisch ermittelten Größen lassen sich auch mit großer Annäherung durch Rechnung finden, wenn man die beiden kleinen Hälftendreiecke als geschlossene Figuren behandelt. Das Resultat bleibt praktisch hinreichend genau.

Es ist dann:

Spannung in der Zentrale:

$$E_1 = E_2 + \sqrt{e_{s_1}^2 + \left(\frac{i\,w}{2}\right)^2} + \sqrt{e_{s_2}^2 + \left(\frac{J_{\text{Centr.}} \cdot w}{2}\right)^2}$$

Strom in der Zentrale:

$$J_{\mathrm{Centr.}} = \sqrt{(i \cos \varphi_2)^2 + (i \sin \varphi_2 + i_c)^2}$$

Phasenverschiebung in der Centrale:

$$\cos \varphi_1 = \frac{i \cdot \cos \varphi_2}{J_{\mathrm{Centr.}}}.$$

Anmerkung. Aus der Fig. 34 war erkenntlich, daß die resultierende Induktionsspannung, sofern ein Leitersystem auf das andere induzierend wirkt (mehrere Leitungssysteme am selben Gestänge), nicht mehr genau unter 90° zur Nutzstromrichtung bleibt. Die Abweichung von 90° ist jedoch so gering, daß sie praktisch vernachlässigt werden kann.

3. Koronastrahlung und zusätzliche Verluste in Freileitungen durch Glimmentladungen.

Zwischen Luftleitungen, welche einer hohen Spannung ausgesetzt werden, treten auf der ganzen Länge der Leitungen unter gewissen Umständen sichtbare Glimmentladungen auf, welche Verluste zur Folge haben. Die Glimmentladungen heißen »Koronastrahlung« und die Verluste »Koronaverluste«.

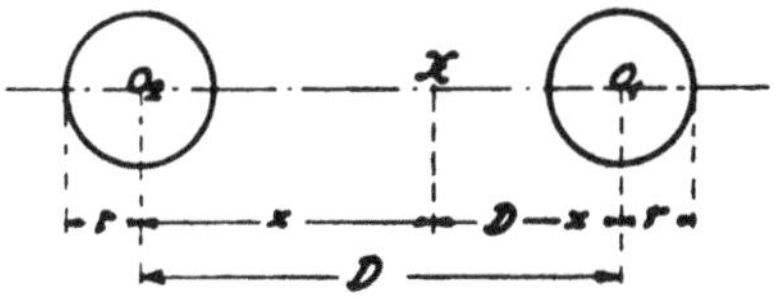

Fig. 44.

Der Eintritt von Glimmentladungen ist nach der Festigkeitslehre zu erwarten, sobald die Grenze der Durchschlagsfestigkeit der Luft überschritten wird.

Um die Beanspruchung an einem beliebigen Punkt X auf der Verbindungslinie D zwischen zwei Leitern zu finden, ermitteln wir zunächst die Kräfte, welche von den in die Achsen der Leiter konzentrierten Ladungen auf die Einheitsmasse der Elektrizität in der Entfernung x (s. Fig. 44) ausgeübt werden.

Nach Gl. 43) ist:

$$\left.\begin{aligned} F_1 &= \frac{2\sigma}{x} \\ F_2 &= -\frac{2\sigma}{D-x} \end{aligned}\right\}$$ wenn σ und $-\sigma$ die spezifischen Ladungen der Achsen sind, also

$$\sigma l = Q$$
$$-\sigma l = -Q.$$

Die Gesamtkraft ist daher

$$F = F_1 + F_2 = 2\sigma\left(\frac{1}{x} - \frac{1}{D-x}\right)$$

$$F = 2\sigma \frac{D-2x}{x(D-x)}.$$

Diese Kraft ist nach früherem gleich dem negativen Differentialquotienten des Potentials am Punkte X.

Da es nur auf den absoluten Wert ankommt, ist

$$\frac{dV}{dx} = 2\sigma \frac{D-2x}{x(D-x)} = \frac{2Q}{l} \frac{D-2x}{x(D-x)}.$$

Es genügt uns, die Beanspruchung unmittelbar an der Oberfläche der Leiter oder in nächster Nähe derselben zu bestimmen. Der Wert x wird also sehr klein gegenüber D werden.

Wir können deshalb vereinfacht schreiben:

$$\frac{dV}{dx} = \frac{2Q}{xl}.$$

Es ist nun $Q = CV$, wo V das Potential eines Leiters ist. Hiermit wird

$$\frac{dV}{dx} = \frac{2C \cdot V}{xl}$$

wo C die Kapazität eines Leiters ist.

Setzt man in bezug auf einen Leiter für C den halben Wert aus Gl. 184), nämlich

$$C = \frac{l}{2 \ln \frac{D}{r}},$$

so wird:

$$\frac{dV}{dx} = \frac{V}{x \ln \frac{D}{r}}.$$

Werde die Spannung zwischen den beiden Leitern mit $E = 2V$ bezeichnet, so ist für eine Einphasenleitung

$$\frac{dV}{dx} = \frac{E}{2x \ln \frac{D}{r}} \qquad 244)$$

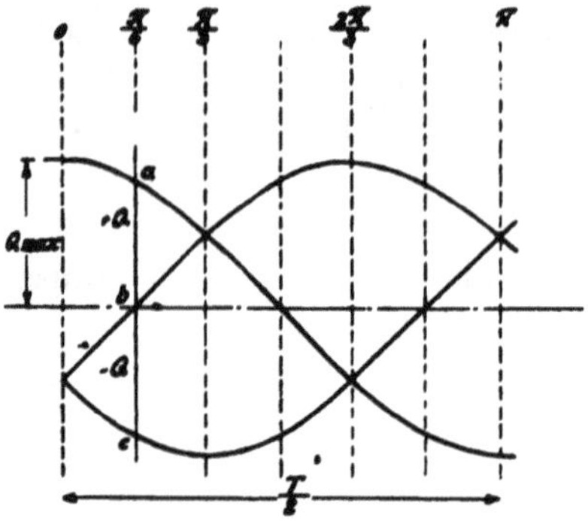

Abb. 45.

In einer Drehstromleitung sind die Ladungen der drei Leiter abhängig von den Spannungen zwischen den Leitungen. Wir können deshalb die Spannungskurven auch als Ladungskurven ansehen.

Aus der zeichnerischen Darstellung Fig. 45 ist ohne weiteres erkennbar, daß die maximale Potentialdifferenz zu der Zeit besteht, wo das Potential der dritten Leitung Null ist. Die Ladungen der beiden anderen Leiter sind dann entgegengesetzt einander gleich. Wir können also die Behandlung auf den vorigen Fall zurückführen und ausgehen von

$$\frac{dV}{dx} = \frac{2Q}{xl}.$$

Die maximale Ladung eines Leiters bei der Einphasenleitung verhält sich zur Ladung eines Leiters im Drehstromsystem zu der Zeit, wo die Ladung auf der dritten Leitung Null ist, wie

$$\frac{1}{\cos\frac{\pi}{6}} = \frac{2}{\sqrt{3}}.$$

Hiermit wird

$$\frac{dV}{dx} = \frac{4Q}{\sqrt{3}\,x\,l}$$

oder da $Q = CV$

$$\frac{dV}{dx} = \frac{4C\cdot V}{\sqrt{3}\cdot x l}.$$

Für C setzen wir nach Gl. 209)

$$C = \frac{l}{2\ln\frac{D}{r}}$$

(Kapazität einer Leitung).

Hiermit wird $$\frac{dV}{dx} = \frac{2V}{\sqrt{3}\,x\ln\frac{D}{r}}.$$

Es ist $2V$ die Potentialdifferenz zwischen zwei Leitungen, daher

$$\frac{dV}{dx} = \frac{E}{\sqrt{3}\,x\ln\frac{D}{r}} \quad . \; . \; . \; . \; . \; . \; . \; . \quad 245)$$

In beiden Fällen wurde der Einfluß der Erdkapazität außer acht gelassen.

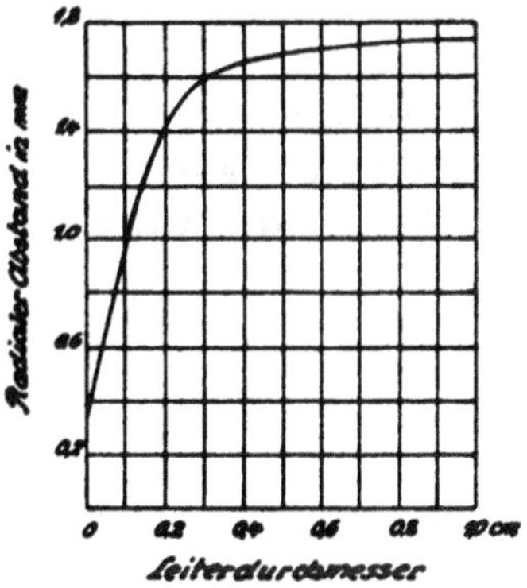

Fig. 46.

Aus dem Abschnitt »P. Die Luft als Dielektrikum« wissen wir, daß zur Glimmentladung Stoßionisierung gehört. Die Ionen brauchen einen gewissen Mindestweg, um die nötige Stoßenergie anzunehmen. Wir können deshalb annehmen, daß die Anfangsglimmspannung bis zu einer gewissen Entfernung von der Drahtoberfläche, nämlich bis zur Peripherie der Glimmhülle gedrungen ist.

In Fig. 46 ist der von Ryan[1]) durch Versuche ermittelte Mindestweg in Abhängigkeit vom Leiterdurchmesser als Kurve eingetragen. Es zeigt sich hieraus, daß die mittlere Feldstärke bei dünnen Drähten für die Entladung größer, die Mindestwegelänge

[1]) Proc. of the Am. Inst. of El. Eng. Bd. 30, 1911, Auszug E. T. Z. 1911, S. 1104, ferner E. T. Z. 1913, S. 639, Weidig und Jaensch.

aber kleiner ist; bei dicken Drähten dagegen die Feldstärke kleiner, die Mindestwegelänge aber größer ist. Für Leiterdurchmesser über 1 cm bleibt der Weg konstant 1,75 mm.

In Fig. 47 ist der Verlauf der Feldstärke in der Nähe eines Leiters dargestellt. Der Radius der Glimmhülle sei x. Die Feldstärke, welche in der Entfernung x von der Leiterachse herrscht, ist gleich der Glimmanfangsspannung. Von da aus nimmt die Feldstärke bis zur Leiteroberfläche zu. An der Leiteroberfläche besteht nach Weidig und Jaensch[1]) die Feldstärke

$$\frac{dV}{dx} = 21000\left(1 + \frac{0{,}47}{\sqrt{d}}\right) = 21000\left(1 + \frac{1}{3{,}01\sqrt{r}}\right) \quad . \quad . \quad 246)$$

Die Gleichung ist Versuchswerten der Feldstärken an der Oberfläche von Drähten entnommen, die von Ryan, Mershon, Watson, Whitehead, Peek und Petersen gefunden wurden, und für welche Weidig und Jaensch nach Umrechnung auf 15° C und 760 mm Druck eine Kurve berechnet haben.

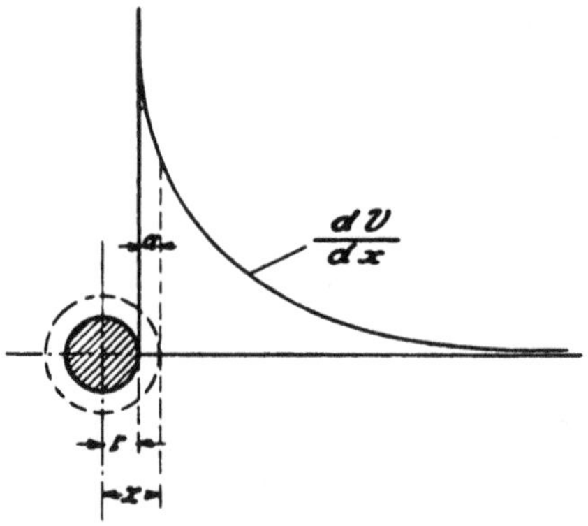

Fig. 47.

Nach Peek[2]) ist der Klammerwert $\left(1 + \frac{0{,}301}{\sqrt{r}}\right)$ bei 25° C u. 760 mm Druck. Wir wollen mit dem zuerst angegebenen Werte weiterrechnen.

Unter der Einschränkung, daß wir nur die nächste Umgebung der Leiter betrachten, und unter der Einschränkung, daß der Abstand der Leiter voneinander D groß gegen r ist, kann das Verhältnis der Feldstärken an der äußeren Peripherie der Glimmhülle und an der Leiteroberfläche dargestellt werden durch:

$$\frac{x \ln \frac{D}{r}}{r \ln \frac{D}{r}} = \frac{21000\left(1 + \frac{1}{3{,}01\sqrt{r}}\right)}{21000}.$$

Hieraus:

$$x = r\left(1 + \frac{1}{3{,}01\sqrt{r}}\right) = r + \frac{\sqrt{r}}{3{,}01}.$$

[1]) E. T. Z. 1913, Heft 23: Weidig und Jaensch, Koronaerscheinungen an Leitungen.

[2]) E. T. Z. 1912, Heft 3: Gesetze der Koronabildung usw. nach Proc. of the Am. Inst. of El. Eng. Bd. 30, 1911.

Nennt man die Hüllendicke der Glimmzone a, also $x = r + a$, so wird $a = \frac{\sqrt{r}}{3{,}01}$.

Man kann die kritische Spannung, bei welcher sichtbare Glimmentladungen auftreten, aus den Gleichungen 244) und 245) errechnen, wenn man $x = r + a$ und die Feldstärke $\frac{dV}{dx}$ gleich der Anfangsspannung (21000 Volt) setzt. Wird die kritische Glühspannung gegen den neutralen Punkt des Systems berechnet, so erhält man für Einphasenstrom und Drehstrom dieselbe Gleichung:

$$E_{\text{krit.}} = 21000\, r \left(1 + \frac{1}{3{,}01\sqrt{r}}\right) \ln \frac{D}{r} \text{ Volt.}$$

Da der Wert 21000 (Durchschlagsfestigkeit der Luft als Effektivwert) und die Zahl 3,01 sich auf eine Temperatur von 15° C und 760 mm Luftdruck beziehen, so ist zur Umrechnung auf die Temperatur t und Luftdruck B in mm Quecksilbersäule, der Faktor

$$m = \frac{15 + 273}{t + 273} \cdot \frac{B}{760} = \frac{0{,}386\, B}{273 + t}$$

einzuführen.

Nach Ryan[1]) wird die Höhe der kritischen Glimmspannung durch folgende Umstände beeinflußt:

1. Unregelmäßigkeiten im Verlauf der Kraftlinien in unmittelbarer Nähe der Leiteroberfläche.
2. Erdung des Nullpunktes oder einer Phase.
3. Überschuß oder Mangel an Ionisation der Luft.
4. Ionen, die vom Leiter festgehalten werden oder Niederschlag radioaktiver Substanzen. Staub.
5. Mechanische Form des Leiters, sofern hierdurch der regelmäßige Verlauf der Kraftlinien an der Leiteroberfläche beeinflußt wird. Verseilung.
6. Physikalische Eigenschaften des Leiters wie Härte, Molekularstruktur, welche die Ionisation durch aufprallende Ionen erleichtern oder erschweren.
7. Magnetische Felder, welche dem Betriebsstrom der Leiter entsprechen.
8. Strahlungswirkungen, wie ultraviolettes Licht.

Nach Angabe von Peek[2]), welcher sich auf Versuchsresultate von Steinmetz stützt, ist zur Berücksichtigung dieser Einflüsse ein Unregel-

[1]) E. T. Z. 1911, S. 1107.
[2]) E. T. Z. 1912, Heft 3, S. 62.

mäßigkeitsfaktor

$k = 1$ für glatte polierte Drähte,

$k = 0{,}98$—$0{,}88$ für rauhe, längere Zeit der Atmosphäre ausgesetzt gewesene Drähte,

$k = 0{,}85$—$0{,}72$ für ebensolche verseilte Leitungen

einzusetzen.

Die kritische Leuchtspannung liegt also bei:

$$E_{\text{krit.}} = 21\, m\, k\, r \left(1 + \frac{1}{m\, 3{,}01 \sqrt{r}}\right) \ln \frac{D}{r} \text{ KV} \quad . \quad . \quad . \quad 247)$$

Beispiel: Die Drehstromleitung Lauchhammer—Riesa in Sachsen wird mit 100000 bis 110000 Volt betrieben. Die Leiter bestehen aus siebendrähtigen Kupferseilen von je 6 qmm Querschnitt, also 42 qmm Gesamtquerschnitt. Der Halbmesser der Leitung beträgt 0,417 cm. Die Entfernung D der Leitungen voneinander ist 178 cm. Bei welcher effekt. Spannung treten bei 17° C und 760 mm Luftdruck sichtbare Glimmentladungen auf?

Wir setzen $k = 0{,}72$

$$m = \frac{0{,}386 \cdot 760}{273 + 17} = 1$$

$$\ln \frac{178}{0{,}417} = 6{,}049$$

$$\sqrt{0{,}417} = 0{,}646.$$

$$E_{\text{krit.}} = 21 \cdot 1 \cdot 0{,}72 \cdot 0{,}417 \left(1 + \frac{1}{1 \cdot 3{,}01 \cdot 0{,}646}\right) 6{,}049 = 57{,}75 \text{ KV}.$$

Sobald die Spannung über $57{,}75 \sqrt{3} = 99{,}908$ KV erhöht wird, tritt eine sichtbare Korona ein.

Die sichtbare Koronabildung tritt ziemlich genau bei Erreichung der kritischen Spannung ein. Die Periodenzahl ist von keinem nennenswerten Einfluß.

Die Vorausbestimmung der durch Koronabildung entstehenden Verluste ist bisher in befriedigender Weise noch nicht ermöglicht worden. Unzweifelhaft haben die Glimmentladungen eine Erwärmung der Luft im Gefolge, und treten daher Verluste auf.

Die General Electric Co. hat unter der Oberleitung von Steinmetz eine Reihe von Versuchen anstellen lassen. Aus diesen Versuchen wurde eine empirische Formel zur Berechnung der Verluste ermittelt. F. W. Peek[1]) macht hierüber Mitteilungen. Hiernach sind die Verluste:

$$p = c^2 (e - e_0)^2.$$

---

[1]) E. T. Z. 1912, Heft 3 und Proc. of the Am. Inst. of El. Eng. 1911, Bd. 30.

Bei gleichbleibender Spannung und variabler Periodenzahl stellte Peek eine lineare Beziehung zwischen den Verlusten und der Frequenz f fest. Man kann daher setzen

$$a \cdot f = c^2.$$

Diese Beziehungen gelten nicht mehr für Frequenzen in der Nähe von Null, da die Verluste bei Gleichstrom nicht verschwinden.

Ferner fand Peek, daß die Verluste vom Werte $\frac{D}{r}$ abhängen. Trägt man die Werte $\frac{D}{r}$ auf der Abszissenachse und den Wert $\frac{c^2}{f}$ auf der Ordinatenachse eines Koordinatensystems auf, so erhält man für die zugehörigen Werte eine Hyperbel, für welche die empirisch gefundene Gleichung gilt

$$\frac{c^2}{f} = 344 \sqrt{\frac{r}{D}} \cdot 10^{-10}.$$

Da Peek die Zahl 344 auf Grund von Versuchsresultaten bei 25° C und 760 mm Luftdruck ermittelte, ist sie mit $\frac{1}{m_1}$ zu multiplizieren, wo

$$m_1 = \frac{25 + 273}{t + 273} \cdot \frac{B}{760} = \frac{0{,}392\, B}{t + 273}.$$

Wir erhalten somit als Verlust pro Leiter

$$p = \frac{344}{m_1} \cdot f \sqrt{\frac{r}{D}} (e - e_0)^2\, 10^{-5} \text{ KW/km} \quad . \quad . \quad . \quad 248)$$

e = effektive Spannung gegen den neutralen Punkt in KV,

e_0 = kritische Verlustspannung,

f = Periodenzahl.

Die kritische Verlustspannung ist nicht identisch mit der kritischen Leuchtspannung.

Für Werte von D zwischen 91 und 550 cm und Werte von r zwischen 0,05 und 0,93 cm ermittelte Peek bei glatten Drähten an der Oberfläche eine kritische Durchschlagspannung von 21,2 KV/cm, und zwar bei 25° C und 760 mm Luftdruck. Dieser Wert ist mit einem Unregelmäßigkeitsfaktor k_0 zu multiplizieren

$k_0 = 1$ für polierte Drähte,

$k_0 = 0{,}98$—$0{,}93$ für gewöhnliche Drähte,

$k_0 = 0{,}87$—$0{,}83$ für Seile

nach Angabe von Peek.[1])

Die kritische Verlustspannung wird also

$$e_0 = 21{,}2 \cdot k_0 \cdot m_1 \cdot r \ln \frac{D}{r} \quad . \quad . \quad . \quad . \quad . \quad . \quad 249)$$

[1]) E. T. Z. 1911, S. 1108.

Für die Hochspannungsleitung Lauchhammer-Riesa ergibt sich hiernach bei 17° C und 760 mm Luftdruck:

$$e_0 = 21{,}2 \cdot 0{,}87 \cdot 1{,}03 \cdot 0{,}417 \ln \frac{178}{0{,}417} = 48 \text{ KV}.$$

Hiermit wird der Verlust pro Leiter:

$$p = \frac{344}{1{,}03} \cdot 50 \sqrt{\frac{0{,}417}{178}} (58 - 48)^2 \cdot 10^{-5} = 0{,}815 \text{ KW/km}.$$

Gemessen wurde bei + 17° C einschl. Ableitungsverluste 0,9 KW/km für alle drei Leiter.

Die nach der Peekschen Gleichung ermittelten Werte liegen zu hoch. Die Vorausbestimmung der Verluste ist unsicher. Weidig und Jaensch[1]) nehmen an, daß der Einfluß der Kurvenform bei dem plötzlichen Ansteigen der Verluste zu wenig berücksichtigt ist.

Die Verluste durch Regen und Schnee erreichen mit zunehmender Spannung ein Maximum, um bei höherer Spannung wieder auf Null abzufallen. Dieser Vorgang ist erklärlich, da mit zunehmender Überschreitung der kritischen Spannung der Einfluß der Leiteroberfläche verschwindet. Hat erst die glimmende Hülle um den Leiter ihre Beständigkeit erreicht, so ist die Leiteroberfläche der Beeinflussung durch Schnee und Regen entzogen.

Die Koronaerscheinung hat für den Betrieb mit hohen Spannungen auch ihr Gutes. Die Nähe der kritischen Spannung, bei welcher Glimmentladungen eintreten, macht eine solche Leitung sehr unempfindlich gegen Überspannungen. Die Überspannungsenergie wird bei Überschreiten der kritischen Spannung in Glimmverluste überführt. Es findet also eine starke Dämpfung statt.

[1]) E. T. Z. 1913, Heft 24, S. 683.

4. Isolatoren und zusätzliche Verluste an denselben.

A. Stützisolatoren.

In Hochspannungsanlagen sind heute nur noch Deltaisolatoren gebräuchlich.

Für höhere Spannungen und damit zunehmende Abmessungen zerlegt man den Isolatorkörper in mehrere Teile. Die Fabrikation wird hierdurch erleichtert und verbilligt. Da eine Prüfung der Isolatoren über 20000 Volt Gebrauchsspannung obligatorisch brauchen, infolge getrennter Untersuchung nur die beanstandeten Teile verworfen zu werden.

Die weit voneinander abstehenden Mäntel des Deltaisolators verhindern die Ansammlung von Schmutz und das Einnisten von Insekten.

Der äußere Mantel hat nur geringe Neigung und ladet dabei weit aus, um einen großen Abstand von der Stütze zu gewinnen.

Die Beurteilung eines Isolators auf seine elektrischen Qualitäten hängt von der Durchschlagsfestigkeit
und der Überschlagsspannung
ab, der er widersteht.

Genügende Durchschlagsfestigkeit ist schon aus mechanischen Rücksichten erreicht. Ein Durchschlag darf erst bei 4- bis 6facher Gebrauchsspannung eintreten, wobei unter Gebrauchsspannung die Spannung zwischen den Leitungen zu verstehen ist. Es kommt aber auf die Scheitelwerte der Spannungskurve an. Der Scheitelwert ist oft beträchtlich höher als das Spannungsmaximum der normalen, meist sinusartig verlaufenden Betriebskurve. Bei Maschinen, welche bei Leerlauf reinen Sinusstrom liefern, können unter Umständen (Zuschalten von Transformatoren, Erdung eines Pols) Verzerrungen der Spannungskurve eintreten, derart, daß der Scheitelwert bei gleichbleibendem Effektivwert Schwankungen von $\pm 20\%$ seiner normalen Größe erreicht.

Die Spannung, welcher ein Isolator gegen Durchschlag widersteht, wird durch die Art seines Einbaus stark beeinflußt. Weicker[1]) fand, daß eine Vergrößerung des Stützendurchmessers zwischen 10 und 30 mm, Unterschiede in der Durchschlagsspannung bis zu 15% ergab infolge Veränderung der Feldstärke im Porzellan. Dieselbe Rolle spielt die Art der Leitungsverlegung (Leitung einseitig in der Halsrille, Stärke des Befestigungsdrahtbundes).

Die Durchschlagsprüfung in den Porzellanfabriken erfolgt in der Weise, daß die Isolatoren in umgekehrter Stellung bis zur Bundrille in angesäuertes Wasser tauchen und im Innern ebenfalls mit angesäuertem Wasser gefüllt werden. In das Innere leitet man mit Kette den einen Pol der Prüfspannung, während der andere an der Metallwanne liegt, welche die äußere Flüssigkeit enthält. Prüfdauer eine Viertelstunde. Jeder Isolator wird mit Vermerk versehen, welcher die Prüfspannung angibt.

Die Porzellanfabrik Hermsdorf gibt folgende Prüfverhältnisse bekannt:

Betriebsspannung $E_{eff.}$	KV	9	13	17	21	25	29	33	36
Prüfspannung für Oberteil	»	30	30	35	40	40	45	50	55
» » Mittelteil	»	—	—	—	—	—	—	—	—
» » Hülse	»	—	25	25	30	35	40	40	45
Betriebsspannung $E_{eff.}$	KV	40	43	47	50	54	57	61	
Prüfspannung für Oberteil	»	60	65	65	70	70	75	80	
» » Mittelteil	»	—	—	—	—	—	—	—	
» » Hülse	»	50	50	55	55	60	60	60	
Betriebsspannung $E_{eff.}$	KV	64	68	71	74	76	78	80	
Prüfspannung für Oberteil	»	60	60	65	70	70	70	75	
» » Mittelteil	»	55	60	60	60	65	65	65	
» » Hülse	»	60	60	65	65	65	70	70	

Schwieriger ist die Bestimmung der Überschlagsspannung unter Berücksichtigung aller Verhältnisse, welchen der Isolator bei seiner Verwendung ausgesetzt ist. Der Überschlagsweg beim trocknen und nassen Isolator ist sehr verschieden, trotzdem sollte die Überschlagsspannung in beiden Fällen möglichst dieselbe sein.

Die Überschlagsspannung erscheint auf den ersten Blick von der Länge des Überschlagsweges, also der Bauhöhe des Isolators, abzuhängen. Indessen kann man die Überschlagsspannung nicht beliebig durch Vergrößerung heraufsetzen. Die Spannung verteilt sich nicht gleichmäßig auf die Länge des Überschlagweges. Durch den Entwurf von Kraftlinienbildern kann man sich hiervon überzeugen. Diese Methode ist einigermaßen schwierig und zeitraubend.

Schwaiger[2]) hat die Frage der Spannungsverteilung an Hand eines idealisierten Isolators anschaulich behandelt. Seinen Darlegungen

[1]) E. T. Z. 1910, Heft 34: Die Prüfung von Hochspannungsisolatoren in bezug auf Entladungserscheinungen.

[2]) E. T. Z. 1920, Heft 43: Theorie der Hochspannungsisolatoren.

folgend, geht er davon aus, daß auch selbst bestglasiertes Porzellan gewisse mikroskopische Unebenheiten besitzt. In den Kratern und Rissen dieser Unebenheiten wird selbst bei geringer Spannung die Feldstärke durch Spitzenwirkung so hoch, daß die »Anfangsspannung« der Luft überschritten wird. Ionisation ist die Folge. In Verbindung mit Staub ist also eine gewisse, wenn auch geringe Leitfähigkeit der Oberfläche unvermeidlich.

Er hält deshalb die in Fig. 48 dargestellte Ersatzschaltung für zulässig.

Er supponiert eine Reihe schmaler leitender Ringe auf der Oberfläche, welche gegeneinander die Kapazität C haben. Die Kapazitäten dieser Elementarkondensatoren sind gleich groß angenommen.

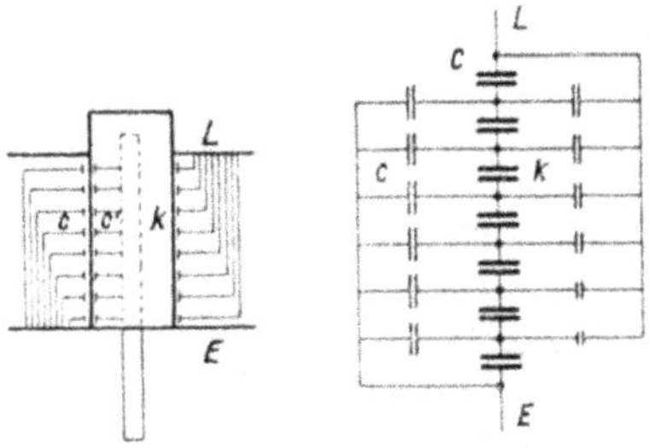

Fig. 48.

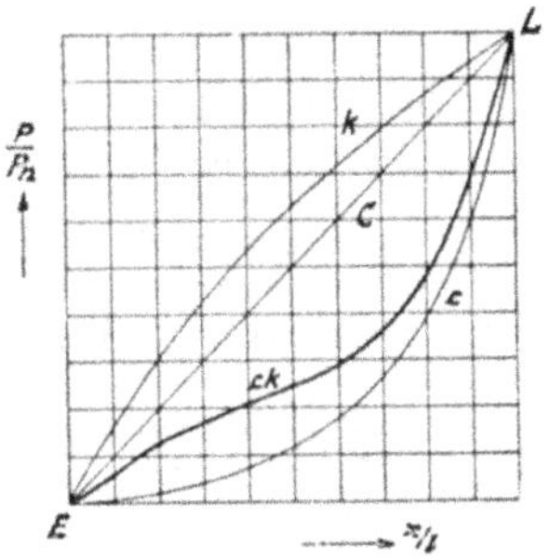

Fig. 49.

Alle Ringe besitzen eine Kapazität k gegen die Leitung. Diese Kapazitäten sind nicht einander gleich, sondern nehmen von der Leitung an gerechnet ab.

Schließlich haben alle Ringe noch eine Kapazität c gegen die Erde. Die Werte dieser können als gleich groß angenommen werden.

Würden nur die Kondensatoren C vorhanden sein, so würde sich die Spannung gleichmäßig über die Länge des Isolators verteilen. Das Spannungsgefälle $\frac{P}{P_n}$ im Punkte x/l der Isolatorlänge würde durch die Gerade EL in Fig. 49 dargestellt. P ist die Spannung des Punktes X gegen Erde, und P_n die Spannung zwischen Leitung und Erde. l ist die Länge des Isolators, x die Entfernung vom unteren Isolatorrande bis zum Punkte X.

Würden nur die Kondensatoren k und C vorhanden sein, so entstände die mit k bezeichnete Kurve. Diese folgt der Gleichung[1])

$$\frac{P}{P_n} = \frac{\sin(a \cdot x)}{\sin(a \cdot l)}, \text{ wo } \sin\frac{a}{2} = \frac{1}{2}\sqrt{\frac{k}{C}}.$$

[1]) Siehe Ableitung nach Rüdenberg unter Teil B Hängeisolatoren.

Hat man nur die Kondensatoren c und C, so erhält man die mit c bezeichnete Kurve, für welche die Gleichung gilt:

$$\frac{P}{P_n} = \frac{1 - \sin(90 - \alpha x)}{1 - \sin(90 - \alpha l)}, \quad \text{wo } \sin\frac{\alpha}{2} = \frac{1}{2}\sqrt{\frac{c}{C}}.$$

Die Krümmung der Kurven ist von dem Verhältnis $\frac{k}{C}$ und $\frac{c}{C}$ abhängig. Der Ohmsche Widerstand zwischen den Ringen ist vernachlässigt. Die resultierende ck-Kurve lehrt nun folgendes:

Das maximale Spannungsgefälle $\frac{dP}{dx}$ tritt am Leitungsbund auf und darf die Anfangsspannung der Luft nicht überschreiten (sonst Glimmen).

Das maximale Spannungsgefälle wird stark von $\frac{c}{C}$ und $\frac{k}{C}$ beeinflußt, dagegen wenig von der Länge. Es ist also unwirtschaftlich, über eine gewisse Länge zu gehen.

Die nachstehende Charakteristik (Fig. 50) lehrt, daß Isolatoren mit hohen Werten von $\frac{c}{C}$ bzw. $\frac{k}{C}$ nicht wirtschaftlich zu einer Typen-

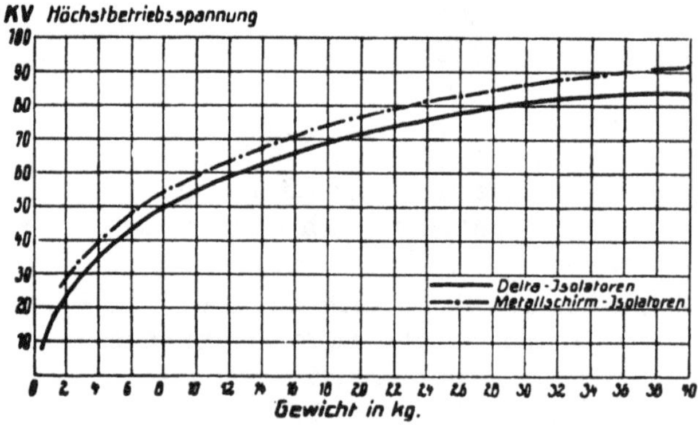

Fig. 50.

reihe ausgebaut werden können. In der Charakteristik sind statt der Längen die Gewichte eingetragen. Sie ist durch Schwaiger nach Preislistenangaben zusammengestellt worden, deshalb steckt in ihr noch der Sicherheitsgrad. Dieser steigt nicht geradlinig mit der zulässigen Betriebsspannung. Würde er auf 1 reduziert, so würde die Kurve noch stärker gekrümmt.

Die Charakteristik zeigt nebenbei, daß Isolatoren mit Metalldach eine höhere Ausnutzung bei gleicher Höhe zulassen. Durch das Metalldach wird die Kapazität k vergrößert, die k-Kurve also gebogener und die Form der ck-Kurve verbessert.

In Fig. 51 ist die Spannungsverteilung an einem Deltaisolator mit Metalldach und ohne Metalldach in Prozenten der Gesamtspannung dargestellt. Sie wurde von Schwaiger[1]) durch Messungen aufgenommen. Kurve 2 gibt die Spannungsverteilung ohne Blechteller, Kurve 3 mit Blechteller an. Durch Erhöhung der Kapazität der Isolatoroberfläche gegen die Leitung wird die Spannungsverteilung verbessert.

Die Überschlagsspannung am trockenen Isolator wird durch die Luftfeuchtigkeit stark beeinflußt. Bis zum Gebiet der Büschelgrenzspannung erschwert Luftfeuchtigkeit die Entladung. Sobald Wasserdampf auf dem Isolatormantel kondensiert, tritt ein plötzlicher Abfall der Überschlagsspannung ein.

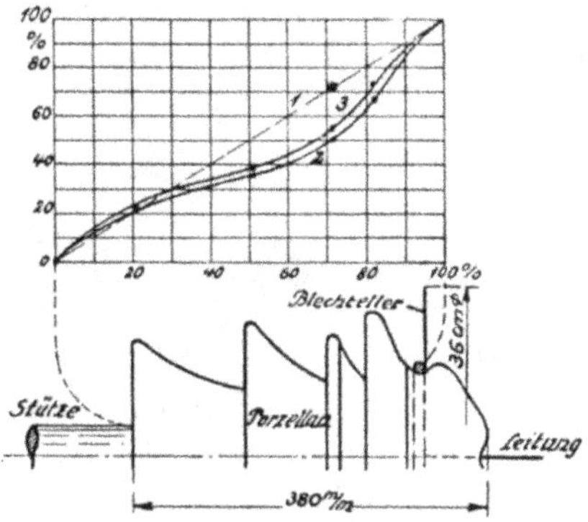

Fig. 51.

Über die Entladungsvorgänge am nassen Isolator unter der Einwirkung von Regen macht Weicker[2]) an Hand der wiedergegebenen Abbildungen interessante Mitteilungen. Die Abbildungen beziehen sich auf Laboratoriumsversuche. Der eigentlichen Funkenentladung durch Knallfunken gehen Vorentladungen voraus. Der Knallfunken tritt nur zwischen Leitung und Isolatorstütze auf, (Fig. 52), wogegen Vorentladungen bei erheblich niedrigeren Spannungswerten auch an anderen Stellen möglich sind.

Wird der bis nahe an die Funkenspannung unter Spannung stehende Isolator schwach beregnet, so gehen die Vorentladungen als Büschelentladungen von dem vom oberen Mantel abfallenden Regentropfen aus (Fig. 53). Werden die Hohlräume durch längere Beregnung feucht, so finden die ersten Vorentladungen an den trockenen Stellen statt. (Fig. 54.)

Wurden nach schräger Beregnung auch diese Stellen naß, so traten rötliche Fünkchen zwischen Hülsenrand und Stütze auf (s. Fig. 55).

Nach vollständiger Benetzung durch kondensierten Wasserdampf (Fig. 56) fand ein direkter Stromübergang über die ganze Fläche statt, wodurch ein Leuchten des ganzen Isolators hervorgerufen wurde. In dem Maße wie das Wasser wieder trocknet, ändert sich die Spannungsverteilung auf den einzelnen Mänteln und treten bei gesteigerter Spannung wieder leuchtende Entladungen zwischen den Isolatorteilen auf, die durch die Luft verlaufen (s. Fig. 57).

[1]) E. T. Z. 1920, Heft 43, S. 845.

[2]) E. T. Z. 1910, Heft 34: Die Prüfung von Hochspannungs-Freileitungsisolatoren usw.

Weicker hat durch seine Versuche folgendes festgestellt: Sowohl Funken- als Vorentladungsspannung nehmen bei mäßigem senkrechtem

Knallfunken bei schwachem Regen.
Fig. 52.

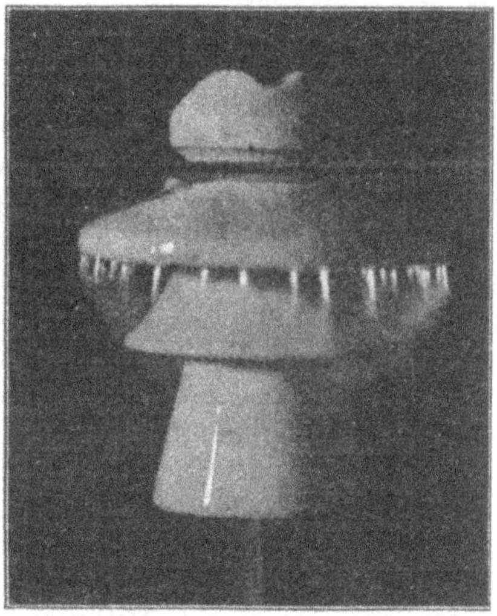

Vorentladung bei senkrechtem Regen.
Fig. 53.

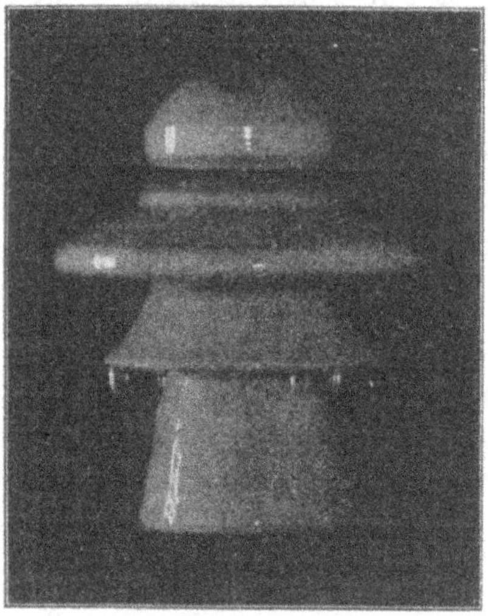

Vorentladungen ausgehend vom mittleren Mantel.
Fig. 54.

Vorentladungen zwischen Hülse und Stütze bei ganz schräger Beregnung.
Fig. 55.

Regen schnell ab, um von etwa 4 mm Regenstärke an nur noch langsam zu sinken.

Schräger Regen setzt beide Entladungsspannungen mit wachsendem Beaufschlagungswinkel herab.

Die Regendauer senkt die Entladungsspannung mit zunehmender Benetzung schnell. Nach etwa einer Viertelstunde ist die völlige Benetzung eingetreten, und die Verschlechterung der Entladungsspannung nur noch gering.

Die Feuchtigkeit (Wasserdampfgehalt) der Luft ist von sehr großem Einfluß. Zunächst sinkt die Entladungsspannung nach Einschalten des Stromes außerordentlich schnell, um sich bald infolge der Selbsttrocknung der Oberfläche durch Joulesche Wärme und elektrostatische Abstoßung der feinsten Wassertropfen zu erholen.

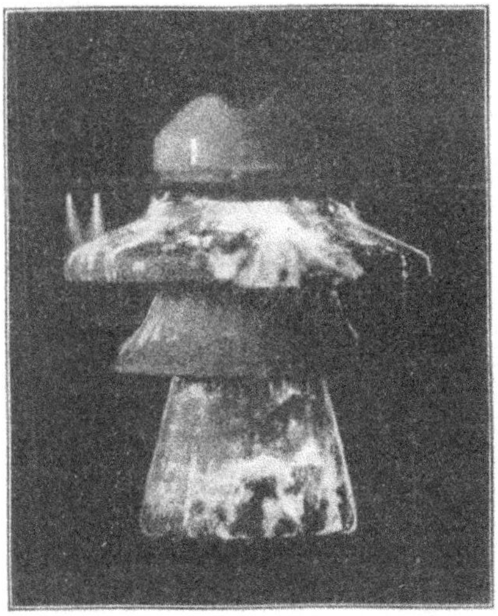

Leuchten des Isolators in wasserdampfgesättigter Atmosphäre.
Fig. 56.

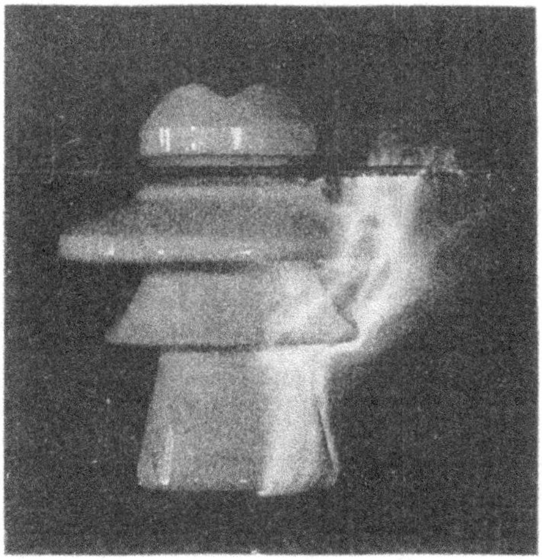

Fig. 57.

Über die natürlichen Witterungseinflüsse berichtet Weicker[1]).

Sturm erschwert einerseits die Vorentladungen durch Störung der Ionisierung der Luft, anderseits aber begünstigt er durch schrägen Einfall der Wassertropfen die Entladung.

Reif. Geringe Vereisung ist ohne Einfluß. Erst bei Zustandekommen einer dichten Rauhreifdecke wird die Entladungsspannung ähnlich wie bei Nebel herabgesetzt.

Eis. In gefrorenem Zustande isoliert Eis. In schmelzendem Zustande setzt es durch Benetzung der Oberfläche die Überschlagsspannung herab.

---

[1]) E. T. Z. 1910, Heft 34.

Schnee. Verhält sich ähnlich. Unter Gefrierpunkt isoliert Schnee vorzüglich. Funkenentladungen gehen neben den Schneestellen über. Schmilzt der Schnee, oder treffen feuchte Schneeflocken den Isolator womöglich von der Seite, so bilden die Schneeschichten leitende Brücken und stellen den ungünstigsten Fall dar, dem ein Isolator ausgesetzt werden kann. Bei nassem Schneefall treten die ersten Entladungserscheinungen im Innern rings um die Stütze ein, und zwar ganz besonders bei nebeligem Wetter. Der nasse Schnee bringt auch leicht Verschmutzungen durch Rußteilchen zustande.

Fabrikprüfungen am nassen Isolator sind unter möglichster Nachahmung der natürlichen Verhältnisse vorzunehmen. Man setzt die

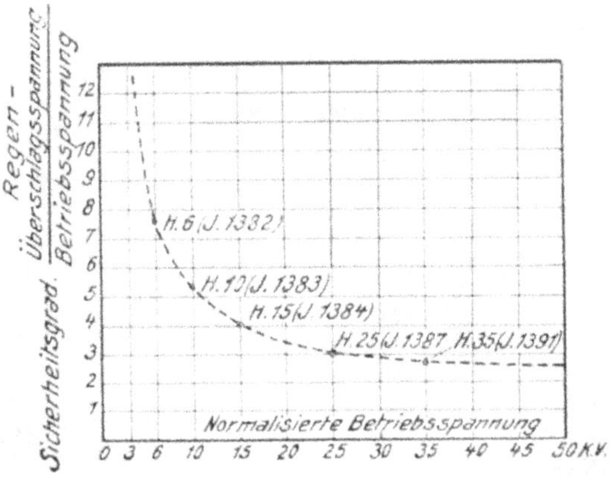

Fig. 58.

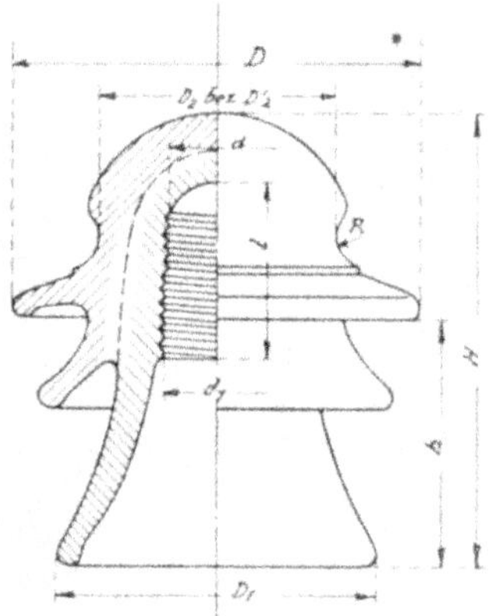

Fig. 59.

Isolatoren während der Prüfung einem künstlichen Regen aus, der unter 45° einfällt. Die Heftigkeit wird mit 4 mm Niederschlag in der Minute gewählt. Es entspricht dies wolkenbruchartigen Niederschlägen.

Der Prüfraum wird außerdem mit einer wasserdampfgesättigten Atmosphäre angefüllt.

Während der Eintritt der ersten Vorentladungen nicht genau zu bestimmen ist, da für die Beurteilung das subjektive Empfinden des Prüfenden zu sehr mitspricht, kann die Funkenspannung ziemlich eindeutig ermittelt werden.

Zur Qualifikation der Isolatoren bezeichnet man nach Friese mit »Randziffer« das Verhältnis »Überschlagsspannung naß« zur »Überschlagsspannung trocken«. Multipliziert man das Verhältnis »Überschlagsspannung naß« zu »Gewicht« mit der Randziffer, so erhält man die »Gütezahl« eines Isolators. Die Höhe der Gütezahl bildet einen Maßstab für die Beurteilung eines Isolators bei geforderter Höchstüberschlagsspannung.

In ihren Entwürfen für Normen bringt die Kommission für Porzellanisolatoren des Verbandes deutscher Elektrotechniker, E.T.Z. 1920, Heft 31, den durch Kurve Fig. 58 dargestellten Sicherheitsgrad in Vorschlag, welcher bei der Wahl von Stützisolatoren mit Recht gefordert werden muß.

Unter Betriebsspannung ist die Spannung zwischen den Leitungen verstanden. Die eingeklammerten Angaben entsprechen den Typen und Nummern der Porzellanfabrik Hermsdorf.

Die Kommission hat bestimmte Größen für die normalisierten Spannungen vorgeschlagen, welche in der Tabelle Fig. 59 aufgeführt sind.

Bez.	Betriebsspannung	Maße in mm									
		D	D_1	D_2[1]	D_2'[2]	H	h	d	d_1	l	R
	500	(114)	(91)	(62)	(67)	(124)	(67)	(26,5)	(29,5)	(48)	(8,5)
H 6	bis	120	95	65	70	130	70	28	31	50	9
	6000	(126)	(99)	(68)	(73)	(136)	(73)	(29,5)	(32,5)	(52)	(9,5)
		(129)	(105)	(67)	(76)	(138)	(78)	(26,5)	(29,5)	(53)	(8,5)
H 10	bis 10000	135	110	70	80	145	82	28	31	55	9
		(141)	(115)	(73)	(84)	(152)	(86)	(29,5)	(32,5)	(57)	(9,5)
		(143)	(114)	(67)	(76)	(157)	(91)	(26,5)	(29,5)	(57)	(8,5)
H 15	bis 15000	150	120	70	80	165	95	28	31	60	9
		(157)	(126)	(73)	(84)	(173)	(99)	(29,5)	(32,5)	(63)	(9,5)
		(181)	(148)		(91)	(209)	(131)	(26,5)	(30,5)	(62)	(9,5)
H 25	bis 25000	190	155		95	220	137	28	32	65	10
		(199)	(162)		(99)	(231)	(143)	(29,5)	(33,5)	(68)	(10,5)
		(238)	(186)		(110)	(281)	(181)	(36)	(41)	(91)	(9,5)
H 35	bis 35000	250	195		115	295	190	38	43	95	10
		(262)	(204)		(120)	(309)	(199)	(40)	(45)	(99)	(10)

Die eingeklammerten Zahlen gelten als Grenzmaße.

Nach dem mitgeteilten Sicherheitsgrad würde auf jeden cm Regenüberschlagsweg (gemessen nach Fig. 60) entfallen:

etwa 0,84 KV bei 10000 Volt Betriebsspannung
» 1,27 » » 30000 » »
» 1,47 » » 50000 » »

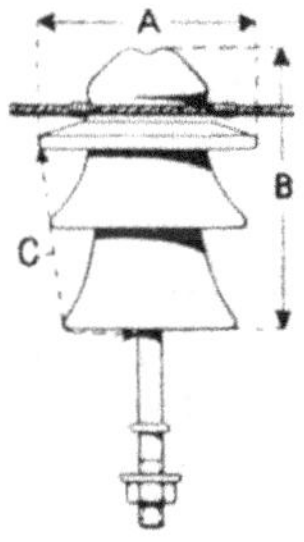

Fig. 60.

[1]) Maße D_2 gelten für einteilige Ausführung.
[2]) Maße D_2' gelten für zweiteilige Ausführung.

Für die typisierten Isolatoren würden sich folgende Verhältnisse ergeben:

Betriebs-spannung Volt	Durchmesser A in mm	Höhe B in mm	Schlagweite C in mm	ungefähres Gewicht kg
6000	120	130	108	1,0
10000	135	145	125	1,4
15000	150	165	144	1,9
25000	190	220	195	3,7
35000	250	295	270	8,0

Für Betriebsspannungen über 60 KV verwendet man mit Rücksicht auf Gewichtsersparung besser Hängeisolatoren, sofern man doppelte Überschlagsspannung bei Regen fordert.

Isolatoren mit Metallschirm (Fig. 61) haben einige Vorzüge. Sie schützen die Isolatoren gegen mechanische Beeinflussungen (Steinwürfe) und erlauben eine Herabsetzung der Höhe und damit des Gewichts. Am Rande des Metalldaches werden Regentropfen energischer abgeschleudert als am viel dickeren Rande eines Porzellanmantels. Es beruht dies auf der größeren Feldstärke infolge des kleineren Krümmungshalbmessers. Auch die Beanspruchung am Isolatorkopf ist geringer, da die Kraftlinien sich nicht auf die Bindestelle am Halse zusammendrängen.

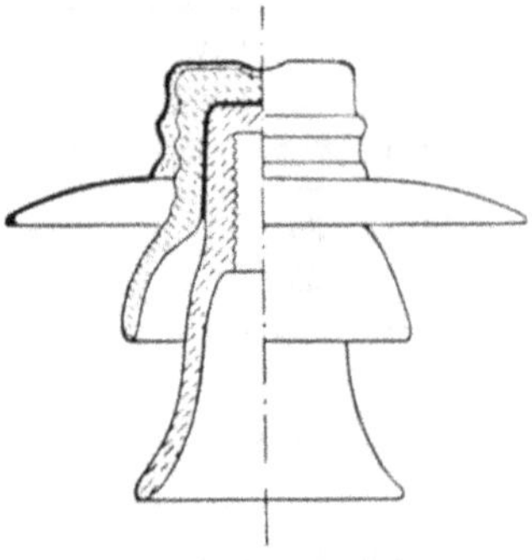

Fig. 61.

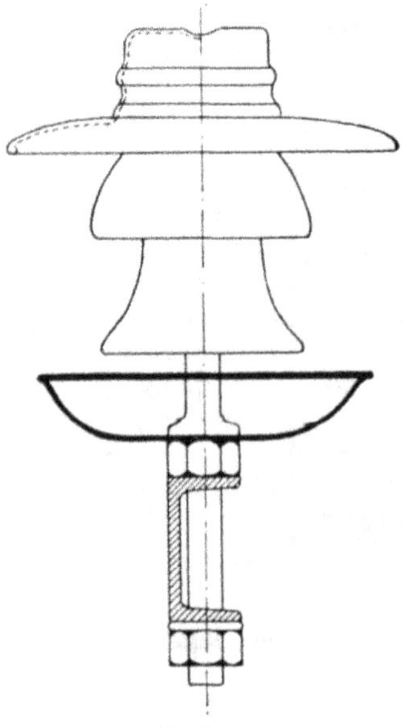

Fig. 62.

Die Verwendung von Schutzringen nach Fig. 62 hat den Zweck, bei Überspannungen den Ausgleich zwischen Leitung und Erde von den Isolatoren fernzuhalten.

Die Kapazität der normalen Deltaglocken beträgt je nach Größe 0,00003 bis 0,00006 Mikrofarad. Bei der Berechnung des Ladestroms von Leitungen sind die Isolatorenkapazitäten zur Leitungskapazität zu addieren.

Ein Umstand, welcher zu wenig beachtet wird, ist die Höhe der Feldstärke an Isolatorstützen. Üblicherweise werden Isolatoren auf ihre Stützen aufgehanft. Hierbei ist es nicht ausgeschlossen, daß Luftbläschen an der Stützenoberfläche bleiben. Wird nun die Feldstärke an der Stütze höher als die Durchschlagsfestigkeit der Luft, so setzt im Isolator Glimmen an der Stütze ein. Die Hanfpackung verkohlt, der Isolatorkopf wird heiß und platzt bei plötzlicher Abkühlung durch Regen. Tatsächlich findet man bei Isolatorenbruch verkohlte Hanfpackungen; nur liegt die Ursache nicht an einem eingetretenen Isolatordefekt (innere Spannungen im Porzellan, Sprünge usw.) und nachfolgendem Durchschlag von außen einsetzend, sondern umgekehrt an langsamer Verkohlung der Hanfpackung und nachfolgender Isolatorzertrümmerung, dem dann erst der Durchschlag des Betriebsstromes zur Stütze folgt.

Betrachtet man einen Querschnitt durch den Hals des Isolators, wo der Metallbund liegt, so haben wir das Bild eines geschichteten Walzenkondensators nach Fig. 10 vor uns.

Es sei der Stützenhalbmesser . . . . r_1
Halbmesser der inneren Hülse . . . . . . r_2
Halbmesser der Halsrille . . . . r_3
die Dielektrizitätskonstante für Luft . . . ϱ_1
die Dielektrizitätskonstante für Porzellan . ϱ_2

so ist die Spannung zwischen Stütze und Isolatorhülse nach Gl. 112)

$$V_1 = \frac{V}{1 + \dfrac{\varrho_1 \frac{r_3}{r_2}}{\varrho_2 \frac{r_2}{r_1}}}.$$

Die Beanspruchung der Luft an der Isolatorstütze ist:

$$\frac{dV}{dx} = \frac{V_1}{r_1 \ln \frac{r_2}{r_1}}.$$

Setzt man im Grenzfalle $\frac{dV}{dx} = \delta = 21000$ Volt/cm, so wird die kritische Betriebsspannung

$$E_{\text{krit.}} = \delta\, r_1 \left(\ln \frac{r_2}{r_1} + \frac{\varrho_1}{\varrho_2} \ln \frac{r_3}{r_2} \right) \quad . \; . \; . \; . \; . \quad 250)$$

Beispiel. Mit welcher Höchstspannung darf eine Leitung betrieben werden, welche auf Isolatoren der Normaltype (V. D. E.) H 25 (J 1387) verlegt ist? Die Stütze habe eine Stärke von 25 mm Durchm.

Es ist:

$$r_1 = 1{,}25 \text{ cm},$$
$$r_2 = 1{,}6 \text{ cm},$$
$$r_3 = 4{,}75 \text{ cm},$$
$$\varrho_1 = 1 \text{ (Luft)},$$
$$\varrho_2 = 4{,}4 \text{ Porzellan.}$$

$$E_{\text{krit.}} = 21000 \cdot 1{,}25 \left(\ln \frac{1{,}6}{1{,}25} + \frac{1}{4{,}4} \ln \frac{4{,}75}{1{,}6}\right) = 12894 \text{ V.}$$

Der Isolator reicht nach seiner Größe für eine Betriebsspannung bis 25000 Volt. Er kann für diese Spannung nur verwendet werden, wenn er derart sorgfältig aufgehanft ist, daß durch Leinöl alle Blasen verdrängt sind. In diesem Falle kann man $\varrho_1 = 3$ setzen und damit wird $E_{\text{krit.}} = 26000$ Volt, wobei die Durchschlagsfestigkeit für mit Leinöl imprägnierten Hanf ebenfalls mit 21 KV/cm angenommen ist.

B. Hängeisolatoren.

Die ersten Hängeisolatoren waren so konstruiert, daß die Tragorgane in sich verkettet waren (s. Fig. 63). Man nennt sie nach ihrem Erfinder Hewlett-Isolatoren.

Bei Bruch eines Isolators ist die Aufhängung noch gewährleistet. Neuerdings hat man bei Hewlett-Isolatoren auch die flache Tellerform eingeführt (s. Fig. 64). Infolge Fehlens von Metallarmaturteilen ist die Kapazität jedes Gliedes gering. An und für sich zwar ein Vorteil. Da aber das Verhältnis der Gliederkapazitäten untereinander zu derjenigen, welche jedes Glied zur Erde hat, ungünstig ist, entsteht eine sehr ungleiche Spannungsverteilung an der Kette. Über diesen Punkt sprechen wir später ausführlich. Die neuere, namentlich in Deutschland sehr gebräuchliche Form der Hänge- und Abspannisolatoren ist in Fig. 65 dargestellt. Sie werden Kappenisolatoren genannt. Die Porzellanfabrik H. Schomburg & Söhne bringt einen sog. Kugelkopfisolator heraus, bei welchem der Verbindungsstößel frei pendelnd in einem Kugelgelenk im Kopf aufgehängt ist, wodurch Material-Spannungen vermieden werden (s. Fig. 66).

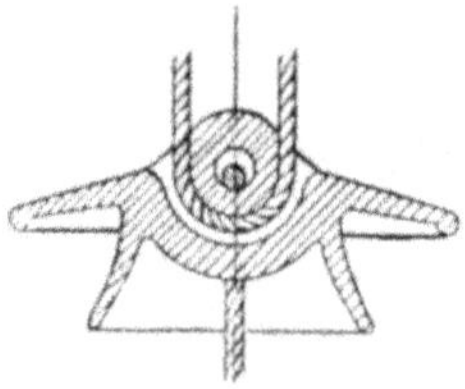

Fig. 63.

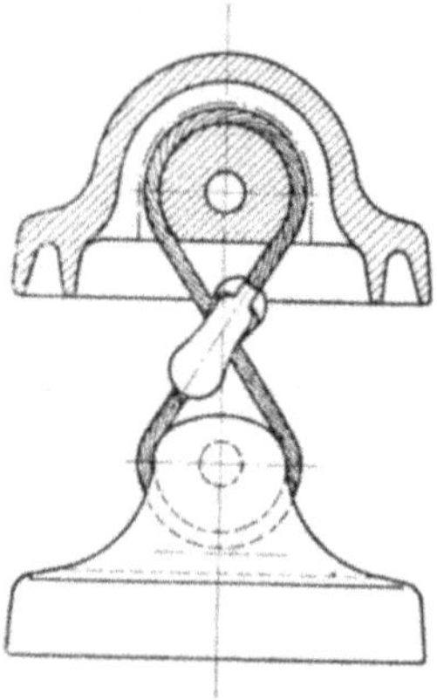

Fig. 64.

Uns interessiert vor allem die Spannungsverteilung auf die einzelnen Glieder einer Kette. Rüdenberg[1]) gibt eine sehr übersichtliche Berechnungsmethode an Hand der in Fig. 67 dargestellten Ersatzschaltung.

Bezeichnet man die Kapazitäten der Glieder untereinander mit C und die Kapazitäten der einzelnen Glieder gegen den Mast (Erde)

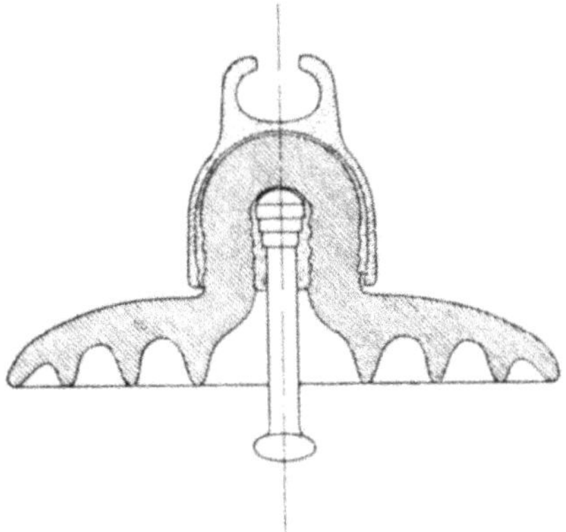

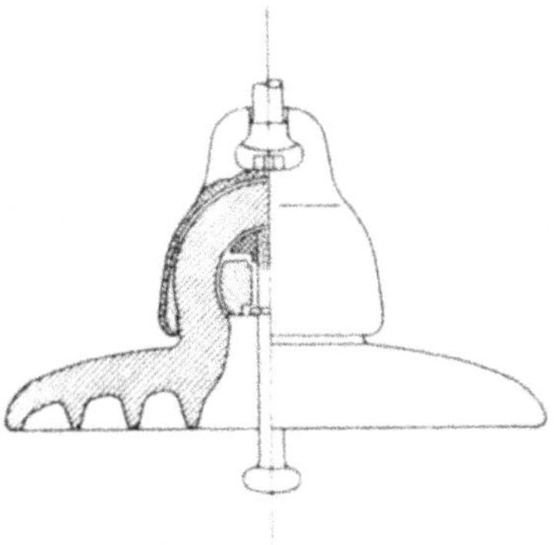

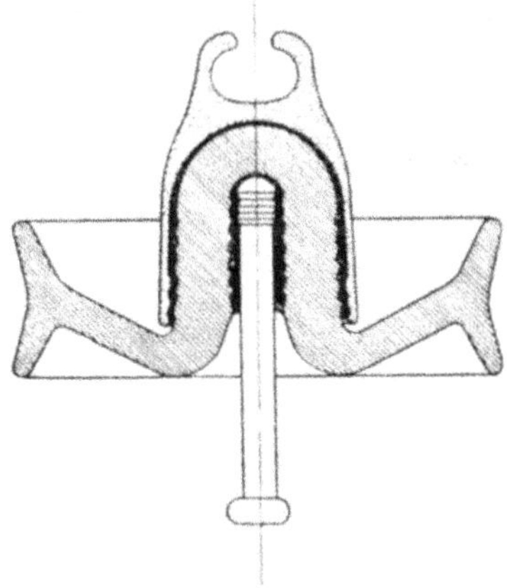

Fig. 65.

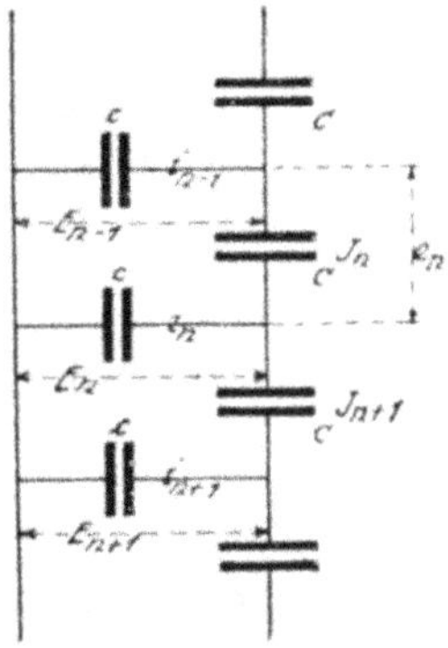

Fig. 67.

mit c, so kann man aus der Stromverzweigung der Verschiebungsströme die Gleichungen aufstellen:

a) $i_n = w\, c\, E_n$ | c) $J_{n+1} = w\, C\, (E_{n+1} - E_n)$

b) $J_n = w\, C\, (E_n - E_{n-1})$ | d) $i_n = J_{n+1} - J_n$.

(Die ausführliche weitere Rechnung nach Rüdenberg siehe unten.[2])

[1]) E. T. Z. 1914, Heft 15: Die Spannungsverteilung an Kettenisolatoren.

[2]) Setzt man a) und b) in d) ein, so wird

$$\frac{c}{C} E_n = E_{n+1} - 2\, E_n + E_{n-1}.$$

Hieraus findet man die Spannung, welche das unterste dem Leitungsdraht zunächst liegende Glied auszuhalten hat, mit

$$e_z = \frac{E}{\sin(\alpha z)}\left(1 - \frac{\sin[\alpha \cdot (z-1)]}{\sin(\alpha z)}\right)\text{Volt} = e_{\max} \quad . \quad . \quad 251)$$

Dies ist zugleich der größte Wert, welcher auf ein Glied kommt. Hierin ist α aus der Gleichung zu bestimmen.

$$\sin\frac{\alpha}{2} = \frac{1}{2}\sqrt{\frac{c}{C}}.$$

Setzt man $E_n = A\,e^{\alpha \cdot n}$,

wo A eine Konstante und e die Basis der natürlichen Logarithmen, so wird

$$E_{n+1} = A \cdot e^{\alpha(n+1)} = e^{\alpha} A\,e^{\alpha \cdot n}$$

bzw.

$$E_{n-1} = A\,e^{\alpha(n-1)} = e^{-\alpha} A\,e^{\alpha \cdot n}.$$

Setzt man diese Werte in die erste Gleichung ein, so wird

$$\frac{c}{C} = e^{\alpha} - 2 + e^{-\alpha} = \left(e^{\frac{\alpha}{2}} - e^{-\frac{\alpha}{2}}\right)^2 = \left(2\sin\frac{\alpha}{2}\right)^2.$$

Man setzt nun $\sin\frac{\alpha}{2} = \frac{1}{2}\sqrt{\frac{c}{C}}$.

Hiermit ist die Gleichung noch nicht eindeutig bestimmt, da α sowohl positiv wie negativ sein kann.

Man setze daher $E_n = A e^{\alpha \cdot n} + B e^{-\alpha \cdot n}$.

Die Konstanten sind aus den Grenzfällen zu bestimmen. Das 0te Glied hängt am Mast und ist geerdet. Daher $E_n = 0$. Damit wird

$$E_0 = A + B = 0 \text{ oder } A = -B.$$

Hiermit wird

$$E_n = A\left(e^{\alpha \cdot n} - e^{-\alpha \cdot n}\right) = 2\,A \sin(\alpha\,n).$$

Bei z Gliedern ist die Spannung am $z$ten Glied $E_z = E$

$$E_z = 2\,A \sin(\alpha\,z) = E$$

hieraus

$$2\,A = \frac{E}{\sin(\alpha\,z)}.$$

Damit die Spannung am n^{ten} Glied

$$E_n = E\frac{\sin(\alpha \cdot n)}{\sin(\alpha \cdot z)}.$$

Der Verlauf der Spannung $\frac{E_n}{E}$ ist also von dem Verhältnis $\sqrt{\frac{c}{C}}$ abhängig.

Die Spannung, welche ein Isolator auszuhalten hat, ist:

$$e_n = E_n - E_{n-1}$$

$$e_n = \frac{E}{\sin(\alpha z)}[\sin(\alpha \cdot n) - \sin\alpha(n-1)].$$

Die Spannung, welche das erste Glied auszuhalten hat, wird demnach bei $n = z$

$$e_z = \frac{E}{\sin(\alpha z)}[\sin(\alpha z) - \sin\alpha(z-1)]$$

$$e_z = \frac{E}{\sin(\alpha z)}\left(1 - \frac{\sin\alpha(z-1)}{\sin(\alpha z)}\right).$$

Die Anzahl der Glieder ist z und E die Spannung zwischen Leitung und Erde in Volt.

Die Kapazitätswerte C und c müssen durch Messung bestimmt werden. Je kleiner das Verhältnis $\frac{c}{C}$ wird, um so gleichmäßiger verteilt sich die Spannung auf die einzelnen Glieder, und um so mehr Glieder können mit Vorteil benutzt werden. Den Wert $\frac{c}{C}$ kann man entweder dadurch verkleinern, daß man C groß macht (Vergrößerung der Armaturteile oder Blechschirme zwischen denselben), oder man muß c verkleinern. Bei geschicktester Anordnung wird man mit $\frac{c}{C}$ kaum unter $\frac{1}{40}$ kommen. Die Erfahrungswerte liegen zwischen $\frac{1}{10}$ und $\frac{1}{40}$.

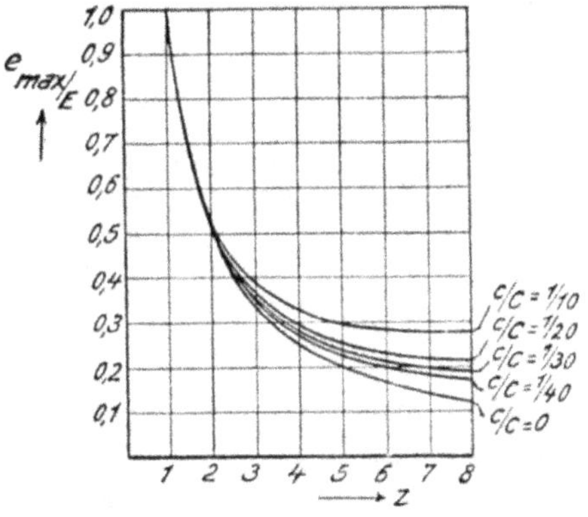

Fig. 68.

In der Kurvenschar Fig. 68 hat Rüdenberg die Abhängigkeit des Wertes $\frac{e_{max}}{E}$ von dem Wert $\frac{c}{C}$ dargestellt. Die Kurven sind hyperbolisch. Man sieht den Einfluß des Wertes $\frac{c}{C}$ auf die Spannung des letzten Gliedes. Bei $\frac{c}{C} = \frac{1}{10}$ würden mehr als 5 Glieder kaum noch die auf das letzte Glied entfallende Spannung wesentlich herabsetzen, da die Kurve von diesem Punkte ab fast gerade verläuft. Man kann aus der Kurvenschar die günstigste Gliederzahl entnehmen, bei deren Überschreitung kaum noch ein Gewinn zu erhoffen ist. Die günstigste Gliederzahl beträgt

für $\frac{c}{C} = \frac{1}{10}$ ca. 5 Glieder

» » $= \frac{1}{20}$ » 6 »

» » $= \frac{1}{30}$ » 7 »

» » $= \frac{1}{40}$ » 8 »

Die Kapazität von Hewlett-Isolatoren nach Abbildung Fig. 64 beträgt bei 5 kg Gewicht etwa $1 \cdot 10^{-5}$ Mikrofarad.

Ein Kappenisolator nach Fig. 65 hat bei gleichem Gewicht etwa $3{,}8 \cdot 10^{-5}$ Mikrofarad Kapazität. Die Kapazität eines Kugelkopfisolators beträgt etwa $5{,}5 \cdot 10^{-5}$ Mikrofarad.

Man hat versucht, die Kapazität der einzelnen Glieder abzustufen, so daß der unterste Isolator an der Leitung die größte Kapazität hat. Hiermit erreicht man eine verbesserte Spannungsverteilung. In der Praxis beschränkt man jedoch diese Abstufung auf die Kombination von zwei Typen, da sonst die Ersatzhaltung zu mannigfaltig wird.

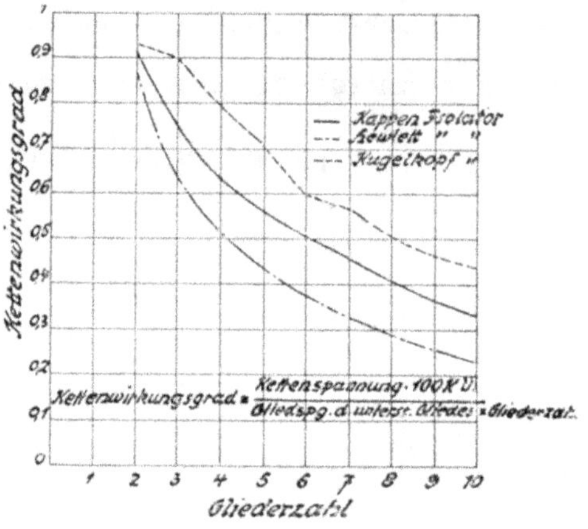

Fig. 69.

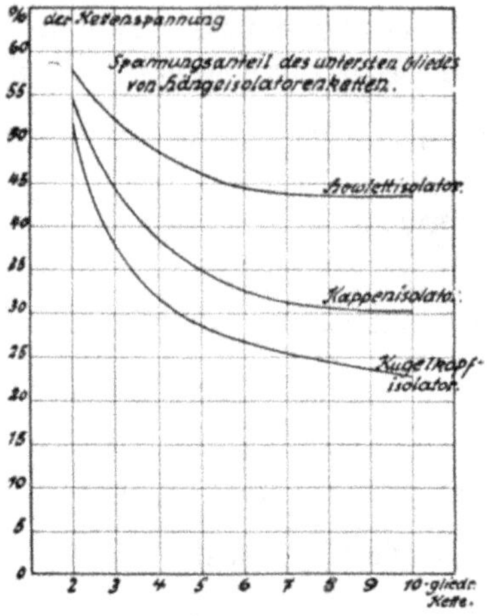

Fig. 70.

Der Vollständigkeit wegen sei noch der von Peek aufgestellte Kettenwirkungsgrad erwähnt (s. Fig. 69)[1]).

$$\eta = \frac{\text{Kettenspannung mal 100 KV.}}{\text{Gliederzahl mal Gliedspannung des untersten Gliedes}}.$$

Die Porzellanfabrik Schomburg[2]) gibt folgende Überschlagswerte, welche in ihrem Laboratorium bei Versuchen unter Regen ermittelt wurden:

Überschlagsspannung.

	beim Hewlett-Isolator	beim Kappen-Isolator	beim Kugelkopf-Isolator
1 Glied	30 KV	42 KV	44 KV
2 Glieder	55 »	75 »	82 »
3 »	80 »	114 »	123 »
4 »	103 »	152 »	170 »
5 »	128 »	190 »	208 »
6 »	150 »	220 »	242 »
7 »	175 »	245 »	268 »
8 »	195 »	273 »	295 »

[1]) Die Kurven wurden von H. Schomburg A.G. ermittelt und zur Verfügung gestellt.

[2]) Techn. Bericht HJII von J. F. Scheid.

Über den Spannungsanteil des untersten Gliedes von Hänge-»Isolatoren«-Ketten gibt die Kurvenschar in Fig. 70) einen guten Überblick.

In der nachfolgenden Tabelle sind die im Laboratorium der Firma Schomburg durch Versuche ermittelten Gliedspannungen an 2- bis 10gliedrigen Ketten mit Hewlett-, Kappen- und Kugel-Kopfisolatoren gegenübergestellt, wobei sich zeigt, daß das der Aufhängung zunächstliegende Glied nicht die geringste Spannung erhält, sondern das zweite Glied.

Gliedspannung in Prozenten der Kettenspannung.

a) Hewlett-Isolatoren (250 mm ⌀).

Anzahl	2	3	4	5	6	7	8	9	10
1. Glied	58	51,9	49,4	46	44,5	43,9	43,5		43,0
2. »	42	24,9	22,6	21,6	19,0	17,0	16,5		16,0
3. »		23,3	13,3	12,6	11,4	10,5	10,0		9,3
4. »			14,8	9,5	8,5	7,9	7,4		6,5
5. »				10,5	8,0	7,0	6,0		5,0
6. »					9,0	6,3	5,0		4,0
7. »						7,3	5,1		3,6
8. »							6,5		3,2
9. »									3,4
10. »									5,9

b) Kappen-Isolatoren (280 mm ⌀).

Anzahl	2	3	4	5	6	7	8	9	10
1. Glied	55	44,2	39,6	35,8	32,9	31,0	30,4		30,4
2. »	45	27,2	25,8	22,0	19,3	17,7	17,0		16,7
3. »		28,5	17,0	15,5	13,2	12,7	12,2		11,8
4. »			17,5	12,7	11,2	9,9	8,8		7,7
5. »				14,0	10,9	9,3	7,9		5,9
6. »					12,5	8,7	7,3		5,1
7. »						10,6	7,3		4,8
8. »							9,1		4,4
9. »									4,6
10. »									8,7

c) Kugelkopf-Isolatoren (280 mm ⌀).

Anzahl	2	3	4	5	6	7	8	9	10
1. Glied	53,6	37,1	31,6	28,4	27,6	25,1	24,6		22,8
2. »	46,4	29,0	24,5	21,8	20,0	19,0	18,0		16,4
3. »		33,9	19,5	17,7	15,8	14,7	14,2		11,8
4. »			24,4	15,4	14,0	12,3	11,3		9,5
5. »				16,6	11,3	10,8	9,5		7,8
6. »					11,3	9,1	8,5		7,0
7. »						9,1	6,9		6,9
8. »							6,9		6,9
9. »									5,9
10. »									5,2

Unter Überschlagsicherheitsgrad versteht man das Verhältnis

$$\frac{\text{Überschlagsspannung bei Regen für 1 Glied}}{\text{Beanspruchung des untersten Gliedes im normalen Betrieb}}.$$

Man wird hierfür Werte von 1,6 bis 2 erreichen können.

Beispiel. Bei einer 100-KV-Anlage wird eine 5gliedrige Kette von Kappenisolatoren verwendet. Die Beanspruchung des untersten Gliedes ist nach der vorstehenden Tabelle der Gliedspannungen 35,8% von $\frac{100}{\sqrt{3}}$. Dies sind 20800 Volt.

Die Überschlagsspannung bei Regen beträgt 42000 Volt.

Mithin Überschlagsicherheitsgrad $\frac{42000}{20800} = 2$.

Die verhältnismäßig geringe Höhe des erzielbaren Sicherheitsgrades war die Veranlassung, daß man lange Zeit mit dem Bau von Anlagen über 100000 Volt zurückgehalten hat.

Durch Verwendung abgestufter Isolatoren oder durch Erhöhung der Kapazität, indem man die Isolatoren mit Schirmen oder metallisiertem Mantel versieht, ist es möglich, daß man die Verteilung der Spannung gleichmäßiger auf die Glieder der Kette erzwingt. Man kann dann auch mit Nutzen die Anzahl der Glieder über 7 steigern und erhält noch einen auskömmlichen Sicherheitsgrad.

Selbst die Kugelkopfisolatoren lassen sich noch bis 8 Glieder und daruber pro Kette vorteilhaft verwenden. Bei einer 8gliedrigen Kette wäre die Beanspruchung des untersten Gliedes 24,6% der Phasenspannung. Nehmen wir als solche $\frac{150\text{ KV}}{\sqrt{3}} = 87$ KV, so ist die Beanspruchung des untersten Gliedes im normalen Betriebe $24{,}6 \cdot 0{,}87 = 21{,}4$ KV. Die Regenüberschlagsspannung beträgt 44 KV. Der

Überschlagsicherheitsgrad wird also

$$\frac{44}{21,4} \cong 2,05.$$

Allen Maßnahmen, welche auf Abstufung der Isolatoren-Größen und ihrer Kapazitäten beruhen, haftet der Nachteil an, daß die Lager-

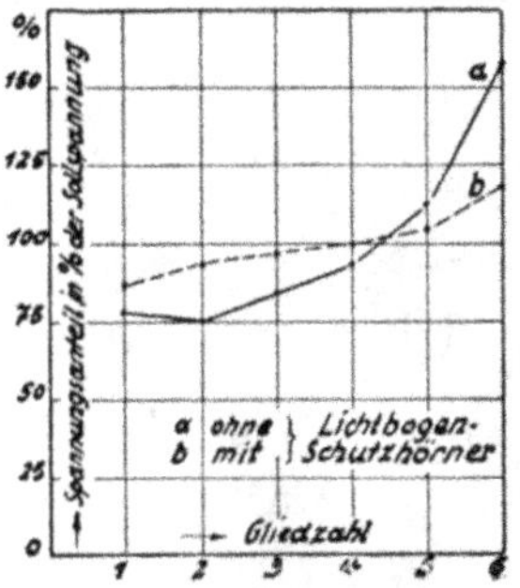

Spannnngsverteilung an Kappen-isolatoren ohne und mit Licht-bogen-Schutzhörnern nach Messungen von Laurell.
Fig. 71.

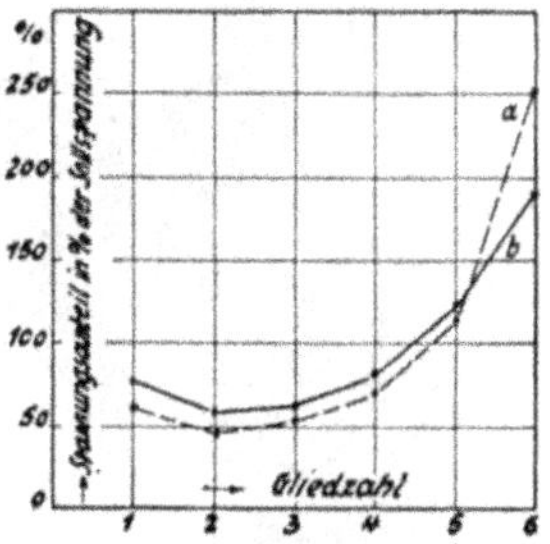

Spannuugsverteilung an einer Hewlett-Isolatorenkette ohne (a) und mit (b) Lichtbogen-schutzhörnern.
Fig. 72.

haltung vergrößert und die richtige Auswechslung beschädigter Isolatoren sehr erschwert wird.

Man versucht daher unter Beibehaltung der gleichen Isolatorentypen durch Lichtbogenschutzhörner eine gleichmäßigere Spannungsverteilung herbeizuführen.

Die Abbildungen 71) und 72), welche einer neueren Veröffentlichung von Dr. Ing. Weicker[1]) entnommen sind, lassen die Verbesserung der Spannungsverteilung nach Angaben von Laurell[2]) sehr deutlich erkennen. Der günstige Einfluß von Lichtbogenhörnern ist bei denjenigen Hängeisolatoren am stärksten, welche ohne solche die ungünstigste Spannungsverteilung (Hewlett-Isolatoren) haben.

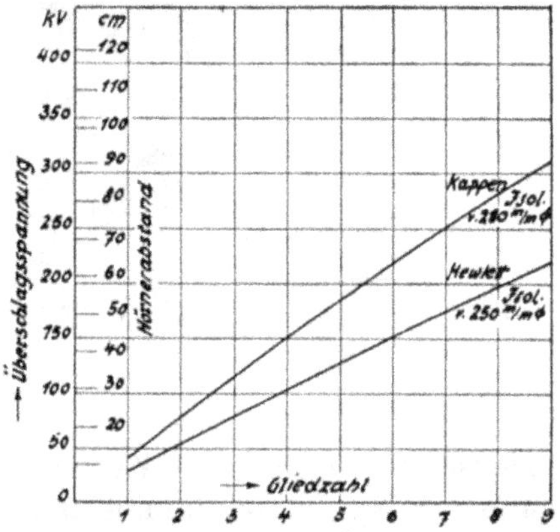

Regenüberschlagsspannung von Kappen-Isolatoren und Hewlett-Isolatoren (parallele Seilführung) verglichen mit der Überschlagsspannung zwischen zwei Lichtbogenschutzhörnern.
Fig. 73.

Die Lichtbogenhörner gewähren außerdem den Vorteil, daß sie die Lichtbogenentladungen von den Isolatoren selbst fernhalten. Bei Kappenisolatoren ist dies vollkommener erreichbar, als bei Hewlett-

[1]) E.T.Z. 1921 Heft 52.

[2]) Teknisk Tidskrift, Elektrotechnik 1920, Heft7 und 9.

Isolatoren, bei welchen Entladungen leichter von Glied zu Glied überspringen.

Der Grund liegt darin, daß die Regenüberschlagsspannung bei Hewlett-Isolatoren niedriger liegt als bei Kappenisolatoren. Wollte man eine Hewlett-Kette mit Sicherheit schützen, so müßten die Hörner auf eine viel geringere Entfernung eingestellt werden, als der Regen-

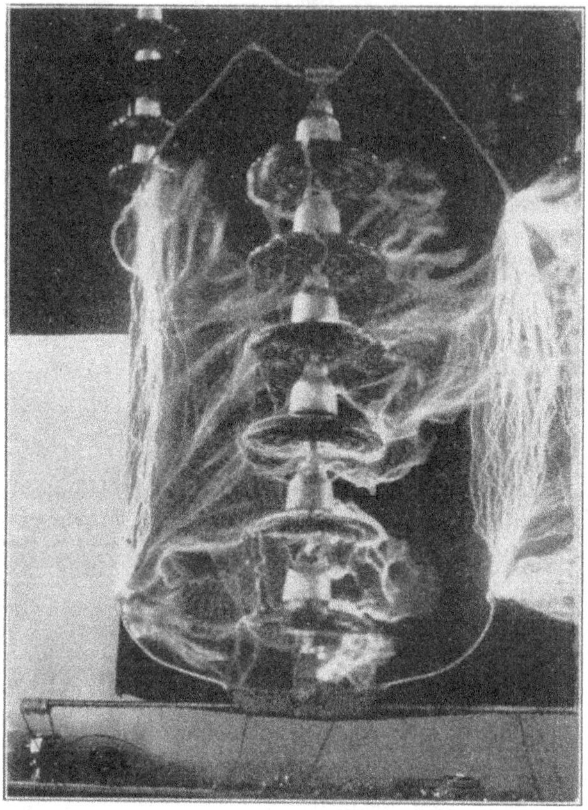

Fig. 74.

überschlagsspannung der Kette entspricht. Weicker[1]) erläutert dies an Hand der von ihm stammenden Darstellung Fig. 73). Hier ist die Regenüberschlagsspannung von Kappenisolatoren (280 mm Durchmesser) und Hewlett-Isolatoren (250 mm Durchmesser) für Ketten verschiedener Gliedzahlen eingetragen; außerdem ist der Hörnerabstand vermerkt, welcher der betreffenden Überschlagsspannung entspricht. Bei einer Überschlagsspannung von z. B. 200 KV, welcher ein Hörnerabstand von 58 cm entspricht, sind die Gliedzahlen, die dieselbe Überschlags-

[1]) E.T.Z. 1921, Heft 51.

spannung haben, 5 bis 6 Kappenisolatoren bezw. 8 Hewlett-Isolatoren. Bei geringerer Gliedzahl wird die Kette bei Regen eher an den Isolatoren überschlagen, als an den Hörnern.

Die Wirkung der Lichtbogenüberschlagshörner ist in Figur 74) sehr hübsch wiedergegeben, welche der Porzellanfabrik Schomburg A.-G. entstammt und das Verhalten einer Kappenisolatoren-Kette bei Regen und Wind unter 288000 Volt zeigt.

C. Zusätzliche Verluste.

Jeder Isolator besitzt nur einen endlichen Isolationswert. Es finden also auch im normalen Betriebe Stromableitungen und zwar über die Oberfläche statt. Diese Ableitungen sind von der Beschaffenheit der Oberfläche, der Feuchtigkeit, dem Luftdruck und der Temperatur abhängig. Diese Verluste sind aber im Verhältnis zu der übertragenen Leistung derart gering, daß sie, von besonderen Fällen abgesehen, unbedingt vernachlässigt werden können. Wo besondere Fälle vorliegen, kann man ihre Höhe durch Wahl größerer Isolatormodelle einschränken. Ein solch besonderer Fall ist z. B. die Nähe der Seeküste. Es können sich aus der Seeluft Salzniederschläge auf den Isolatoren bilden, welche den Stromübergang erleichtern oder Entladungen längs der Oberfläche einleiten. Tritt noch Sprühwasser vom Meere hinzu, so wird der Übelstand verschlimmert. Auch die Nähe von chemischen Fabriken kann in dieser Hinsicht verheerend wirken. In solchen Fällen nutzt nur häufige Reinigung der Isolatoren.

Wattmetrische Messungen, welche Weicker[1]) an normalen neuen Stütz-Isolatoren mit 6500 Volt Betriebsspannung zwischen Leitung und Stütze vorgenommen hat, ergaben folgende mittleren Verluste:

in trockener Luft etwa	0,05	Watt pro Isolator
bei schwachem Nebel	0,15	» » »
bei Schneefall unter Null Grad	0,25	» » »
bei starkem Gewitterregen	1,00	» » »
bei andauerndem Landregen und hoher Feuchtigkeit	1,10	» » »
bei Gewitter mit wolkenbruchartigem Regen zugleich bei Sturm	1,50	» » »
bei starkem Schneetreiben vermischt mit Regen über Null Grad und heftigem Winde	2,20	» » »

Verschmutzung der Oberfläche hat nicht die große Bedeutung, welche man erwarten sollte.

Eine Vorausberechnung der Ableitungsverluste ist wohl kaum durchführbar.

[1]) E. T. Z. Heft 35, S. 890.

5. Hochspannungskabel.

A. Durchschlagsfestigkeit und Aufbau.

Wir wollen uns zuerst mit dem Einfachkabel befassen. Betrachtet man die Isolierschicht als homogen, was man bei der neuerdings ausschließlich verwendeten Papierisolierung annehmen kann, so ist die Beanspruchung des Isoliermaterials nach den früheren Ausführungen an einem beliebigen Punkte im Abstande x von der Kabelachse gemäß Gl. 40)

$$\frac{dV}{dx} = \frac{V}{x \ln \frac{r_2}{r_1}} \quad \ldots \ldots \ldots \quad 252)$$

Hierin ist

V = Potentialdifferenz zwischen Leiter und Mantel,
r_2 = innerer Radius des Bleimantels,
r_1 = äußerer Radius des Leiterquerschnitts.

Die Beanspruchung erreicht ihr Maximum, wenn $x = r_1$ wird, denn kleiner als r_1 kann x nicht werden.

Die Beanspruchung der der Leiteroberfläche zunächst gelegenen Schicht des Isoliermaterials wird also

$$\frac{dV}{dx}_{\text{für } x = r_1} = \frac{V}{r_1 \ln \frac{r_2}{r_1}} \quad \ldots \ldots \ldots \quad 253)$$

Die Materialbeanspruchung darf die Festigkeitsgrenze des Isolierstoffes gegen Durchschlag nicht überschreiten. Bezeichnet man die zulässige Beanspruchung mit δ, so kann man als Grenzgleichung schreiben

$$\delta = \frac{V}{r_1 \ln \frac{r_2}{r_1}} \quad \ldots \ldots \ldots \quad 254)$$

Führt man die Spannung in Volt ein und drückt ebenfalls die Beanspruchung in Volt pro cm aus, so wird

$$\frac{E}{\delta} = r_1 \ln \frac{r_2}{r_1} \quad \ldots \ldots \ldots \quad 255)$$

Setzt man den Quotienten $\frac{\text{Betriebsspannung in Volt}}{\text{zulässige Beanspruchung in V/cm}} = k$,
so wird

$$r_1 \ln \frac{r_2}{r_1} = k \quad . \quad . \quad . \quad . \quad . \quad . \quad . \quad . \quad . \quad 256)$$

Die Stärke der Isolation sei z (Fig. 75). Es ist also

$$r_2 = r_1 + z.$$

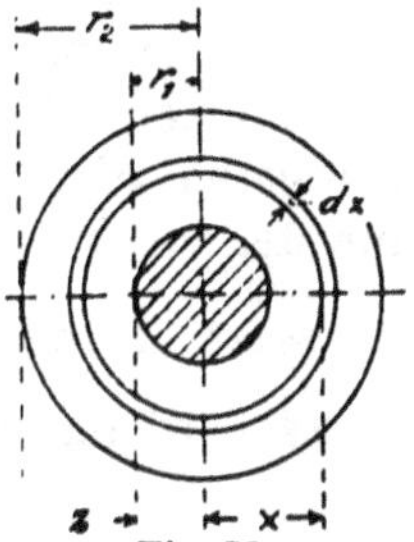

Fig. 75.

Hiermit wird

$$r_1 \ln \frac{r_1 + z}{r_1} = k$$

$$\ln \frac{r_1 + z}{r_1} = \frac{k}{r_1},$$

$$e^{\frac{k}{r_1}} = \frac{r_1 + z}{r_1},$$

$$z = r_1 \left(e^{\frac{k}{r_1}} - 1\right) \quad . \quad . \quad . \quad . \quad . \quad . \quad . \quad . \quad . \quad . \quad 257)$$

In dieser Gleichung ist e = Basis der natürlichen Logarithmen. Mit Hilfe der Gl. 257) kann man ohne weiteres für ein vorgeschriebenes Verhältnis k die Minimalstärke der Isolation für jeden Leiterradius bestimmen.

Minimalisolationsstärke in cm:

Leiterradius r_1 in cm	$k = 0{,}5$	$k = 1$	$k = r_1$
0,1	14,742	2202,9	0,172
0,2	2,236	29,48	0,344
0,3	1,287	8,105	0,516
0,4	0,987	4,409	0,687
0,5	0,859	3,200	0,859
0,6	0,781	2,576	1,031
0,7	0,730	2,221	1,203
0,8	0,694	1,993	1,375
0,9	0,668	1,833	1,546
1,0	0,648	1,718	1,718
1,2	0,620	1,562	2,062
1,4	0,601	1,460	2,406
1,6	0,587	1,389	2,749
1,8	0,576	1,337	3,093
2,0	0,568	1,298	3,437
2,2	0,561	1,266	3,780
2,4	0,556	1,241	4,124
2,6	0,551	1,219	4,468
2,8	0,548	1,203	4,811
3,0	0,544	1,187	5,155

Wir haben in vorstehender Tabelle die Minimalisolationsstärken für Leiterradien von 0,1 bis 3 cm für die Werte

$$k = 0{,}5$$
$$k = 1$$
$$k = r_1$$

eingetragen. Auf die Bedeutung des letzten für k gewählten Wertes kommen wir später.

Man kann für jeden Kabeldurchmesser (unter Blei gemessen) den günstigsten Wert des Leiterradius r_1 berechnen, wenn man die rechte Seite der Gl. 255) nach r_1 differentiiert und die erste Ableitung gleich Null setzt, da dann $\frac{E}{\delta}$ ein Maximum, also δ ein Minimum wird.

Es wird dann

$$\ln\frac{r_2}{r_1} + r_1\frac{r_1}{r_2}\cdot\frac{-r_2}{r_1^2} = 0,$$

$$\ln\frac{r_2}{r_1} = 1,$$

$$\frac{r_2}{r_1} = e \quad \ldots\ldots\ldots\ldots \quad 258)$$

wo $e =$ Basis der natürlichen Logarithmen ist. Setzt man diesen Wert in Gl. 256) ein, so wird

$$r_1 \ln e = k,$$

$$r_1 = k \quad \ldots\ldots\ldots\ldots \quad 259)$$

Wird also $k = r_1$, so erhält man den günstigsten Leiterradius für einen bestimmten Kabelradius.

Wir haben die Werte für die Isolationsstärken für $k = r_1$ in der vorstehenden Tabelle mit aufgeführt.

Trägt man die gefundenen Werte in ein Koordinatensystem ein, auf dessen Abszissenachse die Leiterradien und auf dessen Ordinatenachse die Isolationsstärken abgetragen sind, so erhält man Fig. 76.

Die Schnittpunkte der Kurven geben die Maße für Leiterradius und Wandstärken der Isolation an, die man wählen muß, um für gegebene Werte von $k = \frac{\text{Betriebsspannung in Volt}}{\text{Beanspruchung in V/cm}}$ die günstigste Ausnutzung des Materials zu finden.

Beträgt z. B. die Betriebsspannung 15000 Volt und sei die zulässige Beanspruchung des Isoliermaterials 30000 Volt/cm, so ist $k = 0{,}5$.

Für diesen Wert von k gibt uns die Kurventafel als günstigsten Aufbau des Kabels:

Leiterdurchmesser 10 mm ($r_1 = 0{,}5$),
Stärke der Isolation 8,5 mm ($z = 0{,}85$),
Ganzer Kabeldurchmesser (unter Blei) 27 mm.

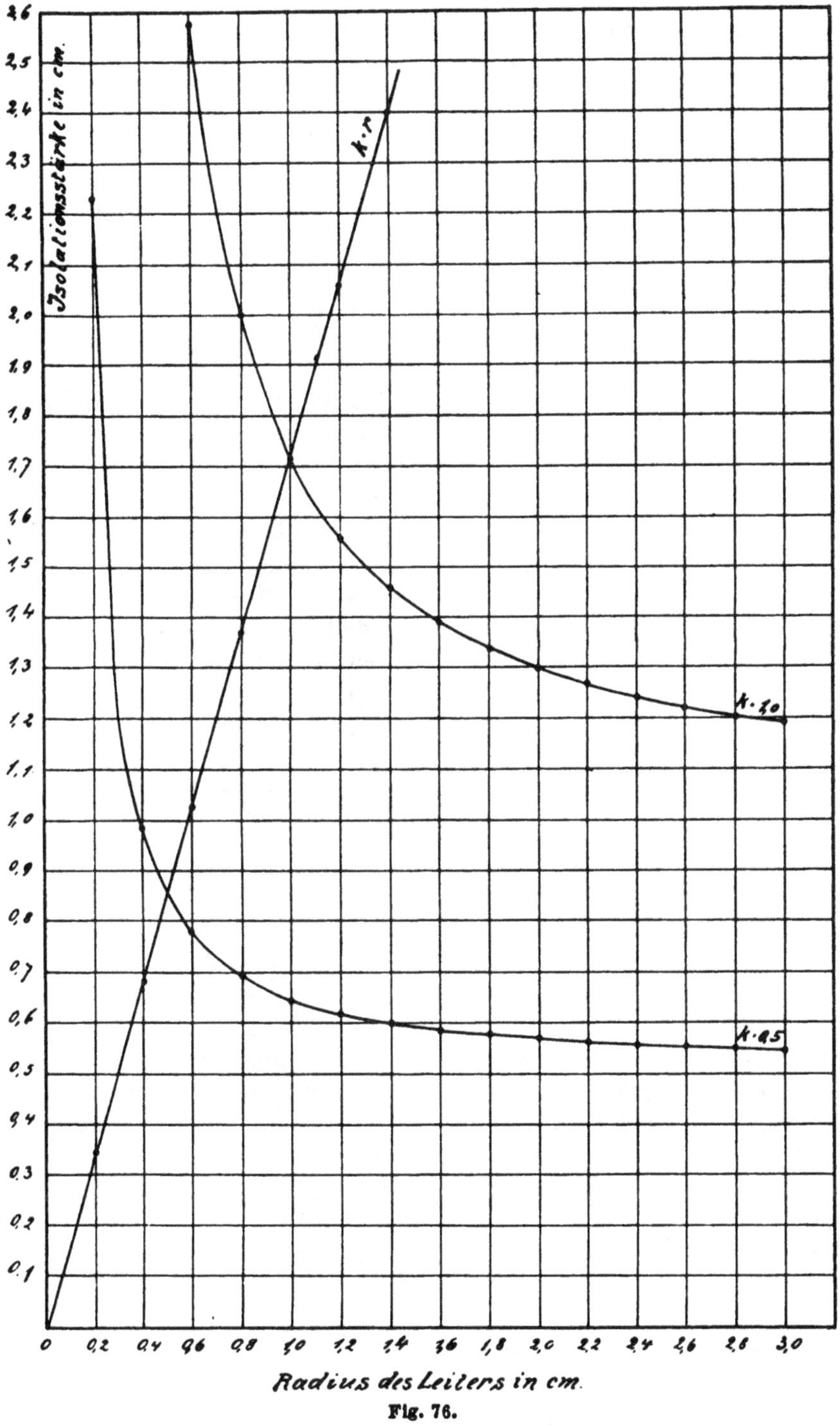
Isolationsstärke in cm
k·r
k·1,0
k·0,5
Radius des Leiters in cm
0
0,2
0,4
0,6
0,8
1,0
1,2
1,4
1,6
1,8
2,0
2,2
2,4
2,6
2,8
3,0
0,1
0,2
0,3
0,4
0,5
0,6
0,7
0,8
0,9
1,0
1,1
1,2
1,3
1,4
1,5
1,6
1,7
1,8
1,9
2,0
2,1
2,2
2,3
2,4
2,5
2,6

Fig. 76.

Selbstverständlich können auch alle anderen zur Kurve für $k = 0{,}5$ gehörigen Werte gewählt werden, etwa:

Leiterdurchmesser 8 mm ($r_1 = 0{,}4$),
Stärke der Isolation rd. 10 mm ($z = 0{,}1$),
Ganzer Kabeldurchmesser 28 mm.

Die beiden Kabel sind in bezug auf Beanspruchung gleichwertig. Aus den Betrachtungen und Beispielen erkennt man die Tatsache[1]), daß zu jedem Verhältnis $\frac{\text{Betriebsspannung V}}{\text{zulässige Beanspruchung V/cm}}$ ein bestimmter Leiterdurchmesser gehört, bei welchem das Kabel seine geringste Gesamtstärke erreicht. Man kann den Satz auch so aussprechen: Einer jeden Betriebsspannung entspricht ein günstigster Leiterradius, bei welchem der Baustoff ein Minimum wird.

Die Herstellungskosten brauchen indessen beim günstigsten Kabelaufbau noch kein Minimum zu werden.

Wir wollen jetzt zum Drehstromkabel übergehen.

Der Normalaufbau des Drehstromkabels ist in Fig. 77 schematisiert. Im Abschnitt N, welcher die Bestimmung der Kapazität eines verseilten Dreileiterkabels behandelte, hatten wir die Potentiale der drei Leiter in Abhängigkeit von ihren Ladungen gefunden und zwar:

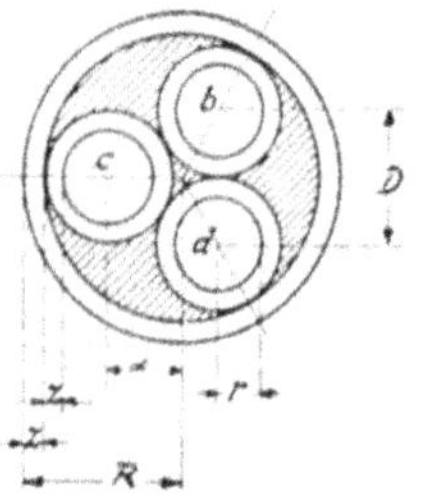

Fig. 77.

$$V_b = \frac{Q_1}{l} \ln \frac{3\, a^2 (R^2 - a^2)^3}{r^2 (R^6 - a^6)}$$

$$V_c = \frac{Q_2}{l} \ln \frac{3\, a^2 (R^2 - a^2)^3}{r^2 (R^6 - a^6)}$$

$$V_d = \frac{Q_3}{l} \ln \frac{3\, a^2 (R^2 - a^2)^3}{r^2 (R^6 - a^6)}$$

Die Bedeutung der Buchstaben geht aus Fig. 77 hervor. Q_1 ist die Ladung des Leiters b, Q_2 die des Leiters c und Q_3 die des Leiters d. Die Länge des Leiters ist l in cm.

Denken wir uns den Nullpunkt der Maschine geerdet, und ist auch der Bleimantel geerdet, so herrscht zwischen zwei Adern betriebsmäßig die größte Spannung in dem Augenblicke, in welchem die dritte Ader spannungslos ist. Wir wollen diese größte Spannung zwischen zwei Adern, also den Scheitelwert der Betriebsspannung (nicht der Phasenspannung) mit E_{max} bezeichnen. Die Potentialdifferenz zwischen den beiden geladenen Leitern ist dann

$$V = E_{max}.$$

[1]) Auf diesen Zusammenhang hat Dr. Paul Humann in der Zeitschrift des Österreichischen Architekten- und Ingenieur-Vereins, Wien 1911, eingehend hingewiesen.

Die Ladungen auf den drei Leitungen sind in dem betrachteten Augenblick

$$Q_b = -Q_c \text{ und } Q_d = 0.$$

Die Potentialdifferenz zwischen den Leitern b und c ist daher

$$V = V_b - V_c = \frac{2Q_b}{l} \ln \frac{3a^2(R^2 - a^2)^3}{r^2(R^6 - a^6)}$$

Da allgemein

$$C = \frac{Q}{V},$$

so erhalten wir als zugehörige Kapazität

$$C = \frac{l}{2 \ln \frac{3a^2(R^2 - a^2)^3}{r^2(R^6 - a^6)}}.$$

Hierbei ist vorausgesetzt, daß das Dielektrikum zwischen den Leitern homogen ist und die Dielektrizitätskonstante 1 hat. Ferner ist vorausgesetzt, daß die elektrischen Achsen mit den geometrischen der Leiter zusammenfallen, und es ist vernachlässigt, daß wegen der Anwesenheit von 4 Polen (s. Fig. 78) die Potentialkurven von der

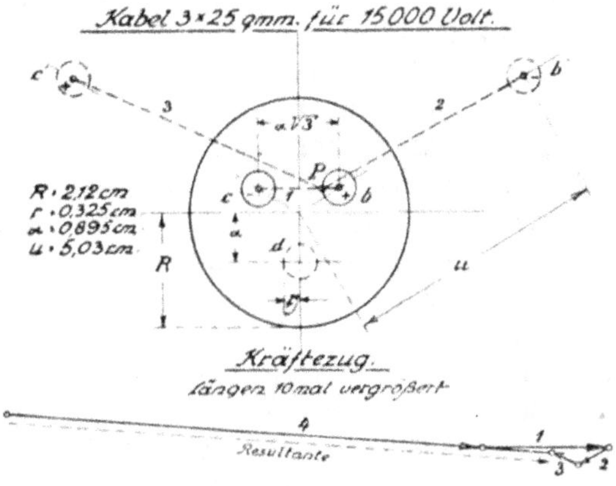

Fig. 78.

Kreisform abweichen. Diese Abweichung ist um so erheblicher, je dicker die Leiter im Vergleich zum Kabel sind.

Nehmen wir für die Kabelisolation die Dielektrizitätskonstante ϱ an, so wird die Kapazität

$$C = \frac{\varrho\, l}{2 \ln \frac{3a^2(R^2 - a^2)^3}{r^2(R^6 - a^6)}} \cdot \frac{1}{9 \cdot 10^{11}} \text{ Farad.} \quad . \quad . \quad . \quad 260)$$

Um die Beanspruchung des Isolierstoffes im Punkte P an der Oberfläche des Leiters b (s. Fig. 78) zu finden, setzen wir die vier

Kräfte, welche auf P wirken, zu einem Kräftezug zusammen. Den Einfluß des Bleimantels haben wir durch die Anbringung der Bildleiter b' und c' in der Entfernung $u = \frac{R^2}{a}$ eliminiert. Wir haben dem Kräftezug die Verhältnisse eines Hochspannungskabels von $3 \cdot 25$ qmm für 15000 Volt Betriebsspannung zugrunde gelegt.

Das Verhältnis der Kräfte untereinander ist den reziproken Längenwerten entsprechend. Die Ladungen sind auf den geometrischen Achsen konzentriert gedacht. Die Ladung pro Längeneinheit sei σ.

Auf den Punkt P wirken folgende Kräfte ein:

Kraft 1 von c aus wirkend $F_c = -\frac{2\sigma}{a\sqrt{3} - r}$

» 2 » b' » $F_b' = +\frac{2\sigma}{b'P}$

» 3 » c' » $F_c' = +\frac{2\sigma}{c'P}$

» 4 » b » $F_b = -\frac{2\sigma}{r}$.

Die Resultante von 1, 2 und 3 allein bildet in dem dargestellten Kräftezuge einen Winkel von etwa 3° mit der Richtung der Kraft 1; dementsprechend liegt der Punkt größter Beanspruchung etwas außerhalb der Verbindungslinie bc, und muß man die Kraft 4 in dieser Richtung im Kräftezuge antragen, um die maximale Kraft zu erhalten. Da dieser Winkel und auch die Kräfte 2 und 3 im Verhältnis zu 4 sehr klein sind, so vernachlässigen wir sie und haben dann einfach F_b und F_c zu addieren, um die größte Kraft zu erhalten. Durch die Fortlassung der Kräfte 2 und 3 wird die Resultante im Beispiel etwa um 10% zu groß. Dadurch aber, daß wir die Ladungen auf die geometrischen Achsen statt auf die elektrischen verlegten, berechnen wir die Gesamtkraft an sich zu klein. Die Fehler kompensieren sich also zum Teil. Aus der Summe von F_b und F_c ergibt sich als Gesamtkraft auf P:

$$-F = \frac{2\sigma a\sqrt{3}}{r(a\sqrt{3} - r)}$$

oder da $\sigma = \frac{Q}{l}$, so wird

$$-F = \frac{2Q a\sqrt{3}}{r\,l(a\sqrt{3} - r)},$$

wo l die Länge des Kabels bedeutet.

Nach Gl. 6) ist die Kraft gleich dem negativen Differentialquotienten $\frac{dV}{dx}$, wo x die Entfernung des Punktes P von der Leiterachse des Leiters b bedeutet. Setzen wir also $x = r$, so ist dieser Quotient die gesuchte Beanspruchung an der Leiteroberfläche. Wir wollen nun noch die Dielektrizitätskonstante ϱ für die homogen gedachte Kabelisolation einführen. Damit wird

$$\frac{dV}{dx}_{\text{für } x=r} = \frac{2Qa\sqrt{3}}{r \cdot \varrho \cdot l\,(a\sqrt{3} - r)}$$

oder da $Q = CV$, so wird:

$$\frac{dV}{dx}_{\text{für } x=r} = \frac{2\,V\,C\,a\sqrt{3}}{r\,\varrho\,l\,(a\sqrt{3} - r)} \quad \ldots\ldots\ldots \quad 261)$$

Für C haben wir die vorher errechnete Kapazität einzusetzen. Aus der geometrischen Betrachtung der Fig. 77 ergibt sich

$$a = \frac{R + r}{1 + 2\cos 30} = \frac{R + r}{1 + \sqrt{3}} = 0{,}366\,R + 0{,}366\,r \quad \ldots\ldots \quad 262)$$

$$z = \frac{R\cos 30 - r\,(1 + \cos 30)}{1 + 2\cos 30} = 0{,}317\,R - 0{,}683\,r \quad \ldots\ldots \quad 263)$$

$$R = \frac{z\,(1 + 2\cos 30) + r\,(1 + \cos 30)}{\cos 30} = 3{,}155\,z + 2{,}154\,r \quad \ldots \quad 264)$$

Statt der Potentialdifferenz $V = E_{\max}$ wollen wir die effektive Spannung E in Volt zwischen den Leitern einführen, wir erhalten alsdann auch die Beanspruchung in V/cm, welche wir δ nennen.

$$\delta = \frac{dV}{dx}_{\text{für } x=r} = \frac{E\sqrt{2}\,\sqrt{3}\,(R + r)}{r\,(\sqrt{3}\,R - r)\ln\frac{3\,a^2\,(R^2 - a^2)^3}{r^2\,(R^6 - a^6)}}\ \text{V/cm.} \quad \ldots \quad 265)$$

Die Durchschlagsfestigkeit der Kabelpapierisolation wird von den Werken sehr verschieden angegeben. Bei Durchschlagsprüfungen zwischen Platten wurde ermittelt:

bei	3 mm	Papierstärke	42000 V_{eff}
»	12 »	»	120000 »

Die Kabelfabriken rechnen mit 75 bis 100 KV/cm (ersterer Wert bei mehrdrähtigen Leitern). Temperatureinflüsse wurden zwischen 10° und 30° C nicht festgestellt.

Lichtenstein und Schering[1]) empfehlen mit der Beanspruchung bei Wechselstrom gebräuchlicher Frequenzen nicht über 3,5 KV/mm zu gehen. Der V.D.E. gibt für die Isolationsstärken sowohl zwischen den Leitern als auch gegen Blei die nachfolgenden Tabellenwerte, bei deren Einhaltung die Beanspruchung nirgends über 3,5 KV/mm hinausgeht.

[1]) E. T. Z. 1921, Heft 44, S. 1268.

750 Volt	bis 150 qmm	2,0 mm
	185 » 240 »	2,2 »
	300 » 400 »	2,5 »
3000 »	für alle Querschnitte	3,0 »
5000 »	4 bis 6 qmm	4,4 »
	10 » 25 »	4,2 »
	35 » 95 »	3,8 »
	120 » 300 »	3,6 »
	» 400 »	3,2 »
6000 »	10 » 25 qmm	4,6 »
	35 » 95 »	4,2 »
	120 u. mehr »	4,0 »
10000 »	10 bis 16 qmm	7,0 »
	25 »	6,5 »
	35 » 95 »	6,0 »
	120 u. mehr »	5,5 »
15000 »	25 qmm	9,0 »
	35 bis 95 »	8,5 »
	120 u. mehr »	8,0 »
25000 »	35 bis 50 qmm	12,5 »
	70 »	12,0 »
	95 u. mehr »	11,5 »

Beispiel. Für ein Drehstromkabel von $3 \cdot 25$ qmm Leiterquerschnitt, welches mit 15000 Volt Betriebsspannung zwischen den Leitern benutzt werden soll, ist die Beanspruchung der Kabelisolation an der Leiteroberfläche zu bestimmen.

Die Konstruktionsdaten sind:

$$r = 0{,}325 \text{ cm},$$
$$R = 3{,}155\, z + 2{,}154\, r = 2{,}12 \text{ cm},$$
$$z = 0{,}45 \text{ cm nach Tabelle},$$
$$a = 0{,}366\, R + 0{,}366\, r = 0{,}895 \text{ cm}.$$

Hiermit

$$\delta = \frac{15000 \sqrt{2} \sqrt{3}\, (2{,}12 + 0{,}325)}{0{,}325\, (\sqrt{3} \cdot 2{,}12 - 0{,}325) \ln \dfrac{3 \cdot 0{,}895^2\, (2{,}12^2 - 0{,}895^2)^3}{0{,}325^2\, (2{,}12^6 - 0{,}895^6)}}$$

$$\delta = \frac{15000 \cdot 5{,}5}{2{,}53} = 32600 \text{ V/cm}.$$

Um jedes beliebige Kabel aus E, δ und r zu konstruieren, müßte man die für δ gefundene Gleichung 265) nach R auflösen. Ein geschlossener Ausdruck für die Auflösung dieser transzendenten Gleichung ist nicht möglich. Wir können aber durch Berechnen einzelner Werte eine Kurve aufstellen, die die Größe $\frac{E}{r\delta}$ in Abhängigkeit von $\frac{r}{R}$ zeigt. Man bemerkt nämlich, daß der Ausdruck für δ, wenn man ihn mit r multipliziert, nur vom Verhältnis der Radien abhängt. Es ist:

$$\frac{E}{r\delta} = \frac{\left(\sqrt{3} - \frac{r}{R}\right)}{\sqrt{2}\sqrt{3}\left(1 + \frac{r}{R}\right)} \cdot \ln \frac{3\frac{a^2}{R^2}\left(1 - \frac{a^2}{R^2}\right)^3}{\frac{r^2}{R^2}\left(1 - \frac{a^6}{R^6}\right)} \quad . \quad . \quad 266)$$

Die Zahlenwerte sind in der nachstehenden Tabelle angegeben:

$\frac{r}{R}$	$\frac{E}{r \cdot \delta}$	$\frac{E}{R\delta}$
0	∞	0
0,025	4,12	0,103
0,05	3,08	0,154
0,075	2,46	0,184
0,1	2,04	0,204
0,125	1,71	0,214
0,15	1,46	0,218
0,2	1,06	0,211
0,25	0,781	0,195
0,30	0,567	0,170
0,35	0,402	0,141
[0,4]	[0,271]	[0,108]

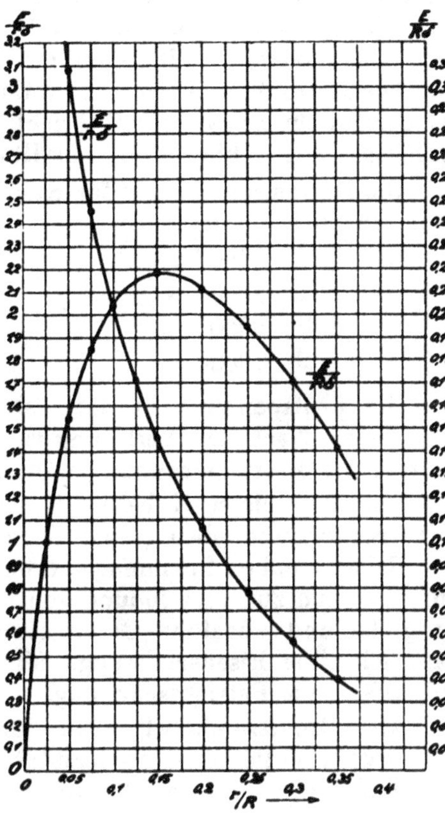

Fig. 79.

Unter Benutzung dieser Zahlenwerte haben wir noch eine zweite Kurve (Fig. 79) konstruiert, die $\frac{E}{R\delta}$ abhängig von $\frac{r}{R}$ zeigt. Diese Kurve zeigt ein Maximum für $\frac{r}{R} = 0{,}16$, wobei $\frac{E}{R\delta} = 0{,}218$ ist. Diesem Wert entspricht ein günstigstes Kabel insofern, als bei gegebener Spannung und Beanspruchung R ein Minimum wird. Für dieses günstigste Kabel berechnen wir dann

$$R = 4{,}6\,\frac{E}{\delta} \quad . \quad . \quad . \quad . \quad . \quad . \quad . \quad . \quad . \quad 267)$$

$$r = 0{,}73\,\frac{E}{\delta} \quad . \quad . \quad . \quad . \quad . \quad . \quad . \quad . \quad . \quad 268)$$

Beide Kurven sind aber nur bis zu $\frac{r}{R} = 0{,}35$ in guter Annäherung richtig. Bei höheren Werten von $\frac{r}{R}$, wo also die Leiterradien groß im Vergleich zum Kabelradius sind, hat die oben erwähnte Abweichung der Potentiallinien von der Kreisform größere Fehler zur Folge. Für Hochspannungskabel kommen aber auch höhere Werte für $\frac{r}{R}$ nicht in Betracht, denn je größer die Betriebsspannung E ist, um so größer ist die Ordinate der Kurven.

Temperaturunterschiede von 10° bis 30° C ergaben fast keinen Unterschied für die Durchschlagsspannung. Dagegen ist die Temperatur von großer Bedeutung auf den mit Gleichstrom ermittelten Isolationswiderstand. Da man mit Rücksicht auf die Abnahme des mit Gleichstrom ermittelten Isolationswertes nicht über 30° C Übertemperatur für belastete Kabel geht, so ist eine Vornahme von Durchschlagsprüfungen über 30° C überflüssig.

Die Normalspannungen für Kabel sind für E = effektive Spannung zwischen zwei Adern:

750 Volt	10000 Volt
3000 »	15000 »
5000 »	25000 »
6000 »	

Die Prüfspannung in der Fabrik ist bei 50 Perioden $2 \times E + 1000$ Volt. Nach der Verlegung ist eine Prüfung mit dem 1,5fachen Betrage der Betriebsspannung während 1 Stunde zu empfehlen.

Für die obigen Kabeltypen sind die Isolierschichtstärken vom V. D. E. vorgeschrieben (s. E.T.Z. 1922, Heft 9).

Bei sehr hohen Spannungen (von ca. 40000 Volt Leitungsspannung ab) wird man zur Verwendung von Einleiterkabeln kommen, um nicht zu große und ungefüge Gesamtstärken zu erhalten, bei Drehstrom natürlich ohne Eisenarmierung. Mit Einleiterkabel geht man zurzeit bis 80000 Volt Betriebsspannung.

AEG-Drehstromkabel 1910 für BEW geliefert: 3 × 50 qmm, 30000 Volt, 50 Perioden. Isolierstärke Ader gegen Ader und Ader gegen Blei 14,6 mm, C pro km 0,13 MF. L pro km 0,36 10^{-6} H.; beides für je einen Leiter. Isolationswiderstand 700 bis 1000 Megohm pro km. Prüfspannung bei 24 Stunden in Wasser 75000 Volt. Stichproben mit 90000 Volt.

SSW-Einleiterkabel 1911 für KED, Halle, für Bitterfeld geliefert: 1 × 100 qmm Aluminium, 60000 Volt, $16^2/_3$ Perioden, Isolierstärke 13 mm. Kapazität pro km 0,169 MF. Isolationswiderstand 3000 Megohm pro km.

B. Zusätzliche Verluste in Kabeln.

Verluste im Dielektrikum.

Über die Möglichkeit einer Vorausbestimmung der dielektrischen Verluste gehen die Ansichten noch heute weit auseinander.

Fest steht, daß die dielektrischen Verluste mit zunehmender Temperatur zunächst abnehmen, bis sie bei etwa 50° C ein Minimum erreichen. Von da ab steigen sie bei zunehmender Temperatur wieder

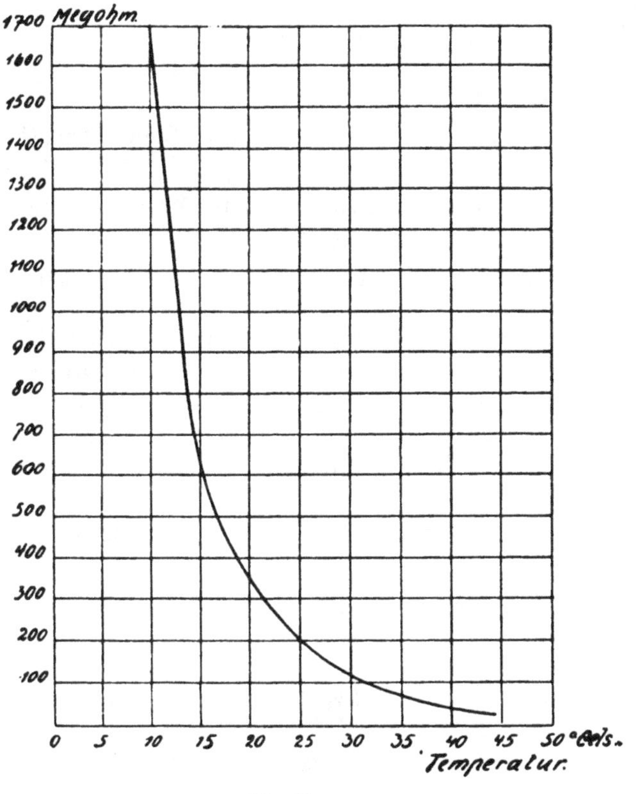

Fig. 80.

an. M. Höchstädter[1]) ermittelte bei Versuchen eine Wattkorrektion von ± 2% für ∓ 1% Temperaturänderung zwischen 10 und 40° C.

Da der mit Gleichstrom ermittelte Isolationswiderstand mit zunehmender Temperatur nach einer Exponentialkurve abnimmt, wie die einer Humannschen[2]) Veröffentlichung entstammende Kurve Fig. 80 zeigt, so darf wohl mit Sicherheit behauptet werden, daß ein Zu-

[1]) E. T. Z. 1910, Heft 21.
[2]) Zeitschr. des Österreich. Ing.- und Archit.-Vereins, Wien 1911.

sammenhang zwischen dem Isolationswert[1]) und den dielektrischen Verlusten nicht besteht.

Die Größe der dielektrischen Verluste ist nach Humann proportional der Periodenzahl, der Kapazität und dem Quadrat der Spannung, so daß man die Gleichung aufstellen kann

$$W = \sim C\, e^2 \text{ con t} \qquad 269)$$

Die Abhängigkeit vom Quadrate der Spannung wird auch durch Untersuchungen von Monasch[2]) bestätigt, sofern nur die Spannung eine Änderung erleidet.

Die Abhängigkeit von der Periodenzahl wird sowohl von Höchstädter als auch von Monasch bestätigt. Die Abhängigkeit von der Kapazität wird von Monasch bestätigt.

Humann setzt anderseits die dielektrischen Verluste

$$W = e\, i_c \cos \varphi \qquad 270)$$

wo i_c der Ladestrom ist und sich nach Gl. 170) berechnet zu

$$i_c = 2\pi \sim e\, C,$$

wenn C = Kapazität in Farad, e = Betriebsspannung (bei Drehstrom-Phasenspannung).

Für $\cos \varphi$ ermittelte Humann als Mittelwert 0,018, wogegen sich aus einer Reihe von Messungen Höchstädters[3]) ein Mittelwert von $\cos \varphi = 0{,}0256$ ergibt. Es dürfte für die Vorausbestimmung der Wert 0,018 als hinreichend genau angesehen werden können.

Kombiniert man die Gleichungen 269) und 270), so ergibt sich der Verlust in Watt zu

$$W = e^2\, 2\pi \sim C \cos \varphi = \sim C\, e^2 \text{ const.} \qquad 271)$$

Hierin ist:

e = Betriebsspannung (bei Drehstrom-Phasenspannung),
C = Kapazität in Farad,
$\cos \varphi$ im Mittel 0,018.

Für Drehstrom ist das Ergebnis auf die dielektrischen Verluste pro Phase zu beziehen.

Drückt man den Isolationsverlust infolge des endlichen Widerstandes des Isoliermaterials (mit Gleichstrom gemessen) durch $\frac{e^2}{R_g}$ aus, so kann man einen entsprechenden Wechselstromwiderstand R_w konstruieren, indem man schreibt

---

[1]) Der Isolationswiderstand einer würfelförmigen, 1 cm im Geviert habenden, Isolationsmasse ergab als guten Durchschnittswert

bei 15° C	$1 \cdot 10^{24}$ cgsec-Einheiten		bei 25° C	$2{,}7 \cdot 10^{23}$ cgsec-Einheiten	
» 20° C	$5 \cdot 10^{23}$	» »	» 30° C	$1{,}4 \cdot 10^{23}$	» »

[2]) »Über den Energieverlust im Dielektrikum von Kondensatoren und Kabeln« »Elektr. u. Masch.« 1907, Heft 16 u. 17.

[3]) E. T. Z. 1910, Heft 20, Tabelle 1.

$$\frac{e^2}{R_w} = e^2\, 2\pi \sim \cos\varphi.$$

Hieraus ergibt sich

$$R_w = \frac{1}{2\pi \sim C \cos\varphi}\ \text{Ohm} \quad \ldots\ldots \quad 272)$$

Hierin ist: C = Kapazität in Farad,
$\sim$ = Periodenzahl,
$\cos\varphi$ im Mittel 0,018.

Die Gesamtverluste im Dielektrikum werden dann

$$W = \frac{e^2}{R_w}\ \text{Watt} \quad \ldots\ldots\ldots \quad 273)$$

(bei Drehstrom pro Phase).

Hierin ist e = Betriebsspannung (bei Drehstrom-Phasenspannung). Den reziproken Wert des Wechselstromwiderstandes nennt man die »Ableitung«.

Rechnet man beispielsweise die dielektrischen Verluste eines Drehstromkabels mit folgenden Abmessungen und Konstruktion nach Fig. 81 pro km:

Dielektrizitätskonstante $\varrho = 3$,
Querschnitt jedes Leiters = 95 qmm,
Radius der Leiter $r = 0{,}63$ cm,
Abstand zwischen Leiterachse und Kabelachse $a = 1{,}42$ cm $= \frac{2r + 2\delta}{\sqrt{3}}$,
Kabelradius unter Blei nach Gl. 264) $R = 2{,}915$ cm,
Isolationsstärken $\delta = 0{,}6$ cm,

Fig. 31.

so ergibt sich nach Gl. 222) für 1 km eine Kapazität von

$$C = 0{,}048\,\varrho \frac{l_{km}}{\log \frac{3a^2 (R^2 - a^2)^3}{r^2 (R^6 - a^6)}}\ \text{Mikrofarad},$$

$$C = 0{,}048 \cdot 3 \frac{1}{\log \frac{3 \cdot 1{,}42^2 (2{,}915^2 - 1{,}42^2)^3}{0{,}63^2 (2{,}915^6 - 1{,}42^6)}}\ \text{Mikrofarad},$$

$C = 0{,}17$ Mikrofarad[1]),
$C = 0{,}17 \cdot 10^{-6}$ Farad.

[1]) Nach einer Mitteilung von Dr.-Ing. Lichtenstein, E. T. Z. 1913, Heft 18, betrug die gemessene Kapazität eines Kabels des Typs K. B. A. mit 3 · 95 qmm Querschnitt für 35 bis 40000 Volt Betriebsspannung (verkettete Spannung) rund 0,175 Mikrofarad pro km.

Hiermit
$$R_w = \frac{1}{2\pi \sim C \cos\varphi} \text{ Ohm},$$

$$R_w = \frac{10^6}{2\pi \cdot 50 \cdot 0{,}018 \cdot 0{,}17} \text{ Ohm},$$

$$R_w = \text{rd. } 1{,}04 \text{ Meg. Ohm.}$$

Bei einer Phasenspannung von $e = \frac{30000}{\sqrt{3}}$ Volt ist der Verlust pro Phase

$$W = \frac{e^2}{R^2} = \frac{30000^2}{3 \cdot 1040000} = \text{rd. } 288 \text{ Watt.}$$

Der Gesamtverlust ist also pro km Kabel

$$3 \cdot 288 = 864 \text{ Watt.}$$ [1])

Die Verluste beziehen sich auf das unbelastete Kabel bei einer Temperatur von etwa 20° C; Korrektur der Wattzahl ca. $\mp$ 2% für $\pm$ 1° C. Temperaturänderung zwischen 10 und 40° C.

Verluste im Bleimantel.

Bei parallel verlegten Einleiterkabeln treten noch weitere Verluste durch den Einfluß des Bleimantels auf[2]). Apt veröffentlicht hierüber Ausführlicheres.Man kann die Kombination Bleimantel und Leiter als Transformator ansehen, dessen primäre Bewicklung der Leiter und dessen sekundäre Bewicklung der Bleimantel ist. In dem Bleimantel wird eine Spannung erzeugt, welche einen Stromfluß in der Längsrichtung des Bleimantels zur Folge hat.

Der im Bleimantel auftretende Wattverlust ist

$$W_B = \frac{e^2_1}{R_B} \quad . \; . \; . \; . \; . \; . \; . \; . \; . \quad 274)$$

e_1 ist die in der Sekundärwicklung des Transformators (Leiter-Bleimantel) induzierte Spannung. R_B ist der Widerstand des Bleimantels, den man sich in parallele Streifen zerlegt denken kann. Die induzierte Spannung berechnet sich aus

$$e_1 = 2\pi \sim L J 10^{-3} \text{ Volt/km} \quad . \; . \; . \; . \quad 275)$$

Hierin ist L der Selbstinduktionskoeffizient des Bleimantels in Milli-Henry und J der im Kabel fließende effektive Strom.

---

[1]) Höchstädter ermittelte für ein Drehstromkabel von 100 qmm Querschnitt und 6 + 6 mm Isolationsstärke für 20 KV Betriebsspannung die Verluste mit 850 Watt/km bei 30 KV verketteter Spannung und 20° C. E. T. Z. 1910, S. 537 u. 559.

[2]) E. T. Z. 1908, Heft 9.

Nach Apt ist der Selbstinduktionskoeffizient

$$L = 0{,}46 \log \frac{b}{a} + 0{,}05 \text{ Millihenry/km} \quad . \quad . \quad . \quad . \quad 276)$$

Hierin ist

a = äußerer Radius des Bleimantels in cm,
b = Achsenabstand der Kabelmitten in cm.

Eisenarmaturen werden bei Verwendung von Einleiterkabeln zu vermeiden sein, da in der Eisenarmatur Wirbelströme und Hysteresisverluste auftreten und außerdem ein starker induktiver Spannungsabfall durch die Eisenarmatur herbeigeführt wird. Drehstromübertragungen mit drei Einfachkabeln sind in letzter Zeit bis 40000 Volt Betriebsspannung wiederholt (namentlich in England) ausgeführt worden. Die Kabel wurden in Tonrillen eingelegt und mit Asphalt vergossen.

C. Belastung von Kabeln mit Rücksicht auf Erwärmung.

Über die Höhe der zulässigen Strombelastung von im Erdboden verlegten Kabeln hat sich Dr. Humann[1]) ausführlich verbreitet und gibt auf Grund der von ihm gemeinschaftlich mit Prof. Dr. Teichmüller[2]) angestellten Versuche Formeln für die Berechnung der Stromstärke bei einer Temperaturerhöhung von τ^0 C. Wir wollen uns darauf beschränken, die fertigen Formeln aufzuführen.

Für Einleiterkabel lautet die Formel bei 15° C Erdbodenwärme:

$$J = 119 \sqrt{\frac{q\tau}{550 \log \frac{D_a'}{D_i} + 40 \log \frac{4\,l}{D_a}}} \text{ Amp.} \quad . \quad . \quad 277)$$

Hierin ist

q = Querschnitt des Leiters in qmm,
τ = Temperatursteigerung in °C,
$D_a' = \frac{D_1 \cdot D_3 \cdot D_a}{D_2 \cdot D_4}$, D_i = Durchmesser des Leiters in cm,
D_1 = innerer Durchmesser des Bleimantels in cm,
D_2 = äußerer Durchmesser des Bleimantels in cm,
D_3 = innerer Durchmesser der Eisenarmatur in cm,
D_4 = äußerer Durchmesser der Eisenarmatur in cm,
D_a = äußerer Totaldurchmesser des ganzen Kabels in cm,
l = Verlegungstiefe des Kabels in cm.

---

[1]) Humann, »Über Hochspannungskabel«, Zeitschrift des Österreichischen Ingenieur- und Architekten-Vereins 1911.

[2]) »Die Erwärmung der elektrischen Leitungen« von Prof. Dr. Teichmüller 1905, S. 57 u. ff.

550 ist der in Watt ausgedrückte spezifische Wärmewiderstand des Isoliermaterials des Kabels und

40 ist der spezifische Wärmewiderstand des Erdbodens, ebenfalls in Watt ausgedrückt.

Die Bedeutung der Zeichen geht auch aus untenstehender Fig. 82 hervor.

Bei Drehstrom denkt man sich das wirkliche Mehrleiterkabel in ein in bezug auf Erwärmung gleichwertiges Einleiterkabel verwandelt. Für dieses gibt Humann an

$$J = \frac{119}{\sqrt{n}} \sqrt{\frac{q\,\tau}{550 \log \frac{D_a'}{D_i'} + 40 \log \frac{4\,l}{D_a}}} \text{ Amp.} \quad . \quad . \quad . \quad 278)$$

In dieser Gleichung ist die Bedeutung der Zeichen dieselbe wie oben. Die Bedeutung von D_i' ergibt sich aus nächstehender Gleichung

$$D_i' = D_i \sqrt[n]{\frac{n \cdot d}{D_1 + (n-1)\,d}} \quad . \quad 279)$$

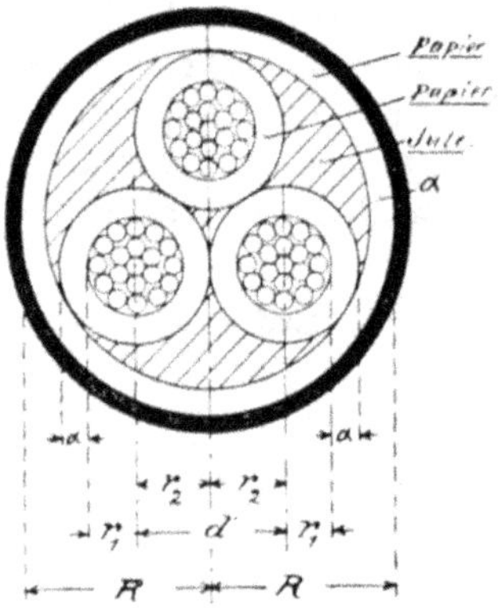

Fig. 82.

Hierin ist

n = Anzahl der Leiter im Kabel,
d = Durchmesser jedes Leiters in cm,
q = Querschnitt eines jeden Leiters in qmm,
D_i = Durchmesser des den Leitern umschriebenen Kreises in cm.

Die zulässige Temperatursteigerung ist seitens der Kommission des V. D. E. auf 25° C zugelassen worden.

Der V. D. E. gibt für im Erdboden verlegte Bleikabel mit Kupferleiter die folgende Belastungstabelle.

Die Werte für Spannungen über 10000 Volt sind zunächst nur als Richtlinien gegeben (ETZ. 1920, S. 596). Die Tabelle gilt nur, solange nicht mehr als zwei Kabel im gleichen Graben nebeneinander liegen. Bei Anhäufung von mehr Kabeln oder ähnlichen ungünstigen Fällen empfiehlt es sich, die Belastung nur mit ¾ der in der Tabelle angegebenen Werte anzunehmen.

Die folgende Tabelle ist berechnet für 25° Temperaturerhöhung, 700 mm Verlegungstiefe und 550 bzw. 40 Watt spezifischen Wärmewiderstand des Isoliermaterials bzw. des Erdbodens.

Die in der folgenden Tabelle angegebenen Stromstärken verstehen sich unter der Voraussetzung, daß die Belastung dauernd in der jeweiligen Maximalhöhe erfolgt. Ist das Kabel einer wechselnden Belastung aus-

Drehstromkabel.

Belastung in Amp. dauernd.

Querschnitt in mm²	Verseilte Dreileiterkabel			
	bis 3000 V	über 3000 bis 10000 V	über 10000 bis 20000 V	über 20000 bis 30000 V
1	17	—	—	—
1,5	22	—	—	—
2,5	29	—	—	—
4	37	—	—	—
6	47	—	—	—
10	65	60	—	—
16	85	80	—	—
25	110	105	95	—
35	135	125	115	—
50	165	155	135	125
70	200	190	170	160
95	240	225	200	185
120	280	260	230	215
150	315	300	265	250
185	360	340	300	—
240	420	395	350	—
310	490	460	—	—
400	570	—	—	—

gesetzt, so können die angegebenen Stromwerte[1]) überschritten werden. Bezeichnet man mit:

a die Zeitdauer intermittierender Belastung in Stunden,

b die Zeit der Stromlosigkeit in Stunden (Abkühlungszeit),

$P = a + b$ die Zeit einer Belastungsperiode in Stunden,

T die Zeit, bei welcher der Leiter bei der betrachteten Belastung die Übertemperatur t_{max} annehmen würde, wenn er keine Wärme ausstrahlt,

t_{max} die zulässige maximale Übertemperatur bei dauerndem maximalem Strom J_{max},

$t_{n\,max}$ die Endübertemperatur, die sich bei der aussetzenden Belastung J_1 ergibt, wenn diese dauernd sein würde.

Dann ist

$$\frac{a}{P} = \frac{1}{1 - \frac{T}{a} \ln \left[p - e^{\frac{a}{T}} (p - 1)\right]} \quad \text{oder } p = \frac{e^{\frac{a}{T}} - e^{\frac{a-P}{T}}}{e^{\frac{a}{T}} - 1}$$

---

[1]) Siehe Herzog-Feldmann, 1905, Elektrische Leitungsnetze, II. Bd., S. 190.

wobei

$$p = \frac{t_{n\,\max}}{t_{\max}}.$$

Es ist ferner

$$J_1 = \sqrt{p} \cdot J_{\max}$$

Hieraus ergibt sich z. B. für ein Kabel, für welches $T = 6$ und $P = 24$ Stunden ist:

$a =$	$^1/_2$	1	3	6	12	24 Stunden
$p =$	12,3	6,4	2,5	1,56	1,14	1
$\sqrt{p} =$	3,50	2,53	1,58	1,25	1,07	1

Hieraus ist zu entnehmen, daß bei kurzzeitigem Betriebe ganz erhebliche Stromüberlastungen zulässig sind.

In die Erde verlegte Kabel haben nach etwa 6 Stunden ihre Endtemperatur erreicht.

Für Kabel, welche frei verlegt sind, ist $T = 1$ zu setzen.

6. Überspannungen.

Wir wollen uns zunächst mit den Überspannungen befassen, welche den Betriebsverhältnissen entspringen, und welche wir, im Gegensatz zu den durch atmosphärische Ursachen entstandenen Überspannungen, als »Überspannungen innerer Herkunft« bezeichnen wollen.

A. Überspannungen innerer Herkunft.

Eine Reihe von Überspannungen läßt sich rechnerisch richtig behandeln, wenn man eine Hochspannungsanlage als »Thomsonschen Schwingungskreis« auffaßt, in welchem die Induktivitäten (Maschinen, Transformatoren und Selbstinduktion der Leitungen) in Serie mit den in einem Punkte konzentriert gedachten Kapazitäten des Netzes liegen. Eine solche Annahme ist indessen nur zulässig bei der Behandlung von »Resonanzüberspannungen« und von Überspannungen, welche infolge der »Abschaltung eines Verbrauchers« am Ende einer Leitung entstehen. Zu letzterer Kategorie gehören auch die Unterbrechung eines Kurzschlußstromes an der Kurzschlußstelle und die Erdschlüsse. Alle anderen Überspannungen innerer Herkunft bauen sich auf die Theorie der »Wanderwellen« auf.

Wiewohl der Thomsonsche Schwingungskreis in vielen Lehrbüchern erschöpfend behandelt ist, wollen wir doch die Gesetze, nach welchen eine Entladung eines solchen Kreises erfolgt, hier noch einmal ableiten, da die Kenntnis der Entladungsformen und ihre Entstehungsursachen für das Verständnis aller weiteren Betrachtungen unbedingt erforderlich ist. Wir lehnen uns bei der Entwicklung der Gesetze an die von Dr. G. Benischke[1]) gegebene Darstellungsweise an.

---

[1]) Dr. G. Benischke, »Wissenschaftliche Grundlagen der Elektrotechnik«, 1907, S. 253 u. f.

a) Thomsonscher Schwingungskreis.

Wir nehmen an, ein Kondensator mit der Kapazität C sei infolge irgendeiner Ursache geladen worden. Die Entladung erfolge über eine Funkenstrecke. Der Entladungskreis (s. Fig. 83) enthält die Selbstinduktion L und den Ohmschen Widerstand w. Letzterer gilt für den gesamten Entladungskreis.

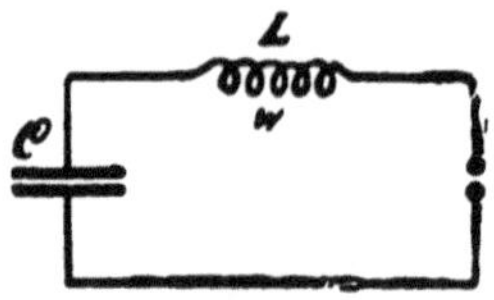

Fig. 83.

Die Anfangsspannung des Kondensators nennen wir E, seine Spannung zu einer beliebigen Zeit t sei e. Es ist ohne weiteres verständlich, daß die Entladespannung e jederzeit gleich der Summe aus dem induktiven und dem Ohmsche Spannungsverlust im Stromkreise sein muß.

Der induktive Spannungsabfall $-e_s$ ist bekanntlich von der Stromänderung in der Zeiteinheit abhängig und wird ausgedrückt durch

$$-e_s = L\frac{di}{dt}.$$

Wir können also als Ausgangsgleichung schreiben:

$$e = wi - e_s$$

oder

$$e = wi + L\frac{di}{dt} \quad \ldots\ldots\ldots \quad 280)$$

Hierin ist i der veränderliche Wert des Kondensatorstromes. Ist q die jeweilige Ladung des Kondensators zur Zeit t, so ist

$$-i\,dt = dq \quad \ldots\ldots\ldots \quad 281)$$

Wir müssen das Minuszeichen einführen, da es sich um eine Entladung handelt. dq ist die Veränderung der Elektrizitätsmenge q in der Zeit dt. Da q bei der Entladung abnimmt, so ist dq negativ.

Nach Gl. 12 (Festigkeitslehre) ist

$$C = \frac{Q}{V}.$$

Ersetzen wir die elektrostatische Potentialdifferenz V zwischen den Belegungen durch die in Volt ausgedrückte Spannung zwischen den Belegungen, so sind Q in Coulomb und C in Farad auszudrücken. Es ist also

$$C = \frac{Q}{E} = \frac{q}{e} \quad \ldots\ldots\ldots \quad 282)$$

Q ist die Anfangsladung des Kondensators vor Beginn der Entladung.

Es ist also

$$e = -w\,\frac{dq}{dt} - L\frac{d^2q}{dt^2}$$

oder

$$e = -w C \frac{de}{dt} - C L \frac{d^2 e}{dt^2}$$

oder

$$e + \quad C w \frac{de}{dt} + L C \frac{d^2 e}{dt^2} = 0.$$

Setzt man

$$e = x \varepsilon^{\alpha t} \quad \ldots \ldots \ldots \quad 283)$$

wo ε = Basis der natürlichen Logarithmen ist, so wird

$$x \varepsilon^{\alpha t} (1 + \alpha C w + \alpha^2 C L) = 0$$

oder

$$\alpha C w + \alpha^2 C L = -1,$$

$$\alpha^2 + \frac{w}{L} \alpha = -\frac{1}{C L},$$

$$\left(\alpha + \frac{w}{2 L}\right)^2 = \frac{w^2}{4 L^2} - \frac{1}{C L},$$

$$\alpha = -\frac{w}{2 L} \pm \sqrt{\frac{w^2 C - 4 L}{4 L^2 C}} \quad \ldots \ldots \quad 284)$$

Der Wurzelwert ist reell sofern

$$w^2 C \geqq 4 L$$

oder

$$w \geqq 2 \sqrt{\frac{L}{C}} \quad \ldots \ldots \ldots \quad 285)$$

Bezeichnet man mit t die Zeit, vom Beginn der Entladung ab gerechnet, so wird für $t = 0$ aus Gl. 283)

$$e = x = E.$$

Hierin ist E die Spannung am Kondensator vor Beginn der Entladung.

Wir haben also in diesem Falle eine aperiodisch auf Null sinkende Entladungsspannung. Diese Entladung verläuft nach der Gleichung:

$$e = E \varepsilon^{\alpha t} \quad \ldots \ldots \ldots \quad 286)$$

Hierin ist

$$\alpha = -\frac{w}{2 L} \pm \sqrt{\frac{w^2 C - 4 L}{4 L^2 C}}.$$

Bedingung ist:

$$w \geqq 2 \sqrt{\frac{L}{C}}.$$

Den Entladestrom i finden wir aus der Gleichung 281)

$$i = -\frac{dq}{dt} = -C\frac{de}{dt},$$

$$i = -C E a \varepsilon^{a t} \quad \ldots \ldots \ldots \quad 287)$$

Uns interessiert vor allem der andere Fall, in welchem die Entladung schwingend verläuft. Eine schwingende Entladung tritt ein, wenn

$$w < 2\sqrt{\frac{L}{C}} \quad \ldots \ldots \ldots \quad 288)$$

Der Wurzelausdruck in Gl. 284) wird dann imaginär. Setzt man

$$\omega = \sqrt{\frac{-w^2 C + 4L}{4L^2 C}} \quad \ldots \ldots \ldots \quad 289)$$

so wird

$$a_1 = -\frac{w}{2L} + \omega\iota,$$

$$a_2 = -\frac{w}{2L} - \omega\iota.$$

Hierin ist

$$\iota = \sqrt{-1}.$$

Der Gl. 283) können wir jetzt die allgemeine Form geben:

$$e = u\,\varepsilon^{a_1 t} + v\,\varepsilon^{a_2 t},$$

$$e = \varepsilon^{-\frac{w}{2L}t}\left(u\,\varepsilon^{\iota\omega t} + v\,\varepsilon^{-\iota\omega t}\right).$$

Nach einem bekannten Satze der Arithmetik ist

$$\varepsilon^{\iota z} = \cos z + \iota \sin z$$

und

$$\varepsilon^{-\iota z} = \cos z - \iota \sin z.$$

Benutzt man diese Beziehung, so wird

$$e = \varepsilon^{-\frac{w}{2L}t}\left[(u + v)\cos\omega t + (u\iota - v\iota)\sin\omega t\right] \quad \ldots \quad 290)$$

Setzt man

$$u + v = M,$$

$$u\iota - v\iota = N,$$

so erhält man

$$e = \varepsilon^{-\frac{w}{2L}t}\left[M\cos\omega t + N\sin\omega t\right] \quad \ldots \ldots \quad 291)$$

Den Koeffizienten M können wir aus dem Grenzzustand ermitteln: Zur Zeit $t = 0$ wird

$$e = M = E.$$

Setzt man unter Benutzung der Gl. 281)

$$i = -\frac{dq}{dt} = -C\frac{de}{dt},$$

so wird

$$i = C\frac{w}{2L}\varepsilon^{-\frac{w}{2L}t}[M\cos\omega t + N\sin\omega t]$$

$$-C\varepsilon^{-\frac{w}{2L}t}[-\omega M\sin\omega t + \omega N\cos\omega t]. \quad 292)$$

Zur Zeit $t = 0$ hat noch kein Stromfluß begonnen, daher ist für diesen Grenzzustand

$$i = 0.$$

Wir haben daher

$$0 = C\frac{w}{2L}M - C\omega N,$$

$$N = \frac{w}{2L\omega}M.$$

Da

$$M = E,$$

so wird

$$N = \frac{w}{2L\omega}E.$$

Setzt man die für M und N ermittelten Werte in Gl. 291) ein, so wird

$$e = E\varepsilon^{-\frac{w}{2L}t}\left(\cos\omega t + \frac{w}{2L\omega}\sin\omega t\right). \quad . \quad . \quad . \quad 293)$$

Diese Gleichung läßt aber erkennen, daß sich die Kondensatorspannung unter Schwingungserscheinungen ändert.

Setzt man $t = 0$, so wird $e = E$,

$\omega t = \pi$, » » $e = -E\varepsilon^{-\frac{\pi w}{2L\omega}}$,

$\omega t = 2\pi$, » » $e = +E\varepsilon^{-\frac{2\pi w}{2L\omega}}$,

$\omega t = 3\pi$, » » $e = -E\varepsilon^{-\frac{3\pi w}{2L\omega}}$,

⋮

$\omega t = \infty$, » » $e = 0$.

Die Dauer einer ganzen Schwingung ist also $T = \frac{2\pi}{\omega}$.

ω ist also nichts anderes als die Winkelfrequenz.

Die Periodenzahl ist

$$\sim = \frac{1}{T} = \frac{\omega}{2\pi},$$

$$\sim = \frac{1}{2\pi}\sqrt{\frac{4L - w^2C}{4L^2C}} \quad . \quad . \quad . \quad . \quad . \quad . \quad . \quad 294)$$

Die Stromstärke ergibt sich aus Gl. 293)

$$i = -C\frac{de}{dt},$$

$$i = \quad C E \varepsilon^{-\frac{w}{2L}t}\left(\omega + \frac{w^2}{4L^2\omega}\right)\sin\omega t \quad . \quad . \quad . \quad . \quad 295)$$

Diese Gleichung läßt sich noch umformen. Es ist

$$\omega + \frac{w^2}{4L^2\omega} = \frac{4L^2\omega^2 + w^2}{4L^2\omega} = \frac{\frac{4L^2}{LC} - \frac{4L^2w^2}{4L^2} + w^2}{4L^2\omega} = \frac{1}{CL\omega},$$

Es wird dann

$$i = \frac{E}{L\omega}\varepsilon^{-\frac{w}{2L}t}\sin\omega t \quad . \quad . \quad . \quad . \quad . \quad . \quad . \quad 296)$$

Auch Gl. 293) kann noch umgeformt werden. Wir machen zu diesem Zweck folgende Zwischenrechnung:

$$\sin(\omega t + \varphi) = \sin\omega t\cos\varphi + \cos\omega t\sin\varphi.$$

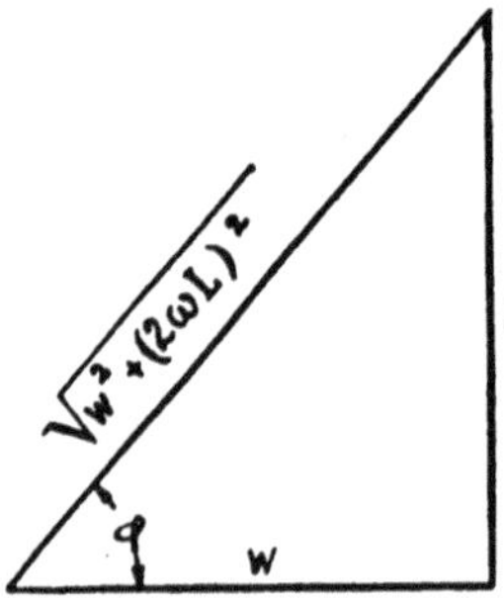

Fig. 84.

Nach Fig. 84) ist

$$\sin\varphi = \frac{2\omega L}{\sqrt{w^2 + (2\omega L)^2}},$$

$$\cos\varphi = \frac{w}{\sqrt{w^2 + (2\omega L)^2}}.$$

Setzt man diese Werte in die letzte Gleichung ein, so wird

$$\sin(\omega t + \varphi) = \sin\omega t\frac{w}{\sqrt{w^2 + (2\omega L)^2}} + $$
$$+ \cos\omega t\frac{2\omega L}{\sqrt{w^2 + (2\omega L)^2}},$$

$$\sin(\omega t + \varphi)\frac{\sqrt{w^2 + (2\omega L)^2}}{2\omega L} = \cos\omega t + \frac{w}{2\omega L}\sin\omega t.$$

Die rechte Seite entspricht dem Klammerausdruck in Gl. 293). Wir haben also jetzt

$$e = E\varepsilon^{-\frac{w}{2L}t}\frac{\sqrt{w^2 + (2\omega L)^2}}{2L\omega}\sin(\omega t + \varphi) \quad . \quad . \quad . \quad 297)$$

Die Schwingungen für Strom und Spannung verlaufen also als gedämpfte Sinuskurven. Wir haben dieselben in Fig. 85 dargestellt. Zwischen beiden besteht eine Phasenverschiebung. Den Winkel der Phasenverschiebung φ findet man nach Fig. 84 aus der Gleichung:

$$\operatorname{tg}\varphi = \frac{2\omega L}{w} \quad . \quad . \quad . \quad . \quad . \quad . \quad . \quad . \quad . \quad 298)$$

Ist w im Verhältnis zu L und $\frac{1}{C}$ klein, so daß man $\operatorname{tg}\varphi = \infty$ setzen kann, so wird $\varphi = 90^0$.

Für diesen Fall erhalten wir folgende vereinfachte Ausdrücke:

$$\omega = \sqrt{\frac{1}{LC}} \quad \ldots\ldots \quad 299)$$

$$e = E\,\varepsilon^{-\frac{w}{2L}t} \cos \omega t \quad . \quad 300)$$

$$i = \frac{E}{\sqrt{\frac{L}{C}}}\,\varepsilon^{-\frac{w}{2L}t} \sin \omega t \quad 301)$$

$$\sim = \frac{1}{2\pi}\sqrt{\frac{1}{LC}} \quad \ldots \quad 302)$$

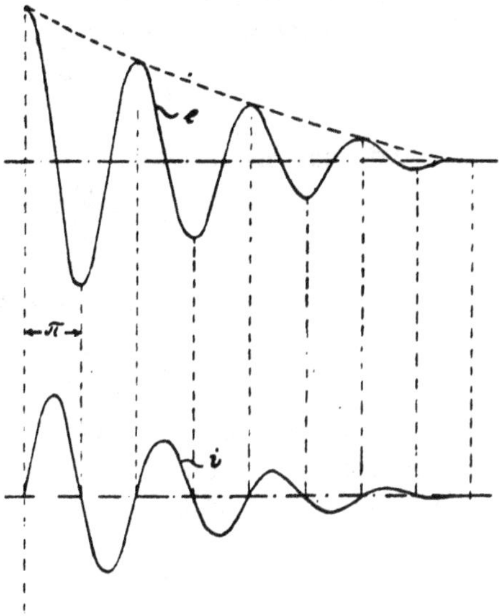

Fig. 85.

Aus Gl. 301) erhält man die Scheitelwerte der Stromkurve, wenn man der Reihe nach setzt

$$\omega t = \frac{\pi}{2},$$

$$\omega t = \frac{3\pi}{2},$$

$$\omega t = \frac{5\pi}{2} \text{ usf.}$$

Es wird damit

$$J_1 = + \frac{E}{\sqrt{\frac{L}{C}}}\,\varepsilon^{\frac{-\pi w}{4L\omega}},$$

$$J_2 = - \frac{E}{\sqrt{\frac{L}{C}}}\,\varepsilon^{\frac{-3\pi w}{4L\omega}},$$

$$J_3 = + \frac{E}{\sqrt{\frac{L}{C}}}\,\varepsilon^{\frac{-5\pi w}{4L\omega}} \text{ usf.}$$

Man sieht also, daß um so mehr Schwingungen zustande kommen, je kleiner w ist. Da bei der Entladung des Kondensators die gesamte Ladungsenergie in Wärme umgesetzt werden muß, so dauert die Entladung um so länger, je kleiner der Ohmsche Widerstand ist. Die »Ladungsenergie« läßt sich wie folgt ermitteln: Beträgt die Ladung irgendeines Leiters dQ, so ist sein Potential V gleich der Arbeit, welche aufzuwenden ist, um die Einheitsmasse der Elektrizität in dem von dQ

ausgehenden Felde vom Unendlichen auf die Entfernung r heranzuführen, also:

$$\frac{dQ}{r} = V.$$

Will man statt der Einheitsmasse eine elektrische Masse gleich dQ selbst heranführen, so ist die geleistete Arbeit

$$dA = \frac{dQ}{r} dQ = V \cdot dQ.$$

Setzt man nach Gl. 12)

$$C = \frac{Q}{V} = \frac{dQ}{dV},$$

so wird

$$dA = C V d V,$$

$$A = C \int V d V = C \frac{V^2}{2}.$$

Ist das Potential der einen Belegung V_1 und ihre Ladung Q sowie das Potential der anderen Belegung V_2 und ihre Ladung $-Q$, so wird, da die Ladungen für praktische Fälle einander entgegengesetzt gleich sind:

$$A_1 = C \frac{V_1^2}{2} = \frac{Q V_1}{2},$$

$$A_2 = C \frac{V_2^2}{2} = -\frac{Q V_2}{2}.$$

Setzt man die Potentialdifferenz $V = V_1 - V_2$, so ist der Wert der in dem Kondensator aufgespeicherten Energie

$$A = A_1 + A_2 = \frac{Q (V_1 - V_2)}{2} = \frac{Q \cdot V}{2} = \frac{C V^2}{2}.$$

Drücken wir die Energie in Watt aus, so muß die Potentialdifferenz in Volt und die Kapazität in Farad eingesetzt werden; wir erhalten also:

$$A = \frac{C E^2}{2} \quad \ldots \ldots \ldots \quad 303)$$

als Ausdruck der anfänglich dem Kondensator zugeführten Energie (bei der Spannung E).

Die magnetische Arbeit des Stromes während der Entladung kann aus Gl. 280) ermittelt werden. Wir multiplizieren diese mit idt und erhalten:

$$e i d t = w i^2 d t + L i d i.$$

Die linke Seite stellt die vom Strome in der Zeit dt geleistete Gesamtarbeit dar. Das erste Glied der rechten Seite gibt die an den Entladungskreis abgegebene Wärmearbeit wieder das letzte Glied repräsentiert die magnetische Arbeit des Entladungsstromes in der Zeit dt.

Wir haben also:

$$dA = L\,i\,d\,i = d\left(\frac{L\,i^2}{2}\right)$$

$$A = \frac{L\,J^2}{2}.$$

b) Resonanzschwingungen.

Legt man einen Stromkreis (s. Fig. 86), welcher die Selbstinduktion L, den Widerstand w und die in einem Punkte als konzentriert gedachte Kapazität C in Serienschaltung enthält, an eine Wechselstromquelle und läßt die Periodenzahl der Stromquelle allmählich wachsen, so erreicht der Strom bei Eintritt einer bestimmten Periodenzahl ein Maximum. Es ist offensichtlich, daß die Stromstärke ein Maximum erreicht, wenn der »scheinbare Widerstand« w_s des Stromkreises ein Minimum wird. Es ist bekanntlich

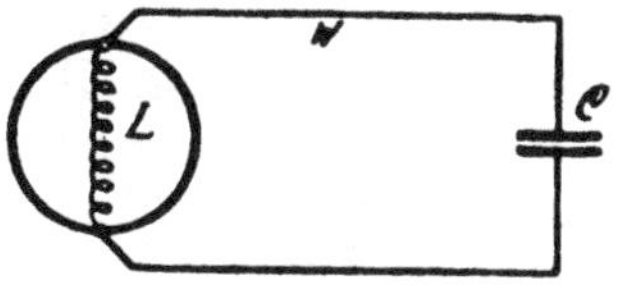

Fig. 86.

$$w_s = \sqrt{w^2 + \left(\omega L - \frac{1}{\omega C}\right)^2} \quad . \quad . \quad . \quad . \quad . \quad . \quad 304)$$

Hierin ist ω die Kreis- oder Winkelfrequenz. Der Ausdruck w_s wird ein Minimum, sobald der Klammerausdruck zu Null wird, d. h. wenn

$$\omega L = \frac{1}{\omega C} \quad . \quad . \quad . \quad . \quad . \quad . \quad . \quad . \quad . \quad 305)$$

Formt man diesen Ausdruck um, so wird

$$2\pi \sim L = \frac{1}{2\pi \sim C},$$

$$(2\pi \sim)^2 = \frac{1}{LC},$$

$$\sim = \frac{1}{2\pi}\sqrt{\frac{1}{LC}} \quad . \quad . \quad . \quad . \quad . \quad . \quad . \quad 306)$$

Dies ist die Resonanzperiodenzahl.

Schwingt die Stromquelle mit derselben Frequenz, so folgen die dem Stromkreise aufgedrückten Ladewellen im gleichen Tempo mit den »Eigenschwingungen« des Stromkreises.

Die bei der Ladung aufgespeicherte elektrische Energie $\frac{C E^2}{2}$ wird bei der Entladung durch die Selbstinduktion in elektromagnetische Feldenergie $\frac{L J^2}{2}$ umgewandelt. Diese beiden Energien sind einander gleich; sie werden vom Strom der Stromquelle zwischen Kapazität und Selbstinduktion hin und her geschoben.

Aus der Beziehung

$$\frac{C E^2}{2} = \frac{L J^2}{2}$$

folgt

$$E = J \sqrt{\frac{L}{C}} \quad \ldots\ldots\ldots \quad 307)$$

Bei Resonanz tritt für die betreffende Anlage eine unerlaubt hohe Spannung auf.

Beträgt z. B. der Selbstinduktionskoeffizient einer Drehstromanlage, bestehend aus einer 175 KVA-Dynamomaschine und einem Transformator zum Hochtransformieren der Maschinenspannung auf 15000 Volt ca. 0,75 Henry, und werde von dieser Anlage eine Kabelleitung von rd. 20 km $3 \cdot 16$ qmm gespeist, welche eine Kapazität von rd. 2 Mikrofarad hat, so beträgt die Resonanzperiodenzahl nach Gl. 306)

$$\sim = \frac{1}{2\pi} \sqrt{\frac{1}{LC}},$$

$$\sim = \frac{1}{2\pi} \sqrt{\frac{1 \cdot 10^6}{0{,}75 \cdot 2}} = \frac{815}{2\pi} = 130.$$

Die Kapazität wird in der Mitte der Strecke konzentriert angenommen. Der Ohmsche Widerstand von 10 km Kabel beträgt rund 10 Ohm.

Der auf die Hochspannungsseite des Transformators reduzierte Widerstand der Maschinen- und Transformatoranlage betrage rund 40 Ohm. Wir haben also einen gesamten Ohmschen Widerstand im Resonanzkreise von 50 Ohm. Hiermit ergibt sich bei Resonanz eine Stromstärke von

$$J = \frac{15000}{\sqrt{3} \cdot 50} = \text{rd. } 175 \text{ Amp.}$$

Die Spannung im Kabel würde hiermit nach Gl. 307)

$$E = J \sqrt{\frac{L}{C}} = 175 \sqrt{\frac{0{,}75 \cdot 10^6}{2}},$$

$$E = \text{rd. } 107000 \text{ Volt.}$$

Im allgemeinen liegen die Werte von L und C bei den in der Praxis vorkommenden Stromkreisen so, daß die Resonanzperiodenzahl weit über der Maschinenperiodenzahl ist. Es ist also der Eintritt von Resonanz so leicht nicht zu befürchten, es sei denn, daß die Stromkurve der Maschine stark von der Sinuslinie abweicht. In diesem Falle können Oberschwingungen mit der Resonanzschwingungszahl auftreten. Bei modernen Maschinen sind ausgeprägte Oberwellen über der 3. oder 5. Ordnung nicht mehr zu befürchten.

Die Resonanzmöglichkeit ist gegebenenfalls nachzuprüfen. Der dem normalen Betriebe entsprechende Selbstinduktionskoeffizient einer Maschine kann aus der Impedanz berechnet werden. Man schließt die Maschine kurz und bestimmt die für die normale Stromstärke erforderlichen Amp.-Wind. Für diese gleiche Amp.-Windungszahl stellt man die Klemmenspannung bei offenem Stator fest. Dividiert man dann den Spannungsabfall durch die Stromstärke, so ist das Resultat gleich der Impedanz. Diese beträgt bekanntlich

$$\sqrt{R^2 + (\omega_1 L)^2}. \quad \ldots\ldots \quad 308)$$

Hierin ist R der Widerstand des Stators (bei Drehstrom pro Phase) und ω_1 = Winkelfrequenz, also $\omega_1 = 2\pi \sim_1$.

Liegt zwischen Maschine und Netz ein Transformator, so kann man die auf die Hochspannungsseite bezogene Selbstinduktionsspannung des Transformators durch einen Kurzschlußversuch ermitteln. Man schließt die sekundäre Seite des Transformators über ein Amperemeter kurz und hält die Spannung auf der Hochspannungsseite so niedrig, daß in der kurzgeschlossenen Wicklung der normale Strom fließt. Gleichzeitig bestimmt man die Wattaufnahme auf der Hochspannungsseite mittels Wattmeter pro Phase.

Die hierbei gemessene Spannung E_1 entspricht dann der Summe aus primärem und auf die Hochspannungsseite bezogenem sekundären Spannungsabfall. Ist der ebenfalls auf die Hochspannungsseite bezogene Ohmsche Spannungsabfall gleich e_r, so ist der induktive Spannungsabfall

$$e_s = \sqrt{E_1^2 - e_r^2}.$$

Unter Ohmschem Spannungsabfall versteht man Wattaufnahme pro Phase durch den auf der Hochspannungsseite zugeführten Strom. Letzterer ist gleich dem sekundären Normalstrom mal dem Verhältnis der Windungszahlen.

Der Selbstinduktionskoeffizient ist dann pro Schenkel nach Gl. 130)

$$L = \frac{e_s}{2\pi \sim i} \text{ Henry}.$$

Beispiel: Gegeben: Transformatorleistung 50 KVA,

Übersetzung 15000/380 Volt,

Kupferverlust 1200 Watt, entsprechend 2,4% ohmschem Spannungsabfall,

Kurzschlußspannung 4,1%,

Schaltung: Stern/Stern.

Hieraus folgt: Strom 1,92 Amp./76 Amp.,

Phasenspannung 8700/220 Volt,

Ohmscher Spannungsabfall

$$e_r = \frac{2{,}4 \cdot 8700}{100} = 209 \text{ Volt}$$

$$E_1 = \frac{4{,}1 \cdot 8700}{100} = 357 \text{ »}$$

$$e_s = \sqrt{357^2 - 209^2} = 289 \text{ Volt}$$

$$L = \frac{289}{2\pi \sim 1{,}92} = 0{,}48 \text{ Henry}$$

pro Schenkel.

Der Spannungsabfall bei induktiver Last geht aus dem bekannten Kappschen Diagramm, Fig. 87, hervor.

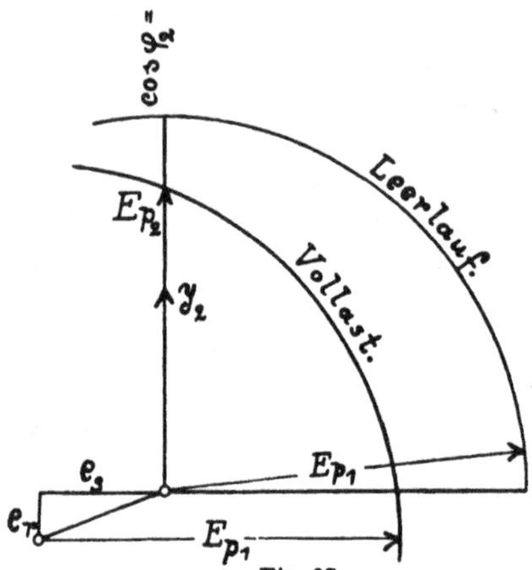

Fig. 87.

Für L ist bei der Nachrechnung der Resonanzschwingungsmöglichkeit in Gl. 306) jetzt einzusetzen:

$$L = \left[L_M \cdot \left(\frac{h_1}{h_2}\right)^2 + L_T\right] \quad 309)$$

Hierin bedeutet:

L_M = Selbstinduktionskoeffizient der Maschine in Henry[1]),

L_T = Selbstinduktionskoeffizient des Transformators in Henry[2]), und zwar auf die Hochspannung bezogen,

$\frac{h_1}{h_2}$ = Übersetzungsverhältnis des Transformators.

An dieser Stelle mag auf die Möglichkeit hingewiesen werden, daß auch ein Lichtbogen als Resonanzschwingungserzeuger in Frage kommen kann. Bildet sich an einer parallel zur Reihenschaltung von Selbstinduktion und Kapazität gelegenen Funkenstrecke (siehe Fig. 88) infolge Überschlags ein Lichtbogen aus, so zeigt dieser die Eigenschaft, daß seine Spannung abnimmt, wenn der im Lichtbogen übergehende Strom zunimmt und umgekehrt. Durchsetzt also der Entladestrom den Lichtbogen, so nimmt seine Spannung ab, und infolgedessen wird eine weitere Entladung unterstützt. Ist die Entladung beendet, so nimmt der Lichtbogen wieder an Spannung zu, und die Wiederauf ladung des Kondensators

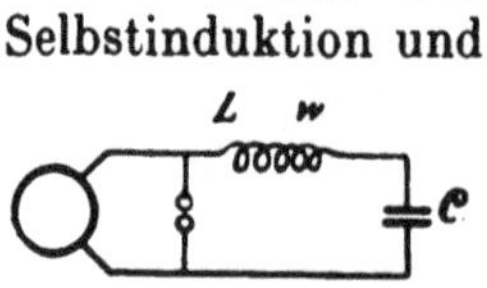

Fig. 88.

[1]) und [2]) Die Selbstinduktionskoeffizienten sind veränderliche Werte. Die angegebene Größe bezieht sich nur auf Belastungszustand mit Normalstrom und normaler Periodenzahl.

erfolgt durch die Stromquelle. Es finden also durch die besprochenen Eigenschaften des Lichtbogens Schwingungen mit der Eigenschwingungszahl des Kreises statt. Diese Schwingungen können nicht erlöschen, weil von der Stromquelle die im Schwingungskreise verlorene Energie nachgeliefert wird. Vorbedingung für die dauernde Rolle als Schwingungserreger ist für den Lichtbogen die Abführung der Wärme. Anderfalls bleibt' er nicht elastisch genug, um den Kondensatorschwingungen folgen zu können.

Die von einem Lichtbogen bewirkten Schwingungen entsprechen also unter Umständen in ihrer Wirkung demselben Falle, in welchem eine Dynamomaschine eine Frequenz hat, die gleich der Eigenschwingungszahl des Stromkreises ist.

c) Schwingungen beim Unterbrechen eines Stromkreises.

Die Überspannungen, welche infolge des Unterbrechens eines Stromkreises entstehen, sind direkt abhängig von der Größe des unterbrochenen Stromes. Wir wollen deshalb den äußersten Fall, nämlich die Unterbrechung des Kurzschlußstromes, vorweg behandeln.

Wird eine Leitung an ihrem Ende kurzgeschlossen, während der Anfang der Leitung zunächst mit der Stromquelle in Verbindung bleibt, so steigt die Stromstärke auf einen hohen, bei modernen Maschinen etwa dreifachen Betrag an.

Die Kurzschlußstromstärke sei J_k. Die Selbstinduktion des kurzgeschlossenen Stromkreises sei L, wo

$$L = \left[L_M \cdot \left(\frac{h_1}{h_2}\right)^2 + L_T\right]$$

ist. Die Bedeutung der Buchstaben ist dieselbe wie in Gl. 309). Die Selbstinduktion der Leitung können wir vernachlässigen, da sie das Resultat unmerklich beeinflußt.

Die Kapazität werde in der Mitte der Leitung in einem Punkte konzentriert angenommen und mit C bezeichnet.

Wird der Strom an der Kurzschlußstelle plötzlich unterbrochen, so muß die durch den Strom erzeugte elektromagnetische Feldenergie $\frac{J_k^2 L}{2}$ sich in elektrische Energie von der Größe $\frac{C E^2}{2}$ umsetzen, da sie nirgends anders bleiben kann.

Die Aufladung der Kapazität des Stromkreises erfolgt in Form von Schwingungen. Die Periodenzahl dieser Schwingungen ist dieselbe wie beim Thomsonschen Schwingungskreise, da es sich um dieselbe Erscheinung handelt.

Bezeichnet man die Maschinenspannung mit E, den Widerstand im Kurzschlußkreise mit w, so ist

$$J_k = \frac{E}{w}.$$

Sobald der Kurzschlußstrom seinen konstanten Wert J_k erreicht hat, sinkt die Klemmenspannung der Maschine auf Null.[1]

Wird zur Zeit $t = 0$ der Kurzschlußstrom an der Kurzschlußstelle plötzlich unterbrochen, so ist für $t > 0$

$$e + iw + L\frac{di}{dt} = E = 0 \quad . \quad . \quad . \quad . \quad . \quad 310)$$

wo $e =$ Kondensatorspannung und
$i =$ Kondensatorstrom bedeuten.

Da es sich um Aufladung des Kondensators handelt, ist

$$i \cdot dt = dQ = C\,de,$$
$$i = C\frac{de}{dt},$$

folglich

$$e + Cw\frac{de}{dt} + LC\frac{d^2e}{dt^2} = 0.$$

Wir setzen

$$e = E\,\varepsilon^{\alpha t},$$

wo $\varepsilon =$ Basis der natürlichen Logarithmen ist.

Dann wird entsprechend der Rechnung auf S. 186

$$e = \varepsilon^{-\frac{w}{2L}t}[M\cos\omega t + N\sin\omega t] \text{ (s. Gl. 291)} \quad . \quad . \quad 311)$$

Da für $t = 0$ der Kondensator noch entladen, also $e = 0$ ist, so erhalten wir

$$M = 0.$$

Da

$$i = C\frac{de}{dt},$$

so ist

$$i = -\frac{Cw}{2L}\varepsilon^{-\frac{w}{2L}t}(M\cos\omega t + N\sin\omega t)$$

$$+ C\varepsilon^{-\frac{w}{2L}t}(-M\omega\sin\omega t + N\omega\cos\omega t),$$

und da $M = 0$

$$i = \varepsilon^{-\frac{w}{2L}t}\left(\omega CN\cos\omega t - \frac{CwN}{2L}\sin\omega t\right).$$

---

[1] Hierbei ist der Widerstand der äußeren Leitung vernachlässigt.

Für $t = 0$ ist

$$i = J_k = \frac{E}{w},$$

also

$$J_k = C N \omega = \frac{E}{w}.$$

Mithin

$$N = \frac{J_k}{C \omega} = \frac{E}{C w \omega}.$$

Setzen wir in Gl. 311) die Werte für M und N ein, so erhalten wir

$$e = \frac{J_k}{C \omega} \varepsilon^{-\frac{w}{2L} t} \sin \omega t \quad \ldots \ldots \ldots \quad 312)$$

Ihren größten Wert erreicht die Kondensatorspannung für $\sin \omega t = 1$ oder $\omega t = \frac{\pi}{2}$.

Es wird dann

$$t = \frac{\pi}{2 \omega}.$$

Setzt man diesen Wert von t in Gl. 312) ein, so wird

$$e = \frac{J_k}{\omega C} \varepsilon^{-\frac{w \pi}{4 L \omega}}.$$

Die Wechselgeschwindigkeit der Ladewelle ist dieselbe wie beim Thomsonschen Schwingungskreise, also

$$\omega = \sqrt{\frac{-w^2 C + 4 L}{4 L^2 C}} \text{ (s. Gl. 289).}$$

Ist w gegenüber L und $\frac{1}{C}$ klein, so wird die Wechselgeschwindigkeit

$$\omega = \sqrt{\frac{1}{L C}}$$

und hiermit die Kondensatorspannung aus Gl. 312) für $\sin \omega t = 1$

$$e = J_k \sqrt{\frac{L}{C}} \quad \ldots \ldots \ldots \ldots \quad 313)$$

Handelt es sich nicht um einen Kurzschluß-, sondern um einen Abschaltstrom, so bleibt Gl. 313) gültig, wenn man für J_k den abgeschalteten Strom J setzt.

Nach Gl. 310) ist

$$e + i \cdot w + L \frac{d i}{d t} = E,$$

wo E die Klemmenspannung des Stromerzeugers zur Zeit der Abschaltung ist (die Abschaltung erfolgt am Stromverbraucher, so daß die Leitungskapazität im Stromkreise verbleibt). Da wieder $i = C\frac{de}{dt}$, erhalten wir

$$e + wC\frac{de}{dt} + LC\frac{d^2e}{dt^2} = E \quad . \; . \; . \; . \; . \quad 314)$$

Setzen wir $e - E = \varepsilon^{\alpha t}$, so wird 314)

$$\varepsilon^{\alpha t}(1 + wC\alpha + LC\alpha^2) = 0,$$

$$e - E = \varepsilon^{-\frac{w}{2L}t}(M\cos\omega t + N\sin\omega t) \quad . \; . \; . \quad 315)$$

Zunächst vernachlässigen wir zur Vereinfachung der Rechnung den Leitungswiderstand w gegenüber dem weitaus größeren R des Stromverbrauchers. Dann können wir ohne erheblichen Fehler annehmen, daß zur Zeit der Abschaltung die Kondensatorspannung gleich der Spannung der Stromquelle gleich E ist. Gl. 315) ergibt dann für $t = 0$

$$E - E = M = 0,$$

$$e = E + \varepsilon^{-\frac{w}{2L}t} N \sin\omega t.$$

Da

$$i = C\frac{de}{dt},$$

so ist

$$i = \varepsilon^{-\frac{w}{2L}t}\cdot\left(CN\omega\cos\omega t - \frac{Cw}{2L}N\sin\omega t\right).$$

Für $t = 0$ ist i gleich dem abgeschalteten Strome $= J$, daher

$$J = CN\omega,$$

$$N = \frac{J}{C\omega}.$$

Setzt man M und N in Gl. 315) ein, so ist

$$e = E + \frac{J}{C\omega}\varepsilon^{-\frac{w}{2L}t}\sin\omega t.$$

Die Überspannung $e_ü$ ist also

$$e_ü = \frac{J}{C\omega}\varepsilon^{-\frac{w}{2L}t}\sin\omega t \quad . \; . \; . \; . \; . \; . \; . \quad 316)$$

Diese Gleichung läßt sich wie 312) vereinfachen, und wir erhalten für w klein gegenüber L und $\frac{1}{C}$.

$$e_{\ddot{u}} = J\sqrt{\frac{L}{C}} \quad \text{. . . . . 317)}$$

Die Überspannung ist also bei jeder Stromunterbrechung direkt von der Größe des unterbrochenen Stromes und dem Verhältnis von Selbstinduktion zur Kapazität des mit der Stromquelle in Verbindung bleibenden Stromkreises abhängig. Die Zweckmäßigkeit der Ölschalter ist also ohne weiteres einleuchtend, da sie bei Durchgang der Stromstärke durch Null abschalten bzw. durch das zwischen die Kontakte tretende Öl die Entstehung eines neuen Stromes verhindern. Andere Schalter und Sicherungen unterbrechen den Strom im Maximum und sind deshalb zur Abschaltung großer Energien nicht geeignet, wenngleich der Unterbrechungslichtbogen den Widerstand des Stromkreises erhöht und den Stromfluß vor dem gänzlichen Unterbrechen stark herabsetzt.

d) Erdschluß.

Betrachten wir zunächst eine Einphasenleitung, bei welcher die Strecke bc (s. Fig. 89) Erdschluß hat. Es bildet sich dann sofort ein Stromweg von der Stromquelle über die fehlerhafte Leitung bc zur Erde, von der Erde durch den Kondensator A über Leitung ad zur Kraftquelle zurück. Der beschriebene Stromweg enthält Selbstinduktion (Maschine) und Kapazität A in Hintereinanderschaltung und erfüllt somit die zum Eintritt von Resonanzerscheinungen nötigen Bedingungen, sobald ein mit der Eigenschwingungszahl dieses Resonanzkreises schwingender Schwingungserzeuger zugegen ist. Als solcher kann entweder ein an der Erdschlußstelle sich bildender labiler Lichtbogen dienen, oder es können unter Umständen Oberschwingungen der Dynamomaschine eintreten. Über die Möglichkeit der Schwingungserregung durch den Lichtbogen haben wir im vorletzten Abschnitt, S. 194, gesprochen. Resonanz tritt ein, sobald $\omega L = \frac{1}{\omega C}$ wird. Die durch Resonanz eintretenden Überspannungen haben wir bei der Behandlung dieses Themas des näheren kennen gelernt. Es können sowohl Selbstinduktionsspannungen in der Maschine bzw. dem Transformator als auch Kondensatorspannungen zwischen Leitung a und Erde auftreten, welche nach Gl. 307) $E = J\sqrt{\frac{L}{C}}$ sind, oder wenn wir für $J = \frac{E}{w}$ setzen, $\frac{1}{w}\sqrt{\frac{L}{C}}$ mal so groß werden als die Spannung der Stromquelle. Unter w ist der Widerstand des Erdschlußstromkreises verstanden.

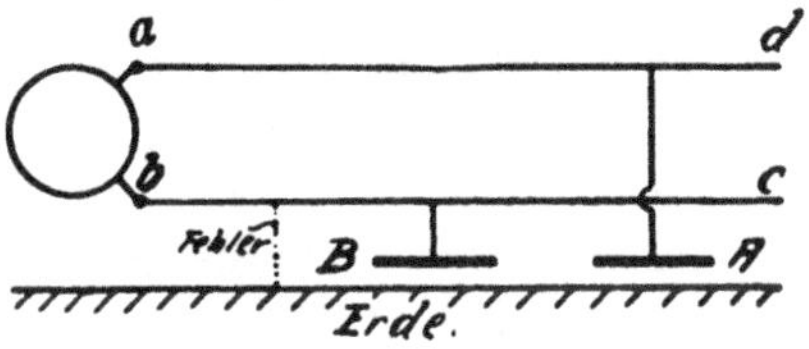

Fig. 89.

Handelt es sich wie in Fig. 90 um eine Drehstromleitung, bei welcher in einer Phase, beispielsweise *cd*, Erdschluß auftritt, so entstehen zwei Stromwege, und zwar einmal von der Maschine durch die fehlerhafte Leitung *cd* über Erde, Kapazität *B* zur Maschine zurück, und zum anderen Male von der Erde über Kapazität *A* zur Maschine zurück. Beide Wege enthalten Selbstinduktion (Maschine) und Kapazität in Hintereinanderschaltung und bieten die Möglichkeit zur Entstehung von Resonanzschwingungen.

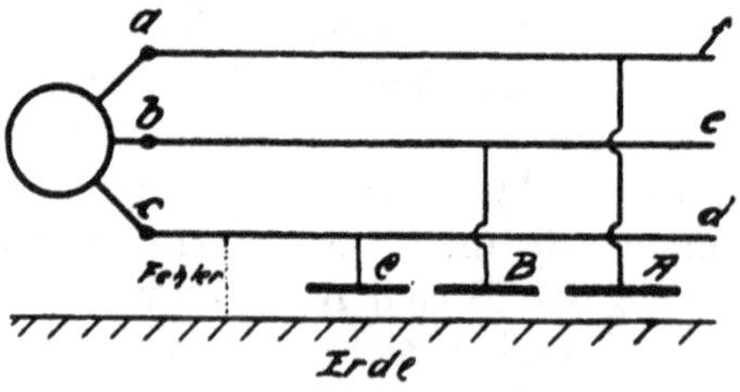

Fig. 90.

Aber wenn auch keine schwingenden Entladungen eintreten, so ist der Stromverlust erheblich, denn die Spannungen an den Kondensatoren *A* und *B* werden jetzt gleich der Leitungsspannung, während sie früher vor Eintritt des Erdschlusses gleich der Phasenspannung waren. Die Kondensatorspannungen bei *A* und *B* werden also $\sqrt{3}$ mal größer als früher. In demselben Verhältnis nehmen die Ladeströme zu.

Erdet man den neutralen Punkt der Stromquelle, so wird der Erdschluß der kranken Leitung zum Kurzschluß. Ist der Kurzschluß noch nicht vollkommen, sondern bildet sich nur ein Lichtbogen aus, jedesmal wenn die Spannung der Stromquelle einen gewissen Wert erreicht, so haben wir schwingende Entladungen, welche sich mit der Eigenschwingungszahl des Stromkreises vollziehen. Diese Schwingungen lagern sich über die dem Stromkreise von der Maschine aufgedrückten Schwingungen. Die Eigenschwingungen können nur einige Pendelungen vollziehen, da der Funken beim Abnehmen der Maschinenspannung abreißt, jedoch können Amplituden auftreten, welche fast den doppelten Wert der Maschinenspannung erreichen. In Fig. 91 ist die Form der Spannungswellen bei einem unvollkommenen Erdschluß dargestellt.

Mit der Zeit verstärkt sich der Erdschluß und der Lichtbogen wird dauernd. Ein solcher Lichtbogen kann aber dann zum Schwingungserzeuger werden, wenn Einflüsse vorhanden sind, welche den Lichtbogen labil erhalten. Solche Einflüsse sind aber das Sinken der Klemmenspannung am Stromerzeuger infolge des Erdschlußstromes, oder die Abkühlung des Bogens an der kranken Leiterstelle, oder auch der Luftauftrieb und die Wirkung magnetischer Felder. Ein solcher labiler Lichtbogen kann zu Resonanzschwingungen Veranlassung geben. Wird der Lichtbogen endlich stabil, so ist der vollendete Kurzschluß mit der bei der Unterbrechung sich einstellenden Überspannung von

$$e = J_k \sqrt{\frac{L}{C}}$$

gegeben, hierin ist J_k der Kurzschlußstrom.

Selbst wenn der Erdschluß ohne eine schwingende Entladung vor sich geht, treten in den nicht betroffenen Phasen Überspannungen infolge der unsymmetrischen Lage des Nullpunktes an der Erdungsstelle auf.

Man kann über den Wert der Erdung des Systemmittelpunktes im Zweifel sein. Jedenfalls sollte in die Erdleitung ein hinreichender

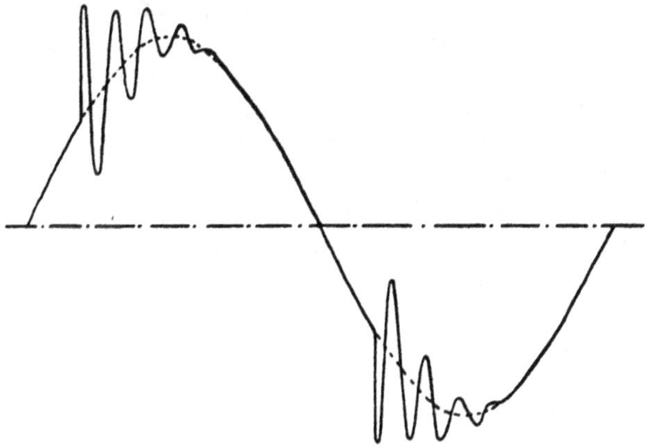

Fig. 91.

Ohmscher Widerstand oder eine Erdungsdrosselspule eingebaut werden, um im Falle eines Erdschlusses das Anwachsen des Stromes auf einen hohen Betrag zu verhindern. Auch ist durch automatisch wirkende Ölschalter dafür zu sorgen, daß der Strom in der fehlerhaften Leitung im Nullwert unterbrochen wird. Über Nullpunktserdung namentlich auch durch Erdungsdrosselspulen siehe Kapitel H. »Nullpunktserdung«.

e) Einschalten einer Leitung.

Die beim Einschalten von Leitungen, welche auf ihre Länge gleichmäßig verteilt sowohl Selbstinduktion als auch Kapazität enthalten, auftretenden Schwingungen lassen sich nicht mehr nach den für den Thomsonschen Schwingungskreis gültigen Gesetzen behandeln.

Wir müssen uns vielmehr hier mit fortschreitenden Wellen befassen. Die in Leitungen mit verteilter Selbstinduktion und Kapazität auftretenden Wellen durchwandern mit steiler Stirn solche Leitungen und kehren, nachdem sie an den Enden reflektiert worden sind, in die Leitung zurück.

Für derartige Wellen hat sich der Name »Wanderwellen« eingebürgert. Ausführliches über die Theorie solcher Wellen bringen Prof. Dr.-Ing. Petersen in seinem Werk über »Hochspannung« und Karl Willy Wagner in »Elektromagnetische Ausgleichsvorgänge in Freileitungen und Kabeln«. Wir werden uns im allgemeinen an den von Petersen gegebenen Darstellungsgang halten. Ehe wir uns den einzelnen Schaltvorgängen zuwenden, müssen wir die allgemeine Theorie und die Gestalt der Wanderwellen besprechen.

Nehmen wir an, eine am Ende offene, lange, einfache Leitung sei von einem Ladungsstoß betroffen worden, so daß eine Ladung Q von der Länge x auf die Leitung übergegangen ist. Eine solche isolierte Ladung auf einem Leiter ist nur möglich, wenn sich die Ladung mit der Fortpflanzungsgeschwindigkeit der Elektrizität über die Leitung bewegt. Während der Applizierung des Ladungsstoßes auf den betrachteten Leiter möge der andere Pol der Stromquelle an Erde gelegen haben. Die Länge x der Ladung entspricht der ganz kurzen Zeitdauer, während welcher die Stromquelle auf den Leiter gewirkt hat.

Da jeder Ladung eine entgegengesetzt gleiche entsprechen muß, zwischen welchen sich Verschiebungslinien ausspannen, so wird die Gegenladung auf der Erde angenommen. Der Spannungsunterschied E zwischen den beiden Ladungen kann auf der kurzen Strecke x als konstant angenommen werden.

Die Fortpflanzung der Ladung Q auf dem Leiter erfolgt derart, daß sich gewissermaßen der letzte Teil der Ladung jeweils unter der über die Länge x ruhenden Ladung in Form eines Stromes nach vorn bewegt und die Stirnbildung übernimmt. Den entstehenden Strom wollen wir i nennen. Der Strom, welcher seinen Gegenstrom in der Erde hat, findet seinen Zusammenhang mit dem Gegenstrome als Verschiebungsstrom im Dielektrikum zwischen Leiter und Erde.

Wie jeder Strom, so muß auch der Strom i in seiner Umgebung ein elektromagnetisches Feld erzeugen. Der gesamte elektromagnetische Kraftlinienfluß muß die vom Strome umschlossene Fläche durchsetzen.

Die Spannuug vor und hinter der über den Leiter eilenden Ladung ist Null. Die Fortpflanzungsgeschwindigkeit der Elektrizität auf der Oberfläche eines Leiters ist gleich der des Lichtes, also $3 \cdot 10^{10}$ cm in der Sekunde.

Wir denken uns das vom Strome umgrenzte elektromagnetische Feld durch eine unendliche Zahl von Ebenen, die senkrecht zum Leiter stehen, in unendlich viele Flächenelemente zerlegt. Die Länge eines solchen Elementes sei dx, die zugehörige Ladung dQ (s. Fig. 92).

In dem letzten und ersten Elemente finden Energieumsetzungen statt, da hier Kraftlinien verschwinden bzw. neu auftreten.

Betrachten wir das letzte Element $abcd$. Am Ende ac ist die Spannung Null geworden. Der Strom i hat die Elektrizitätsmenge dQ, welche vor seinem Entstehen die Spannung $ac = E$ hervorgerufen hatte, um die Strecke dx weitergeführt. Das gleiche ist in allen übrigen Elementen, beispielsweise in dem benachbarten $bdfg$, eingetreten. Für dieses Element ist die Spannung am Ende bd gleich Null geworden.

Der Strom i des ersten Elementes ist während der Zeit t, die zum Durcheilen der Strecke dx nötig ist, von dem Werte $i = i$ auf $i = 0$ gesunken. Durch dieses Verschwinden des Stromes wird eine neue E.M.K. e er-

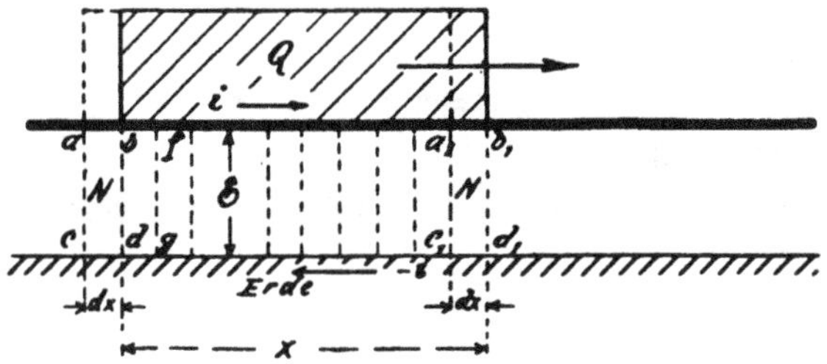

Fig. 92.

zeugt. Der Strom hat die Geschwindigkeit v; um den Weg dx zu durchlaufen, bedarf er der Zeit

$$t = \frac{dx}{v} \quad \ldots\ldots\ldots \quad 318)$$

Wir nehmen an, daß der Ohmsche Spannungsabfall auf der Leitungsstrecke dx gleich Null ist; dann wird die Stromänderung

$$\frac{di}{dt} = -\frac{i}{t} = -\frac{i \cdot v}{dx} \quad \ldots\ldots \quad 319)$$

Ist L die Selbstinduktion pro Längeneinheit der Leitung, so ist die erzeugte E.M.K.

$$e = -L\,dx\,\frac{di}{dt} \quad \ldots\ldots\ldots \quad 320)$$

$$e = L\,\frac{dx\,i\,v}{dx} \quad \ldots\ldots\ldots \quad 321)$$

$$e = L\,i\,v \quad \ldots\ldots\ldots\ldots \quad 322)$$

Da die Wandergeschwindigkeit[1]) der Welle:

$$v = \frac{1}{\sqrt{LC}} \quad \ldots\ldots\ldots\ldots \quad 323)$$

ist, so erhalten wir als E.M.K.

$$e = \frac{L\,i}{\sqrt{LC}} = i\sqrt{\frac{L}{C}} \quad \ldots\ldots \quad 324)$$

---

[1]) Die Wandergeschwindigkeit, welche durch den Ausdruck $\frac{1}{\sqrt{LC}}$ gegeben ist (s. Wagner, Elektromagnetische Ausgleichsvorgänge in Freileitungen und Kabeln 1908 S. 4 bis 12 und Kuhlmann, Grundzüge des Überspannungsschutzes in Theorie und Praxis 1914 S. 26) hat auf Leitungen in Luft unter Vernachlässigung des Magnetfeldes im Leiter nahezu den Wert der Lichtgeschwindigkeit $3 \cdot 10^{10}$ cm/sec.

Der Strom i ist entstanden durch das Verschwinden der Spannung E. Da die in einer Sekunde von dem Strome in Bewegung gesetzte Elektrizitätsmenge allgemein (q = Ladung pro Längeneinheit)

$$q \cdot v = C E v \quad \ldots\ldots \quad 325)$$

ist, so ist in der Zeit dt die Menge

$$q \cdot v \cdot dt = dq = C E v\, dt \quad \ldots\ldots \quad 326)$$

durch den Leiter geflossen.

Der Strom i ist die in der Zeiteinheit durch den Leiter fließende Elektrizitätsmenge

$$i = \frac{dq}{dt} = C \cdot v \cdot E \quad \ldots\ldots \quad 327)$$

Da aber

$$v = \frac{1}{\sqrt{LC}},$$

so ist

$$i = E \sqrt{\frac{C}{L}} \quad \ldots\ldots \quad 328)$$

Kombinieren wir Gl. 324) und Gl. 328), so wird

$$e = E \sqrt{\frac{C}{L}} \cdot \sqrt{\frac{L}{C}} \quad \ldots\ldots \quad 329)$$

$$e = E \quad \ldots\ldots \quad 330)$$

Es bleibt also auf der ganzen Länge der Welle stets die Spannung E bestehen. Nur am Ende des letzten Elementes verschwindet sie und am Anfange des ersten wird sie neu erzeugt.

Die Spannung der Welle steigt also an ihrem Anfange steil auf den Betrag E an und fällt am Ende steil zu Null ab.

Würden wir unsere Untersuchung an einem Leiter einer Einphasenleitung oder eines Drehstromsystems vorgenommen haben, so würden sich die entgegengesetzte Ladung und der entgegengesetzte Strom auf der anderen Leitung des Einphasensystems oder auf den beiden anderen Leitern des Drehstromsystems befinden.

Bei einer oder mehreren parallel geschalteten Leitungen befinden sich Gegenladung und Gegenstrom auf der Erdoberfläche. Trifft die Wanderwelle, deren Gestalt jetzt genau ermittelt ist, am Ende der offenen Leitung ein, so wird sie dort reflektiert, wobei sich ihre Spannung verdoppelt und ihr Strom verschwindet. Betrachten wir z. B. den in Fig. 93 dargestellten Zeitpunkt, wo sich die Welle mit ihrem Ende auf $^3/_4$ Wellenlänge (die ganze Wellenlänge sei x) dem offenen Ende der Leitung genähert hat, so hat sich bereits $^1/_4$ des Stromes umgekehrt und mit dem entsprechenden Teil des vorhandenen zu Null zusammengesetzt. Es besteht daher in diesem Zeitmoment nur noch die halbe Stromwelle $lnmo$.

Die Spannung der Welle hat zu gleicher Zeit auf ein Viertel Wellenlänge eine Verdoppelung erfahren.

Ist diese Annahme richtig, so muß die Summe der Energieinhalte der in Fig. 93 dargestellten Wellenzüge in jedem Augenblick konstant sein.

Sind die Wellenzüge, wie im linken Teile der Fig. 93 dargestellt,

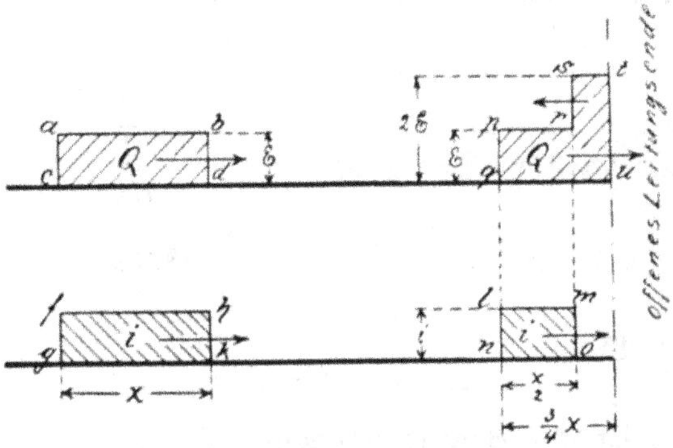

Fig. 93.

noch unverstümmelt, so ist der Energiegehalt der Spannungswelle *abcd*

$$A_1 = \frac{E^2 C x}{2},$$

wenn C die Kapazität pro Längeneinheit des Leiters bedeutet.

Der Energieinhalt der Stromwelle *fghk* ist

$$A_2 = \frac{i^2 L x}{2},$$

wenn L den Selbstinduktionskoeffizienten der Leitung pro Längeneinheit bedeutet.

$$A_1 + A_2 = \frac{E^2 C x}{2} + \frac{i^2 L x}{2}.$$

Da nun der Strom nichts anderes ist als die in der Zeiteinheit gelieferte Elektrizitätsmenge, so können wir setzen

$$i = Q v = C E v \quad . \quad . \quad . \quad . \quad . \quad . \quad . \quad . \quad 331)$$

und wir erhalten

$$A_1 + A_2 = \frac{E^2 C x + E^2 C^2 v^2 L x}{2}.$$

Setzen wir nach Gl. 323)

$$v = \sqrt{\frac{1}{L C}},$$

so wird

$$A_1 + A_2 = E^2 C x \quad . \quad . \quad . \quad . \quad . \quad . \quad . \quad . \quad 332)$$

Gehen wir jetzt zu dem im rechten Teile der Fig. 93 dargestellten Zustande über, so ist der Energieinhalt der Spannungswelle *qprstu*

$$A_1' = \frac{E^2 C \frac{x}{2}}{2} + \frac{(2E)^2 C \frac{x}{4}}{2} = \frac{3}{4} E^2 C x.$$

Der Energieinhalt der Stromwelle ist

$$A_2' = \frac{i^2 L x}{4}.$$

Setzt man wieder $i = C E v$, wo $v = \sqrt{\frac{1}{LC}}$ ist, so wird

$$A_2' = \frac{C^2 E^2 L x}{L C 4} = \frac{1}{4} E^2 C x.$$

Hieraus folgt

$$A_1' + A_2' = E^2 C x \quad \ldots \ldots \quad 333)$$

Hierdurch ist der Beweis erbracht, daß sich die Spannung durch die Reflexion am offenen Ende verdoppelt hat und der Strom auf Null gesunken ist, denn der gleiche Beweis ließe sich für jeden anderen Zustand der Reflexion ebenso führen.

Erreicht die Spannungswelle mit ihrer zurückkehrenden Stirnfläche das Ende der Welle, so ist die Stromwelle ganz verschwunden. Die Spannungswelle hat dann die Länge $\frac{x}{2}$ und den Scheitelwert $2E$. Ihr Energieinhalt ist alsdann

$$A = \frac{(2E)^2 C \frac{x}{2}}{2} = C E^2 x.$$

Gehen wir jetzt einen Schritt weiter und betrachten die gleichen Zustände auf einer am Ende kurzgeschlossenen Einphasenleitung.

Die auf beiden Leitern gedachten isolierten Ladungen eilen mit Lichtgeschwindigkeit dem kurzgeschlossenen Leitungsende zu. Sie sind auf beiden Leitern entgegengesetzt gleich. Am Kurzschlußpunkte gleichen sich die entgegengesetzt gerichteten Spannungen der Wellen aus. Die Spannung muß also am Kurzschlußpunkte auf Null sinken. Die Ströme, welche die Kurzschlußstelle passieren können, verdoppeln sich naturgemäß. Den Beweis dieser Behauptung können wir wieder aus der Arbeitsgleichung führen. Der Einfachheit halber wollen wir wieder den Zustand wählen, wo sich die Wellen mit ihren Enden auf ³/₄ ihrer Länge dem kurzgeschlossenen Leitungsende genähert haben. In Fig. 94 haben wir diesen Zustand dargestellt. Der Energieinhalt der im rechten Teile der Fig. 94 dargestellten Spannungswelle ist

$$A_1 = \frac{E^2 C \frac{x}{2}}{2} = \frac{E^2 C x}{4}.$$

Der Energieinhalt der zugehörigen Stromwelle ist

$$A_2 = \frac{i^2 L \frac{x}{2}}{2} + \frac{(2\,i)^2 L \frac{x}{4}}{2} = \frac{3}{4}\, i^2 L\, x.$$

Setzt man wieder

$$i = C\,E\,v \text{ und } v = \sqrt{\frac{1}{L\,C}},$$

so wird

$$A_2 = \frac{3}{4} E^2 \frac{C}{L} L\, x = \frac{3}{4} E^2 C\, x,$$

also

$$A_1 + A_2 = E^2 C\, x \quad \dots\dots\dots\dots \quad 334)$$

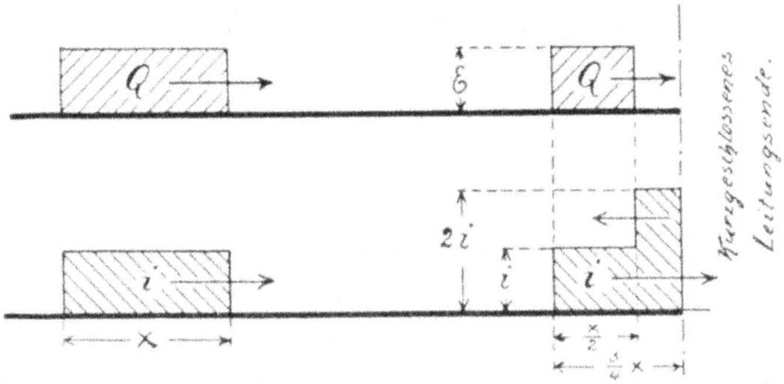

Fig. 94.

Dasselbe Ergebnis würden wir für jeden anderen Zeitpunkt der Reflexion erhalten.

Es bedarf nach Vorstehendem wohl keiner besonderen Beweisführung mehr, daß in dem Augenblick, wo sich das hintere Ende der Spannungswelle und die rückkehrende Stirnseite der Stromwelle begegnen, die Spannung gleich Null geworden ist.

Da das Bestehen eines Stromes an das Vorhandensein einer Ladung gebunden ist, so muß sich auch sofort wieder eine neue Spannung ausbilden, nachdem dieselbe den Nullwert erreicht hat. Diese neue Spannung hat das entgegengesetzte Vorzeichen der seitherigen. Die zur Bildung der neuen Spannung erforderlicheEnergie wird dem zurückflutenden Strome entzogen, dessen Scheitelwert hierdurch wieder auf den einfachen Wert i sinkt.

Die Phase der Neubildung einer negativen Ladung bzw. einer negativen Spannungswelle haben wir im unteren Teile der nebenstehenden Fig. 95 dargestellt, welche gleichzeitig in ihrem oberen Teile den Zustand veranschaulicht, in dem die Spannung zu Null geworden war.

Die Wellen eilen also nach ihrer Umwandlung am Kurzschlußende mit gleich hoher und entgegengesetzt gerichteter Stromstärke und

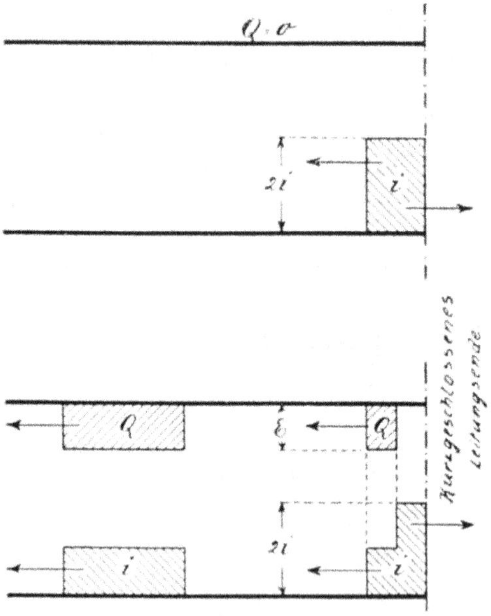

Fig. 95.

entgegengesetzt gerichteter, gleich hoher Spannung vom Leitungsende weg.

Wir wollen uns jetzt der eigentlichen Aufgabe zuwenden und die Spannungsverhältnisse untersuchen, die in einer Leitung beim Einschalten herrschen.

Der einfachste Fall wäre dann gegeben, wenn eine einfache am Ende offene Leitung von der Länge l an eine Stromquelle gelegt wird, deren anderer Pol an Erde liegt. Es fließt eine gewisse Elektrizitätsmenge Q auf die Leitung über. Der sich auf den Leiter ergießende Strom ist

$$i = Q\,v = C\,E\,v \quad \ldots\ldots\ldots \quad 335)$$

wo v = Fortpflanzungsgeschwindigkeit der Elektrizität ist. C ist die Kapazität des Leiters pro Längeneinheit.

Die Stirnfläche der auf den Leiter strömenden Ladungswelle ist nach den vorangeschickten Betrachtungen als senkrecht gestaltet anzunehmen.

Gelangt die Welle an das offene Ende der Leitung, so verdoppelt sich die Spannung, wogegen der Strom auf Null sinkt.

Den Beweis für diese Behauptung können wir aus der Energiegleichung führen. Über das Leitungsende hinaus kann der Strom nicht fließen. Beim plötzlichen Aufhören des Stromes wird deshalb die an ihn gebunden gewesene elektromagnetische Feldenergie $\frac{i^2 L}{2}$ frei und schwingt in elektrische Energie $\frac{C x^2}{2}$ um, wo L und C die Konstanten der Leitung sind. Wir haben also

$$\frac{C x^2}{2} = \frac{L i^2}{2},$$

$$x = i \sqrt{\frac{L}{C}}.$$

Nun ist nach Gl. 320) und ferneren

$$E = e = i \sqrt{\frac{L}{C}},$$

daher auch $x = E$ . . . . 336)

Am Ende der Leitung tritt die Spannung $x = E$ zu der vorhandenen Spannung E der Ladung, und wir haben also dort im ganzen die Spannung $2E$.

Die Spannung der Einschaltwelle hat sich also am Ende der Leitung verdoppelt, während der Strom Null wird. Durch den Abbau des Stromes ist erst die Verdoppelung der Spannung möglich.

In Fig. 96 haben wir unter b) den Zustand nach der Reflexion am offenen Leitungsende dargestellt.

Die Einschaltwelle $2E$ eilt mit Lichtgeschwindigkeit zum Anfange der Leitung zurück. Gleichzeitig mit dem Eintreffen der Spannung $2E$ am Anfange der Leitung ist der ganze Strom auf der Leitung Null geworden (s. Fig. 96c). Trifft die Spannung $2E$ auf die Stromquelle, welche bis zu diesem Augenblick Strom geliefert hat, so tritt jetzt das Umgekehrte ein. Die zurückkehrende Einschaltwelle hat die doppelte Spannung der Stromquelle. Infolgedessen muß die Einschaltwelle jetzt Strom liefern. Der Überschuß an Spannung, welchen die Einschaltwelle jetzt besitzt, wird zur Bildung des neuen Stromes benutzt, indem sich die elektrische Energie $\frac{C E^2}{2}$ in elektromagnetische $\frac{L i^2}{2}$ umschwingt. Also

$$\frac{L i^2}{2} = \frac{C E^2}{2},$$

$$i = \pm E \sqrt{\frac{C}{L}}.$$

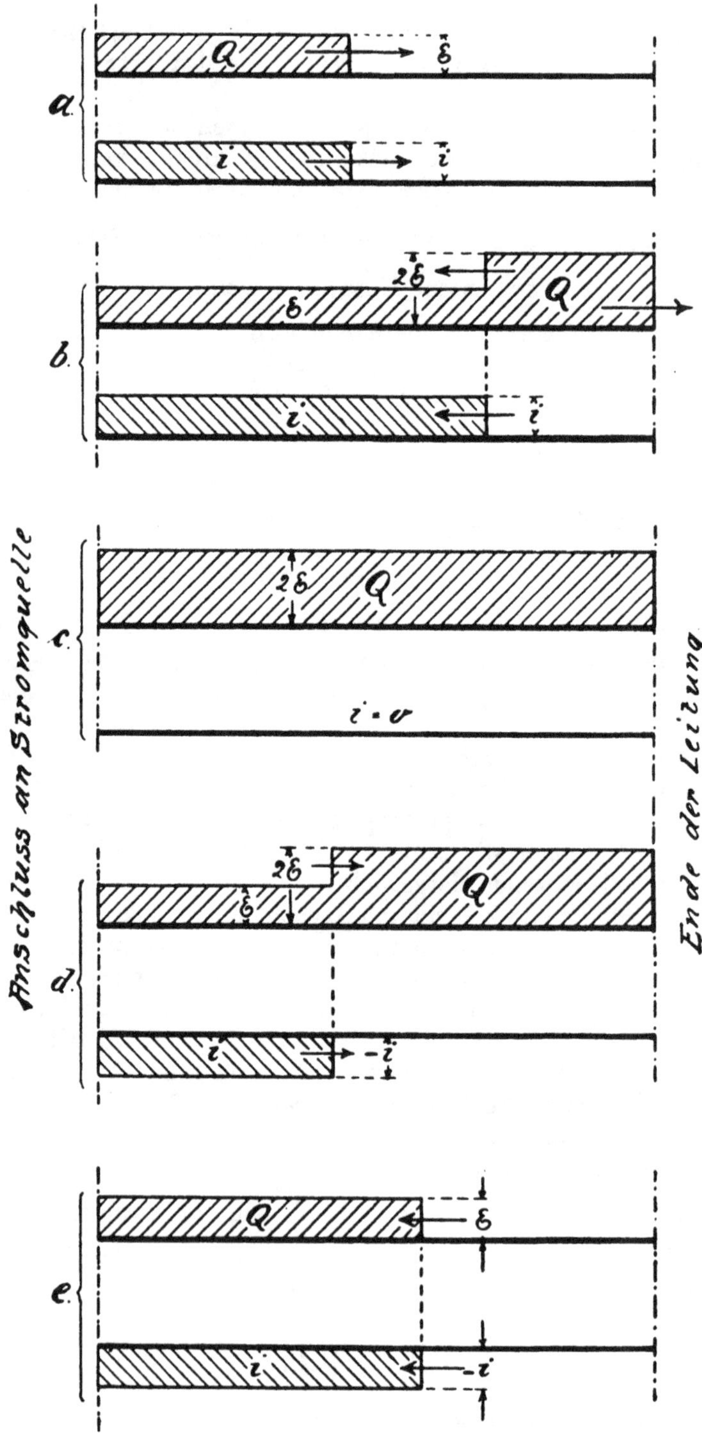
a
Q
ε
i
i
b
2ε
Q
ε
i
i
c
2ε
Q
i = 0
d
2ε
Q
ε
i
-i
e
Q
ε
i
-i
Anschluss an Stromquelle
Ende der Leitung

Fig. 96.

Den Abbau der Spannung von $2E$ auf E können wir uns als die Wirkung einer negativen Welle $-E$ (Abbauwelle) denken. Der entstehende Strom muß also mit dem negativen Vorzeichen auftreten. Mit vorschreitendem Abbau der Spannung bildet sich also ein Strom $-i$ aus (s. Fig. 96d), welcher zum offenen Leitungsende hinstrebt.

Bei Ankunft der Abbauwelle $-E$ am offenen Leitungsende befindet sich auf der ganzen Leitungslänge der Strom $-i$. Die Leitung führt also in diesem Augenblick die Spannung $+2E-E=+E$ und den Strom $-i$.

Bei Ankunft des Stromes $-i$ wird dieser umgekehrt und verschwindet. Durch das Verschwinden des Stromes wird die Spannung $-E$ erzeugt, welche sich mit der Spannung $+E$ zu Null addiert.

Bei Beendigung des Abbaues ist also die Leitung wieder strom- und spannungslos, und dasselbe Spiel kann wieder beginnen (s. Fig. 96e).

Die Einschaltwelle pendelt also während des betrachteten Spiels über die ganze Leitungslänge zweimal hin und her. Durch den Ohmschen Spannungsabfall wird eine Dämpfung ausgeübt, so daß die Pendelung allmählich abstirbt und in einen stationären Zustand übergeht.

Die höchste auftretende Spannung ist gleich der zweifachen der Stromquelle.

Die Wellenlänge ist gleich der vierfachen Leitungslänge. Die Frequenz der Einschaltwellen ist

$$\sim = \frac{v}{4l} = \frac{1}{4l\sqrt{LC}} \quad \ldots\ldots \quad 337)$$

wo $l =$ Länge der Leitung in cm,
$v = 3\cdot 10^{10}$ cm/sec (Fortpflanzungsgeschwindigkeit),
$L =$ Selbstinduktionskoeffizient der Leitung pro Längeneinheit in Henry,
$C =$ Kapazität der Leitung pro Längeneinheit in Farad.

Die Fortpflanzungsgeschwindigkeit der Elektrizität ist von dem Medium abhängig, welches den Leiter umgibt, und zwar verhält sich

$$\frac{\text{Geschwindigkeit in Luft}}{\text{Geschwindigkeit im andern Medium}} = \frac{\sqrt{\varrho\mu}}{1}.$$

Hierin ist ϱ die Dielektrizitätskonstante und μ die magnetische Permeabilität des Mediums.

Die Erhöhung der Spannung auf den Wert $2E$ läßt sich vermeiden, wenn man am Ende der Leitung einen Ohmschen Widerstand einbaut.

Wir wollen den eingebauten Widerstand mit R bezeichnen.

Ist der den Widerstand durchfließende Strom gleich i_1, so wird am Schlusse der ersten Viertelperiode des ersten Ladungsspieles der Strom $i-i_1$ am Anfange des Widerstandes infolge Reflexion verschwinden. Das Verschwinden dieses Stromes liefert die Spannung

$$(i - i_1)\sqrt{\frac{L}{C}}.$$

Diese Spannung überlagert sich der Spannung E, die mit der Ladung von der Stromquelle auf den Leiter gelangt ist. Der Widerstand steht also unter der Spannung $E + (i - i_1)\sqrt{\frac{L}{C}}$. Ebenso groß muß der Ohmsche Spannungsabfall sein. Wir können also die Gleichung aufstellen:

$$E + (i - i_1)\sqrt{\frac{L}{C}} = i_1 R \quad \ldots \ldots \quad 338)$$

Hieraus folgt

$$i_1 = \frac{E + i\sqrt{\frac{L}{C}}}{R + \sqrt{\frac{L}{C}}},$$

und da

$$i\sqrt{\frac{L}{C}} = E$$

ist, so folgt

$$i_1 = \frac{2\,E}{R + \sqrt{\frac{L}{C}}} \quad \ldots \ldots \ldots \quad 339)$$

Die Spannung am Zurückwerfungspunkte ist jetzt gleich dem Ohmschen Spannungsabfalle des Widerstandes, also

$$E_1 = i_1 R$$

$$E_1 = 2\,E \frac{R}{\sqrt{\frac{L}{C}} + R}$$

Wird $R = 3\sqrt{\frac{L}{C}}$, so wird $E_1 = \frac{3}{2} E$, daher Überspannung $\frac{1}{2} E$,

» $R = 2\sqrt{\frac{L}{C}}$, » » $E_1 = \frac{4}{3} E$, » » $\frac{1}{3} E$,

» $R = \sqrt{\frac{L}{C}}$, » » $E_1 = 1\,E$, » » 0,

» $R = \frac{1}{2}\sqrt{\frac{L}{C}}$, » » $E_1 = \frac{2}{3} E$,

» $R = \frac{1}{3}\sqrt{\frac{L}{C}}$, » » $E_1 = \frac{1}{2} E$.

Hat der Widerstand die Größe $R=\sqrt{\frac{L}{C}}$, so ist jede Überspannung verschwunden; aber auch bei weitgehender Abweichung von diesem Werte ist die entstehende Überspannung noch sehr gering.

Wie wir gesehen haben, wird die Einschaltwelle beim ersten Eintreffen am offenen Ende der Leitung reflektiert, wobei sich ihre Spannung verdoppelt und ihr Strom auf Null sinkt.

Eine ähnliche Umbildung erfährt die Einschaltwelle aber auch an jedem Punkte veränderter Kontinuität, da auch an diesen Punkten eine teilweile Reflexion eintritt. Diskontinuitätspunkte sind alle Stellen eines Leitungszuges, wo sich das Verhältnis $\sqrt{\frac{L}{C}}$, also mit einem Wort der »Wellenwiderstand« ändert. Da die beim Verschwinden eines Stromes durch Umschwingen der plötzlich frei werdenden elektromagnetischen Energie in elektrische entstehende Spannung allgemein

$$e=i\sqrt{\frac{L}{C}} \quad \text{. . . . . 338a)}$$

ist, nennt man den Ausdruck $\sqrt{\frac{L}{C}}$ in Analogie zum Ohmschen Gesetz den Wellenwiderstand. Wir wollen den Wellenwiderstand einer Leitung im ferneren mit w bezeichnen, also

$$w=\sqrt{\frac{L}{C}} \quad \text{. . . . . 339a)}$$

Der Wellenwiderstand wird rechnerisch genau so behandelt wie ein Ohmscher Widerstand. Sind also mehrere Leitungen parallel geschaltet, und betragen die Wellenwiderstände der einzelnen Leitungen w_1, w_2 usf., so ist der Gesamtwellenwiderstand aus der Gleichung zu ermitteln:

$$\frac{1}{w}=\frac{1}{w_1}+\frac{1}{w_2}+\frac{1}{w_3}\ldots \quad \text{. . . . . 340)}$$

Da der Wellenwiderstand für Freileitungen zwischen 500 und 800 Ohm und für Kabel zwischen 40 und 80 Ohm schwankt, so bilden Übergänge von Freileitung auf Kabel starke Diskontinuitätspunkte, an welchen sich die Einschaltwelle staut. An derartigen Punkten werden also auch Überspannungen infolge teilweiser Reflexion zu erwarten sein.

Wir wollen den besonders anschaulichen Fall untersuchen, wo sich ein Kabel verhältnismäßig kurzer Länge an eine Freileitung von großer, theoretisch unendlicher Länge anschließt. Wir machen diese Voraussetzung, um die Rechnung einfacher zu gestalten, werden aber später das Resultat verallgemeinern.

Den Wellenwiderstand der Freileitung wollen wir mit w_f und denjenigen des Kabels mit w_k bezeichnen.

Die durch die Freileitung stürmende Ladewelle wird am Kabelanfang gestaut, so daß zunächst nur ein Teil der Welle in das Kabel eindringt. Die Spannung der in das Kabel eindringenden Welle sei e_k und der Strom dieser Teilwelle sei i_k. Die Spannung der Ladewelle in der Freileitung sei E (zugleich Spannung der Stromquelle) und ihr Strom i.

Die Spannungen am Anfange der Kabelleitung und am Ende der Freileitung müssen gleich sein, und zwar, da $w_k < w_f$, wie aus Tabelle S. 212 ersichtlich, kleiner als E.

Es ist

$$e_k = i_k \cdot w_k.$$

Am Übergangspunkte ist also die Spannung der Freileitung um $E - e_k$ gesunken.

Diese Herabsetzung der Spannung kann man sich entstanden denken als Wirkung eines Abbau-Stromes, der vom Übergangspunkte zur Stromquelle zurückfließt.

Der Abbaustrom ist $-(i - i_k)$.

Mithin

$$-(i - i_k) \cdot w_f = E - e_k \quad \ldots \ldots \quad 341)$$

und da

$$i\, w_f = E,$$

$$i_k \cdot w_k = e_k,$$

so ist

$$-E + \frac{e_k\, w_f}{w_k} = E - e_k,$$

$$2\,E = e_k \frac{w_k + w_f}{w_k},$$

$$e_k = \frac{2\,E\, w_k}{w_k + w_f} \quad \ldots \ldots \quad 342)$$

Den Strom im Kabel ergibt die Gleichung

$$i_k = \frac{e_k}{w_k},$$

$$i_k = \frac{2\,E}{w_k + w_f} \quad \ldots \ldots \quad 343)$$

Die das Kabel durcheilende Welle wird am offenen Ende desselben reflektiert, wobei sich die Spannung verdoppelt und der Strom Null wird.

Die zurückkehrende Welle hat die Spannung $2e_k$. Da am Übergangspunkte die Spannung e_k herrscht, so haben wir dieselbe Erscheinung, als ob eine Welle der Spannung e_k aus dem Kabel auf die Freileitung trifft.

Es wird also ein Teil (s. Fig. 97) in die Freileitung eindringen, ein Teil reflektiert werden.

Der eindringende Teil x_1 berechnet sich unter sinngemäßer Benutzung der Gl. 342) zu

$$x_1 = 2\, e_k \frac{w_f}{w_f + w_k} \quad \ldots\ldots\ldots \quad 344)$$

Am Übergangspunkte herrscht also jetzt die Spannung

$$e_k + x_1 = e_k + 2\, e_k \frac{w_f}{w_f + w_k}.$$

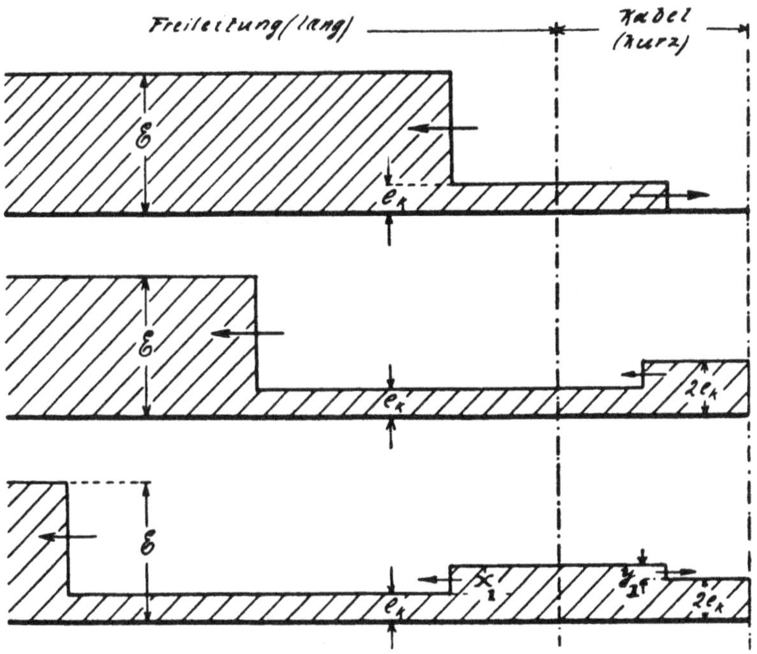

Fig. 97.

Da dieselbe Spannung im Kabel herrscht, können wir den Zuwachs der Spannung als Folge einer Welle mit der Spannung y_1 auffassen.

$$y_1 = e_k + x_1 - 2\, e_k,$$

$$y_1 = e_k \frac{w_f - w_k}{w_f + w_k} \quad \ldots\ldots\ldots \quad 345)$$

Diese wird am offenen Kabelende wieder reflektiert, wobei sie ihre Spannung verdoppelt. Es tritt beim Zurückkehren dieser Welle wieder ein Teil x_2 in die Freileitung ein, ein anderer y_2 wird reflektiert. Es bestimmen sich x_2 und y_2 entsprechend x_1 und y_1, wenn man für e_k jetzt y_1 setzt.

$$x_2 = 2\, y_1 \frac{w_f}{w_f + w_k}$$

$$x_2 = 2\, e_k \cdot \frac{w_f}{w_f + w_k} \cdot \frac{w_f - w_k}{w_f + w_k} \,.$$

$$y_2 = \quad y_1 \left(\frac{w_f - w_k}{w_f + w_k}\right),$$

$$y_2 = \quad e_k \left(\frac{w_f - w_k}{w_f + w_k}\right)^2 .$$

In gleicher Weise wiederholt sich der Vorgang; daher allgemein

$$y_n = e_k \left(\frac{w_f - w_k}{w_f + w_k}\right)^n .$$

Führen wir für e_k seinen Wert aus Gl. 342) ein, so wird

$$y_n = 2\, E \frac{w_k}{w_k + w_f} \left(\frac{w_f - w_k}{w_f + w_k}\right)^n \quad . \; . \; . \; . \quad 345a)$$

Nach der $n$ten Reflexion am Übergangspunkte ist also die im Kabel aufgehäufte Spannung E_n

$$E_n = 2\, e_k + 2\, y_1 + 2\, y_2 + \ldots . + 2\, y_n ,$$

$$E_n = 4\, E \frac{w_k}{w_f + w_k} + \sum_1^n 2\, y ,$$

$$E_n = 4\, E \frac{w_k}{w_f + w_k} \left[1 + \frac{w_f - w_k}{w_f + w_k} + \left(\frac{w_f - w_k}{w_f + w_k}\right)^2 + \cdots \right]$$

$$E_n = 2\, E \left[1 - \left(\frac{w_f - w_k}{w_f + w_k}\right)^{n+1}\right] \quad . \; . \; . \; . \; . \; . \; . \; . \; . \; . \; . \quad 346)$$

Für $n = \infty$ wird, da $\frac{w_f - w_k}{w_f + w_k}$ absolut genommen kleiner als 1 ist,

$$E = 2\, E .$$

Die Aufladung des Kabels erfolgt also staffelförmig. Die zu jeder Staffel gehörige Aufladungszeit ergibt sich aus der Kabellänge und der Wellengeschwindigkeit.

Die Welle hat für jede Staffel einen Weg gleich der doppelten Kabellänge zu durcheilen. Ist die Kabellänge l, die Wellengeschwindigkeit v, so ist die dazu erforderliche Zeit

$$t = \frac{2\, l}{v} .$$

Nach der n^{ten} Aufladung ist daher die Zeit t

$$t_n = \frac{2\,n\,l}{v} \text{ Sekunden verflossen.}$$

Setzen wir beispielsweise als Wellenwiderstand einer Freileitung den Wert $w_f = 600$ und als Wellenwiderstand des Kabels den Wert $w_k = 60$, so sind die Ladestaffeln im Kabel

nach	der	1.	Reflexion	am	Übergangspunkte	0,36 E
»	»	2.	»	»	»	0,66 E
»	»	3.	»	»	»	0,90 E
»	»	4.	»	»	»	1,12 E
»	»	5.	»	»	»	1,27 E
»	unendlich vielen Reflexionen				. . . .	2 E.

Die Ladung des Kabels erreicht also nach unendlich vielen Schwingungen der Einschaltwelle ihren Endwert, welcher, wie zu erwarten stand, $2E$ beträgt.

Würde w_k einen höheren Wert als w_f haben, wie es der Fall ist, wenn eine Freileitung über eine Kabelstrecke (letztere als sehr lang vorausgesetzt) geladen wird, so würden erheblich größere Sprünge an der Übergangsstelle bei der Aufladung der an zweiter Stelle befindlichen Leitung auftreten.

Wir können zur Berechnung wieder dieselben Gleichungen 342) und 345) benutzen, wenn wir w_f mit w_k vertauschen.

Die nach Ankunft der Einschaltwelle am Übergangsort in die Freileitung eindringende Spannungswelle ist dann

$$e_f = 2\,E\,\frac{w_f}{w_k + w_f} \quad \ldots \ldots \ldots \quad 346a)$$

also an Hand des Beispiels

$$e_f = 2\,E\,\frac{600}{60 + 600} = 1{,}818\,E.$$

Die am Ende der $n$ten Reflexion am Übergangspunkte in der an zweiter Stelle befindlichen Leitung erreichte Spannung wird

$$E_n = 2\,E\left[1 - \left(\frac{w_k - w_f}{w_k + w_f}\right)^{n+1}\right]. \quad \ldots \ldots \quad 347)$$

In dem gewählten Beispiel würden die einzelnen Ladungsstaffeln am Ende je einer Halbperiode der Einschaltwelle in der Freileitung:

nach	der	1.	Reflexion	am	Übergangspunkte	3,63 E
»	»	2.	»	»	»	0,66 E
»	»	3.	»	»	»	3,10 E
»	»	4.	»	»	»	1,12 E
»	»	5.	»	»	»	2,74 E
»	unendlich vielen Reflexionen				. . . . .	2 E.

Fügt man ein kurzes Stück mit hoher Kapazität in eine Leitungsstrecke ein, so erreicht man hierdurch eine Umbildung der Einschaltwelle, welche durch die Einfügung des kurzen Stückes erst staffelförmig ihren vollen Wert erreichen kann. Hierdurch wird der senkrechte Charakter der Wellenstirn geändert. Angeschlossene Apparate erhalten daher die Einschaltwelle mit abgestufter Stirn. Auf diesen Schutzwert machte Dr.-Ing. Petersen[1]) erstmalig aufmerksam.

Beträgt z. B. der Wellenwiderstand eines solchen eingefügten kurzen Stückes $^1/_{10}$ des Wellenwiderstandes der Leitung, so dringt von der Einschaltwelle zunächst nach Gl. 342) in das kurze Leitungsstück mit dem Wellenwiderstand $w_k = \frac{1}{10} w_f$ ein:

$$2E \frac{w_k}{w_f + w_k} = E \frac{2}{11}.$$

Von der Welle $\frac{2}{11} E$ dringt in den letzten Teil der Leitung nach Gl. 346a) ein:

$$\frac{2}{11} E \frac{2 w_f}{w_f + w_k} = \frac{2}{11} E \frac{20}{11} = \frac{40}{121} E = \text{rd. } \frac{1}{3} E.$$

In dem kurzen Stück strömt zur ersten Übergangsstelle zurück

$$\frac{40}{121} E - \frac{2}{11} E = \frac{198}{1331} E = \text{rd. } 0{,}15\, E.$$

Von diesem Betrage wird nach Gl. 345) an der ersten Übergangsstelle der Betrag reflektiert:

$$0{,}15\, E \frac{w_f - w_k}{w_f + w_k} = \text{rd. } 0{,}12\, E.$$

Wir haben also an der ersten Übergangsstelle jetzt

$$\left(\frac{2}{11} + 0{,}15 + 0{,}12\right) E = \text{rd. } 0{,}45\, E.$$

Von dem Betrage $0{,}12\, E$ wird an der zweiten Übergangsstelle nach Gl. 346a) in den letzten Leitungsteil eindringen

$$0{,}12\, E \frac{2 w_f}{w_f + w_k} = 0{,}12\, E \frac{20}{11} = 0{,}22\, E.$$

Dies ist die zweite Staffelladung des letzten Leitungsendes. Dasselbe steht jetzt an der zweiten Übergangsstelle unter der Spannung

$$\frac{40}{121} E + 0{,}22\, E = 0{,}54\, E = \text{rd. } \frac{1}{2} E.$$

Die Spannung im letzten Leitungsstück springt also zunächst auf $\frac{1}{3} E$, dann auf $\frac{1}{2} E$.

---

[1]) Hochspannungstechnik 1911, S. 137.

Trifft die Einschaltwelle auf die Wicklung eines Transformators oder eines Asynchronmotors, so bedeutet dies für die Welle nichts anderes als den Übergang in eine Wicklung mit außerordentlich hohem Wellenwiderstand.

Die Einschaltwelle würde also nach Gl. 347), da der Wellenwiderstand des Apparates größer als der der vorliegenden Leitung ist, mit einem Werte, der zwischen E und $2\,E$ liegt, in die Wicklung eines solchen Apparates eindringen. Weiteres siehe unter E. »Eisenhaltige Spulen« im Abschnitt 7.

Die Entstehung einer Überspannung kann nur vermieden werden, wenn Stufenschalter benutzt werden.

Wir betrachten jetzt eine Leitung, die am Ende kurzgeschlossen ist. Die von der Stromquelle kommende Spannung kann am Kurzschlußpunkte nicht weiter bestehen. Dem Fortschreiten des zugehörigen Stromes i steht kein Hindernis entgegen. Vom Kurzschlußpunkte an muß rückwärtsschreitend ein Sinken der Spannung auf Null eintreten. Dieses Verschwinden der Spannung bewirkt das Auftreten eines Stromes, da die Energie nicht verschwinden, sondern sich nur umsetzen kann. Die Größe des Stromes bestimmt sich aus der Gleichung

$$i = E\sqrt{\frac{C}{L}}.$$

Dieser Strom hat die gleiche Richtung und dieselbe Größe wie der Betriebsstrom, dem er sich überlagert. Nachdem das Verschwinden der Spannung bis zur Stromquelle fortgeschritten ist, kann die Stromquelle die nunmehr spannungslose Leitung von neuem aufladen. Der Strom, welcher die neue Ladung auf die Leitung führt, ist gleich dem ursprünglichen Betriebsstrom. Der Gesamtstrom ist mithin in diesem Stadium $3\,i$. Beim Auftreffen der Spannung auf den Kurzschlußpunkt wiederholt sich das Spiel. Es tritt also ein allmähliches Anwachsen des Betriebsstromes auf die Größe des Kurzschlußstromes ein. Die Größe des letzteren ist nur abhängig von der Höhe des Ohmschen Widerstandes des gesamten Stromweges.

f) Erdung einer Leitung.

Wird eine am Ende offene Leitung, auf welcher sich die gleichmäßig über die Länge verteilte Ladung Q mit der Spannung E befindet, an Erde gelegt, so strömt die Ladung nach der Erde ab (siehe Fig. 98).

War die Spannung vor der Erdung E, so muß dieselbe nach der Erdung am Erdungspunkte Null werden.

Das Verschwinden der Spannung bedeutet ein Freiwerden elektrischer Energie. Diese schwingt sofort in elektromagnetische um und liefert den zur Erde abfließenden Strom i. Die Größe desselben ergibt sich aus der Energiegleichung

$$\frac{L i^2}{2} = \frac{C E^2}{2},$$

also

$$i = E \sqrt{\frac{C}{L}}.$$

Hierin sind C und L die Konstanten der Leitung für Kapazität und Selbstinduktion.

Der Abbau der Spannung schreitet vom geerdeten Punkte zum offenen Leitungsende vor; gleichzeitig entwickelt sich der Erdungsstrom von der Erdungsstelle zum offenen Ende der Leitung hin. Den Abbau der Spannung kann man sich als die Wirkung einer Abbauwelle $-E$ vorstellen (s. Fig. 98a).

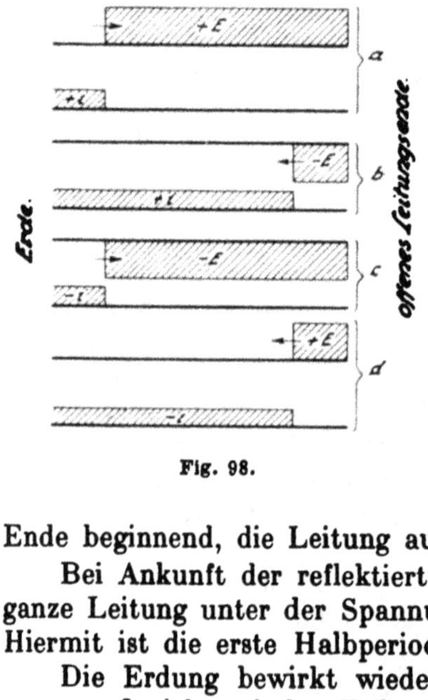

Fig. 98.

Am offenen Ende wird die Abbauwelle reflektiert, wobei sich ihre Spannung verdoppelt und der Strom wieder auf Null sinkt.

Durch das Verschwinden des Stromes wird die an ihn gebunden gewesene elektromagnetische Energie frei und kann sich in elektrische Energie umschwingen.

Die am Leitungsende durch Reflexion entstandene Spannung $-2E$ überlagert sich mit der durch das Verschwinden des Stromes entstehenden $+E$ und liefert die resultierende Spannung $-E$, welche, am offenen Ende beginnend, die Leitung auf $-E$ ladet (s. Fig. 98b).

Bei Ankunft der reflektierten Welle am Erdungspunkte steht die ganze Leitung unter der Spannung $-E$ und unter dem Strome Null. Hiermit ist die erste Halbperiode abgeschlossen.

Die Erdung bewirkt wieder den Ausgleich der Spannung, denn man muß sich auf der Erde den entsprechenden Vorgang mit umgekehrten Vorzeichen für Strom und Spannung vorstellen.

Es wird also wieder elektrische Energie frei, die sich in elektromagnetische umsetzt und nun einen umgekehrten Strom $-i$ liefert. Der Strom hat jetzt das entgegengesetzte Vorzeichen, da er von der verschwindenden Spannung $-E$ erzeugt wird (s. Fig. 98c).

Den Abbau der Spannung $-E$ kann man sich als Wirkung einer positiven Ladungswelle vorstellen, welche am Erdungspunkte ihren Anfang nimmt. Die Abbauwelle verdoppelt am offenen Leitungsende ihre Spannung unter Verschwinden des Stromes. Durch das Verschwinden des negativen Stromes wird die Spannung $-E$ erzeugt, welche sich über die Spannung $+2E$ lagert und die resultierende Spannung $+E$ liefert (s. Fig. 98d). Beim Eintreffen der Abbauwelle am Erdungspunkte steht die Leitung dann wieder unter der Spannung $+E$ und dem Strome Null. Hiermit ist der Anfangszustand wiederhergestellt und das Spiel kann sich wiederholen.

Die Spannung macht also auf der Leitung die Sprünge:

vor der Erdung	$+E$
nach ¼ Periode	0
nach ½ Periode	$-E$
nach ¾ Periode	0
nach 1 Periode	$+E$.

Die Entladung erfolgt also schwingend. Die Entladungswelle hat Rechteckgestalt.

Eine volle Periode beansprucht ein viermaliges Durcheilen der Leitungslänge. Die Periodenzahl ist daher

$$\sim = \frac{\text{Fortpflanzungsgeschwindigkeit}}{4l} = \frac{1}{4l}\sqrt{\frac{1}{LC}} \qquad 348)$$

wo $l =$ Länge der Leitung in cm bedeutet.

Die größte Spannung, welche auftritt, ist gleich der ursprünglichen Spannung.

Von besonderem Interesse sind die Vorgänge beim Erden einer geladenen Leitung über einen Ohmschen Widerstand, wie dies beim Ansprechen von Funkenentladern über Erdungswiderstände betriebsmäßig eintritt.

Anfangszustand: Auf der Leitung befinde sich die gleichmäßig verteilte Ladung Q. Zur Ladung Q gehört die Spannung E gegen Erde. Die Konstanten der Leitung sind L und C für Selbstinduktion und Kapazität, d. h. pro Längeneinheit.

1. Phase der Entladung. Sofort nach Ansprechen eines Funkenableiters mit dem Erdungswiderstand R bildet sich ein zur Erde fließender Strom infolge des Ausgleichs zwischen den entgegengesetzten Ladungen auf dem Leiter und auf der Erde. Zur Aufrechterhaltung dieses Stromes bedarf es einer elektromotorischen Kraft e_1, deren Größe sich aus der Arbeitsgleichung bestimmen läßt:

$$\frac{L i_1^2}{2} = \frac{C e_1^2}{2},$$

$$e_1 = i_1 \sqrt{\frac{L}{C}}.$$

Wir wollen den Wellenwiderstand setzen $\sqrt{\frac{L}{C}} = w$. Mithin

$$e_1 = i_1 w \quad \ldots \ldots \ldots \quad 349)$$

Die Leitungsspannung gegen Erde vermindert sich um diesen Betrag. Der Rest $E - e_1$ muß dann noch ebenso groß sein wie der vom Strome i_1 im Erdungswiderstande R hervorgebrachte Ohmsche Spannungsabfall, also

$$i_1 \cdot R = E - e_1 = E - i_1 \cdot w,$$

$$i_1 = \frac{E}{R + w} \quad \ldots \ldots \ldots \quad 350)$$

und hiermit

$$e_1 = E \frac{w}{R + w} \quad \ldots \ldots \ldots \quad 351)$$

Die Leitung entspannt sich also sofort nach Ansprechen der Funkenstrecke unter Vernachlässigung des Lichtbogenwiderstandes auf den Betrag

$$E_1 = E - e_1 = E - E \frac{w}{R + w} \quad \ldots \ldots \quad 352$$

$$\underline{E_1 = E \frac{R}{R + w}.}$$

2. Phase der Entladung. Die Entspannung der Leitung um den Betrag e_1 kann man sich vorstellen als die Wirkung einer negativen Ladungswelle, welche die Spannung $-e_1$ besitzt. Diese Entladungswelle wird am offenen Ende der Leitung reflektiert, wobei sich ihre Spannung verdoppelt und ihr Strom auf Null sinkt. Durch das Verschwinden des Stromes wird die an ihn gebunden gewesene elektromagnetische Energie frei und schwingt in elektrische um. Hierbei wird die Spannung $-e_1$ erzeugt.

Diese Spannung addiert sich zu der ursprünglich vorhandenen E und der der Abbauwelle $-e_1$ und liefert für die zum Erdungspunkte flutende Welle die Spannung

$$e_2 = -2 e_1 + E - E_1,$$

$$e_2 = -E \frac{w}{R + w} \quad \ldots \ldots \ldots \quad 353)$$

Die Leitung hat also bei Eintreffen der Welle an der Erdungsstelle die Spannung

$$E_2 = E_1 + e_2,$$

$$E_2 = E \frac{R}{R + w} - E \frac{w}{R + w},$$

$$\underline{E_2 = E \frac{R - w}{R + w}} \quad \ldots \ldots \ldots \quad 354)$$

Der Strom ist am Ende der zweiten Entladungsphase gleich Null.

3. Phase der Entladung. In der dritten Phase wiederholt sich der Vorgang der ersten, nur ist zu bedenken, daß die Spannung der Leitung gegen Erde jetzt E_2 ist.

Es ergibt sich also analog zu Gl. 350) ein Strom

$$i_2 = \frac{E_2}{R + w},$$

$$i_2 = E \frac{R - w}{(R + w)^2} \quad \text{. . . . . 355)}$$

Zur Aufrechterhaltung dieses Stromes ist analog zu Gl. 351) die Spannung

$$e_3 = E_2 \frac{w}{R + w},$$

$$e_3 = E \frac{(R - w)\, w}{(R + w)\,(R + w)},$$

$$e_3 = E \frac{w\,(R - w)}{(R + w)^2} \quad \text{. . . . . 356)}$$

erforderlich.

Die Leitung entspannt sich also analog zu Gl. 352) auf den Betrag

$$E_3 = E_2 - e_3$$

$$E_3 = E_2 \frac{R}{R + w}$$

$$\underline{E_3 = E \frac{(R - w)\, R}{(R + w)^2}} \quad \text{. . . . . . . 357)}$$

4. Phase der Entladung. Wir stellen uns den durch Ausgleich der jetzt auf der Leitung und der Erde befindlichen Ladungen einsetzenden Abbau der Spannung e_3 durch die Wirkung einer der Entladung entgegengerichteten Ladungswelle mit der Spannung $-e_3$ vor. Diese Welle wird am offenen Ende unter Verdoppelung der Spannung auf $-2e_3$ und Verschwinden des Stromes reflektiert. Diese Spannung addiert sich zur vorhandenen $E_2 - E_3$. Die zum Erdungspunkte zurückflutende Welle besitzt demnach die Spannung

$$e_4 = E_2 - E_3 - 2\,e_3$$

$$e_4 = -E \frac{w\,(R - w)}{(R + w)^2} \quad \text{. . . . . 358)}$$

Die Gesamtspannung E_4 am Ende der vierten Phase ist mithin

$$E_4 = E_3 + e_4$$

$$\underline{E_4 = E \left(\frac{R - w}{R + w}\right)^2} \quad \text{. . . . . 359)}$$

Die Spannung der Leitung gegen Erde am Ende der vier Entladungsphasen einer vollen Periode stellt sich für verschiedene Werte von R wie folgt:

Spannung der Leitung gegen Erde in den verschiedenen Phasen der Entladung.

Größe des Erdungswiderstandes R	E_1	E_2	E_3	E_4
$R = 0$	0	$-E$	0	$+E$
$R = \frac{1}{4}\sqrt{\frac{L}{C}}$	$+\frac{1}{5}E$	$-\frac{3}{5}E$	$-\frac{3}{25}E$	$+\frac{9}{25}E$
$R = \frac{1}{3}\sqrt{\frac{L}{C}}$	$+\frac{1}{4}E$	$-\frac{1}{2}E$	$-\frac{1}{8}E$	$+\frac{1}{4}E$
$R = \frac{1}{2}\sqrt{\frac{L}{C}}$	$+\frac{1}{3}E$	$-\frac{1}{3}E$	$-\frac{1}{9}E$	$+\frac{1}{9}E$
$R = \sqrt{\frac{L}{C}}$	$+\frac{1}{2}E$	0	0	0
$R = 2\sqrt{\frac{L}{C}}$	$+\frac{2}{3}E$	$+\frac{1}{3}E$	$+\frac{2}{9}E$	$+\frac{1}{9}E$
$R = 3\sqrt{\frac{L}{C}}$	$+\frac{3}{4}E$	$+\frac{1}{2}E$	$+\frac{3}{8}E$	$+\frac{1}{4}E$
$R = 4\sqrt{\frac{L}{C}}$	$+\frac{4}{5}E$	$+\frac{3}{5}E$	$+\frac{12}{25}E$	$+\frac{9}{25}E$

Hierin ist $\sqrt{\frac{L}{C}} = w$ gleich Wellenwiderstand der Leitung.

Die vorstehende Tabelle ist sehr interessant. Sie zeigt, daß der günstigste Wert für die Größe des Erdungswiderstandes $R = \sqrt{\frac{L}{C}}$ ist. Bei Bemessung des Widerstandes $R = \sqrt{\frac{L}{C}}$ ist die Entladung nach $\frac{1}{2}$ Periode abgeschlossen.

Bei kleineren Werten von R schwingt die Entladungswelle theoretisch unendlichmal hin und her. Bei größeren nimmt sie asymptotisch ab.

Die am Ende einer jeden vollen Periode erhaltenen Leitungsspannungen bilden die Glieder einer geometrischen Reihe, und zwar nach der Form

$$E \quad E\frac{1}{x} \quad E\left(\frac{1}{x}\right)^2 \quad E\left(\frac{1}{x}\right)^3 \ldots\ldots$$

Der Wert x wird

$$\text{für } R = \frac{1}{2}\sqrt{\frac{L}{C}} \text{ oder } R = 2\sqrt{\frac{L}{C}} \quad x = 9,$$

$$\text{» } R = \frac{1}{3}\sqrt{\frac{L}{C}} \text{ » } R = 3\sqrt{\frac{L}{C}} \quad x = 4,$$

$$\text{» } R = \frac{1}{4}\sqrt{\frac{L}{C}} \text{ » } R = 4\sqrt{\frac{L}{C}} \quad x = 2{,}777.$$

Die gesamte Ladungsenergie wird im Erdungswiderstande in Wärme umgesetzt. Bei dem günstigsten Werte von $R = \sqrt{\frac{L}{C}}$ geschieht dies in der Zeit von $\frac{1}{2}$ Periode. Der den Widerstand belastende Strom ist alsdann nach Gl. 350)

$$i_1 = \frac{E}{2R} = \frac{E}{2}\sqrt{\frac{C}{L}}.$$

Da $\sqrt{\frac{L}{C}}$ für Freileitungen meist zwischen 500 und 700 Ohm liegt, so hat der Widerstand bei dem Mittelwert $R = 600$ Ohm einen Strom aufzunehmen:

$$i_1 = \frac{E}{1200}.$$

Bei Kabeln liegt der Mittelwert für $\sqrt{\frac{L}{C}}$ bei 60. Mithin beträgt die Stromaufnahme

$$i_1 = \frac{E}{120}.$$

Die Stromaufnahme ist also bei Kabeln ca. zehnmal so hoch.

Die Joulesche Wärme der günstigsten Widerstände würde demnach betragen

$$\text{für Freileitungen } i_1^2 R = \frac{E^2\, 600}{1200^2} = \frac{E^2}{2400},$$

$$\text{» Kabel } i_1^2 R = \frac{E^2\, 60}{120^2} = \frac{E^2}{240}.$$

Die in Wärme umgesetzte Energie ist im Falle $R = \sqrt{\frac{L}{C}}$

$$A = i_1^2 R t = \frac{E^2 t}{4R} = \frac{E^2 t}{4\sqrt{\frac{L}{C}}},$$

und da in diesem Falle

$$t = \frac{2 \text{ mal Länge der Leitung}}{\text{Wellengeschwindigkeit}} = \frac{2l}{v} = 2l\sqrt{LC},$$

so wird

$$A = \frac{E^2 2 l \sqrt{L C}}{4 \sqrt{\frac{L}{C}}} = \frac{E^2}{2} l C \text{ Watt} \quad . \; . \; . \; . \quad 360)$$

Hierin ist l = Länge der Leitung in cm,
E = Spannung zwischen Leitung und Erde in Volt,
C = Kapazität der Leitung in Farad pro Längeneinheit.

Die Höhe der Spannung einer Anlage hat also bei der Wahl des theoretisch günstigsten Widerstandes $R = \sqrt{\frac{L}{C}}$ keinen Einfluß auf den Ohmwert des Widerstandes, wohl aber auf die Joulesche Wärme, d. h. auf die in Wärme umgesetzte Energie.

Bei der Entladung einer Leitung treten Schwingungen auf, welche mit der Frequenz $\frac{v}{4 l}$ über die Leitung pendeln, wobei v gleich Fortpflanzungsgeschwindigkeit der Elektrizität $= 3 \cdot 10^{10} \cdot \frac{1}{\sqrt{\varrho \mu}} = \frac{1}{\sqrt{L C}}$ in cm/sec und l = Länge der Leitung in cm ist.

ϱ ist die Dielektrizitätskonstante und μ die Permeabilität des die Leitung umgebenden Mediums.

Erfolgt die Entladung über einen Widerstand R, so sinkt die Spannung sofort nach erfolgter Erdung gemäß Gl. 351) um den Betrag $e_1 = E \frac{w}{R + w}$. Die diese Spannungsherabsetzung bewirkende Welle $- E \frac{w}{R + w}$ wird am offenen Ende der Leitung unter Verdoppelung der Spannung reflektiert. Die resultierende Spannung ist mithin

$$E - 2 E \frac{w}{R + w} = E \frac{R - w}{R + w}.$$

Schließt man an das offene Leitungsende einen Apparat mit sehr hohem Wellenwiderstand, etwa einen Transformator, an, welcher dem Übertritt der Welle einen hohen Widerstand entgegensetzt, so erfolgt die Zurückwerfung der Spannung fast ebenso vollständig, als ob das Ende der Leitung offen wäre.

Der Apparat wird also von der Spannung

$$e_A = E \frac{R - w}{R + w} \quad . \; . \; . \; . \; . \; . \; . \; . \; . \; . \; . \quad 361)$$

betroffen.

Hat der Erdungswiderstand den theoretisch günstigsten Wert $R = w = \sqrt{\frac{L}{C}}$, so wird $e_A = 0$.

Gl. 361) ist aber bemerkenswert, wenn es sich um die Ableitung einer durch irgendeine Ursache entstandenen Überspannung handelt. Wird eine Leitung über einen Funkenableiter mit Erdungswiderstand R geerdet, und ist die Einstellung der Funkenstrecke so vorgenommen, daß der Ableiter sofort nach Überschreitung der betriebsmäßigen Spannung gegen Erde anspricht, so tritt dieselbe Abbauwelle auf, nur ist statt E jetzt in Gl. 361) die Überspannung $e_ü$ einzuführen.

Ein angeschlossener Apparat (Transformator) erhält dann die Spannung

$$e_A = e_ü \frac{R - w}{R + w} \quad \ldots \ldots \ldots \ldots \quad 362)$$

Wird R jetzt wieder gleich dem theoretisch günstigsten Wert $\sqrt{\frac{L}{C}} = w$ gesetzt, so erhält der Apparat die Überspannung

$$e_A = 0. \quad \ldots \ldots \ldots \ldots \quad 363)$$

Würde $R = 0$, d. h. eine Erdung über eine Funkenstrecke ohne Widerstand vorgenommen, so träfe den Apparat die volle Überspannung.

Wird eine Leitung, welche durch eine Induktivität L (Drosselspule oder Spule eines Auslösemagneten oder Stromwandler usw.) unterteilt ist, an irgendeiner Stelle durch einen Kurz- oder Erdschluß plötzlich entladen, so fließt die auf der Leitung zwischen der Induktionsspule und der Erdungs- bzw. Kurzschlußstelle befindliche Ladung ab. Die Abnahme der Spannung E können wir uns vorstellen als Wirkung einer Entladewelle $-E$, welche an der Erdungs- oder Kurzschlußstelle einsetzt und nach der Induktionsspule fortschreitet. Hier tritt sie zum Teil in den nicht entladenen Teil der Leitung über. Dieser abgetrennte Teil der Leitung ist seiner Beschaffenheit nach zu Eigenschwingungen befähigt, da er aus der Induktivität der Spule und seiner Leitungskapazität besteht, die sich in Serienschaltung befinden. Die Entladung des geerdeten oder kurzgeschlossenen Teiles erfolgt pendelnd, und zwar gehört zu jeder vollen Schwingung ein viermaliges Durcheilen der Leitung seitens der Abbauwelle. Ist die Länge des geerdeten oder kurzgeschlossenen Teiles gleich l, so ist die Periodenzahl der Entladungsschwingungen

$$\sim = \frac{v}{\lambda},$$

wo v = Geschwindigkeit der Elektrizität und λ = Wellenlänge ist.

Es ist aber:

$$\lambda = 4\,l,$$

daher

$$\sim = \frac{v}{4\,l}.$$

Handelt es sich nicht um eine Freileitung, sondern um eine Leitung in einem Medium, dessen Dielektrizitätskonstante ϱ und dessen magnetische Permeabilität μ ist, so ist

$$\sim = \frac{3 \cdot 10^{10}}{4 l \sqrt{\varrho \mu}}.$$

Stimmt diese Periodenzahl mit der Eigenschwingungszahl des mit der Induktionsspule abgetrennten Teiles annähernd überein, so tritt Resonanz ein.

Die Folge dieser Resonanz ist ein Anwachsen der Spannung im abgetrennten Leitungsteile. Die so entstehende Überspannung ist abhängig vom Verhältnis der Kapazitäten der beiden Leitungsstücke.

In dem geerdeten oder kurzgeschlossenen Teile der Leitung fließt der Strom i ab. Der Strom im abgetrennten Teile sei

$$i' = m \cdot i.$$

Die Größe von i bestimmt die Gleichung

$$i = E \sqrt{\frac{C_1}{L_1}} \qquad \ldots\ldots\ldots\ldots \quad 364)$$

wo C_1 die Kapazität des geerdeten bzw. kurzgeschlossenen Teiles und L_1 die Selbstinduktion dieses Teiles bedeuten.

Die Spannung $e_ü$ im abgetrennten Teile ist nach Gl. 307)

$$e_ü = i' \sqrt{\frac{L}{C_2}} \qquad \ldots\ldots\ldots \quad 364a)$$

wo C_2 die Kapazität dieses Leitungsstückes bedeutet.

Es ist also

$$e_ü = m \cdot E \sqrt{\frac{C_1}{C_2}} \cdot \sqrt{\frac{L}{L_1}} \qquad \ldots\ldots \quad 365)$$

Die Selbstinduktionen der Leitungsstücke sind klein im Verhältnis zur Selbstinduktion der Induktionsspule. Das Verhältnis L zu L_1 ist also stets größer als 1.

Aus Gl. 365) ersieht man, daß die Spannung im abgetrennten Teile, die ja vom Verhältnis der Kapazitäten abhängig ist, große Werte annehmen kann, wenn C_2 klein im Verhältnis zu C_1 ist. Daraus erklären sich die hohen Überspannungen, welche in Sammelschienen, die bekanntlich eine sehr kleine Kapazität besitzen, auftreten, wenn in der äußeren Leitung plötzlich ein Kurz- oder Erdschluß entsteht.

Eine ähnliche Überspannung entsteht auch bei jeder anderen plötzlichen Belastungsänderung im äußeren Netz.

Wie Dr.-Ing. Petersen in seinen Ausführungen E. T. Z. 1913, Heft 8, richtig bemerkt, führt jede durch eine Induktivität abgetrennte Leitungsstrecke, jedes Sammelschienensystem mit den bisher üblichen Induktivitäten zwischen den Schienen und ankommenden und abgehenden Leitungen ein »elektrisches Sonderdasein«. Zur Vermeidung derartiger Resonanzüberspannungen sind alle trennenden Induktivitäten soweit wie möglich zu vermeiden. Durch Anordnung von Hilfssammelschienen, an welche man die äußeren Leitungen ohne Zwischenschaltung von Induktionsspulen anschließt, ermöglicht man den Wellen an den angeschlossenen Maschinen- oder Transformatorstationen vorbeizugleiten, ohne in die Hauptsammelschienen oder Apparate und Maschinen einzudringen. Die Wellen finden in den Leitungen selbst oder den angeschlossenen Ableitungswiderständen ihre natürliche Dämpfung.

Soweit Induktivitäten nicht zu vermeiden sind (Stromwandler oder Auslösespulen von automatischen Schaltern), werden dieselben durch Ohmsche Widerstände zu überbrücken sein, um auch an diesen Stellen ein Vorbeigleiten der Wellen zu ermöglichen. Für solche Überbrückungen schlägt Dr.-Ing. Petersen[1]) in Kabelnetzen Widerstände von 3 Ohm und in Freileitungen von 30 Ohm als ausreichend vor. Eine Umeichung der Auslösespulen ist natürlich erforderlich.

Fig. 99.

Die Umeichung kann vermieden werden, wenn man die von den Siemens-Schuckert-Werken hergestellten Schutzwiderstände aus Silit (s. Fig. 99) verwendet. In normalem Zustande ist die Spannung dieser Widerstände so hoch, daß der Fehler bei der geringen Klemmenspannung am Widerstande weniger als 0,2%, also unter der Eichgenauigkeit eines Zählers, liegt. Hierbei ist eine Belastung des Wandlers mit 15 VA angenommen. Die Belastung durch einen Zähler, ein Amperemeter und ein Wattmeter beträgt aber nur 3—6 VA. Das Silit hat die Eigenschaft, daß sein Widerstand mit wachsender Klemmenspannung sehr schnell sinkt. Die Klemmenspannung des Widerstandes ist gleich seinem Ohmschen Spannungsabfall, welchen der Strom der Wanderwelle verursacht. Es werden Widerstände vorgeschlagen von

500 Ω	bei	5	Amp.	Belastung	durch	Wellenstrom
50 Ω	»	15	»	»	»	»
5 Ω	»	50	»	»	»	»

Der Zusammenhang zwischen Belastung und Ohmzahl des Widerstandes geht aus nachstehender Tabelle[2]) hervor:

[1]) Dr.-Ing. Petersen, Überspannungen und Überspannungsschutz. E. T. Z. 1913, Heft 8, S. 206.

[2]) E.T.Z. 1914, S. 388, Gewecke: Überspannungsschutz bei Stromwandlern.

0,5	Amp.	 30000	Ω Widerstand
1	»	 12500	» »
2	»	 3120	» »
3	»	 1390	» »
5	»	 500	» »
7,5	»	 220	» »
10	»	 125	» »
15	»	 55	» »
20	»	 31	» »
25	»	 20	» »
30	»	 14	» »
40	»	 7,8	» »
50	»	 5	» »
100	»	 1,25	» »
200	»	 0,31	» »

Die Hauptsammelschienen, Maschinen und Transformatoren schützt man durch Drosselspulen, Schutzkondensatoren oder Kombinationen aus beiden. Auf die Einzelheiten dieser Schutzeinrichtungen und ihre Wirkungsweise gehen wir an anderer Stelle ein.

g) Abschaltung einer induktiven Last.

Wird eine Leitung, an deren Ende sich eine induktive Last befindet, zu einer Zeit plötzlich unterbrochen, wo der in der Leitung fließende Strom die Spannung E hat, so wird dieser an der Unterbrechungsstelle plötzlich aufhören. Das Verschwinden des Stromes i denken wir uns als Wirkung eines in gleicher Richtung fließenden Stromes $-i$. Die zu diesem Abbaustrome $-i$ gehörige Spannung ergibt sich aus der bekannten Gleichung

$$-E = -i\sqrt{\frac{L}{C}},$$

wo L und C die Konstanten der Leitung sind. Der Abbaustrom fließt vom Unterbrechungspunkte zur Last. Hier kann er nicht ohne weiteres eintreten, da sein Eindringen, das ist die Verminderung des bis jetzt in der Last vorhandenen Stromes, sofort eine Gegenspannung erzeugt.

Das Auftreffen der Abbauwelle auf die Anschlußklemme der Last läßt sich vergleichen mit dem früher behandelten Falle des Übertrittes einer Welle aus einer Leitung geringen Wellenwiderstandes in eine solche mit höherem Wellenwiderstand: denn die angeschlossene induktive Last ist als eine Leitung mit verhältnismäßig sehr hohem Wellenwiderstand aufzufassen. Wir können deshalb auch die für diesen Fall abgeleitete Gl. 346a) zur Ermittelung der Grenzfälle benutzen. Die Gl. 346a) lautete

$$e_f = 2E\frac{w_f}{w_f + w_k}.$$

Auf unseren Fall übertragen ist w_f der Wellenwiderstand der Last, w_k derjenige der Leitung. Die Grenzfälle für e_f ergeben sich für $w_f = w_k$ zu $e_f = -E$ und für $w_f = \infty$ zu $e_f = -2E$. Die geringste Stromänderung würde also an der induktiven Last eine Spannung induzieren zwischen $-E$ und $-2E$.

Die am Übergangspunkte ankommende Abbauwelle erfährt also zunächst eine fast vollständige Reflexion, d. h. der Strom kehrt sich um. Es muß also jetzt von der Last aus Strom in die Leitung fließen, der die anfängliche Größe

$$+i - i + i = +i$$

hat. Allmählich wird der Abbaustrom in die Last eintreten. Die infolgedessen erzeugte Gegenspannung bewirkt eine Erhöhung der Spannung in der Last über die ursprüngliche. Die Folge davon ist ein mit wachsender Zunahme der Spannung sich vergrößernder Strom von der Last zur Unterbrechungsstelle. Es fließt also zu diesem Punkte ein allmählich stärker werdender Strom mit dem Anfangswerte $+i$. Dieser wird am Unterbrechungspunkte angelangt vollständig reflektiert, verschwindet also, wobei sich die zugehörige Spannung, die bereits größer ist als die ursprüngliche, verdoppelt. Wir können jetzt annehmen, daß dieses Verschwinden des Stromes sich in derselben Weise abspielt wie das des ursprünglichen. Also wird auch die Spannung in dieser ersten Periode schon auf einen weit größeren Betrag anwachsen; dasselbe wiederholt sich in den nächsten Perioden. Es tritt also ein stufenweises Anwachsen der Spannung auf der Leitung ein. Die Größe der Endspannung bestimmt sich aus der Überlegung, daß sich die gesamte elektromagnetische Energie, die an den ursprünglichen Strom gebunden war, in elektrische umsetzen muß. Die Größe der ersteren ist

$$\frac{i^2 (L_k + L_f)}{2},$$

wo L_k die Selbstinduktion der Leitung, L_f diejenige der induktiven Last ist. Die elektrische Energie ist

$$\frac{C e^2}{2},$$

wenn C die Kapazität der Leitung und e die schließlich erreichte Spannung bedeutet. Die verhältnismäßig geringe Kapazität der Last sei gegen die der Leitung vernachlässigt. Wir haben also

$$\frac{i_2 (L_k + L_f)}{2} = \frac{C e^2}{2},$$

$$e = i\sqrt{\frac{L_k + L_f}{C}}.$$

Da L_k und C von der Länge l der Leitung abhängen, L_f dagegen nicht, so ist die Endspannung e von der Länge der Leitung abhängig. Um dieses in dem Werte für e zum Ausdrucke zu bringen, führen wir die spezifischen Werte für die Selbstinduktion und die Kapazität der Leitung ein. Bezeichnen wir diese mit L und C, so wird

$$e = i\sqrt{\frac{L \cdot l + L_f}{C \cdot l}} \quad . \quad . \quad . \quad . \quad . \quad . \quad . \quad 366)$$

Außerdem ist die entstehende Spannung, wie aus Gl. 366) ersichtlich, von dem ursprünglichen Strome i abhängig. Hieraus ergibt sich die Regel, induktive Lasten grundsätzlich nur im unbelasteten Zustande abzuschalten.

B. Überspannungen infolge atmosphärischer Einflüsse.

a) Statische Ladungen.

Im normalen Zustande ist das Feld der Erde in Ruhe[1]). Infolgedessen befinden sich auf den von Erde isolierten Leitungen bestimmte gebundene, dem Betriebsstrom überlagerte statische Ladungen.

Ändert sich nun der Zustand des Erdfeldes durch Zuführung von neuen Ladungen, die durch Wolken, Regen, Hagel oder Schnee der Erde mitgeteilt werden, so suchen sich die bestehenden Ladungen auf den Leitungen unter dem Druck der zwischen Erde und Leitung durch die Zustandsänderung der Erde entstandenen Potentialdifferenz auszugleichen.

Diesem Ausgleich schafft man einen Weg, welcher so beschaffen sein muß, daß der Betriebsstrom überhaupt nicht oder nur in sehr beschränktem Maße denselben Weg benutzen kann.

Da die erwähnte Aufladung der Erde langsam erfolgt, so handelt es sich auch beim Ableitungsstrom um einen längere Zeit fließenden Gleichstrom geringer Stärke.

Da sämtliche Leiter durch die genannten Ursachen in Mitleidenschaft gezogen werden, so ist die durch diese Ladungen herbeigeführte Potentialdifferenz gegen Erde für alle Leitungen dieselbe. Die Leiter befinden sich also hinsichtlich Entladungen gegenüber der Erde in Parallelschaltung.

Das vollkommenste Mittel zur Abführung statischer Ladungen bildet die Erdungsdrosselspule mit Eisenkern. Sie bietet infolge ihres hohen induktiven Widerstandes dem betriebsmäßigen Wechselstrom ein hohes Hindernis, wogegen sie den durch statische Ladungen entstehenden Gleichstrom ohne Hindernis zur Erde abfließen läßt.

---

[1]) Siehe »H. Starke, Elektrizitätslehre« 1910, S. 616.

Man kann derartige Apparate, welche wie Transformatoren ein-, zwei- oder dreiphasig gebaut sind und mit dem einen Ende jeder Phasenwicklung an der Leitung und mit dem anderen Ende an Erde liegen, mit einem ziemlich geringen Ohmschen Widerstande ausführen, so daß Gleichströme bis 5 Amp. ohne Schwierigkeit abfließen können. Den Leerlaufstrom (magnetisierenden Wechselstrom) kann man durch zweckmäßige Konstruktion auf Bruchteile eines Amperes beschränken.

Derartige Drosselspulen werden in Ölkessel eingebaut und ohne Zwischenschaltung einer Funkenstrecke an die zu schützende Leitung gelegt.

Besitzen die Erdungsdrosselspulen eine Sekundärwicklung, so können zwischen diese Kontaktvoltmeter geschaltet werden, welche bei Erdschluß Alarmstromkreise schließen. Bei mehrpoligen Erdungsdrosselspulen kann man zwischen je zwei Sekundärwicklungen Voltmeter schalten, welche die verkettete Spannung anzeigen.

Vielfach verwendet man zur Abführung der statischen Ladungen Wasserstrahlerder, welche die zu schützende Leitung dauernd über einen aus fließendem Wasser bestehenden Widerstand erden.

Ein einfaches Mittel zur Ableitung statischer Ladungen bildet die Erdung des Systemmittelpunktes über einen niedrigen Widerstand, sofern nicht die bei Besprechung des »Erdschlusses« erwähnten Bedenken obwalten. Der Widerstand wird so bemessen, daß im Falle des Erdschlusses einer Leitung der Erdschlußstrom auf die Auslösestromstärke des Maximalschalters in der kranken Leitung beschränkt wird.

In Anlagen mit höherer Spannung verwendet man Erdungsdrosselspulen zur Nullpunktserdung.

b) Wanderwellen.

Ändert sich das örtliche Potential der Erde plötzlich, wie dies bei Gewitterentladungen der Fall ist, so werden auf den Leitungen bis dahin gebundene Ladungen plötzlich frei. Diese freien Ladungen zerfließen in Teilladungen, welche als isolierte Ladungen mit Lichtgeschwindigkeit vom Entstehungsort den Enden der Leitungen zuströmen.

Die Höhe der Spannung, welche eine plötzliche durch Änderung des Erdpotentials entstandene freie Ladung auf der Leitung hat, ist von der Anzahl von Kraftlinien abhängig, welche sich infolge der plötzlich entstandenen Potentialverschiebung zwischen den Leitern einerseits und der Erde anderseits ausspannen. Nach oben wird die zwischen den Leitern und der Erde entstehende Spannung begrenzt durch die Überschlagsspannung der Isolatoren.

Ein einfaches Mittel zur Reduzierung der Anzahl von Linien, welche die Leiteroberfläche trifft, ist die Anbringung eines »Blitzdrahtes« über den Leitungen. Der Blitzdraht übt eine Schirmwirkung aus. Da sich die Elektrizität auf die Oberfläche der leitenden Körper verteilt, so kann auf das Innere derselben keine Kraft wirken. Würde man also einen Leiter mit einem zweiten vollkommen umgeben, so müßte die gesamte Ladung auf dem äußeren sitzen. Diese Wirkung nennt man Schirmwirkung. Der Blitzdraht schirmt die Leitung zwar nur unvollkommen, doch ist der Erfolg immerhin nennenswert. Die Abführung der auf dem Blitzdraht freiwerdenden Ladungen erfolgt durch sorgfältige Erdung desselben. Die Herabsetzung der Überspannungen durch Blitzdraht wird von Petersen[1]) auf ca. 60% der ohne Blitzdraht ausgeführten Anlagen beziffert.

In den meisten Fällen können die auf den Leitungen frei werdenden Elektrizitätsmengen, welche als »Wanderwellen« über die Leitungen eilen, durch die zum Schutz gegen Überspannungen angebrachten Ableiter (Funkenableiter usw.) nicht schnell genug bewältigt werden.

Es ist deshalb von Wichtigkeit, Freileitungsanlagen so auszuführen, daß die über die Leitungen eilenden Wanderwellen in ihrer Bahn keine Beschränkung finden, sondern sich in der Leitung selbst allmählich auf einen gleichmäßigen Ladungsstand verteilen können, welchen die Ableiter dann in aller Ruhe bewältigen.

Da jede in der Leitung befindliche Induktivität, wie Drosselspule, Stromwandler, Auslösespule usw., die Leitung unterteilt, sind diese dort am besten ganz zu vermeiden oder durch parallelgeschaltete Ohmsche Widerstände zu überbrücken. Petersen empfiehlt hierzu Widerstände von ca. 30 Ohm s. Seite 229. Die Sammelschienenanordnung ist so zu treffen, daß die Wanderwellen ungehindert von einer Leitung über Hilfssammelschienen zur nächsten übergehen können. Ein Ringleitungssystem ohne Unterteilung durch zwischengebaute Induktivitäten kommt dieser Forderung am besten nach. Die Wellen sollen an allen Stationen (einschl. Zentrale) einen Weg finden, um an diesen vorbeigleiten zu können, ohne in die Apparatur einzudringen. Zum Schutz gegen den Übertritt von Wanderwellen zu den Apparaten oder Hauptsammelschienen dienen Drosselspulen, Schutzkondensatoren oder beides.

Bei direkten Blitzschlägen in die Leitungen, welche äußerst selten auftreten, sind partielle Zerstörungen einzelner Leitungsteile überhaupt kaum zu vermeiden. Derartige Zerstörungen beschränken sich aber immer auf einen verhältnismäßig kleinen Bezirk. Auch gegen direkte Blitzschläge bietet der »Blitzdraht« ein gutes Prähibitivmittel, da dieser leichter vom Blitze erreicht wird.

---

[1]) Dr.-Ing. Petersen, »Überspannungen und Überspannungsschutz«. E.T.Z. 1913, S. 239.

Wir wollen annehmen, daß die durch plötzliche Potentialänderung der Erde auf der Leitung freiwerdende Ladung rechteckige Gestalt habe (s. Fig. 100). Die auf der Leitung vorhandene freie Ladung kann an dem Orte der Entstehung nicht verbleiben, sondern wird sich entsprechend den früheren Betrachtungen mit Lichtgeschwindigkeit über die Leitung fortpflanzen. Nun bieten sich ihr zwei Wege, nach rechts und links. Keiner der beiden ist in irgendeiner Weise für die Fortleitung bevorzugt. Es muß also auch eine gleichmäßige Benutzung der beiden Wege eintreten. Bei den früheren Untersuchungen (s. Fig. 92) S. 203 hatten wir angenommen, daß die Wanderwelle bereits eine bestimmte Fortpflanzungsgeschwindigkeit habe. Wollen wir diese Ausführungen

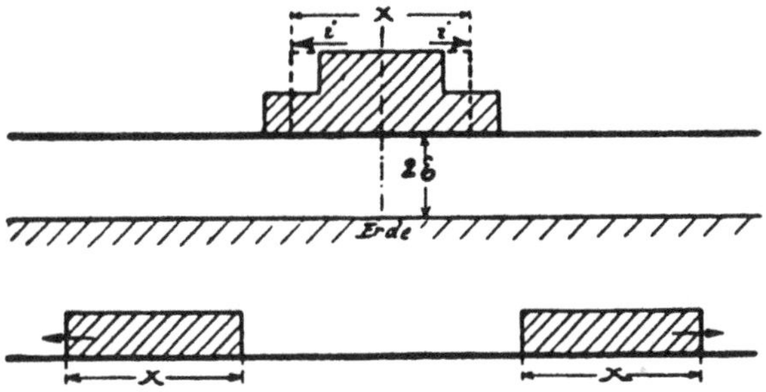

Fig. 100.

benutzen, so können wir annehmen, daß wir zwei Fälle dieser Art hier vereint haben. Da die der Fortpflanzung der Ladung zur Verfügung stehenden Wege gleich sind, so wird die Elektrizitätsmenge, die an jeder Stelle in jedem der früher betrachteten Elemente die Spannung $2E$ erzeugt, zu gleichen Teilen nach links und rechts abfließen. Bei dieser Annahme kann man sich also die ursprüngliche Ladung mit der Spannung $2\,E$ ersetzt denken durch zwei übereinander gelagerte Teilladungen mit der Spannung $\frac{2\,E}{2} = E$. Von diesen Ladungen bewegt sich eine nach rechts, eine nach links. Die Stirn dieser Wellen ist entsprechend den früheren Betrachtungen E, die Länge, wie ersichtlich, gleich der Länge der ursprünglichen Ladung. Die Wanderwelle hat sich also in 2 Wellen mit je der halben ursprünglichen Spannung aufgelöst, die den Enden der Leitung zueilen. Für die Behandlung des weiteren Verlaufs, die Art der Fortpflanzung, die Reflexion usw. gelten ohne weiteres die früher abgeleiteten Überlegungen und Gleichungen. Den Verlauf der beschriebenen Vorgänge kennzeichnet Fig. 100. Nach links und rechts treten aus der ursprünglichen Welle je eine Welle mit halber Spannung heraus.

An einem bestimmten Punkte der Leitung stoßen die reflektierten Wellen wieder aufeinander und bilden durch Verdoppelung der Spannung wieder die ursprüngliche. Das Spiel kann alsdann von neuem beginnen.

Die Energien der ursprünglichen Welle und der beiden Teilwellen müssen übereinstimmen.

Die Energie der ersteren ist, wenn C die spezifische Kapazität der Leitung bedeutet und x die Länge der Welle ist:

$$A = \frac{4\,C \cdot x E^2}{2} = 2\,C \cdot x E^2.$$

Die sich fortbewegenden Teilwellen besitzen beide elektrische und elektromagnetische Energie. Die elektrische A_e' jeder Welle ist

$$A_e' = \frac{C \cdot x \cdot E^2}{2}.$$

Die elektromagnetische jeder einzelnen ist, wenn L die spezifische Selbstinduktion der Leitung und i der Strom der Welle ist:

$$A_m' = \frac{L \cdot x \cdot i^2}{2}.$$

Die Gesamtenergie beider Teilwellen ist demnach

$$2\,A_e' + 2\,A_m' = C \cdot x E^2 + L \cdot x \cdot i^2.$$

Diese muß gleich der ursprünglichen sein:

$$C \cdot x \cdot E^2 + L \cdot x \cdot i^2 = 2\,C \cdot x E^2.$$

Daraus ergibt sich die bekannte Gleichung

$$E = i\sqrt{\frac{L}{C}}$$

oder

$$i = E\sqrt{\frac{C}{L}} \quad . \; . \; . \; . \; . \; . \; . \; . \; . \quad 367)$$

Ob die Gestalt der ursprünglichen freien Ladung eine rechteckige oder beliebig geformte war, ändert an der aus der Rechteckgestalt hergeleiteten Gesetzmäßigkeit nichts, denn man kann jede Figur in eine Reihe unendlich schmaler Rechtecke zerlegen. Die Wirkung würde sich dann an jedem Punkte durch Übereinanderlagerung der von Rechteckwellen herrührenden Spannungen und Ströme konstruieren lassen.

Pendeln die Wanderwellen über die Leitung hin und her, so erleiden sie eine zunehmende Dämpfung durch den Ohmschen Widerstand der Leitung selbst. Allerdings dringt der Strom nicht weit in den Leitungsquerschnitt ein, da durch die Stromänderung eine große induktive Gegenspannung erzeugt wird, welche sich dem Eindringen des Stromes entgegensetzt.

Mit der Zeit flachen sich jedoch die Stirnflächen immer mehr ab, während die Länge der Welle zunimmt. Im Grenzzustand nimmt die Welle eine Länge gleich der der Leitung an, und die gesamte Ladung ruht als statische Ladung gleichmäßig über der Leitungslänge verteilt.

Über die Wirkung der Wanderwellen beim Auftreffen auf Diskontinuitätspunkte wie Drosselspulen und Schutzkondensatoren sprechen wir an separater Stelle.

7. Überspannungsschutz und eisenhaltige Spulen.

A. Drosselspulen.

Zum Schutz von Maschinen, Sammelschienen, Transformatoren usw. gegen den Anprall von Wellen mit steiler Stirn, wie wir sie als Einschaltwellen, besonders aber als Wanderwellen atmosphärischer Herkunft kennen gelernt haben, verwendet man Drosselspulen, welche sowohl die steile Stirn der durchgegangenen Welle umbilden (verflachen), als auch die Spannung der durchgehenden Welle erheblich herabsetzen.

Da die höchsten Überspannungen durch Wanderwellen atmosphärischer Herkunft herbeigeführt werden, genügt es, das Verhalten der

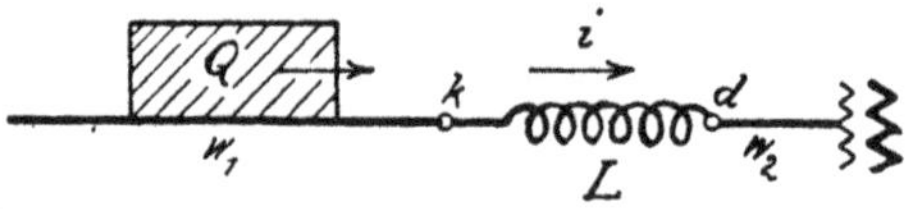

Fig. 101.

Wanderwellen beim Auftreffen auf eine Drosselspule zu studieren. Die Höhe der Überspannung auf der Leitung ist durch den Überschlagswert der Isolatoren begrenzt.

In Fig. 101 bedeutet w_1 den Wellenwiderstand einer Freileitung, w_2 den Wellenwiderstand der geschützen Anlage (Transformator usw.), L den Selbstinduktionskoeffizienten der Drosselspule und i den Strom der Wanderwelle.

Der Wellenwiderstand der gesamten Wellenbahn ist

$$w = w_1 + w_2.$$

An Hand der Fig. 101 kann man die Gleichung aufstellen:

$$2E = i(w_1 + w_2) + L\frac{di}{dt} \quad . \; . \; . \; . \; . \; . \quad 368)$$

Hierin bedeutet 2 E die Überspannung gegen Erde am Entstehungsort der Wanderwelle. Die Spannung E hat nichts mit der Betriebsspannung zu tun.

Aus Gl. 368) folgt:

$$\frac{d\,i}{2\,E - i\,(w_1 + w_2)} = \frac{d\,t}{L},$$

$$\int \frac{d\,i}{2\,E - i\,(w_1 + w_2)} = \int \frac{d\,t}{L},$$

$$-\frac{1}{w_1 + w_2} \ln\left[2\,E - i\,(w_1 + w_2)\right] = \frac{t}{L} + \text{const}.$$

Setzen wir

$$\text{const} = \frac{1}{w_1 + w_2} \ln k,$$

so wird

$$\ln\left[2\,E - i\,(w_1 + w_2)\right] + \ln k = -\frac{w_1 + w_2}{L}\,t,$$

$$\ln\left\{\left[2\,E - i\,(w_1 + w_2)\right] k\right\} = -\frac{w_1 + w_2}{L}\,t,$$

$$\left[2\,E - i\,(w_1 + w_2)\right] k = \varepsilon^{-\frac{w_1 + w_2}{L}\,t},$$

Hierin ist ε = Basis der natürlichen Logarithmen.

Die Zeit t rechnet vom Eintreffen der Wanderwelle an der Drosselspule ab.

Zur Zeit $t = 0$ ist noch kein Strom geflossen, also $i = 0$. Es wird also

$$2\,E\,k = 1,$$

$$k = \frac{1}{2\,E}.$$

Hiermit wird

$$\left[2\,E - i\,(w_1 + w_2)\right] \frac{1}{2\,E} = \varepsilon^{-\frac{w_1 + w_2}{L}\,t},$$

$$i\,(w_1 + w_2) = 2\,E - 2\,E\,\varepsilon^{-\frac{w_1 + w_2}{L}\,t},$$

$$i = \frac{2\,E}{w_1 + w_2}\left(1 - \varepsilon^{-\frac{w_1 + w_2}{L}\,t}\right) \quad . \; . \; . \; . \; . \; . \; . \; . \; . \; . \quad 369)$$

Durch diese Gleichung ist der Verlauf des Stromes in der Drosselspule gegeben.

Aus Gl. 369) folgt

$$2\,E = i\,(w_1 + w_2) + 2\,E\,\varepsilon^{-\frac{w_1 + w_2}{L}\,t} \quad . \; . \; . \; . \; . \; . \quad 370)$$

Vergleicht man diese Gleichung mit Gl. 368), so erkennt man ohne weiteres

$$L\,\frac{d\,i}{d\,t} = 2\,E\,\varepsilon^{-\frac{w_1 + w_2}{L}\,t}.$$

Die Spannung am Punkte k (s. Fig. 101) ist

$$e_k = 2E - i w_1,$$

$$e_k = -2E \frac{w_1}{w_1 + w_2}\left(1 - \varepsilon^{-\frac{w_1 + w_2}{L} t}\right) + 2E \quad . . . \quad 371)$$

Am Knotenpunkt k findet eine teilweise Reflexion der ankommenden Wanderwelle statt. Die Spannung der reflektierten Welle muß mit der Spannung der ankommenden Welle zusammen die Spannung e_k im Punkte k ergeben. Somit ist die Spannung der reflektierten Welle

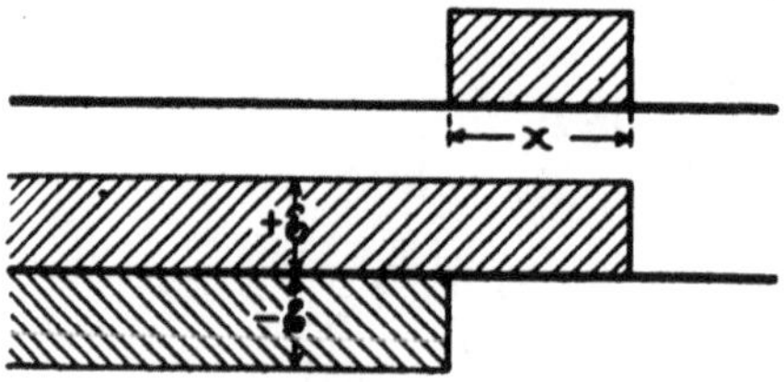

Fig. 102.

$$e_r = e_k - E.$$

Die endliche Länge x der Wanderwelle können wir berücksichtigen, wenn wir die eigentliche Wanderwelle (Fig. 102 oben) ersetzen durch zwei unendlich lange Wellen (Fig. 102 unten), welche im Abstande x oder in der diesem Abstande entsprechenden Zeit T einander folgen. Die zweite Welle ist als negative anzunehmen.

Die Spannung der reflektierten Welle im Zeitraum $t = 0$ bis $t = T$ ist daher

$$e_r = -2E \frac{w_1}{w_1 + w_2}\left(1 - \varepsilon^{-\frac{w_1 + w_2}{L} t}\right) + E,$$

$$e_r = -2E \frac{w_1}{w_1 + w_2} + 2E \frac{w_1}{w_1 + w_2} \varepsilon^{-\frac{w_1 + w_2}{L} t} + E,$$

$$e_r = \frac{E}{w_1 + w_2}\left(w_2 - w_1 + 2 w_1 \varepsilon^{-\frac{w_1 + w_2}{L} t}\right) \quad . . . . . . \quad 372)$$

für $t = 0$

$$\underset{\text{für } t = 0.}{e_r = E.}$$

Für die reflektierte negative Welle erhalten wir den entsprechenden Ausdruck:

$$\bar{e}_r = \frac{-E}{w_1 + w_2}\left(w_2 - w_1 + 2 w_1 \varepsilon^{-\frac{w_1 + w_2}{L}(t - T)}\right).$$

Die resultierende Welle für die Zeit $t > T$ ergibt sich zu

$$e_r' = e_r + \bar{e}_r,$$

$$e_r' = \frac{E}{w_1 + w_2}\left(w_2 - w_1 - w_2 + w_1 + \right.$$

$$\left. + 2 w_1 \varepsilon^{-\frac{w_1 + w_2}{L} t} - 2 w_1 \varepsilon^{-\frac{w_1 + w_2}{L}(t - T)}\right) \quad . . . . \quad 373)$$

$$e_r' = 2E \frac{w_1}{w_1 + w_2}\left(\varepsilon^{-\frac{w_1 + w_2}{L} t} - \varepsilon^{-\frac{w_1 + w_2}{L}(t - T)}\right).$$

Setzt man $w_1 = w_2$, so stellt in Fig. 103 *A* die Gestalt der reflektierten und *B* der durchgelassenen Welle dar unter der Voraussetzung, daß *T* groß ist, so daß die Spannung der ersten positiven Welle bereits auf Null gefallen st, ehe die zweite Welle zu wirken beginnt.

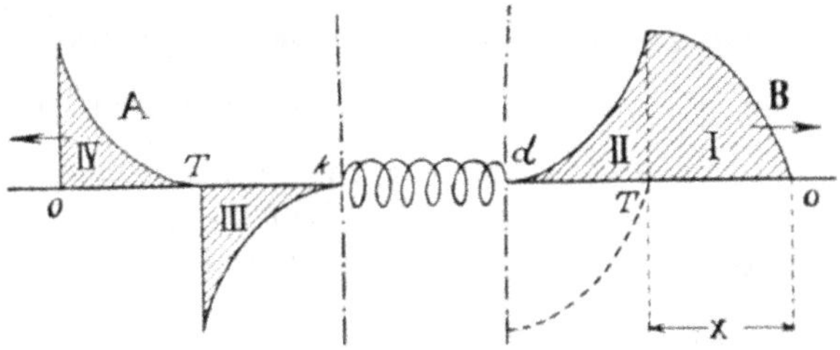

Fig. 103.

Die Spannung der durchgelassenen positiven Welle im Punkte *d* (Fig. 101) ist:

$$\underset{\text{von } t=0 \text{ bis } t=T}{e_d} = i\,w_2 = 2\,E\,\frac{w_2}{w_1 + w_2}\left(1 - \varepsilon^{-\frac{w_1+w_2}{L}t}\right) \quad . \; . \; . \quad 374)$$

und für die negative Welle

$$\underset{t>T}{\overline{e}_d} = -\,2\,E\,\frac{w_2}{w_1 + w_2}\left(1 - \varepsilon^{-\frac{w_1+w_2}{L}(t-T)}\right).$$

Die resultierende Spannung der durchgelassenen Welle für $t > T$ ergibt sich zu

$$\underset{\text{für } t>T}{e_d'} = e_d + \overline{e}_d = 2\,E\,\frac{w_2}{w_1 + w_2}\left(\varepsilon^{-\frac{w_1+w_2}{L}(t-T)} - \varepsilon^{-\frac{w_1+w_2}{L}t}\right) \quad 375)$$

Setzt man in Gl. 374) $t = 0$, so wird $\underset{\text{für } t=0.}{e_d} = 0$. Die Spannung der durchgelassenen Welle steigt also nach einer Exponentialgleichung 374) an und erstrebt den Höchstwert $2\,E\,\frac{w_2}{w_1 + w_2}$. Im Zeitpunkte $t = T$ beginnt die Wirkung der negativen Welle; also ist zur Zeit $t = T$ der Wert der Gesamtspannung am größten.

Das Maximum ist

$$e_{d\max} = \frac{2\,E\,w_2}{w_1 + w_2}\left(1 - \varepsilon^{-\frac{w_1+w_2}{L}T}\right) \quad . \; . \; . \; . \; . \; . \quad 376)$$

Aus dieser Gleichung läßt sich für jeden beliebigen Wert von $e_{d\max}$ das zugehörige *L* berechnen:

$$\frac{-\,e_{\max}\,(w_1 + w_2)}{2\,E\,w_2} + 1 = \varepsilon^{-\frac{w_1+w_2}{L}T},$$

$$\ln\left(1 - \frac{e_{\max}\,(w_1 + w_2)}{2\,E\,w_2}\right) = -\,\frac{w_1 + w_2}{L}\,T,$$

$$L = \frac{-\,(w_1 + w_2)\,T}{\ln\left(1 - \dfrac{e_{\max}\,(w_1 + w_2)}{2\,E\,w_2}\right)}.$$

Beispiel: Wellenwiderstand[1]) der Freileitung 600 Ohm pro Leiter. Wellenwiderstand eines zu schützenden Drehstromtransformators 900 Ohm. Die maximale Überspannung am Entstehungsort der Wanderwelle sei $2E =$ Überschlagsspannung der Isolatoren. Die höchste zulässige Überspannung an den Transformatorenklemmen sei $\frac{E}{3}$, die Länge der Wanderwelle sei bei reichlicher Annahme $x = 3$ km.

Aufgabe: Wie groß muß der Selbstinduktionskoeffizient jeder Drosselspule in den drei Phasen der Leitung sein, damit die Überspannung an den Klemmen des geschützten Transformators den Wert $\frac{E}{3}$ nicht übersteigt?

Lösung der Aufgabe: Die höchste Überspannung, welche an den Klemmen des geschützten Apparates auftritt, ergibt sich nach der Gl. 376)

$$e_{\max} = 2E \frac{w_2}{w_1 + w_2}\left(1 - \varepsilon^{-\frac{w_1 + w_2}{L} T}\right).$$

Hieraus berechnet sich der Selbstinduktionskoeffizient

$$L = \frac{-(w_1 + w_2)\,T}{\ln\left(1 - \frac{e_{\max}(w_1 + w_2)}{2E w_2}\right)}.$$

Da die drei Leiter des Systems, die drei Drosselspulen und die Transformatorschenkel in bezug auf Influenzierung von der Erde parallel geschaltet sind, so ergibt sich für die gegebenen Größen

$$w_1 = 200 \text{ Ohm},$$
$$w_2 = 300 \text{ Ohm},$$
$$T = \frac{x}{v} = \frac{3 \cdot 10^5}{3 \cdot 10^{10}} = 10^{-5},$$

wenn $v =$ Fortpflanzungsgeschwindigkeit der Elektrizität ist.

$$L = \frac{-(200 + 300) \cdot 10^{-5}}{\ln\left(1 - \frac{E(200 + 300)}{3 \cdot 2E \cdot 300}\right)}.$$

$$L = 0{,}015 \text{ Henry}.$$

Jede Drosselspule erhält infolge der Parallelschaltung den dreifachen Wert, also 0,045 Henry.

Handelt es sich um eine Schaltung nach Fig. 104, so können wir für w_a und w_b einen Ersatzwiderstand w_2 einführen. w_2 berechnet sich

[1]) Unter Berücksichtigung der S. 248 gegebenen Rechnungsmethode.

aus der Gleichung

$$\frac{1}{w_2} = \frac{1}{w_a} + \frac{1}{w_b} + \frac{1}{w_c} + \ldots .$$

In unserem Falle also

$$w_2 = \frac{w_a \cdot w_b}{w_a + w_b}.$$

Nach der Schaltskizze Fig. 104 können wir die folgenden Gleichungen aufstellen:

$$\left|\begin{array}{l} w_{\mathrm{I}} \cdot i_{\mathrm{I}} + L \frac{d i_2}{d t} + i_2 w_2 = 2 E, \\ w_{\mathrm{I}} \cdot i_{\mathrm{I}} + w_{\mathrm{II}} i_{\mathrm{II}} = 2 E, \\ i_{\mathrm{I}} = i_{\mathrm{II}} + i_2. \end{array}\right.$$

Hierin ist i_2 der zum Ersatz-Wellenwiderstand w_2 gehörige, die Drosselspule durchfließende Strom der durchgelassenen Wanderwelle.

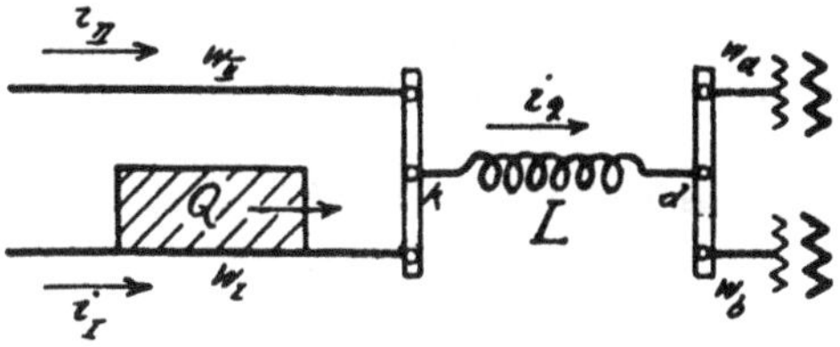

Fig. 104.

Aus der ersten und zweiten Bedingungsgleichung ergibt sich

$$i_{\mathrm{II}} = \frac{1}{w_{\mathrm{II}}} \left(L \frac{d i_2}{d t} + i_2 w_2 \right).$$

Aus der ersten und dritten Bedingungsgleichung ergibt sich

$$w_{\mathrm{I}} i_{\mathrm{II}} + w_{\mathrm{I}} i_2 + L \frac{d i_2}{d t} + i_2 w_2 = 2 E.$$

Setzt man in diese Gleichung den für i_{II} gefundenen Wert ein, so wird

$$\frac{w_{\mathrm{I}}}{w_{\mathrm{II}}} L \frac{d i_2}{d t} + \frac{w_{\mathrm{I}}}{w_{\mathrm{II}}} i_2 w_2 + w_{\mathrm{I}} i_2 + L \frac{d i_2}{d t} + i_2 w_2 = 2 E,$$

$$L \frac{d i_2}{d t} \frac{w_{\mathrm{I}} + w_{\mathrm{II}}}{w_{\mathrm{II}}} + i_2 w_2 \frac{w_{\mathrm{I}} + w_{\mathrm{II}}}{w_{\mathrm{II}}} + w_{\mathrm{I}} i_2 = 2 E.$$

Setzt man

$$\frac{w_{\mathrm{I}} + w_{\mathrm{II}}}{w_{\mathrm{II}}} = \frac{1}{A},$$

so wird

$$L \frac{d i_2}{d t} + i_2 w_2 + i_2 \frac{w_{\mathrm{I}} \cdot w_{\mathrm{II}}}{w_{\mathrm{I}} + w_{\mathrm{II}}} = 2 E A.$$

Wir setzen

$$\frac{w_I \cdot w_{II}}{w_I + w_{II}} = w_1,$$

$$2\,E\,A = i_2\,(w_1 + w_2) + L\,\frac{d\,i_2}{d\,t}.$$

Diese Gleichung ist genau übereinstimmend mit Gl. 368), wenn wir setzen

$$i = i_2,$$

$$2\,E = 2\,E\,A.$$

Folglich können wir auch nach Gl. 369) schreiben

$$i_2 = \frac{2\,E\,A}{w_1 + w_2}\left(1 - \varepsilon^{-\frac{w_1 + w_2}{L}\,t}\right).$$

Die Spannung der durchgelassenen Welle im Punkte d (siehe Fig. 104) ist

$$e_d = i_2 \cdot w_2 = 2\,E\,A\,\frac{w_2}{w_1 + w_2}\left(1 - \varepsilon^{-\frac{w_1 + w_2}{L}\,t}\right) \quad . \; . \; . \quad 377)$$

Das Maximum der Spannung wird erreicht zur Zeit $t = T$, da sich dann die negative Welle zu subtrahieren beginnt. Also

$$e_{d\,max} = 2\,E\,A\,\frac{w_2}{w_1 + w_2}\left(1 - \varepsilon^{-\frac{w_1 + w_2}{L}\,T}\right) \quad . \; . \; . \; . \quad 378)$$

Beispiel:

Schaltung nach Schaltbild Fig. 104.

Zweck: Schutz zweier Transformatoren, welche an eine durchlaufende Drehstromleitung angeschlossen sind.

Gegeben: Wellenwiderstand[1]) der ankommenden Freileitung 600 Ohm; ebenso Wellenwiderstand der weitergehenden Freileitung 600 Ohm (pro Leiter).

Wellenwiderstand der Transformatoren pro Schenkel 900 Ohm.

Drosselspule in jeder Phase mit 0,045 Henry. Länge der Wanderwelle 3 km.

Aufgabe: Ermittelung der maximalen Spannung an den Transformatorenklemmen gegen Erde, wenn die Überspannung am Entstehungsort der Wanderwelle gegen Erde $2\,E$ beträgt. Es ist $2\,E$ = Überschlagsspannung der Isolatoren zu setzen.

Lösung der Aufgabe: Die maximale Spannung, welche an den Transformatorenklemmen herrscht, ergibt sich nach Gl. 378)

$$e_{d\,max} = 2\,E\,A\,\frac{w_2}{w_1 + w_2}\left(1 - \varepsilon^{-\frac{w_1 + w_2}{L}\,T}\right).$$

Da die Leitungen, Drosselspulen und Schenkelwicklungen der Transformatoren in bezug auf Influenzierung von der Erde parallel

[1]) Unter Berücksichtigung der S. 248 gegebenen Rechnungsmethode.

geschaltet sind, so ergibt sich für die gegebenen Größen in Parallelschaltung:

$$L = 0{,}015 \text{ Henry},$$
$$w_{I} = 200 \text{ Ohm},$$
$$w_{II} = 200 \text{ Ohm},$$
$$w_{a} = 300 \text{ Ohm},$$
$$w_{b} = 300 \text{ Ohm}.$$

Wir bilden

$$w_1 = \frac{w_I \cdot w_{II}}{w_I + w_{II}} = \frac{200 \cdot 200}{200 + 200} = 100 \text{ Ohm},$$

$$w_2 = \frac{w_a \cdot w_b}{w_a + w_b} = \frac{300 \cdot 300}{300 + 300} = 150 \text{ Ohm},$$

$$A = \frac{w_{II}}{w_I + w_{II}} = \frac{200}{200 + 200} = 0{,}5,$$

$$T = \frac{x}{v} = \frac{3 \cdot 10^5}{3 \cdot 10^{10}} = 10^{-5},$$

wenn v = Fortpflanzungsgeschwindigkeit der Elektrizität ist.

$$\varepsilon^{-\frac{w_1 + w_2}{L} T} = 2{,}7^{-\frac{100 + 150}{0{,}015} 10^{-5}} = 0{,}85,$$

$$e_{d\,max} = E \frac{2 \cdot 0{,}5 \cdot 150}{100 + 150} (1 - 0{,}85),$$

$$e_{d\,max} = 0{,}09\, E.$$

Die Überspannung ($2\,E$) wird also auf 4½% erniedrigt. Bei den lächerlich kleinen Werten der oft noch gebräuchlichen lockenförmigen Drosselspulen ist es natürlich ausgeschlossen, eine nennenswerte Herabsetzung der Überspannungswelle zu bewirken. Daher kommen für Hochspannungsanlagen nur spiralgewickelte Flachdrosselspulen in Frage.

Die Induktivität eisenloser Drosselspulen, welche aus einer zylindrisch angeordneten Drahtlage bestehen, läßt sich nach dem von Fritz Emde mitgeteilten Rechnungsgange (»Elektrotechnik und Maschinenbau«, XXX. Jahrg., 1912, Heft 11 u. ff.) aus der Gleichung bestimmen

$$L = 2\, n^2 \pi\, d\, y\, 10^{-9} \text{ Henry}.$$

Hierin sind

L = Selbstinduktionskoeffizient der Spule,
n = Anzahl der Windungen in Serie,
d = mittlerer Durchmesser einer Windung in cm (also gleichzeitig Durchmesser des Wicklungszylinders),
y = Koeffizient (der nachstehenden Tafel zu entnehmen).

Bezeichnet man die Länge der Spule in cm mit l, so gibt die folgende Tafel die Größe von y für jedes Verhältnis $\frac{d}{l}$ bzw $\frac{l}{d}$ für lange bzw. kurze (flache) Spulen an.

Lange Spulen				Flache Spulen			
$\frac{d}{l}$	y	$\frac{d}{l}$	y	$\frac{l}{d}$	y	$\frac{l}{d}$	y
0,00	0,0000	0,40	0,5340	1,00	1,0814	0,60	1,4914
0,01	0,0156	0,41	0,5452	0,99	1,0888	0,59	1,5059
0,02	0,0312	0,42	0,5564	0,98	1,0964	0,58	1,5207
0,03	0,0465	0,43	0,5674	0,97	1,1040	0,57	1,5357
0,04	0,0618	0,44	0,5784	0,96	1,1118	0,56	1,5511
0,05	0,0769	0,45	0,5893	0,95	1,1196	0,55	1,5669
0,06	0,0919	0,46	0,6001	0,94	1,1276	0,54	1,5829
0,07	0,1068	0,47	0,6109	0,93	1,1357	0,53	1,5994
0,08	0,1215	0,48	0,6215	0,92	1,1439	0,52	1,6162
0,09	0,1361	0,49	0,6321	0,91	1,1523	0,51	1,6333
0,10	0,1506	0,50	0,6426	0,90	1,1607	0,50	1,6509
0,11	0,1650	0,51	0,6530	0,89	1,1693	0,49	1,6689
0,12	0,1792	0,52	0,6633	0,88	1,1780	0,48	1,6874
0,13	0,1934	0,53	0,6735	0,87	1,1869	0,47	1,7063
0,14	0,2074	0,54	0,6837	0,86	1,1959	0,46	1,7256
0,15	0,2213	0,55	0,6938	0,85	1,2050	0,45	1,7455
0,16	0,2351	0,56	0,7038	0,84	1,2143	0,44	1,7659
0,17	0,2487	0,57	0,7138	0,83	1,2237	0,43	1,7868
0,18	0,2623	0,58	0,7236	0,82	1,2333	0,42	1,8083
0,19	0,2757	0,59	0,7334	0,81	1,2430	0,41	1,8303
0,20	0,2891	0,60	0,7432	0,80	1,2529	0,40	1,8530
0,21	0,3023	0,61	0,7528	0,79	1,2629	0,39	1,8763
0,22	0,3154	0,62	0,7624	0,78	1,2732	0,38	1,9003
0,23	0,3284	0,63	0,7719	0,77	1,2835	0,37	1,9251
0,24	0,3413	0,64	0,7814	0,76	1,2941	0,36	1,9506
0,25	0,3541	0,65	0,7907	0,75	1,3048	0,35	1,9768
0,26	0,3668	0,66	0,8001	0,74	1,3158	0,34	2,0040
0,27	0,3793	0,67	0,8093	0,73	1,3269	0,33	2,0320
0,28	0,3918	0,68	0,8185	0,72	1,3382	0,32	2,0610
0,29	0,4042	0,69	0,8276	0,71	1,3497	0,31	2,0909
0,30	0,4165	0,70	0,8366	0,70	1,3614	0,30	2,1220
0,31	0,4287	0,71	0,8456	0,69	1,3733	0,29	2,1542
0,32	0,4407	0,72	0,8545	0,68	1,3855	0,28	2,1876
0,33	0,4527	0,73	0,8634	0,67	1,3979	0,27	2,2223
0,34	0,4646	0,74	0,8722	0,66	1,4105	0,26	2,2584
0,35	0,4764	0,75	0,8809	0,65	1,4233	0,25	2,2961
0,36	0,4881	0,76	0,8896	0,64	1,4364	0,24	2,3354
0,37	0,4997	0,77	0,8982	0,63	1,4498	0,23	2,3764
0,38	0,5112	0,78	0,9068	0,62	1,4634	0,22	2,4194
0,39	0,5226	0,79	0,9153	0,61	1,4773	0,21	2,4645

Lange Spulen				Flache Spulen			
$\frac{d}{l}$	y	$\frac{d}{l}$	y	$\frac{l}{d}$	y	$\frac{l}{d}$	y
0,80	0,9237	0,90	1,0051	0,20	2,5119	0,10	3,1938
0,81	0,9321	0,91	1,0130	0,19	2,5619	0,09	3,2988
0,82	0,9404	0,92	1,0208	0,18	2,6146	0,08	3,4154
0,83	0,9487	0,93	1,0285	0,17	2,6705	0,07	3,5482
0,84	0,9569	0,94	1,0362	0,16	2,7300	0,06	3,7017
0,85	0,9651	0,95	1,0438	0,15	2,7933	0,05	3,8835
0,86	0,9732	0,96	1,0514	0,14	2,8612	0,04	4,1061
0,87	0,9813	0,97	1,0590	0,13	2,9343	0,03	4,3934
0,88	0,9893	0,98	1,0665	0,12	3,0133	0,02	4,7986
0,89	0,9972	0,99	1,0740	0,11	3,0994	0,01	5,4916
		1,00	1,0814			0,00	∞

Spiralförmig gewickelte Drosselspulen, bei welchen man den Einfluß der Isolation zwischen den einzelnen Windungen vernachlässigen kann, und bei welchen die Höhe im Vergleich zur Breite sehr gering ist, lassen sich nach der Stefanschen[1]) Gleichung berechnen, welche für den vorliegenden besonderen Zweck durch J. Spielrein[2]) sehr vereinfacht ist. Hiernach ist der Selbstinduktionskoeffizient

$$L = n^2 A f_{(\alpha)} 10^{-6} \text{ Millihenry.}$$

n = Anzahl der Windungen,
$2A$ = Durchmesser (äußerer) in cm,
α = Verhältnis des inneren Durchmessers zum äußeren,
$f_{(\alpha)}$ = Funktion von α nach Tabelle zu wählen.

α	$f_{(\alpha)}$	α	$f_{(\alpha)}$	α	$f_{(\alpha)}$	α	$f_{(\alpha)}$	α	$f_{(\alpha)}$	α	$f_{(\alpha)}$	α	$f_{(\alpha)}$
0	6,9696	0,16	9,685	0,28	12,36	0,41	15,95	0,53	20,11	0,66	25,91	0,79	34,18
0,05	7,716	0,17	9,887	0,29	12,61	0,42	16,27	0,54	20,50	0,67	26,45	0,80	34,92
0,06	7,877	0,18	10,09	0,30	12,86	0,43	16,58	0,55	20,89	0,68	26,99	0,81	35,81
0,07	8,041	0,19	10,30	0,31	13,11	0,44	16,91	0,56	21,30	0,69	27,54	0,82	36,73
0,08	8,209	0,20	10,51	0,32	13,38	0,45	17,23	0,57	21,72	0,70	28,09	0,83	37,67
0,09	8,381	0,21	10,73	0,33	13,64	0,46	17,57	0,58	22,15	0,71	28,69	0,84	38,64
0,10	8,556	0,22	10,95	0,34	13,92	0,47	17,91	0,59	22,58	0,72	29,31	0,85	39,53
0,11	8,735	0,23	11,17	0,35	14,19	0,48	18,26	0,60	23,01	0,73	29,94	0,86	40,61
0,12	8,918	0,24	11,40	0,36	14,47	0,49	18,62	0,61	23,47	0,74	30,59	0,87	41,76
0,13	9,104	0,25	11,63	0,37	14,76	0,50	18,97	0,62	23,94	0,75	31,21	0,88	42,99
0,14	9,295	0,26	11,87	0,38	15,05	0,51	19,34	0,63	24,42	0,76	31,93	0,89	44,31
0,15	9,488	0,27	12,11	0,39	15,35	0,52	19,72	0,64	24,91	0,77	32,60	0,90	45,74
				0,40	15,65			0,65	25,39	0,78	33,48		

[1]) Stefan, Über die Berechnung der Induktionskoeffizienten von Drahtrollen, Wiener Sitzungsberichte 88, 2 (1883). [2])A. f. E. III. Bd., 7. Heft, 1915.

Wie man sieht, kommt die Höhe in dieser Formel gar nicht vor. Spielrein hat sie gleich Null gesetzt, deshalb werden seine Werte etwas größer als nach Stefan. Genau nach Stefan gerechnet, welcher den ganzen Wicklungsraum mit Kupfer gefüllt ansieht, erhält man etwas zu geringe Werte. Man kann also die Spielreinsche Gleichung für flachgewickelte Bandspulen, welche nicht über 1 cm Höhe haben, als praktisch ausreichend ansehen.

In Gegenüberstellung sei die nachstehende Tabelle über flachgewickelte Schutzdrosselspulen, wie sie für Spannungen bis 24000 Volt verwendet werden, gebracht.

Dauerstrom Amp.	Windungszahl	Abmessungen in mm			Kupfer		Induktivität Henry
		Außendurchm.	Innendurchm.	Höhe	Querschnitt	Gewicht	
6	275	425	150	12	3	6,65	0,02130
15	240	490	200	17	6	13,86	0,01815
25	210	600	220	17	10,5	25,20	0,01746
50	160	780	240	17	22,5	51,70	0,01348
100	100	780	240	23	50	71,30	0,00483
200	80	843	240	35	105	126,70	0,00294

Sofern die Höhe der Spule (Breite des Kupferbandes) nicht mehr vernachlässigbar klein ist, also über 1 cm beträgt, werden die Spielreinschen Werte ungenau. Man rechnet dann besser nach der Rayleighschen[1]) Formel. Sie lautet:

$$L = 4\pi r n^2 \left[\left(1 + \frac{b^2}{32 r^2}\right) \ln \frac{8r}{b} - 0{,}5 + \frac{1}{128} \frac{b^2}{r^2}\right] 10^{-9} \text{ Henry.}$$

Hierin ist

r = mittlerer Radius der Spule in cm,
b = axiale Länge der Spule = Breite des Kupferbandes in cm,
n = Anzahl der Windungen.

Die Größe der erforderlichen Drosselspule ist sowohl abhängig vom Wellenwiderstande der Leitung $\left(\sqrt{\frac{L}{C}}\right)$ als auch von demjenigen des zu schützenden Apparates. Der Hauptschutzwert der Drosselspule beruht neben der Herabsetzung der Spannung in der Umbildung der steilen Wellenstirn auftreffender Wanderwellen oder Einschaltwellen.

Bemerkung, betreffend Berechnung des Wellenwiderstandes von Freileitungen, sofern es sich um Überspannungen atmosphärischer Herkunft handelt.

---

[1]) Proc. Roy. Soc. 104 (1881); s. auch Orlich, Kapazität, 1909, S. 81.

Der Wellenwiderstand ist allgemein

$$w = \sqrt{\frac{L}{C}},$$

worin L und C die Konstanten der Leitung bedeuten. Da es sich aber bei Überspannungen atmosphärischer Herkunft um eine Wirkung handelt, welche durch das plötzlich geänderte Erdpotential auf sämtlichen Leitern des Systems gleichzeitig ausgeübt wird, so müssen diese als unter sich parallel geschaltet betrachtet werden. Es empfiehlt sich, trotz dieser Parallelschaltung den Wellenwiderstand zunächst für einen einzelnen Leiter des vorhandenen Stromsystems zu bestimmen, und den Gesamtwellenwiderstand erst später zu berechnen.

Ist der Wellenwiderstand eines einzelnen Leiters in einem gegebenen Stromsystem Z, so ist der Widerstand der Gesamtleitung (also der parallel geschalteten und zusammengefaßten Leiter des Systems) bei Einphasenstrom $\frac{Z}{2}$, und bei Drehstrom $\frac{Z}{3}$.

Im Einphasensystem ergibt sich das Gesamtpotential eines einzelnen Leiters dieses Systems aus Gl. 177), wenn wir $Q_1 = Q_2$ setzen zu

$$V = \frac{2Q}{l}\left(\ln\frac{2h}{r} + \ln\frac{\sqrt{4h^2 + D^2}}{D}\right).$$

Darin ist

h = Abstand des Leiters von Erde in cm,
D = Abstand der Leiter voneinander in cm,
r = Radius der Leiterquerschnitte in cm.

Ist die Größe h für die einzelnen Leiter verschieden, so nimmt man einen Mittelwert.

Setzt man

$$C = \frac{Q}{V},$$

so wird die Kapazität eines einzelnen Leiters des Systems in elektrostatischen Einheiten

$$C = \frac{l}{2\ln\frac{2h}{r}\cdot\frac{\sqrt{4h^2 + D^2}}{D}}.$$

Im Drehstromsystem ergibt sich das Gesamtpotential eines einzelnen Leiters aus Gl. 203), wenn wir $Q_1 = Q_2 = Q_3$ setzen zu

$$V = \frac{2Q}{l}\left(\ln\frac{2h}{r} + \ln\frac{2h}{D} + \ln\frac{2h}{D}\right),$$

$$V = \frac{2Q}{l}\ln\frac{8h^3}{rD^2}.$$

Die Bedeutung der Buchstaben ist dieselbe wie vorher.

Setzt man wieder

$$C = \frac{Q}{V},$$

so wird die Kapazität eines einzelnen Leiters in elektrostatischen Einheiten

$$C = \frac{l}{2 \ln \frac{8 h^3}{r D^2}}.$$

Die zu den oben berechneten Kapazitäten eines einzelnen Leiters gehörigen Selbstinduktionen kann man aus der Wellengeschwindigkeit ermitteln. Diese beträgt

$$v = \frac{1}{\sqrt{L C}}.$$

Die Ausrechnung von L ist nicht erforderlich, da wir den Wellenwiderstand bestimmen wollen.

Wir können die Gleichung für denselben in der Form schreiben

$$w = \sqrt{\frac{L}{C}} = \sqrt{\frac{L C}{C^2}} = \frac{1}{v \cdot C}.$$

Wir erhalten also als Wellenwiderstand eines einzelnen Leiters in der Einphasenleitung

$$w = \frac{1}{v \cdot C} = \frac{2 \cdot \ln \frac{2 h}{r} \cdot \frac{\sqrt{4 h^2 + D^2}}{D}}{v \cdot l}.$$

Dieses ist der Widerstand in absolutem Maß. Wollen wir denselben in Ohm pro cm ausdrücken und statt der natürlichen die Briggschen Logarithmen benutzen und schließlich für v seinen Wert $3 \cdot 10^{10}$ einsetzen, so müssen wir zuvor den für die Kapazität C errechneten und benutzten Wert, welcher in elektrostatischen Einheiten ausgedrückt ist, durch Multiplikation mit $\frac{1}{9 \cdot 10^{11}}$ in Farad verwandeln, wir erhalten dann:

$$w = 138 \cdot \log \frac{2 h}{r} \cdot \frac{\sqrt{4 h^2 + D^2}}{D} \text{ Ohm}.$$

Für den einzelnen Leiter im Drehstromsystem erhalten wir als Widerstand

$$w = \frac{1}{v} \cdot \frac{1}{C} = \frac{2 \cdot \ln \frac{8 h^3}{r D^2}}{v \cdot l}.$$

Drücken wir auch hier den Widerstand in Ohm pro cm aus und benutzen Briggsche Logarithmen, so erhalten wir

$$w = 138 \cdot \log \frac{8 h^3}{r D^2} \text{ Ohm}.$$

Beispiel

$$h = 1000 \text{ cm},$$
$$D = 200 \text{ cm},$$
$$r = 0{,}5 \text{ cm}.$$

Wellenwiderstand eines einzelnen Leiters im Einphasensystem

$$w = 138 \cdot \log \frac{2 \cdot 1000}{0{,}5} \cdot \frac{\sqrt{4 \cdot 1000^2 + 200}}{200} = 635 \text{ Ohm}.$$

Der Wellenwiderstand der zusammengefaßten parallelen Leiter ist mithin

$$\frac{635}{2} = 318 \text{ Ohm}.$$

Widerstand eines einzelnen Leiters im Drehstromsystem

$$h = 1000 \text{ cm},$$
$$D = 200 \text{ cm},$$
$$r = 0{,}5 \text{ cm},$$

$$w = 138 \cdot \log \frac{8 \cdot h^3}{r\, D^2} = 138 \cdot \log \frac{8 \cdot 1000^3}{0{,}5 \cdot 200^2} = 779 \text{ Ohm}.$$

Der Wellenwiderstand der zusammengefaßten parallelen Leiter des Systems ist mithin

$$\frac{779}{3} = 259 \text{ Ohm}.$$

Sämtliche Beispiele sind zur Vereinfachung der Rechnung mit einem Widerstand von 600 Ohm für den einzelnen Leiter des Systems gerechnet, obschon dieser Wert für Drehstromanlagen zu niedrig ist.

B. Schutzkondensatoren.

Zum Schutz von Maschinen, Transformatoren usw. gegen den Anprall von Wellen mit steiler Stirn kann man auch Kondensatorenbatterien verwenden. Diese haben den gleichen Effekt wie Drosselspulen. Wir wollen die parallele Untersuchung wie bei Drosselspulen anstellen und uns auf den ungünstigsten Fall beschränken, daß es sich nämlich um Wanderwellen atmosphärischen Ursprunges handelt.

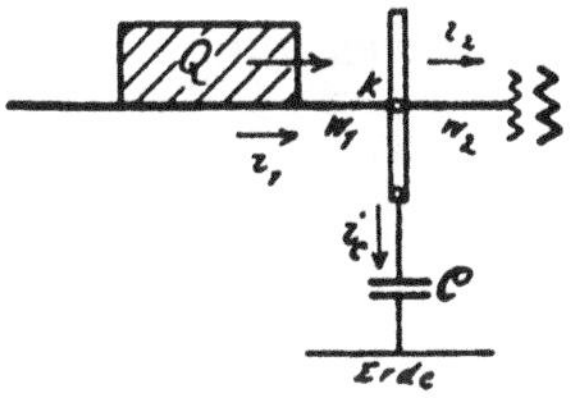

Fig. 105.

In Schaltbild Fig. 105 sei w_1 der Wellenwiderstand einer einfachen Leitung, w_2 der Wellenwiderstand des geschützten Apparates (Transformators usw.), i der Strom einer Wanderwelle, welche der Überspannung 2 E ihre Entstehung verdankt. C sei die Kapazität eines Schutzkondensators. Am Knotenpunkt k wird die Wanderwelle teilweise reflektiert.

Trifft die Wanderwelle auf den Anschlußpunkt k des Kondensators, so teilt sich der Strom der Welle in die Zweige i_c und i_2.

An Hand der Fig. 105 können wir die Gleichungen aufstellen:

$$\left| \begin{array}{l} w_1 i_1 + w_2 i_2 = 2E, \\ i_1 = i_2 + i_c. \end{array} \right.$$

Aus diesen Gleichungen folgt:

$$w_1 i_2 + w_1 i_c + w_2 i_2 = 2E,$$

$$i_2 (w_1 + w_2) + i_c w_1 = 2E \quad \ldots\ldots\ldots \quad 379)$$

Es ist

$$i_2 w_2 = e_k,$$

wenn die Kondensatorspannung mit e_k bezeichnet wird. Hieraus folgt:

$$w_2 \cdot d i_2 = d e_k.$$

In der unendlich kurzen Zeit dt bringt ein Strom auf den Kondensator die Ladung dQ, daher

$$i_c\, dt = dQ.$$

Setzt man

$$Q = C e_k,$$

so wird

$$i_c = \frac{C\, d e_k}{d t},$$

$$d e_k = \frac{1}{C} i_c\, d t.$$

Setzt man die beiden Werte von de_k einander gegenüber, so wird

$$d i_2 w_2 = \frac{1}{C} i_c\, d t,$$

$$i_c = w_2 C \frac{d i_2}{d t}.$$

Setzen wir diesen Wert in Gl. 379) ein, so wird

$$i_2 (w_1 + w_2) + C w_1 w_2 \frac{d i_2}{d t} = 2E,$$

$$\frac{2E}{w_1 + w_2} - i_2 = C \frac{w_1 \cdot w_2}{w_1 + w_2} \frac{d i_2}{d t}.$$

Bezeichnet man den Wellenwiderstand der ganzen Anordnung mit w, so ist

$$\frac{1}{w} = \frac{1}{w_1} + \frac{1}{w_2},$$

$$w = \frac{w_1 w_2}{w_1 + w_2}.$$

Daher:

$$\frac{2E}{w_1 + w_2} - i_2 = w\,C\,\frac{d\,i_2}{d\,t},$$

$$\frac{1}{w\,C}\,d\,t = \frac{d\,i_2}{\frac{2E}{w_1 + w_2} - i_2},$$

$$\frac{1}{w\,C}\int d\,t = \int \frac{d\,i_2}{\frac{2E}{w_1 + w_2} - i_2},$$

$$\frac{1}{w\,C}\,t = -\ln\left(\frac{2E}{w_1 + w_2} - i_2\right) + \text{const.}$$

Setzt man

$$\text{const} = -\ln k,$$

so wird

$$\frac{1}{w\,C}\,t = -\ln\left(\frac{2E}{w_1 + w_2} - i_2\right) - \ln k,$$

$$-\frac{1}{w\,C}\,t = \ln\left(\frac{2E}{w_1 + w_2} - i_2\right) k,$$

$$\varepsilon^{-\frac{1}{w\,C}\,t} = \left(\frac{2E}{w_1 + w_2} - i_2\right) k.$$

Hierin ist ε = Basis der natürlichen Logarithmen.

$$-\frac{1}{k}\,\varepsilon^{-\frac{1}{w\,C}\,t} + \frac{2E}{w_1 + w_2} = i_2,$$

zur Zeit $t = 0$ ist $i_2 = 0$, mithin

$$-\frac{1}{k} + \frac{2E}{w_1 + w_2} = 0,$$

$$k = \frac{w_1 + w_2}{2E}.$$

Benutzt man diesen Ausdruck für k, so wird

$$-\frac{1}{w\,C}\,t = \ln\left[\left(\frac{2E}{w_1 + w_2} - i_2\right)\frac{w_1 + w_2}{2E}\right],$$

$$-\frac{1}{w\,C}\,t = \ln\left(1 - \frac{i_2\,(w_1 + w_2)}{2E}\right),$$

$$\varepsilon^{-\frac{1}{w\,C}\,t} = \frac{2E - i_2\,(w_1 + w_2)}{2E}.$$

Hierin ist ε = Basis der natürlichen Logarithmen.

$$2E\,\varepsilon^{-\frac{1}{w\,C}\,t} = 2E - i_2\,(w_1 + w_2),$$

$$i_2 = 2E\,\frac{1}{w_1 + w_2}\left(1 - \varepsilon^{-\frac{1}{w\,C}\,t}\right) \quad \ldots\ldots\ldots \quad 380)$$

Die Spannung am Knotenpunkt wird

$$e_k = i_2 \cdot w_2 = 2E \frac{w_2}{w_1 + w_2}\left(1 - \varepsilon^{-\frac{1}{wC}t}\right) \quad \ldots \quad 381)$$

Für den Ladestrom hatten wir $i_c = C w_2 \frac{d i_2}{d t}$. Wir erhalten also aus Gl. 380)

$$i_c = C w_2 \frac{2E}{w_1 + w_2} \varepsilon^{-\frac{1}{wC}t} \frac{1}{wC},$$

$$i_c = \frac{w_2}{w_1 + w_2} \frac{w_1 + w_2}{w_1 w_2} 2E\varepsilon^{-\frac{1}{wC}t},$$

$$i_c = \frac{1}{w_1} 2E\varepsilon^{-\frac{1}{wC}t} \quad \ldots \ldots \quad 382)$$

Die Spannung der am Knotenpunkt reflektierten Welle muß mit der Spannung der ankommenden Welle zusammen die Spannung e_k im Punkte k ergeben; die Spannung der reflektierten Welle wird also

$$e_r = e_k - E \quad \ldots \ldots \quad 383)$$

Unter t verstehen wir die Zeit vom Eintreffen der Welle am Knotenpunkt k (streng genommen am Kondensator) ab gerechnet.

Unter T wollen wir die Zeit verstehen, welche dem Vorrücken der Wanderwelle um ihre eigene Länge x entspricht.

Die endliche Länge x der Wanderwelle können wir, wie bei der Drosselspule, berücksichtigen, wenn wir die Wanderwelle durch zwei unendlich lange Wellen entgegengesetzter Spannung ersetzen, welche im Abstande x einander folgen (s. Fig. 102).

Für die negative Welle von unendlich langer Dauer ergibt sich dann der korrespondierende Ausdruck

$$\bar{i}_2 = -\frac{2E}{w_1 + w_2}\left(1 - \varepsilon^{-\frac{1}{wC}(t-T)}\right)$$

und

$$\bar{e}_k = -2E \frac{w_2}{w_1 + w_2}\left(1 - \varepsilon^{-\frac{1}{wC}(t-T)}\right).$$

Die Knotenpunktspannung ergibt sich dann für die Zeit $t > T$ durch Überlagerung der Spannungen der positiven und negativen Welle, also

$$e_k' = 2E \frac{w_2}{w_1 + w_2}\left(1 - \varepsilon^{-\frac{1}{wC}t}\right) - 2E \frac{w_2}{w_1 + w_2}\left(1 - \varepsilon^{-\frac{1}{wC}(t-T)}\right).$$

$$e_k' = 2E \frac{w_2}{w_1 + w_2}\left(\varepsilon^{-\frac{1}{wC}(t-T)} - \varepsilon^{-\frac{1}{wC}t}\right) \quad \ldots \quad 384)$$

Die höchste Spannung, welche auf den zu schützenden Apparat wirkt, wird erreicht, wenn $t = T$, also

$$e_{\max} = 2\,E\,\frac{w_2}{w_1 + w_2}\left(1 - \varepsilon^{-\frac{1}{wC}T}\right) \quad \ldots\ldots \quad 385)$$

In Fig. 106 ist die Gestalt der reflektierten Welle A und der zum Apparat (Wicklung mit Wellenwiderstand w_2) durchgelassenen Welle B skizziert. Die durchgelassene Welle erhält dieselbe Gestalt wie bei

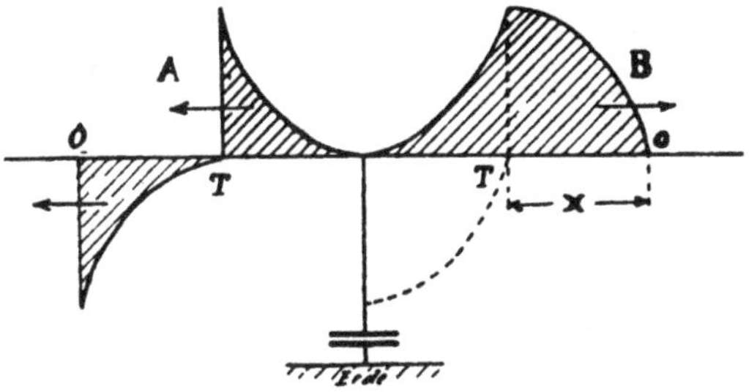

Fig. 106.

der Drosselspule. Die steile Stirn ist verschwunden. Man kann den erforderlichen Wert der Kapazität des Kondensators in Farad für jeden gewünschten Höchstwert der Spannung der durchgelassenen Welle ermitteln. Setzt man

$$T = \frac{x}{v} = \frac{x}{3 \cdot 10^{10}},$$

so ergibt Gl. 385)

$$\varepsilon^{-\frac{1}{wC}T} = \frac{2\,E\,\frac{w_2}{w_1 + w_2} - e_{\max}}{2\,E\,\frac{w_2}{w_1 + w_2}},$$

$$\varepsilon^{+\frac{1}{w \cdot C}T} = \frac{2\,E\,\frac{w_2}{w_1 + w_2}}{2\,E\,\frac{w_2}{w_1 + w_2} - e_{\max}}$$

$$C = \frac{T}{w \ln \dfrac{2\,E\,\frac{w_2}{w_1 + w_2}}{2\,E\,\frac{w_2}{w_1 + w_2} - e_{\max}}} \quad \ldots\ldots \quad 386)$$

Bei der praktischen Verwendung der Gl. 386) ist für $2\,E$ die Überschlagsspannung der Isolatoren einzusetzen, da diese die Spannung am Entstehungsort der Wanderwelle nach oben begrenzt. Für e_{max} setzt man die Prüfspannung der zu schützenden Apparate ein.

Handelt es sich um eine Schaltung nach Fig. 107, wo mehrere Apparate mit den Wellenwiderständen w_a, w_b usw. angeschlossen sind und außerdem eine zweite Freileitung mit dem Wellenwiderstand w_{II} vorhanden ist, so kann man an Hand der Fig. 107 die Gleichungen aufstellen:

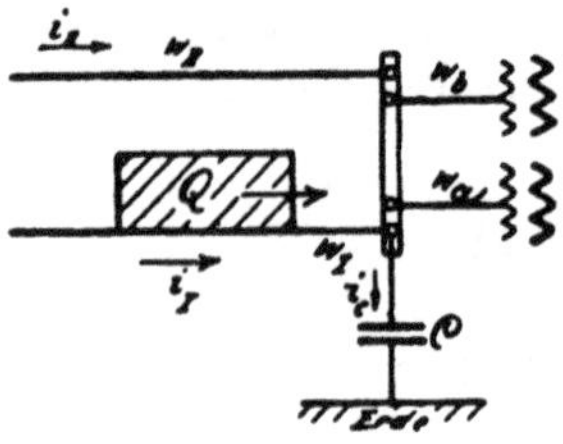

Fig. 107.

$$i_I \cdot w_I + e_k = 2E,$$

$$i_I = i_c + i_2 + i_{II}.$$

Führt man den Ersatzwiderstand

$$w_2 = \frac{w_a \cdot w_b}{w_a + w_b}$$

ein, so ist

$$i_2 = \frac{e_k}{w_2}.$$

Wir haben also jetzt

$$w_I i_c + w_I i_2 + w_I i_{II} + e_k = 2E.$$

Da $i_{II} \cdot w_{II} = e_k$, so wird

$$w_I i_c + \frac{w_I}{w_2} e_k + \frac{w_I}{w_{II}} e_k + e_k = 2E,$$

$$w_I i_c + e_k \left(\frac{w_I}{w_2} + \frac{w_I}{w_{II}} + 1 \right) = 2E,$$

$$i_c + e_k \left(\frac{1}{w_2} + \frac{1}{w_{II}} + \frac{1}{w_I} \right) = 2E \frac{1}{w_I}.$$

Setzt man $i_c = C \frac{de}{dt}$, so wird

$$i_c + e_k \left(\frac{1}{w_2} + \frac{w_I + w_{II}}{w_I \cdot w_{II}} \right) = 2E \frac{1}{w_I}.$$

Wir setzen $\frac{w_I \cdot w_{II}}{w_I + w_{II}} = w_1$ und erhalten

$$i_c + e_k \left(\frac{1}{w_2} + \frac{1}{w_1} \right) = 2E \frac{1}{w_I},$$

$$i_c + e_k \frac{w_2 + w_1}{w_2 \cdot w_1} = 2E \frac{1}{w_I}.$$

Wir setzen

$$\frac{w_2 \cdot w_1}{w_2 + w_1} = w$$

und erhalten

$$i_c + e_k \frac{1}{w} = 2E \frac{1}{w_I}.$$

Es ist nun $i_e = C \dfrac{de}{dt}$ (s. Thomsonschen Schwingungskreis).

Hiermit

$$C \frac{de}{dt} + e_k \frac{1}{w} = 2E \frac{1}{w_{\mathrm{I}}}.$$

Wir setzen

$$\frac{w_{\mathrm{II}}}{w_{\mathrm{I}} + w_{\mathrm{II}}} = A = \text{Übergangsfaktor},$$

mithin auch

$$\frac{1}{w_{\mathrm{I}}} = \frac{A}{w_1}.$$

Hiermit

$$C \frac{de}{dt} + e_k \frac{1}{w} = 2EA \frac{1}{w_1},$$

$$e_k \frac{1}{w} - 2EA \frac{1}{w_1} + C \frac{de}{dt} = 0.$$

Wir setzen

$$e_k \frac{1}{w} - 2EA \frac{1}{w_1} = x \, \varepsilon^{\alpha t};$$

für $t = 0$ ist die Kondensatorspannung $e_k = 0$, mithin

$$x = -2EA \frac{1}{w_1}.$$

Hiermit

$$e_k \frac{1}{w} - 2EA \frac{1}{w_1} = -EA \frac{1}{w_1} \varepsilon^{\alpha t},$$

$$\frac{de}{dt} = -\frac{w}{w_1} 2EA \, a \, \varepsilon^{\alpha t},$$

$$-2EA \frac{1}{w_1} \varepsilon^{\alpha t} (1 + C \, w \, a) = 0,$$

$$a = -\frac{1}{C w}.$$

Hiermit

$$e_k \frac{1}{w} - 2EA \frac{1}{w_1} = -2EA \frac{1}{w_1} \varepsilon^{-\frac{1}{Cw} t}$$

$$e_k = 2EA \frac{w_2}{w_1 + w_2} \left(1 - \varepsilon^{-\frac{1}{Cw} t}\right) \quad \ldots \ldots \; 381\mathrm{a})$$

Hiermit ist die Spannung an den geschützten Apparaten gegeben. Ebenso wird die maximale Spannung:

$$e_{\mathrm{max}} = 2EA \frac{w_2}{w_1 + w_2} \left(1 - \varepsilon^{-\frac{1}{wC} T}\right) \quad \ldots \ldots \; 385\mathrm{a})$$

Beispiel:

Schaltung nach Abbildung Fig. 107.

Zweck: Schutz zweier Transformatoren, welche an eine durchlaufende Drehstromleitung angeschlossen sind, gegen Wanderwellen.

Gegeben: Wellenwiderstand[1]) der ankommenden Leitung (Freileitung) 600 Ohm: Wellenwiderstand der weitergehenden Leitung do. 600 Ohm pro Leiter; Wellenwiderstand jedes Transformators pro Schenkel 900 Ohm.

Schutzkondensator in jeder Phase mit 0,01 Mikrofarad angenommen.

Länge der Wanderwelle $x = 3$ km angenommen. Die Überspannung am Entstehungsort der Wanderwelle beträgt $2\,E$ = Überschlagsspannung der Isolatoren. Da die Leitungen, Kondensatoren und Schenkelwicklungen der Transformatoren in bezug auf Influenzierung durch die Erde parallel geschaltet sind, so ergibt sich für die gegebenen Größen in Parallelschaltung:

$C = 0{,}03$ Mikrofarad,

$w_{\mathrm{I}} = 200$ Ohm (Freileitung, Zuleitung),

$w_{\mathrm{II}} = 200$ Ohm (Freileitung, weiterführende Leitung),

$w_a = 300$ Ohm Wellenwiderstand für Transformator a,

$w_b = 300$ Ohm Wellenwiderstand für Transformator b.

Wir bilden:

$$w_1 = \frac{w_{\mathrm{I}} \cdot w_{\mathrm{II}}}{w_{\mathrm{I}} + w_{\mathrm{II}}} = \frac{200 \cdot 200}{200 + 200} = 100\,\text{Ohm},$$

$$w_2 = \frac{w_a \cdot w_b}{w_a + w_b} = \frac{300 \cdot 300}{300 + 300} = 150\,\text{Ohm},$$

$$w = \frac{w_2 \cdot w_1}{w_2 + w_1} = \frac{150 \cdot 100}{150 + 100} = 60\,\text{Ohm}.$$

$$A = \frac{w_{\mathrm{II}}}{w_{\mathrm{I}} + w_{\mathrm{II}}} = \frac{200}{200 + 200} = \frac{1}{2},$$

$$\frac{w_2}{w_1 + w_2} = \frac{150}{100 + 150} = 0{,}6,$$

$$T = \frac{x}{v} = \frac{3 \cdot 10^5}{3 \cdot 10^{10}} = 10^{-5},$$

$$\frac{1}{w \cdot C}\,T = \frac{10^{-5}}{60 \cdot 0{,}03 \cdot 10^{-6}} = 5{,}6,$$

$$\varepsilon^{-\frac{1}{wC}T} = 2{,}7^{-5{,}6} = 0{,}0037.$$

Nach Gl. 385a) wird dann

$$e_{\max} = E\,2\,\frac{1}{2}\,0{,}6\,(1 - 0{,}0037) = 0{,}59\,\text{E}.$$

[1]) Unter Berücksichtigung des S. 248 gegebenen Rechnungsganges.

Die Überspannung ($2E$) wird also auf ca. 30% ihres Wertes herabgesetzt. Ob diese Herabsetzung genügt, ist nach der Prüfspannung der zu schützenden Apparate zu beurteilen. Es muß e_{max} unter der Prüfspannung bleiben.

Anmerkung: Schutzkondensatoren werden u. a. von den Firmen »Wohlleben & Weber G. m. b. H., Saarbrücken«, und »Meirowsky & Co. A.-G., Porz (Rh.)«, in Deutschland in den Handel gebracht. Die Kondensatoren der ersteren, »System Mosciki«, bestehen aus Glaszylinder mit innerer und äußerer chemisch niedergeschlagener Silberschicht und nachfolgender Verkupferung. Durch Verstärkung der Glaswand außerhalb der Belegungen wird eine hohe Durchschlagsfestigkeit erreicht.

Aus mehreren Zylindern werden Batterien zusammengesetzt für Kapazitäten

von	0,039	bis	0,554	Mikrofarad	bei	Spannungen	bis	10000	V.
»	0,026	»	0,369	»	»	»	»	15000	»
»	0,020	»	0,138	»	»	»	»	20000	»
»	0,013	»	0,092	»	»	»	»	30000	»

Die Firma Meirowsky verwendet als Dielektrikum ihr unter dem Namen »Pertinax« bekanntes Material, welches aus getränktem Papier besteht, das mit Isolierlack unter hohem Druck zwischen erhitzten Walzen zusammengepreßt ist. In gewissen Abständen, welche durch die spätere Betriebsspannung gegeben sind, werden Blätter aus Zinnfolie eingelegt.

Die Firma empfiehlt für Kopfstationen, von welchen nur eine Leitung abgeht, die Schutzkapazität pro Phase in Mikrofarad nach folgender Gleichung[1]) zu bestimmen

$$C_e = \frac{l \cdot C_1}{\ln\left(1 - \frac{e_e}{2 e_w}\right)} \text{ Mikrofarad.}$$

Hierin ist

l = Länge der Wanderwelle in km,

C_1 = Kapazität für einen einzelnen Leiter im zusammengefaßten, parallel geschalteten Leitungssystem in Mikrofarad pro km; also

für Einphasenstrom $$C_1 = \frac{1}{2 \cdot 9 \cdot \ln \frac{2h}{r} \frac{\sqrt{4h^2 + D^2}}{D}},$$

für Drehstrom $$C_1 = \frac{1}{2 \cdot 9 \ln \frac{8h^3}{r D^2}},$$

1) Diese Gleichung stimmt mit Gl. 386) überein, wenn man w_2 als nicht vorhanden annimmt.

wo h = mittlere Höhe der Leiter über Erde in cm,
D = gegenseitiger Abstand der Leiter in cm,
r = Radius jedes Leiters in cm,

e_c = maximale Kondensatorspannung (diese darf keinesfalls die nach den Normalien des V. D. E. vorgeschriebene Prüfspannung für Transformatoren und Maschinen überschreiten),

e_w = Spannung am Entstehungsort der Wanderwelle. Diese Spannung ist durch die Überschlagsspannung der Isolatoren nach oben begrenzt.

Als Anhalt können die nachstehenden von der Firma mitgeteilten Werte dienen.

Betriebsspannung Volt	Prüfspannung Volt	e_c Volt	e_w Volt
3 000	20 000	7 500	20 000
5 000	25 000	12 500	25 000
10 000	35 000	20 000	35 000
15 000	50 000	30 000	50 000
20 000	60 000	40 000	60 000
30 000	80 000	60 000	80 000
40 000	100 000	80 000	100 000
50 000	110 000	100 000	110 000
60 000	120 000	120 000	120 000

Gehen von der zu schützenden Anlage mehrere Leitungen ab, so wird empfohlen, die Schutzkapazität wie folgt zu wählen[1])

$$C_c = l\,C_1 \frac{a}{\ln\left(\dfrac{1}{1-\dfrac{e_c}{2\,e_w}\cdot a}\right)}.$$

Hierin ist a = Anzahl der Leitungen pro Phase, welche von der zu schützenden Station abzweigen. Wird der Ausdruck $\frac{e_c}{2\,e_w}\cdot a > 1$, so bewirken schon allein die weiterführenden Leitungen auch ohne Schutzkondensator die nötige Herabsetzung der Überspannung.

---

[1]) Diese Gleichung läßt sich aus Gl. 385a) ableiten, wenn w_a und w_b nicht vorhanden sind.

C. Drosselspule und Kondensator in Serienschaltung.

Die in Fig. 108 skizzierte Schaltung einer Drosselspule in Serie mit einer Schutzkapazität am Ende einer offenen Leitung hat zunächst nur theoretisches Interesse. Wir wollen jedoch diesen Fall behandeln, um die Rechnungsergebnisse auf andere praktische Fälle übertragen zu können. Die Leitung habe den Wellenwiderstand w, die Drosselspule den Selbstinduktionskoeffizienten L und der Kondensator die Kapazität C und die Spannung e.

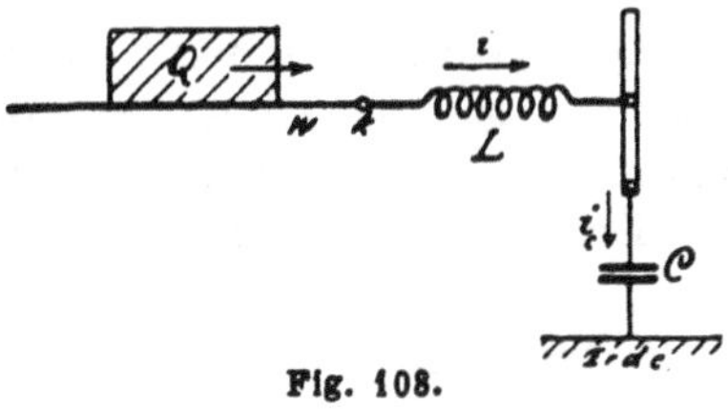

Fig. 108.

Auf der Leitung w stürze eine Wanderwelle, welche ihre Entstehung der Spannung $2E$ verdanke, heran.

Als Ausgangsgleichung können wir schreiben

$$2E = e + L\frac{di}{dt} + iw \quad \ldots\ldots\ldots \quad 387)$$

Da $idt = dQ$ und $Q = Ce$ bzw. $dQ = Cde$, so ergibt sich

$$i = C\frac{de}{dt},$$

$$\frac{di}{dt} = C\frac{d^2e}{dt^2}.$$

Gl. 387) erhält daher die Form

$$e - 2E + LC\frac{d^2e}{dt^2} + wC\frac{de}{dt} = 0 \quad \ldots\ldots \quad 388)$$

Wir setzen

$$e - 2E = x\varepsilon^{at} \quad \ldots\ldots\ldots\ldots \quad 389)$$

Hierin ist ε = Basis der natürlichen Logarithmen.

Für $t = 0$ ist $e = 0$, also $x = -2E$.

Hiermit wird

$$\frac{de}{dt} = -2Ea\varepsilon^{at},$$

$$\frac{d^2e}{dt^2} = -2Ea^2\varepsilon^{at}.$$

Mit diesen Werten erhält 388) die Form:

$$-2E\varepsilon^{at}(1 + wCa + LCa^2) = 0,$$

$$1 + wCa + LCa^2 = 0,$$

$$a_1 \text{ bzw. } a_2 = -\frac{w}{2L} \pm \sqrt{\frac{w^2}{4L^2} - \frac{1}{LC}} \quad \ldots\ldots \quad 390)$$

Wir setzen voraus
$$\frac{1}{LC} > \frac{w^2}{4L^2},$$
$$w < 2\sqrt{\frac{L}{C}} \quad \ldots \ldots \ldots \ldots \quad 391)$$

Der Wurzelwert wird dann imaginär. Aus dem Thomsonschen Schwingungskreise wissen wir, daß dann Schwingungen im Kreise auftreten. Die Ladung des Kondensators verläuft also periodisch.

Der Gl. 389) können wir die allgemeinste Form geben:
$$e - 2E = -2E(u\,\varepsilon^{a_1 t} + v\,\varepsilon^{a_2 t}).$$

Setzen wir
$$\sqrt{\frac{1}{LC} - \frac{w^2}{4L^2}} = \omega \quad \ldots \ldots \ldots \ldots \quad 392)$$

so wird
$$e - 2E = -2E \cdot \varepsilon^{-\frac{w}{2L}t}(u\,\varepsilon^{\iota\omega t} + v \cdot \varepsilon^{-\iota\omega t}) \quad \ldots \quad 392a)$$

Hierin ist $\iota = \sqrt{-1}$.

Da nach einem bekannten Satze der Arithmetik
$$\varepsilon^{\iota z} = \cos z + \iota \sin z$$
und
$$\varepsilon^{-\iota z} = \cos z - \iota \sin z$$
ist, so erhalten wir
$$e - 2E = -2E\varepsilon^{-\frac{w}{2L}t}[u(\cos\omega t + \iota\sin\omega t) + v(\cos\omega t - \iota\sin\omega t)],$$
$$e - 2E = -2E\varepsilon^{-\frac{w}{2L}t}[(u + v)\cos\omega t + \iota(u - v)\sin\omega t],$$
$$e - 2E = -2E\varepsilon^{-\frac{w}{2L}t}[M\cos\omega t + N\sin\omega t) \quad \ldots \ldots \ldots \quad 393)$$

Zur Zeit $t = 0$ ist $e = 0$, daher
$$-2E = -2EM,$$
$$M = 1.$$

Es war
$$i = C\frac{de}{dt} = C\,2E\frac{w}{2L}\varepsilon^{-\frac{w}{2L}t}(\cos\omega t + N\sin\omega t) +$$
$$+ C\,2E\varepsilon^{-\frac{w}{2L}t}(\omega\sin\omega t - N\omega\cos\omega t),$$
$$i = C\,2E\varepsilon^{-\frac{w}{2L}t}\left[\left(\frac{w}{2L} - N\omega\right)\cos\omega t + \left(\frac{wN}{2L} + \omega\right)\sin\omega t\right].$$

Für $t = 0$ ist $i = 0$, daher
$$0 = \frac{w}{2L} - N\omega,$$
$$N = \frac{w}{2L\omega}.$$

Setzt man die für M und N gefundenen Ausdrücke in Gl. 393) ein, so wird:

$$e = 2E\left[1 - \varepsilon^{-\frac{w}{2L}t}\left(\cos\omega t + \frac{w}{2L\omega}\sin\omega t\right)\right] \quad . \quad . \quad 394)$$

Hiermit ist der Spannungszustand am Kondensator gegeben. Ebenso ergibt sich der Strom

$$i = C\,2E\varepsilon^{-\frac{w}{2L}t}\left(\frac{w^2}{4L^2\omega} + \omega\right)\sin\omega t.$$

Da

$$\frac{w^2}{4L^2} + \omega^2 = \frac{1}{LC},$$

$$\frac{w^2}{4L^2\omega} + \omega = \frac{1}{LC\omega}$$

ist, so folgt

$$i = \frac{1}{\omega L}2E\varepsilon^{-\frac{w}{2L}t}\sin\omega t \quad . \quad . \quad . \quad . \quad . \quad . \quad 395)$$

Die Selbstinduktionsspannung der Drosselspule ist

$$L\frac{di}{dt} = \frac{1}{\omega}2E\left(-\frac{w}{2L}\varepsilon^{-\frac{w}{2L}t}\sin\omega t + \omega\varepsilon^{-\frac{w}{2L}t}\cos\omega t\right),$$

$$L\frac{di}{dt} = 2E\varepsilon^{-\frac{w}{2L}t}\left(\cos\omega t - \frac{w}{2L\omega}\sin\omega t\right) \quad . \quad . \quad . \quad . \quad . \quad 396)$$

Die endliche Länge der Wanderwelle können wir durch die Wirkung zweier Wellen von entgegengesetzt gleicher Spannung und einem Phasenunterschied von $T = \frac{x}{v}$ berücksichtigen, wenn x die Länge der Wanderwelle und v die Fortpflanzungsgeschwindigkeit der Elektrizität ist (vgl. Fig. 102).

Für diesen Fall ist die Spannung am Kondensator aus Gl. 394) nur für die Zeit $t = 0$ bis $t = T$ zu ermitteln. Die Zeit t rechnet vom Eintreffen der Welle am Knotenpunkt k (s. Fig. 108) ab.

Vom Zeitpunkt $t = T$ kommt die Spannung e' der negativen Welle mit zur Wirkung.

Diese Spannung ist entsprechend Gl. 394)

$$e' = -2E\left[1 - \varepsilon^{-\frac{w}{2L}(t-T)}\left(\cos\omega(t-T) + \frac{w}{2L\omega}\sin\omega(t-T)\right)\right].$$

Die Gesamtspannung ist mithin

$$e + e' = 2E\left[\varepsilon^{-\frac{w}{2L}(t-T)}\left(\cos\omega(t-T) + \frac{w}{2L\omega}\sin\omega(t-T)\right)\right.$$
$$\left. - \varepsilon^{-\frac{w}{2L}t}\left(\cos\omega t + \frac{w}{2L\omega}\sin\omega t\right)\right] \quad . \quad . \quad . \quad . \quad 397)$$

Im Knotenpunkte k findet eine teilweise Reflexion der Welle statt. Die Spannung der reflektierten Welle muß mit der Spannung der ankommenden Welle zusammen die Spannung e_k im Punkte k ergeben. Die Knotenpunktspannung ist

$$e_k = e + L\frac{di}{dt}.$$

Somit ergibt sich die Spannung der reflektierten Welle e_r im Zeitraum $t = 0$ bis $t = T$ zu

$$e_r = e_k - E,$$

also

$$e_r = e + L\frac{di}{dt} - E,$$

$$e_r = 2E\left[1 - \varepsilon^{-\frac{w}{2L}t}\left(\cos\omega t + \frac{w}{2L\omega}\sin\omega t\right)\right]$$

$$+ 2E\varepsilon^{-\frac{w}{2L}t}\left(\cos\omega t - \frac{w}{2L\omega}\sin\omega t\right) - E,$$

$$\underset{t=0 \text{ bis } t=T}{e_r} = E\left[1 - \varepsilon^{-\frac{w}{2L}t}\frac{2w}{L\omega}\sin\omega t\right] \quad . \quad . \quad . \quad . \quad 398)$$

Für die Zeit $t > T$ erhalten wir als Spannung e_r' der reflektierten Welle

$$e_r' = e + e' + L\frac{di}{dt} + L\frac{di'}{dt} - E - (-E),$$

$$e_r' = 2E\left[\varepsilon^{-\frac{w}{2L}(t-T)}\left(\cos\omega(t-T) + \frac{w}{2L\omega}\sin\omega(t-T)\right)\right.$$

$$\left. - \varepsilon^{-\frac{w}{2L}t}\left(\cos\omega t + \frac{w}{2L\omega}\sin\omega t\right)\right]$$

$$+ 2E\varepsilon^{-\frac{w}{2L}t}\left(\cos\omega t - \frac{w}{2L\omega}\sin\omega t\right)$$

$$- 2E\varepsilon^{-\frac{w}{2L}(t-T)}\left(\cos\omega(t-T) - \frac{w}{2L\omega}\sin\omega(t-T)\right)$$

$$e_r' = 2E\frac{w}{2L\omega}\left(\varepsilon^{-\frac{w}{2L}(t-T)}\sin\omega(t-T) - \varepsilon^{-\frac{w}{2L}t}\sin\omega t\right) \quad . \quad 399)$$

Die reflektierte Welle vollführt also gedämpfte schwingende Bewegungen. Die Scheitelwerte der positiven reflektierten Welle erhält man, wenn man ωt in Gl. 398) gleich $\frac{\pi}{2}$ bzw. $\frac{3}{2}\pi$ usf. setzt. Die Periodenzahl der Schwingungen ergibt sich also zu

$$\sim = \frac{1}{t} - \frac{\omega}{2\pi}.$$

In Fig. 109 ist die Gestalt der reflektierten positiven Welle skizziert.

Bedingung für den periodischen Verlauf der Kondensatorladung und damit für den Eintritt von Schwingungen der reflektierten Welle war nach Gl. 391)

$$w < 2\sqrt{\frac{L}{C}}.$$

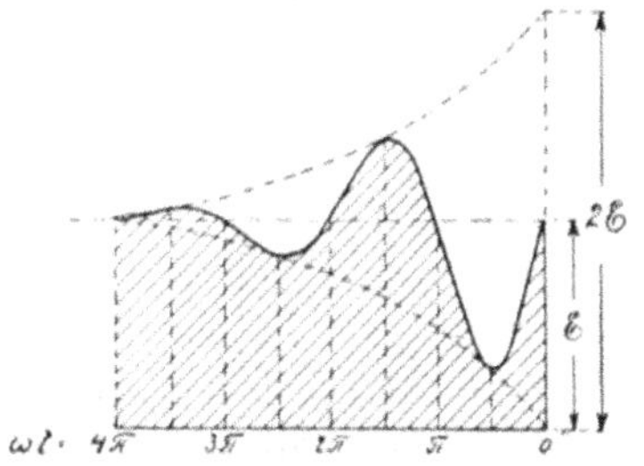

Fig. 109.

Wir können nun das Verhältnis $\sqrt{\frac{L}{C}}$ so wählen, daß die Schwingungen sehr bald abgetötet werden.

Nach Gl. 398) sind die Scheitelwerte der reflektierten positiven Welle:

$$\text{für} \quad t = 0 \qquad e_{r0} = E,$$

$$\text{für} \quad \omega t = \frac{\pi}{2} \qquad e_{r1} = E\left(1 - \varepsilon^{-\frac{w\pi}{4L\omega}} \frac{2w}{L\omega}\right),$$

$$\text{für} \quad \omega t = \frac{3}{2}\pi \qquad e_{r2} = E\left(1 + \varepsilon^{-\frac{w3\pi}{4L\omega}} \frac{2w}{L\omega}\right),$$

$$\text{für} \quad \omega t = \frac{5}{2}\pi \qquad e_{r3} = E\left(1 - \varepsilon^{-\frac{w5\pi}{4L\omega}} \frac{2w}{L\omega}\right).$$

Das Verhältnis der Abweichungen zweier auf gleicher Seite aufeinanderfolgenden Werte der reflektierten Spannung vom Werte E (Anfangswert für $t = 0$) ist

$$E - e_{r1} : E - e_{r3}$$

oder

$$\frac{E - e_{r1}}{E - e_{r3}} = \varepsilon^{\frac{\pi w}{L\omega}\left(\frac{5}{4} - \frac{1}{4}\right)}.$$

Von der Größe dieses Verhältnisses ist die Stärke der Dämpfung abhängig.

Will man z. B. die Dämpfung so bemessen, daß dieses Verhältnis gleich 4 wird, daß also zwei direkt aufeinanderfolgende Scheitelwerte ein Verhältnis ihrer Differenzen gegen E von der Größe 2 haben, so wird

$$\varepsilon^{\frac{\pi \cdot w}{L\omega}} = 4,$$

$$\ln 4 = \frac{\pi \cdot w}{L\omega},$$

$$w = \frac{L\omega \ln 4}{\pi}.$$

Setzt man für ω seinen Wert ein aus Gl. 392), so wird

$$w = \frac{L \ln 4}{\pi}\sqrt{\frac{1}{LC} - \frac{w^2}{4L^2}} = \frac{\ln 4}{\pi}\sqrt{\frac{L}{C} - \frac{w^2}{4}},$$

$$w^2 + \left(\frac{\ln 4}{\pi}\right)^2 \frac{1}{4} w^2 = \left(\frac{\ln 4}{\pi}\right)^2 \frac{L}{C},$$

$$\sqrt{\frac{L}{C}} = 2{,}33\, w.$$

Man hat es also in der Hand, durch Wahl des Ausdrucks $\sqrt{\frac{L}{C}}$ die Schwingungen auf jedes gewünschte Maß zu dämpfen.

Bei

$$\sqrt{\frac{L}{C}} \leqq \frac{1}{2} w$$

verschwinden die der reflektierten Welle überlagerten Schwingungen. Die Kondensatorladung verläuft aperiodisch.

Man sieht, daß selbst eine starke Abweichung der Größe $\sqrt{\frac{L}{C}}$ vom idealen Verhältnis $\frac{1}{2} w$ noch sehr stark gedämpfte, d. h. bald abklingende Schwingungen herbeiführt.

Erstrebenswert ist natürlich der aperiodische Verlauf der Kondensatorladung und damit die aperiodische Rückbildung der reflektierten Welle vom Maximum auf Null.

Einen solchen aperiodischen Verlauf der Kondensatorspannung e erhält man, wenn a in Gl. 390) reell wird, d. h.

$$\sqrt{\frac{L}{C}} \leqq \frac{w}{2}.$$

Wir wollen für diese Bedingung die Kondensatorspannung ermitteln.

Wir setzen in Gl. 390)

$$\sqrt{\frac{w^2}{4L^2} - \frac{1}{LC}} = \omega_1,$$

dann wird

$$a_1 \text{ bzw. } a_2 = -\frac{w}{2L} \pm \omega_1.$$

Hiermit erhalten wir die allgemeine Gleichung:

$$e - 2E = \varepsilon^{-\frac{w}{2L}t}\left(u\,\varepsilon^{\omega_1 t} + v\,\varepsilon^{-\omega_1 t}\right) \quad \ldots\ldots \quad 400)$$

dür $t = 0$ ist $e = 0$, daher

$$-2E = u + v,$$
$$u = -2E - v.$$

Für den Strom erhalten wir

$$i = C\frac{de}{dt} = C\varepsilon^{-\frac{w}{2L}t}(u\,\omega_1\,\varepsilon^{\omega_1 t} - v\,\omega_1\,\varepsilon^{-\omega_1 t})$$

$$-\frac{w}{2L}C\varepsilon^{-\frac{w}{2L}t}(u\,\varepsilon^{\omega_1 t} + v\,\varepsilon^{-\omega_1 t});$$

für $t = 0$ ist $i = 0$, daher

$$0 = C\left[(u\,\omega_1 - v\,\omega_1) - \frac{w}{2L}(u+v)\right]$$

$$-2E\,\omega_1 - v\,\omega_1 - v\,\omega_1 = -2E\frac{w}{2L},$$

$$2E\left(\frac{w}{2L} - \omega_1\right) = 2v\,\omega_1,$$

$$v = E\left(\frac{w}{2L\omega_1} - 1\right),$$

$$u = -2E - E\frac{w}{2L\omega_1} + E,$$

$$u = -E\left(\frac{w}{2L\omega_1} + 1\right).$$

Mit den gewonnenen Ausdrücken für u und v wird

$$e = 2E + \varepsilon^{-\frac{w}{2L}t}\left(-E\frac{w}{2L\omega_1}\varepsilon^{\omega_1 t} - E\varepsilon^{\omega_1 t} + \right.$$

$$\left. + E\frac{w}{2L\omega_1}\varepsilon^{-\omega_1 t} - E\varepsilon^{-\omega_1 t}\right),$$

$$e = 2E\left[1 - \varepsilon^{-\frac{w}{2L}t}\left(\frac{w}{2L\omega_1}\frac{\varepsilon^{\omega_1 t} - \varepsilon^{-\omega_1 t}}{2} + \frac{\varepsilon^{\omega_1 t} + \varepsilon^{-\omega_1 t}}{2}\right)\right] \quad 401)$$

Durch diese Gleichung ist der Verlauf der Kondensatorspannung gegeben.

Der Strom ist unter Benutzung der vorletzten Gleichung

$$i = C\frac{de}{dt} = C\varepsilon^{-\frac{w}{2L}t}\left\{-E\frac{w}{2L\omega_1}\omega_1\varepsilon^{\omega_1 t} - E\,\omega_1\,\varepsilon^{\omega_1 t} - \right.$$

$$-E\frac{w}{2L\omega_1}\omega_1\varepsilon^{-\omega_1 t} + E\,\omega_1\,\varepsilon^{-\omega_1 t} + E\frac{w^2}{4L^2\omega_1}\varepsilon^{\omega_1 t} +$$

$$\left. + E\frac{w}{2L}\varepsilon^{\omega_1 t} - E\frac{w^2}{4L^2\omega_1}\varepsilon^{-\omega_1 t} + E\frac{w}{2L}\varepsilon^{-\omega_1 t}\right\},$$

$$i = 2CE\varepsilon^{-\frac{w}{2L}t}\left(-\omega_1\frac{\varepsilon^{\omega_1 t} - \varepsilon^{-\omega_1 t}}{2} + \frac{w^2}{4L^2\omega_1}\frac{\varepsilon^{\omega_1 t} - \varepsilon^{-\omega_1 t}}{2}\right),$$

$$i = 2CE\left(\frac{w^2}{4L^2\omega_1} - \omega_1\right)\left(\frac{\varepsilon^{\omega_1 t} - \varepsilon^{-\omega_1 t}}{2}\right)\varepsilon^{-\frac{w}{2L}t} \quad \ldots\ldots \quad 402)$$

Durch diese Gleichung ist der Kondensatorstrom bestimmt. Gl. 402) läßt sich noch vereinfachen.

Es ist
$$\frac{w^2}{4L^2\omega_1}-\omega_1=\frac{1}{LC\omega_1},$$

Hiermit wird
$$i=2E\frac{1}{L\omega_1}\varepsilon^{-\frac{w}{2L}t}\frac{\varepsilon^{\omega_1 t}-\varepsilon^{-\omega_1 t}}{2}\quad . \; . \; . \; . \; . \; 402a)$$

Die Selbstinduktionsspannung der Drosselspule wird jetzt[1]):
$$L\frac{di}{dt}=2E\frac{1}{\omega_1}\left[-\frac{w}{2L}\varepsilon^{-\frac{w}{2L}t}\sin\text{hyp.}\,\omega_1 t+\varepsilon^{-\frac{w}{2L}t}\omega_1\cos\text{hyp.}\,\omega_1 t\right],$$
$$L\frac{di}{dt}=2E\frac{1}{\omega_1}\varepsilon^{-\frac{w}{2L}t}\left(\omega_1\cos\text{hyp.}\,\omega_1 t-\frac{w}{2L}\sin\text{hyp.}\,\omega_1 t\right)\quad . \; . \; 403)$$

Die Spannung des Knotenpunktes k (s. Fig. 108) ist
$$e_k=e+L\frac{di}{dt},$$
$$e_k=2E-2E\varepsilon^{-\frac{w}{2L}t}\frac{w}{2L\omega_1}\sin\text{hyp.}\,\omega_1 t-2E\varepsilon^{-\frac{w}{2L}t}\cos\text{hyp.}\,\omega_1 t$$
$$+2E\frac{1}{\omega_1}\varepsilon^{-\frac{w}{2L}t}\omega_1\cos\text{hyp.}\,\omega_1 t-2E\frac{w}{2L\omega_1}\varepsilon^{-\frac{w}{2L}t}\sin\text{hyp.}\,\omega_1 t,$$
$$e_k=2E\left(1-\frac{w}{L\omega_1}\varepsilon^{-\frac{w}{2L}t}\sin\text{hyp.}\,\omega_1 t\right)\quad . \; . \; . \; 404)$$

Die Spannung der reflektierten Welle
$$e_r=e_k-E,$$
$$e_r=E\left(1-\frac{2w}{L\omega_1}\varepsilon^{-\frac{w}{2L}t}\frac{\varepsilon^{\omega_1 t}-\varepsilon^{-\omega_1 t}}{2}\right).\quad . \; . \; . \; . \; . \; 405)$$

für $t=0$ wird $e_r=E$.

Für $t>T$ erhält man bei diesem aperiodischen Verlaufe der Spannung die zugehörigen Werte in analoger Weise wie bei dem periodischen.

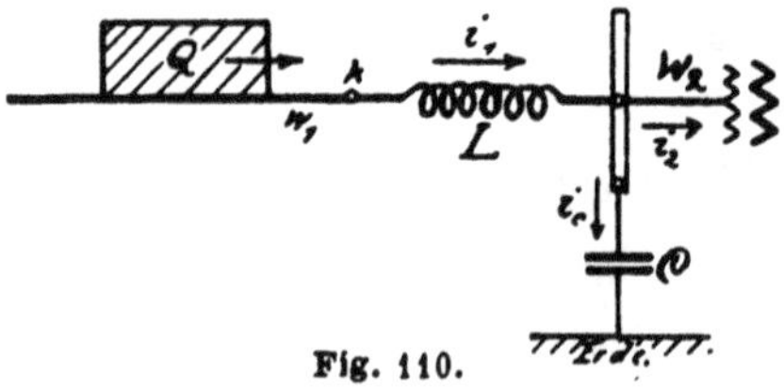

Fig. 110.

Wir wollen jetzt zu dem praktischen Falle übergehen, daß eine Anlage nach Schaltskizze, Fig. 110, geschützt werden soll. Es handelt sich um den Schutz gegen Wanderwellen, welche der Spannung $2E$ gegen Erde ihre Entstehung ver-

[1]) Bemerkung. Als Funktion einer Hyperbel ist allgemein $\sin\varphi=\frac{\varepsilon^{\varphi}-\varepsilon^{-\varphi}}{2}$; hierin ist ε = Basis der natürlichen Logarithmen. Für sin φ einer Hyperbel schreibt man sin hyp., d. h. sinus hyperbolicus; ebenso ist $\cos\text{hyp.}\,\varphi=\frac{\varepsilon^{\varphi}+\varepsilon^{-\varphi}}{2}$.

danken. Die Spannung der Wanderwelle ist E, ihr Strom i_1. Die Drosselspule habe die Selbstinduktion L, der Kondensator die Kapazität C. Der in die geschützte Anlage einziehende Strom ist i_2, der Kondensatorstrom i_c. Die geschützte Anlage habe den Wellenwiderstand w_2, die ankommende Leitung den Wellenwiderstand w_1. Die Kondensatorspannung ist e; ebenso groß ist die Spannung der auf die geschützte Anlage treffenden Welle.

Als Bedingungsgleichung können wir an Hand der Fig. 110 schreiben:

$$w_1 i_1 + L \frac{d i_1}{d t} + e = 2 E \quad . \quad . \quad . \quad . \quad . \quad . \quad 406)$$

Da $i_1 = i_2 + i_c$ ist, so können wir schreiben:

$$w_1 (i_c + i_2) + L \frac{d (i_c + i_2)}{d t} + e = 2 E.$$

Nach der vorangeschickten allgemeinen Betrachtung ist ohne weiteres

$$i_c = C \frac{d e}{d t} \quad \text{oder} \quad d e = \frac{1}{C} i_c d t,$$

$$\frac{d i_c}{d t} = C \frac{d^2 e}{d t^2}.$$

Nach Fig. 110) ist

$$e = w_2 i_2 \quad \text{oder} \quad i_2 = \frac{e}{w_2},$$

$$d i_2 = \frac{d e}{w_2},$$

$$d i_2 = \frac{1}{C} \frac{1}{w_2} i_c \, d t,$$

$$L \frac{d i_2}{d t} = \frac{L}{C} \frac{1}{w_2} i_c,$$

$$L \frac{d i_2}{d t} = \frac{L}{w_2} \frac{d e}{d t}.$$

Setzt man die gewonnenen Ausdrücke in die Bedingungsgleichung ein, so erhält man:

$$w_1 C \frac{d e}{d t} + \frac{w_1}{w_2} e + L C \frac{d^2 e}{d t^2} + \frac{L}{w_2} \frac{d e}{d t} + e = 2 E,$$

$$e \frac{w_1 + w_2}{w_2} - 2 E + \frac{d e}{d t} \left(\frac{L}{w_2} + w_1 C \right) + L C \frac{d^2 e}{d t^2} = 0.$$

Setzt man

$$\frac{w_1 \cdot w_2}{w_1 + w_2} = w \quad . \quad . \quad . \quad . \quad . \quad . \quad . \quad . \quad . \quad 407)$$

so wird

$$e\frac{w_1}{w}-2E+\left(\frac{L}{w_2}+w_1 C\right)\frac{de}{dt}+LC\frac{d^2e}{dt^2}=0.$$

Setze

$$e\frac{w_1}{w}-2E=x\,\varepsilon^{\alpha t},$$

wo $\varepsilon=$ Basis der natürlichen Logarithmen.

Für $t=0$ ist $e=0$

$$x=-2E$$

und hiermit

$$e\frac{w_1}{w}-2E=-2E\varepsilon^{\alpha t},$$

$$\frac{de}{dt}=-\frac{w}{w_1}2E\alpha\varepsilon^{\alpha t},$$

$$\frac{d^2e}{dt^2}=-\frac{w}{w_1}2E\alpha^2\varepsilon^{\alpha t},$$

$$-2E\varepsilon^{\alpha t}\left[1+\left(\frac{L}{w_1+w_2}+wC\right)\alpha+LC\frac{w}{w_1}\alpha^2\right]=0,$$

$$\alpha^2+\left(\frac{1}{w_2C}+\frac{w_1}{L}\right)\alpha=-\frac{w_1}{wLC}.$$

Setze

$$\frac{1}{w_2C}+\frac{w_1}{L}=\frac{r}{L}$$

oder

$$r=\frac{1}{w_2}\frac{L}{C}+w_1,$$

$$\alpha^2+\frac{r}{L}\alpha=-\frac{w_1}{wLC},$$

$$\alpha=-\frac{r}{2L}\pm\sqrt{\frac{r^2}{4L^2}-\frac{w_1}{wLC}},$$

$$\alpha_1=-\frac{r}{2L}+\sqrt{\frac{r^2}{4L^2}-\frac{w_1}{wLC}},$$

$$\alpha_2=-\frac{r}{2L}-\sqrt{\frac{r^2}{4L^2}-\frac{w_1}{wLC}}.$$

Ist

$$\frac{w_1}{wLC}>\frac{r^2}{4L^2},$$

$$r<4\sqrt{\frac{w_1}{w}\frac{L}{C}} \quad \text{. . . . . 408)}$$

so verläuft die Ladung des Kondensators periodisch. Wir wollen diesem Falle zunächst nachgehen. Setzen wir

$$\sqrt{\frac{w_1}{w L C} - \frac{r^2}{4 L^2}} = \omega' \quad \ldots \ldots \ldots \quad 409)$$

so wird entsprechend Gl. 393)

$$e \frac{w_1}{w} - 2 E = -2 E \varepsilon^{-\frac{r}{2L} t} (M \cos \omega' t + N \sin \omega' t) \quad . \quad 410)$$

Zur Zeit $t = 0$ ist $e = 0$

$$M = 1.$$

Der Strom ist

$$i_c = C \frac{de}{dt} = 2 E C \frac{w}{w_1} \frac{r}{2L} \varepsilon^{-\frac{r}{2L} t} (\cos \omega' t + N \sin \omega' t)$$

$$+ C \frac{w}{w_1} 2 E \varepsilon^{-\frac{r}{2L} t} (\omega' \sin \omega' t - N \omega' \cos \omega' t),$$

$$i_c = C \frac{w}{w_1} 2 E \varepsilon^{-\frac{r}{2L} t} \left[\left(\frac{r}{2L} - N \omega' \right) \cos \omega' t + \left(\frac{r N}{2L} + \omega' \right) \sin \omega' t \right].$$

Für $t = 0$ ist $i_c = 0$

$$0 = \frac{r}{2L} - N \omega',$$

$$N = \frac{r}{2 L \omega'}.$$

Setzt man die für M und N gefundenen Ausdrücke in Gl. 410) ein, so wird

$$e \frac{w_1}{w} - 2 E = -2 E \varepsilon^{-\frac{r}{2L} t} \left(\cos \omega' t + \frac{r}{2 L \omega'} \sin \omega' t \right),$$

$$e \frac{w_1}{w} = 2 E \left[1 - \varepsilon^{-\frac{r}{2L} t} \left(\cos \omega' t + \frac{r}{2 L \omega'} \sin \omega' t \right) \right],$$

$$e = 2 E \frac{w}{w_1} \left[1 - \varepsilon^{-\frac{r}{2L} t} \left(\cos \omega' t + \frac{r}{2 L \omega'} \sin \omega' t \right) \right] \quad . \quad . \quad . \quad 411)$$

Hiermit ist der Spannungszustand am Kondensator infolge der positiven Welle gegeben. Aus Gl. 411) erkennt man, daß der erste Scheitelwert der Spannung e für $\omega' t = \pi$ erreicht wird. Bis $t = \frac{\pi}{\omega'}$ findet ein Steigen der Spannung e statt. Der Eintritt der negativen Welle ist von der Länge x der Wanderwelle abhängig, und da diese nur wenige Kilometer lang sein kann (10 km ist bereits hoch geschätzt), so wird die der Länge x entsprechende Zeit $T = \frac{x}{v}$ praktisch kleiner sein als $\frac{\pi}{\omega'}$. Es tritt also unter dieser Voraussetzung das Maximum von e für $t = T$ ein.

Sollte sich in einem praktischen Falle $T > \frac{\pi}{\omega'}$ ergeben, so hätte man zur Bestimmung des Maximalwertes von e seinen ersten Scheitelwert zu ermitteln, indem man für Gl. 411) das Maximum bestimmt.

Differenziert man die rechte Seite der Gl. 411) nach t und setzt die Ableitung gleich Null, so wird

$$\frac{r}{2L} 2E \cdot \frac{w}{w_1} \varepsilon^{-\frac{r}{2L}t} \left(\cos\omega' t + \frac{r}{2L\omega'} \sin\omega' t\right)$$

$$-2E\frac{w}{w_1} \varepsilon^{-\frac{r}{2L}t} \left(\frac{r}{2L\omega'} \omega' \cos\omega' t - \omega' \sin\omega' t\right) = 0,$$

$$\cos\omega' t \left(\frac{r}{2L} - \frac{r}{2L}\right) + \sin\omega' t \left(\frac{r^2}{4L^2\omega'} + \omega'\right) = 0,$$

$$\sin\omega' t = 0,$$

$$t = \frac{0}{\omega'}, \quad \text{bzw.} \quad t = \frac{\pi}{\omega'}, \quad \text{bzw.} \quad t = \frac{2\pi}{\omega'} \quad \text{usf.}$$

Für $t = \frac{\pi}{\omega'}$ wird

$$e_{\max} = 2E\frac{w}{w_1}\left(1 + \varepsilon^{-\frac{r\pi}{2L\omega'}}\right) \quad \text{. . . . . 411a)}$$

Die Gl. 411) unterscheidet sich von Gl. 394) nur durch den Faktor $\frac{w}{w_1}$, außerdem ist w durch r und ω durch ω' ersetzt.

Wir können also unter Beachtung dieser Änderungen ohne weiteres auch die übrigen Ausdrücke bilden. Es wird aus Gl. 395)

$$i_e = \frac{1}{\omega' L} 2E \frac{w}{w_1} \varepsilon^{-\frac{r}{2L}t} \sin\omega' t \quad \text{. . . . . . 412)}$$

Da $i_2 = \frac{e}{w_2}$, so erhalten wir

$$i_2 = 2E\frac{w}{w_1 w_2}\left[1 - \varepsilon^{-\frac{r}{2L}t}\left(\cos\omega' t + \frac{r}{2L\omega'}\sin\omega' t\right)\right] \quad . \quad 413)$$

Da $i_1 = i_2 + i_e$, so haben wir

$$i_1 = 2E\left[\frac{w}{w_1 w_2}\left(1 - \varepsilon^{-\frac{r}{2L}t}\left(\cos\omega' t + \frac{r}{2L\omega'}\sin\omega' t\right)\right)\right.$$

$$\left. + \frac{1}{\omega' L}\frac{w}{w_1}\varepsilon^{-\frac{r}{2L}t}\sin\omega' t\right] \quad \text{. . . . . . . 414)}$$

$$i_1 = 2E\frac{w}{w_1 w_2}\left[1 - \varepsilon^{-\frac{r}{2L}t}\left(\cos\omega' t + \frac{r - 2w_2}{2L\omega'}\sin\omega' t\right)\right] \quad . \quad 415)$$

Beispiel (periodischer Verlauf der Spannung an den Klemmen des geschützten Apparates).

Schaltung nach Abbildung Fig. 110.

Zweck: Schutz eines Transformators am Ende einer Drehstromleitung gegen Wanderwellen.

Gegeben: Wellenwiderstand[1]) der Leitung (Freileitung) 600 Ohm pro Leiter. Wellenwiderstand des Transformators pro Schenkel 900 Ohm.

Drosselspule in jeder Phase mit je 0,0075 Henry.

Kondensator an jedem Leiter mit je 0,0033 Mikrofarad.

Länge der Wanderwelle $x = 3$ km.

Aufgabe: Ermittelung der maximalen Spannung an den Transformatorklemmen gegen Erde, wenn die Überspannung gegen Erde am Entstehungsort der Welle $2\,E$ beträgt. Da die Spannung am Entstehungsort der Wanderwelle nach oben durch die Überschlagsspannung der Isolatoren begrenzt wird, so kann man $2E =$ Überschlagsspannung der Isolatoren setzen.

Lösung der Aufgabe: Die maximale Spannung, welche gleichzeitig an den Schutzkondensatoren und an den Klemmen des geschützten Transformators herrscht, ergibt sich nach Gl. 411), wenn man für t die Zeit T, d. h. die Zeit setzt, in welcher sich die Wanderwelle um ihre eigene Länge fortbewegt hat; also

$$e = 2\,E\,\frac{w}{w_1}\left[1 - \varepsilon^{-\frac{r}{2L}T}\left(\cos\omega' T + \frac{r}{2\,L\,\omega'}\sin\omega' T\right)\right].$$

Da die Leitungen, Drosselspulen, Kondensatoren und Schenkelwicklungen des Transformators in bezug auf Influenzierung durch die Erde parallel geschaltet sind, so ergibt sich für die gegebenen Größen in Parallelschaltung:

$L = 0{,}0025$ Henry (für die Drosselspulen),
$C = 0{,}01$ Mikrofarad (für die Kondensatoren),
$w_1 = 200$ Ohm für die Freileitung (Wellenwiderstand),
$w_2 = 300$ Ohm für den Transformator (Wellenwiderstand).

Wir bilden:

$$w = \frac{w_1 \cdot w_2}{w_1 + w_2} = \frac{200 \cdot 300}{200 + 300} = 120 \text{ Ohm},$$

$$r = \frac{1}{w_2} \cdot \frac{L}{C} + w_1 = \frac{1}{300}\,\frac{0{,}0025}{0{,}01 \cdot 10^{-6}} + 200 = 1033.$$

Die Spannung verläuft periodisch, wenn

$$r < 2\sqrt{\frac{w_1}{w}\,\frac{L}{C}},$$

$$1033 < 2\sqrt{\frac{200}{120}\,\frac{0{,}0025}{0{,}01 \cdot 10^{-6}}},$$

$$1033 < 1300,$$

[1]) Unter Berücksichtigung des S. 248 gegebenen Rechnungsganges.

$$\omega' = \sqrt{\frac{w_1}{w L C} - \frac{r^2}{4 L^2}} = \sqrt{\frac{200}{120 \cdot 0{,}0025 \cdot 0{,}01 \cdot 10^{-6}} - \frac{1033^2}{4 \cdot 0{,}0025^2}},$$

$$\omega' = 155000,$$

$$T = \frac{x}{v} = \frac{3 \cdot 10^5}{3 \cdot 10^{10}} = \frac{1}{10^5}.$$

Hierin ist v = Fortpflanzungsgeschwindigkeit der Elektrizität gleich $3 \cdot 10^{10}$ cm pro Sekunde.

$$t = \frac{\pi}{\omega'} = \frac{3{,}14}{155000} = 2{,}03 \cdot 10^{-5} > T,$$

$$\omega' T = 155000 \cdot 10^{-5} = 1{,}55,$$

$$2\pi \text{ entspricht } 360^0,$$

$$6{,}28 \quad » \quad 360^0,$$

also

$$1{,}55 \text{ entspricht } \frac{360 \cdot 1{,}55}{6{,}28} = 89^0,$$

$$\cos \omega' T = \cos 89^0 = 0{,}017,$$

$$\sin \omega' T = \sin 89^0 = 1,$$

$$\frac{r}{2 L \omega'} = \frac{1033}{2 \cdot 0{,}0025 \cdot 155000} = 1{,}33,$$

$$\varepsilon^{-\frac{r}{2L} T} = \varepsilon^{-\frac{1033 \cdot 10^{-5}}{2 \cdot 0{,}0025}} = \varepsilon^{-2{,}07} = \frac{1}{2{,}7^{2{,}07}} = 0{,}126,$$

$$e_{\max} = 2 E \frac{120}{200} [1 - 0{,}126 (0{,}017 + 1{,}33 \cdot 1)],$$

$$e_{\max} = 0{,}997 E.$$

Die Überspannung[1]) wird also auf unter die Hälfte herabgesetzt.

Die Spannung der auf die geschützten Apparate treffenden Welle steigt also von $e_{\text{für } t=0} = 0$ auf $e_{\text{für } t=T} = 0{,}997 E$.

Wir wollen jetzt den anderen Fall verfolgen, in welchem die Spannung am Kondensator und gleichzeitig am geschützten Apparat aperiodisch verläuft. Dieser Fall tritt ein, wenn nach Gl. 408)

$$r \geqq 2 \sqrt{\frac{w_1}{w} \frac{L}{C}} \quad \ldots \ldots \ldots \quad 416)$$

ist.

Der aus Gl. 406) unter Einsetzung von

$$e \frac{w_1}{w} - 2 E = x \varepsilon^{\alpha t}$$

[1]) Ist die durch die Länge der Wanderwelle bestimmte Zeit T größer als $\frac{\pi}{\omega'}$ (Eintritt des ersten Scheitelwerts der schwingenden Aufladung des Kondensators), so ist zur Berechnung des Maximums der Spannung am Kondensator bzw. an den zu schützenden Apparaten, nicht Gl. 411) sondern 411a) zu benutzen.

ermittelte Wert für

$$a_1 \text{ bzw. } a_2 = -\frac{r}{2L} \pm \sqrt{\frac{r^2}{4L^2} - \frac{w_1}{w L C}}$$

wird dann reell.

Setzt man

$$\omega'' = \sqrt{\frac{r^2}{4L^2} - \frac{w_1}{w L C}} \quad \ldots\ldots \quad 417)$$

so wird

$$a_1,\ a_2 = -\frac{r}{2L} \pm \omega''.$$

Hiermit erhält man entsprechend Gl. 400)

$$e\frac{w_1}{w} - 2E = \varepsilon^{-\frac{r}{2L}t}\left(u\,\varepsilon^{\omega'' t} + v\,\varepsilon^{-\omega'' t}\right) \quad \ldots \quad 418)$$

Für $t = 0$ ist $e = 0$,

also

$$-2E = u + v,$$
$$u = -v - 2E.$$

Bildet man

$$i_e = C\frac{de}{dt} = -C\frac{w}{w_1}\frac{r}{2L}\varepsilon^{-\frac{r}{2L}t}\left(u\,\varepsilon^{\omega'' t} + v\,\varepsilon^{-\omega'' t}\right)$$
$$+ C\frac{w}{w_1}\cdot\varepsilon^{-\frac{r}{2L}t}\left(u\,\omega''\,\varepsilon^{\omega'' t} - v\,\omega''\,\varepsilon^{-\omega'' t}\right),$$

so ist für $t = 0$ auch $i = 0$, es wird

$$0 = -\frac{r}{2L}(u + v) + (u - v)\,\omega'',$$
$$v = E\left(\frac{r}{2L\omega''} - 1\right),$$
$$u = -E\left(\frac{r}{2L\omega''} + 1\right).$$

Hiermit erhält man

$$e = \frac{w}{w_1}\left[2E + \varepsilon^{-\frac{r}{2L}t}\left(-E\left(\frac{r}{2L\omega''} + 1\right)\varepsilon^{\omega'' t} + \right.\right.$$
$$\left.\left. + E\left(\frac{r}{2L\omega''} - 1\right)\varepsilon^{-\omega'' t}\right)\right],$$

$$e = 2\frac{w}{w_1}E\left[1 - \varepsilon^{-\frac{r}{2L}t}\left(\frac{r}{2L\omega''}\,\frac{\varepsilon^{\omega'' t} - \varepsilon^{-\omega'' t}}{2} + \right.\right.$$
$$\left.\left. + \frac{\varepsilon^{\omega'' t} + \varepsilon^{-\omega'' t}}{2}\right)\right]^{1)} \quad \ldots\ldots \quad 419)$$

[1]) Vgl. entsprechende Gleichung 401).

Durch diese Gleichung ist die Spannung am Kondensator und gleichzeitig am geschützten Apparat gegeben.

Für den zum Kondensator fließenden Strom erhält man

$$i_c = C\frac{de}{dt} = + C\frac{w}{w_1}\varepsilon^{-\frac{r}{2L}t}\left\{\frac{r}{2L}\left(E\left(\frac{r}{2L\omega''}+1\right)\varepsilon^{\omega'' t} -\right.\right.$$

$$\left. - E\left(\frac{r}{2L\omega''}-1\right)\varepsilon^{-\omega'' t}\right) - E\left(\frac{r}{2L\omega''}+1\right)\omega''\varepsilon^{\omega'' t} -$$

$$\left. - E\left(\frac{r}{2L\omega''}-1\right)\omega''\varepsilon^{-\omega'' t}\right\},$$

$$i_c = C E\frac{w}{w_1}\left[\varepsilon^{\omega'' t}\left(\frac{r^2}{4L^2\omega''}+\frac{r}{2L}-\frac{r}{2L}-\omega''\right)\right.$$

$$\left. - \varepsilon^{-\omega'' t}\left(\frac{r^2}{4L^2\omega''}-\frac{r}{2L}+\frac{r}{2L}-\omega''\right)\right]\varepsilon^{-\frac{r}{2L}t},$$

$$i_c = C\,2\,E\frac{w}{w_1}\varepsilon^{-\frac{r}{2L}t}\left(\frac{r^2}{4L^2\omega''}-\omega''\right)\frac{\varepsilon^{\omega'' t}-\varepsilon^{-\omega'' t}}{2}.$$

Da nun

$$\frac{r^2}{4L^2}-\frac{w_1}{w L C} = \omega''^2,$$

so ist

$$\frac{r^2}{4L^2\omega''}-\omega'' = \frac{w_1}{\omega'' w L C}$$

und hiermit

$$i_c = 2E\frac{1}{\omega'' L}\varepsilon^{-\frac{r}{2L}t}\frac{\varepsilon^{\omega'' t}-\varepsilon^{-\omega'' t}}{2} \quad . \quad . \quad . \quad . \quad 420)$$

Durch diese Gleichung ist der zum Kondensator fließende Strom bestimmt. Vgl. entsprechende Gl. 402a).

Die Spannung am Kondensator erreicht wieder ihren höchsten Wert für $t = T$, wo T die Zeit ist, in welcher sich die Wanderwelle um ihre eigene Länge verschiebt.

Beispiel (aperiodischer Verlauf der Spannung an den Klemmen des geschützten Apparates):

Schaltung nach Abbildung Fig. 110.

Zweck: Schutz eines Transformators am Ende einer Drehstromleitung gegen Wanderwellen.

Gegeben: Wellenwiderstand[1]) der Leitung (Freileitung) 600 Ohm pro Leiter.

Wellenwiderstand des Transformators pro Schenkel 900 Ohm.

Drosselspulen in jeder Phase vorhanden mit je 0,045 Henry.

[1]) Unter Berücksichtigung des S. 248 gegebenen Rechnungsganges.

Kondensatoren in jeder Phase vorhanden mit je 0,005 Mikrofarad.

Länge der Wanderwelle $x = 3$ km.

Überspannung am Entstehungsort der Wanderwelle gegen Erde $2E$. Hierfür kann die Überschlagsspannung der Isolatoren gesetzt werden.

Aufgabe: Ermittelung der maximalen Spannung an den Transformatorklemmen gegen Erde.

Lösung der Aufgabe: Die maximale Spannung, welche gleichzeitig an den Schutzkondensatoren und an den Klemmen des geschützten Transformators herrscht, ergibt sich nach Gl. 419), wenn man $t = T$ setzt, wo T die Zeit ist, in welcher die Wanderwelle sich um ihre eigene Länge fortbewegt hat. Also:

$$e_{\max} = 2\frac{w}{w_1}E\left[1 - \varepsilon^{-\frac{r}{2L}T}\left(\frac{r}{2L\omega''}\frac{\varepsilon^{\omega'' T} - \varepsilon^{-\omega'' T}}{2} + \frac{\varepsilon^{\omega'' T} + \varepsilon^{-\omega'' T}}{2}\right)\right].$$

Da die Leitungen, Drosselspulen, Kondensatoren und Schenkelwicklungen des Transformators in bezug auf Influenzierung durch die Erde parallel geschaltet sind, so ergibt sich für die gegebenen Größen in Parallelschaltung:

$L = 0{,}015$ Henry (Drosselspulen),
$C = 0{,}015$ Mikrofarad (Schutzkondensatoren),
$w_1 = 200$ Ohm (Freileitung),
$w_2 = 300$ Ohm (Transformatorenschenkel).

Wir bilden:

$$w = \frac{w_1 \cdot w_2}{w_1 + w_2} = \frac{200 \cdot 300}{200 + 300} = 120 \text{ Ohm},$$

$$r = \frac{1}{w_2}\frac{L}{C} + w_1 = \frac{1}{300}\frac{0{,}015}{0{,}015 \cdot 10^{-6}} + 200 = 3533.$$

Die Spannung verläuft aperiodisch, wenn

$$r \geqq 2\sqrt{\frac{w_1}{w}\frac{L}{C}}$$

$$3533 > 2\sqrt{\frac{200}{120}\frac{0{,}015}{0{,}015 \cdot 10^{-6}}},$$

$$3533 > 2600,$$

$$\omega'' = \sqrt{\frac{r^2}{4L^2} - \frac{w_1}{wLC}},$$

$$\omega'' = \sqrt{\frac{3533^2}{4 \cdot 0{,}015^2} - \frac{200}{120 \cdot 0{,}015 \cdot 0{,}015 \cdot 10^{-6}}} = 80\,450,$$

$$T = \frac{x}{v} = \frac{3 \cdot 10^5}{3 \cdot 10^{10}} = 10^{-5},$$

wo v = Fortpflanzungsgeschwindigkeit der Elektrizität = $3 \cdot 10^{10}$ cm pro Sekunde.

$$\omega'' T = 80\,450 \cdot 10^{-5} = 0{,}8,$$

$$\varepsilon^{-\frac{r}{2L}T} = \varepsilon^{-\frac{3533 \cdot 10^{-5}}{2 \cdot 0{,}015}} = \varepsilon^{-1{,}177} = 0{,}308,$$

$$\varepsilon^{\omega'' T} = \varepsilon^{80\,450 \cdot 10^{-5}} = 2{,}7^{0{,}8} = 2{,}225,$$

ε = Basis der natürlichen Logarithmen,

$$\frac{r}{2L\omega''} = \frac{3533}{2 \cdot 0{,}015 \cdot 80\,450} = 1{,}46,$$

$$e_{\max} = 2 \cdot 0{,}6 \cdot E\left[1 - 0{,}308\left(1{,}46\,\frac{2{,}225 - 0{,}45}{2} + \frac{2{,}225 + 0{,}45}{2}\right)\right],$$

$$e_{\max} = 0{,}23\,E.$$

Die Überspannung ($2E$) wird also an den Klemmen der Transformatoren auf ca. 12% herabgesetzt. Die Überspannungswelle verläuft in der ersten Phase der Kondensatorladung von 0 bis auf den Höchstwert von $0{,}23\,E$ aperiodisch nach Gl. 419).

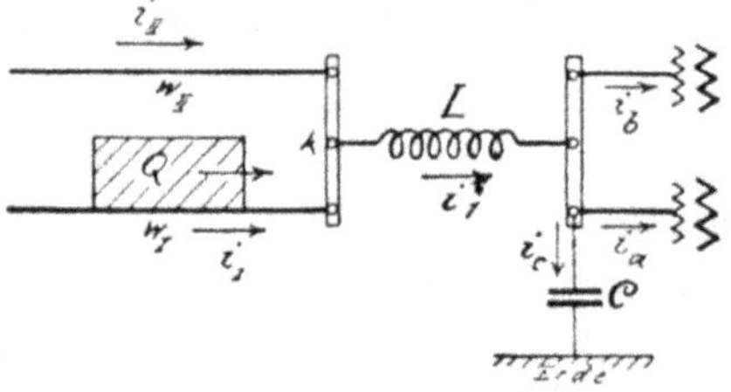

Fig. 111.

Wir wollen jetzt den in dem Schaltbild Fig. 111 dargestellten Fall betrachten.

Für die Wellenwiderstände w_a und w_b der zu schützenden Transformatoren können wir einen Ersatzwellenwiderstand w_2 annehmen. Die Größe von w_2 ergibt sich aus der Gleichung

$$\frac{1}{w_2} = \frac{1}{w_a} + \frac{1}{w_b} + \frac{1}{w_c} + \cdots \qquad 421)$$

Mit w_2 ergibt sich der Ersatzstrom i_2 aus der Gleichung $i_2 \cdot w_2 = e$. Hierin ist e die Kondensatorspannung.

An Hand der Fig. 111 können wir die Bedingungsgleichung aufstellen

$$L\frac{d i_1}{d t} + e = w_{II}\, i_{II},$$

$$i_{II} = \frac{1}{w_{II}}\left(L\frac{d i_1}{d t} + e\right). \qquad 422)$$

Ferner ergibt sich nach der Fig. 111

$$i_I = i_{II} + i_1,$$

$$i_I = \frac{1}{w_{II}}\left(L\frac{d i_1}{d t} + e\right) + i_1 \qquad 423)$$

Schließlich ergibt sich nach Fig. 111

$$w_I i_I + L \frac{d i_1}{dt} + e = 2E,$$

$$\left(\frac{w_I}{w_{II}} + 1\right) L \frac{d i_1}{dt} + \left(\frac{w_I}{w_{II}} + 1\right) e + w_I \cdot i_1 = 2E \quad . \quad . \quad 424)$$

$$e + L \frac{d i_1}{dt} + i_1 \frac{w_I \cdot w_{II}}{w_I + w_{II}} = 2E \frac{w_{II}}{w_I + w_{II}}.$$

Setzt man

$$\frac{w_I \cdot w_{II}}{w_I + w_{II}} = w_1 \text{ und } \frac{w_{II}}{w_I + w_{II}} = A \quad . \quad . \quad . \quad . \quad 425)$$

so wird

$$e + L \frac{d i_1}{dt} + i_1 w_1 = 2EA \quad . \quad . \quad . \quad . \quad . \quad 426)$$

$$w_1 (i_c + i_2) + L \frac{d(i_c + i_2)}{dt} + e = 2EA \quad . \quad . \quad . \quad 427)$$

Wir hatten früher $i_c = C \frac{de}{dt}$ oder $de = \frac{1}{C} i_c \, dt$,

$$\frac{d i_c}{dt} = C \frac{d^2 e}{dt^2}.$$

Ferner war

$$i_2 = \frac{e}{w_2},$$

$$d i_2 = \frac{de}{w_2},$$

$$d i_2 = \frac{1}{C} \frac{1}{w_2} i_c \, dt,$$

$$L \frac{d i_2}{dt} = \frac{L}{C} \frac{1}{w_2} i_c,$$

$$L \frac{d i_2}{dt} = \frac{L}{w_2} \frac{de}{dt}.$$

Setzt man diese Werte in Gl. 427) ein, so wird

$$e \frac{w_1 + w_2}{w_2} - 2EA + \frac{de}{dt}\left(\frac{L}{w_2} + C w_1\right) + C L \frac{d^2 e}{dt^2} = 0.$$

Der weitere Rechnungsgang ist genau wie bei der vorhergehenden Lösung. Wir erhalten genau wie dort

$$r = \frac{1}{w_2} \frac{L}{C} + w_1.$$

Ebenso erhalten wir

$$a_1 \text{ bzw. } a_2 = -\frac{r}{2L} \pm \sqrt{\frac{r^2}{4L^2} - \frac{w_1}{w L C}},$$

wo

$$w = \frac{w_1 \cdot w_2}{w_1 + w_2} \text{ ist.}$$

Setzen wir

$$e\frac{w_1}{w} - 2EA = x\varepsilon^{at},$$

so wird für $t = 0$

$$-2EA = x$$

und hiermit

$$e\frac{w_1}{w} \quad -2EA = -2EA\varepsilon^{at},$$

$$\frac{de}{dt} = -2EAa\frac{w}{w_1}\varepsilon^{at},$$

$$\frac{d^2e}{dt^2} = -2EAa^2\frac{w}{w_1}\varepsilon^{at}.$$

Die Wurzel in den Ausdrücken für a wird imaginär für

$$\frac{w_1}{wLC} > \frac{r^2}{4L^2}$$

$$r < 2\sqrt{\frac{w_1}{w}\frac{L}{C}} \text{ (vgl. Gl. 408)} \quad . \quad . \quad . \quad 428)$$

Die Spannung am Kondensator verläuft unter diesen Umständen periodisch, wie wir aus den gleichen Ausführungen beim Thomsonschen Schwingungskreise wissen.

Wir setzen

$$\sqrt{\frac{w_1}{wLC} - \frac{r^2}{4L^2}} = \omega_1 \quad . \quad . \quad . \quad . \quad . \quad . \quad 429)$$

und können entsprechend Gl. 410) schreiben:

$$e\frac{w_1}{w} - 2EA = -2EA\,\varepsilon^{-\frac{r}{2L}t}\,(M\cos\omega_1 t + N\sin\omega_1 t) \qquad 430)$$

Für $t = 0$ ist $e = 0$, daher $M = 1$.

Bildet man den Ausdruck für den Strom

$$i_c = C\frac{de}{dt} = 2EA\frac{w}{w_1}\frac{r}{2L}C\varepsilon^{-\frac{r}{2L}t}(\cos\omega_1 t + N\sin\omega_1 t)$$

$$+ 2EA\frac{w}{w_1}C\varepsilon^{-\frac{r}{2L}t}(\omega_1\sin\omega_1 t - N\omega_1\cos\omega_1 t),$$

$$i_c = 2EA\frac{w}{w_1}C\varepsilon^{-\frac{r}{2L}t}\left(\left(\frac{r}{2L} - N\omega_1\right)\cos\omega_1 t + \left(\frac{rN}{2L} + \omega_1\right)\sin\cdot\omega_1 t\right),$$

so wird für $t = 0$ und demnach auch $i = 0$

$$N = \frac{r}{2L\omega_1}.$$

Mit diesen Werten für M und N geht Gl. 430) entsprechend Gl. 411) über in

$$e = 2\,E\,A\,\frac{w}{w_1}\left[1 - \varepsilon^{-\frac{r}{2L}t}\left(\cos\omega_1 t + \frac{r}{2L\omega_1}\sin\omega_1 t\right)\right] \quad . \quad 431)$$

Durch Gl. 431) ist die Spannung am Kondensator bzw. an den Klemmen der geschützten Transformatoren bestimmt.

Der zum Kondensator fließende Strom ist nach einer zu Gl. 412) entsprechend gebildeten

$$i_c = \frac{1}{\omega_1 L}\,2\,E\,A\,\frac{w}{w_1}\varepsilon^{-\frac{r}{2L}t}\sin\omega_1 t \quad . \quad . \quad . \quad . \quad 432)$$

Uns interessiert vor allem die Spannung am Kondensator. Diese steigt von Null an. Denn setzen wir in Gl. 431) $t = 0$, so wird $e = 0$.

Ihr Maximum erreicht die Spannung, wie wir aus den früheren Darlegungen wissen, wenn $t = T$ wird, vorausgesetzt $T < \frac{\pi}{\omega_1}$.

Aus Gl. 431) erkennt man, daß der erste Scheitelwert der Spannung e für $\omega_1 t = \pi$ erreicht wird. Bis $t = \frac{\pi}{\omega_1}$ findet ein Steigen der Spannung statt. Der Eintritt der negativen Welle ist von der Länge x der Wanderwelle abhängig, und da diese nur wenige Kilometer lang sein kann, so wird die der Länge x entsprechende Zeit $T = \frac{x}{v}$ praktisch kleiner sein als $\frac{\pi}{\omega_1}$. Es tritt also unter dieser Voraussetzung das Maximum von e für $t = T$ ein.

Sollte sich in einem praktischen Falle $T > \frac{\pi}{\omega_1}$ ergeben, so hätte man zur Bestimmung des Maximalwertes von e für Gl. 431) das Maximum zu bestimmen. Zu diesem Zweck differenzieren wir die rechte Seite von Gl. 431) nach t und setzen die erste Ableitung gleich Null. Wir erhalten:

$$\frac{r}{2L}\,2\,E\,A\,\frac{w}{w_1}\varepsilon^{-\frac{r}{2L}t}\left(\cos\omega_1 t + \frac{r}{2L\omega_1}\sin\omega_1 t\right)$$

$$-\,2\,E\,A\,\frac{w}{w_1}\varepsilon^{-\frac{r}{2L}t}\left(\frac{r\,\omega_1}{2L\,\omega_1}\cos\omega_1 t - \omega_1\sin\omega_1 t\right) = 0,$$

$$\cos\omega_1 t\left(\frac{r}{2L} - \frac{r}{2L}\right) + \sin\omega_1 t\left(\frac{r^2}{4L^2\omega_1} + \omega_1\right) = 0,$$

$$\sin\omega_1 t = 0,$$

$$\omega_1 t = 0;\ \text{bzw.}\ \omega_1 t = \pi;\ \text{bzw.}\ \omega_1 t = 2\pi\ \text{usf.}$$

$$e_{\max} = 2\,E\,A\,\frac{w}{w_1}\left[1 + \varepsilon^{-\frac{r\pi}{2L\omega_1}}\right] \quad . \quad . \quad . \quad . \quad 431\,a)$$

Wir wollen die sich einstellende höchste Spannung am Kondensator und an den Klemmen der geschützten Apparate für ein Beispiel berechnen.

Beispiel (periodischer Verlauf der Spannung an den Klemmen der geschützten Apparate).

Schaltung nach Abbildung Fig. 111.

Zweck: Schutz zweier Transformatoren, welche an eine durchlaufende Drehstromleitung angeschlossen sind.

Gegeben: Wellenwiderstand[1]) der durchlaufenden Freileitung 600 Ohm pro Leiter.

Wellenwiderstand der Transformatoren pro Schenkel 900 Ohm.

Drosselspule in jeder Phase mit 0,009 Henry.

Kondensator in jeder Phase mit 0,006 Mikrofarad.

Länge der Wanderwelle $x = 3$ km.

Aufgabe: Ermittelung der maximalen Spannung an den Transformatorklemmen gegen Erde, wenn die Überspannung gegen Erde am Entstehungsort der Welle $2E$ beträgt.

Da die Spannung gegen Erde am Entstehungsort der Wanderwelle nach oben durch die Überschlagsspannung der Isolatoren begrenzt wird, so kann man $2E =$ Überschlagsspannung der Isolatoren setzen.

Lösung der Aufgabe: Die maximale Spannung, welche gleichzeitig an den Schutzkondensatoren und an den Klemmen der geschützten Transformatoren herrscht, ergibt sich nach Gl. 431), wenn man für t die Zeit T setzt $\left(\text{vorausgesetzt: } T < \frac{\pi}{\omega_1}\right)$, in welcher sich die Wanderwelle um ihre eigene Länge fortbewegt hat, also:

$$e = 2 E A \frac{w}{w_1}\left[1 - \varepsilon^{-\frac{r}{2L}T}\left(\cos\omega_1 T + \frac{r}{2L\omega_1}\sin\omega_1 T\right)\right].$$

Da die Leitungen, Drosselspulen, Kondensatoren und Schenkelwicklungen der Transformatoren in bezug auf Influenzierung von der Erde parallel geschaltet sind, so ergibt sich für die gegebenen Größen in Parallelschaltung:

$L = 0{,}003$ Henry (Drosselspulen),
$C = 0{,}02$ Mikrofarad (Schutzkondensatoren),
$w_{\mathrm{I}} = 200$ Ohm Wellenwiderstand (ankommende Leitung),
$w_{\mathrm{II}} = 200$ Ohm Wellenwiderstand (weitergehende Leitung),
$w_a = 300$ Ohm Wellenwiderstand (Transformator a),
$w_b = 300$ Ohm Wellenwiderstand (Transformator b).

[1]) Unter Berücksichtigung des S. 248 gegebenen Rechnungsganges.

Wir bilden

$$w_1 = \frac{w_I \cdot w_{II}}{w_I + w_{II}} = \frac{200 \cdot 200}{200 + 200} = 100 \text{ Ohm},$$

$$w_2 = \frac{w_a \cdot w_b}{w_a + w_b} = \frac{300 \cdot 300}{300 + 300} = 150 \text{ Ohm},$$

$$w = \frac{w_1 \cdot w_2}{w_1 + w_2} = \frac{100 \cdot 150}{100 + 150} = 60 \text{ Ohm},$$

$$A = \frac{w_{II}}{w_I + w_{II}} = \frac{200}{200 + 200} = \frac{1}{2},$$

$$r = \frac{1}{w_2}\frac{L}{C} + w_1 = \frac{1}{150}\frac{0{,}0025}{0{,}02 \cdot 10^{-6}} + 100 = 933,$$

$$r < 2\sqrt{\frac{w_1}{w}\frac{L}{C}},$$

$$933 < 2\sqrt{\frac{100}{60}\frac{0{,}003}{0{,}02 \cdot 10^{-6}}},$$

$$933 < 1000.$$

Die Spannung verläuft also periodisch.

$$T = \frac{x}{v} = \frac{3 \cdot 10^5}{3 \cdot 10^{10}} = \frac{1}{10^5},$$

$$\frac{r}{2L} T = \frac{933 \cdot 1}{2 \cdot 0{,}003 \cdot 10^5} = 1{,}55,$$

$$\varepsilon^{-\frac{r}{2L}T} = \frac{1}{\varepsilon^{1,55}} = 0{,}21,$$

$$\omega_1 = \sqrt{\frac{w_1}{wLC} - \frac{r^2}{4L^2}} = \sqrt{\frac{100}{60 \cdot 0{,}003 \cdot 0{,}02 \cdot 10^{-6}} - \frac{933^2}{4 \cdot 0{,}003^2}},$$

$$\omega_1 = 60000,$$

$$\frac{\pi}{\omega_1} = \frac{3{,}14}{60000} = 5{,}23 \cdot 10^{-5} > T,$$

$$\omega_1 T = 60000 \cdot 10^{-5} = 0{,}6,$$

2π entspricht 360^0,

6,28 » 360^0,

also 0,6 entspricht $\frac{360 \cdot 0{,}6}{6{,}28} = 34{,}4^0$,

$$\cos \omega_1 T = \cos 34{,}4 = 0{,}825,$$

$$\sin \omega_1 T = \sin 34{,}4 = 0{,}565,$$

$$\frac{r}{2L\omega_1} = \frac{933}{2 \cdot 0{,}003 \cdot 60000} = 2{,}59,$$

$$e_{max} = 2E\frac{1}{2}0{,}6\,[1 - 0{,}21\,(0{,}825 + 2{,}59 \cdot 0{,}565)],$$

$$e_{max} = 0{,}312\,E.$$

Die Überspannung ($2E$) wird also an den zu schützenden Apparaten auf 15,6% herabgesetzt. Die Spannung, welche auf die Transformatorenwicklungen wirkt, steigt also von $e = 0$ auf $e = 0{,}312\,E$.

Wir wollen jetzt zu der zweiten Möglichkeit übergehen, daß nämlich

$$r \geqq 2\sqrt{\frac{w_1}{w}\frac{L}{C}}$$

ist.

Die Ausdrücke für a_1 und a_2 werden dann reell, und die Ladung des Kondensators erfolgt aperiodisch.

Nennen wir

$$\sqrt{\frac{r^2}{4L^2} - \frac{w_1}{w\,L\,C}} = \omega_2 \quad \ldots \ldots \quad 433)$$

so wird

$$a_1 = -\frac{r}{2L} + \omega_2,$$

$$a_2 = -\frac{r}{2L} - \omega_2.$$

Setzen wir entsprechend Gl. 400)

$$e\frac{w_1}{w} - 2EA = \varepsilon^{-\frac{r}{2L}t}(u\,\varepsilon^{\omega_2 t} + v\,\varepsilon^{-\omega_2 t}) \quad \ldots \quad 434)$$

so wird für $t = 0$ auch $e = 0$, und wir erhalten

$$-2EA = (u + v),$$

$$u = -2EA - v.$$

Der Kondensatorstrom wird

$$i_c = C\frac{de}{dt} = -C\frac{w}{w_1}\frac{r}{2L}\varepsilon^{-\frac{r}{2L}t}(u\,\varepsilon^{\omega_2 t} + v\,\varepsilon^{-\omega_2 t}) +$$

$$+ C\frac{w}{w_1}\varepsilon^{-\frac{r}{2L}t}(u\,\omega_2\,\varepsilon^{\omega_2 t} - v\,\omega_2\,\varepsilon^{-\omega_2 t}) \quad \ldots \quad 435)$$

Für $t = 0$ ist $i = 0$. Daher

$$0 = -\frac{r}{2L}(u + v) + (u - v)\,\omega_2,$$

$$\frac{r\,E\,A}{L} + \omega_2(-2\,E\,A - v - v) = 0,$$

$$A\,E\left(\frac{r}{2\,L\,\omega_2} - 1\right) = v,$$

$$-2\,E\,A - \frac{A\,E\,r}{2\,L\,\omega_2} + A\,E = u,$$

$$-A\,E\left(1 + \frac{r}{2\,L\,\omega_2}\right) = u.$$

Mit den für u und v gewonnenen Ausdrücken wird Gl. 434)

$$e = \frac{w}{w_1}\left[2 E A + \varepsilon^{-\frac{r}{2L}t}\left(-A E\left(1 + \frac{r}{2 L \omega_2}\right)\varepsilon^{\omega_2 t} + \right.\right.$$

$$\left.\left. + A E\left(\frac{r}{2 L \omega_2} - 1\right)\varepsilon^{-\omega_2 t}\right)\right],$$

$$e = \frac{w}{w_1} 2 E A\left[1 - \varepsilon^{-\frac{r}{2L}t}\left(\frac{r}{2 L \omega_2}\cdot\frac{\varepsilon^{\omega_2 t} - \varepsilon^{-\omega_2 t}}{2} + \right.\right.$$

$$\left.\left. + \frac{\varepsilon^{\omega_2 t} + \varepsilon^{-\omega_2 t}}{2}\right)\right] \quad . \; . \; . \; . \; . \; . \; . \; . \quad 436)$$

Durch Gl. 436) ist die Spannung am Kondensator und an den Klemmen der geschützten Apparate für die erste Phase der Ladung $t = 0$ bis $t = T$ bestimmt. In der zweiten Phase der Ladung $t = T$ bis $t = \infty$ erhalten wir noch eine Spannung der negativen Welle hinzu, wenn wir uns wieder die endliche Länge der Wanderwelle durch zwei unendlich lange entgegengesetzt gleiche Wellen ersetzt denken, von welchen die zweite (negative) der ersten im Abstande x entsprechend der Zeit T folgt.

Die rechnerische Behandlung der zweiten Phase der Ladung bietet kein Interesse für uns, da wir aus der Eingangsbetrachtung dieses Abschnittes wissen, daß das Maximum der Spannung bei $t = T$ erreicht wird.

Wir wollen aber noch die Gleichung für den Kondensatorstrom aufstellen:

$$i_c = C\frac{de}{dt} = C\frac{w}{w_1}\varepsilon^{-\frac{r}{2L}t}\left\{\frac{r}{2L}\left[E A\left(1 + \frac{r}{2 L \omega_2}\right)\varepsilon^{\omega_2 t} - \right.\right.$$

$$\left. - E A\left(\frac{r}{2 L \omega_2} - 1\right)\varepsilon^{-\omega_2 t}\right] - E A\left(\frac{r}{2 L \omega_2} + 1\right)\omega_2\,\varepsilon^{\omega_2 t} -$$

$$\left. - E A\cdot\left(\frac{r}{2 L \omega_2} - 1\right)\omega_2\,\varepsilon^{-\omega_2 t}\right\}$$

$$i_c = C E A\frac{w}{w_1}\varepsilon^{-\frac{r}{2L}t}\left[\varepsilon^{\omega_2 t}\left(\frac{r^2}{4 L^2 \omega_2} + \frac{r}{2L} - \frac{r}{2L} - \omega_2\right) - \right.$$

$$\left. - \varepsilon^{-\omega_2 t}\left(\frac{r^2}{4 L^2 \omega_2} - \frac{r}{2L} + \frac{r}{2L} - \omega_2\right)\right]$$

$$i_c = 2 C E A\frac{w}{w_1}\varepsilon^{-\frac{r}{2L}t}\left(\frac{r^2}{4 L^2 \omega_2} - \omega_2\right)\frac{\varepsilon^{\omega_2 t} - \varepsilon^{-\omega_2 t}}{2}.$$

Da nun

$$\frac{r^2}{4 L^2} - \frac{w_1}{w L C} = \omega_2^2,$$

so ist auch

$$\frac{r^2}{4 L^2 \omega_2} - \omega_2 = \frac{w_1}{w L C \omega_2}.$$

Hiermit wird

$$i_e = 2\,C\,E\,A\,\frac{w}{w_1}\,\frac{w_1}{w\,\omega_2\,L\,C}\,\varepsilon^{-\frac{r}{2L}t}\,\frac{\varepsilon^{\omega_2 t} - \varepsilon^{-\omega_2 t}}{2},$$

$$i_e = 2\,E\,A\,\frac{1}{\omega_2 L}\,\varepsilon^{-\frac{r}{2L}t}\,\frac{\varepsilon^{\omega_2 t} - \varepsilon^{-\omega_2 t}}{2} \quad \ldots\ldots \quad 437)$$

Wir wollen die Anwendung an einem Beispiel erläutern.

Beispiel (aperiodischer Verlauf der Spannung an den Klemmen der geschützten Transformatoren).

Schaltung nach Abbildung Fig. 111.

Zweck: Schutz einer Transformatorenanlage, welche an eine durchlaufende Leitung angeschlossen ist, gegen Wanderwellen.

Gegeben: Wellenwiderstand[1]) der ankommenden Leitung 600 Ohm; Wellenwiderstand der weitergehenden Leitung ebenfalls 600 Ohm pro Leiter. Wellenwiderstand jedes Transformators pro Schenkel 900 Ohm. Drosselspulen in jeder Phase vorhanden mit je 0,045 Henry.

Kondensatoren in jeder Phase vorhanden mit je 0,005 Mikrofarad[2]).

Länge der Wanderwelle $x = 3$ km.

Überspannung am Entstehungsort der Wanderwelle gegen Erde $2E$. Da die Spannung am Entstehungsort der Wanderwelle nach oben durch die Überschlagsspannung der Isolatoren begrenzt wird, kann man $2E =$ Überschlagsspannung der Isolatoren setzen.

Aufgabe: Ermittelung der maximalen Spannung an den Transformatorklemmen gegen Erde.

Lösung der Aufgabe: Die maximale Spannung gegen Erde, welche gleichzeitig an den Schutzkondensatoren und an den Klemmen der geschützten Transformatoren herrscht, ergibt sich aus Gl. 436), wenn man $t = T$ setzt, wo T die Zeit ist, in welcher sich die Wanderwelle um ihre eigene Länge fortbewegt hat. Also:

$$e_{\max} = \frac{w}{w_1}\,2\,E\,A\left[1 - \varepsilon^{-\frac{r}{2L}T}\left(\frac{r}{2\,L\,\omega_2}\,\frac{\varepsilon^{\omega_2 T} - \varepsilon^{-\omega_2 T}}{2} + \right.\right.$$

$$\left.\left. + \frac{\varepsilon^{\omega_2 T} + \varepsilon^{-\omega_2 T}}{2}\right)\right].$$

Da die Leitungen, Drosselspulen, Kondensatoren und Schenkelwicklungen der Transformatoren in bezug auf Influenzierung durch die Erde parallel geschaltet sind, so ergibt sich für die gegebenen Größen

[1]) Unter Berücksichtigung des S. 248 gegebenen Rechnungsganges.

[2]) Zum Schutz von Wicklungen genügen im allgemeinen Schutzkondensatoren von 0,005 bis 0,02 Mikrofarad.

in Parallelschaltung:

$L = 0{,}015$ Henry (Drosselspulen),

$C = 0{,}015$ Mikrofarad (Schutzkondensatoren),

$w_{I} = 200$ Ohm ankommende Freileitung,

$w_{II} = 200$ Ohm weitergehende Freileitung,

$w_a = 300$ Ohm Wellenwiderstand des Transformators a,

$w_b = 300$ Ohm Wellenwiderstand des Transformators b.

Wir bilden

$$w_1 = \frac{w_{I} \cdot w_{II}}{w_{I} + w_{II}} = \frac{200 \cdot 200}{200 + 200} = 100 \text{ Ohm},$$

w_2 aus der Gleichung $\frac{1}{w_2} = \frac{1}{w_a} + \frac{1}{w_b} + \frac{1}{w_c} + \ldots$

$$w_2 = \frac{w_a \cdot w_b}{w_a + w_b} = \frac{300 \cdot 300}{300 + 300} = 150 \text{ Ohm},$$

$$w = \frac{w_1 \cdot w_2}{w_1 + w_2} = \frac{100 \cdot 150}{100 + 150} = 60 \text{ Ohm},$$

$$A = \frac{w_{II}}{w_{I} + w_{II}} = \frac{200}{200 + 200} = \frac{1}{2},$$

$$r = \frac{1}{w_2} \frac{L}{C} + w_1 = \frac{1}{150} \cdot \frac{0{,}015}{0{,}015 \cdot 10^{-6}} + 100$$

$$r = 6767,$$

$$r > 2\sqrt{\frac{w_1}{w} \frac{L}{C}},$$

$$6767 > 2\sqrt{\frac{100}{60} \cdot \frac{0{,}015}{0{,}015 \cdot 10^{-6}}},$$

$$6767 > 2600.$$

Die Ladung verläuft also aperiodisch.

$$\omega_2 = \sqrt{\frac{r^2}{4L^2} - \frac{w_1}{wLC}} = \sqrt{\frac{6767^2}{4 \cdot 0{,}015^2} - \frac{100}{60 \cdot 0{,}015 \cdot 0{,}015 \cdot 10^{-6}}},$$

$$\omega_2 = 208500,$$

$$T = \frac{x}{v} = \frac{3 \cdot 10^5}{3 \cdot 10^{10}} = 10^{-5}.$$

Hierin ist v = Fortpflanzungsgeschwindigkeit der Elektrizität, also $v = 3 \cdot 10^{10}$ cm pro Sekunde.

$$\omega_2 T = 208500 \cdot 10^{-5} = 2{,}08,$$

$$\varepsilon^{-\frac{r}{2L}T} = \varepsilon^{-\frac{6767}{2 \cdot 0{,}015} 10^{-5}} = 0{,}105,$$

$$\varepsilon^{\omega_2 T} = 2{,}7^{2{,}08} = 8,$$

$$\varepsilon^{-\omega_2 T} = \frac{1}{8} = 0{,}125,$$

$$\frac{r}{2L\omega_2} = \frac{6767}{2\cdot 0{,}015\cdot 208500} = 1{,}08,$$

$$e_{\max} = 2E\frac{1}{2}0{,}6\left[1 - 0{,}105\left(1{,}08\frac{8-0{,}125}{2} + \frac{8+0{,}125}{2}\right)\right].$$

$$e_{\max} = 0{,}077\,E.$$

Die Überspannung ($2E$) wird also auf $3^3/_4$% herabgesetzt. Die Überspannung verläuft in der ersten Phase (positive Welle) der Kondensatorladung von 0 bis auf den Höchstwert $0{,}077\,E$ aperiodisch nach Gl. 436).

D. Drosselspule und Kondensator in Parallelschaltung.

Beim Schutz großer Anlagen — Zentralen und größerer Unterstationen — pflegt man die Kondensatoren an die Hilfsschienen anzuschließen. Die prinzipielle Schaltung ist in Fig. 112 dargestellt. Wir

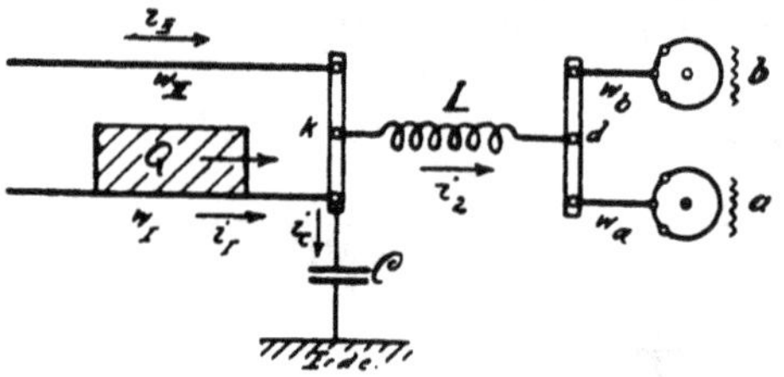

Fig. 112.

wollen auch diese Schaltung in bezug auf ihre Wirksamkeit, Wellen mit steiler Stirne zu verflachen und vor ihrem Auftreffen auf die geschützte Anlage in der Spannung herabzusetzen, untersuchen.

Wir beschränken unsere Untersuchung auf den ungünstigsten Fall, welcher beim Aufprallen von Wanderwellen vorliegt. Die Überspannung am Entstehungsort der Wanderwellen infolge atmosphärischer Einflüsse sei $2E$.

An Hand der Schaltskizze Fig. 112 können wir folgende Gleichungen aufstellen:

$$i_{\mathrm{I}}\cdot w_{\mathrm{I}} + e = 2E \qquad \qquad 438)$$

$$i_{\mathrm{I}}\cdot w_{\mathrm{I}} + i_{\mathrm{II}}\cdot w_{\mathrm{II}} = 2E \qquad \qquad 439)$$

$$i_{\mathrm{I}}\cdot w_{\mathrm{I}} + L\frac{d i_2}{dt} + i_2 w_2 = 2E \qquad \qquad 440)$$

$$i_{\mathrm{I}} = i_{\mathrm{II}} + i_e + i_2 \qquad \qquad 441)$$

In diesen Gleichungen bedeuten

w_{I} und w_{II} Wellenwiderstände der Freileitungen.

i_{I} und i_{II} die in den Leitungen entstehenden Ströme, welche zu den in den Leitungen verkehrenden Wellen gehören:

w_2 ein Ersatzwellenwiderstand für die parallel angeschlossenen Maschinen mit ihren Wellenwiderständen w_a und w_b. Es ermittelt sich w_2 aus der Gleichung

$$\frac{1}{w_2} = \frac{1}{w_a} + \frac{1}{w_b} + \frac{1}{w_c} + \ldots.$$

i_2 der zu w_2 gehörige Ersatzstrom;

L der Selbstinduktionskoeffizient der Drosselspule:

e die Spannung am Schutzkondensator, welcher die Kapazität C hat:

i_c der zur Kapazität fließende Strom.

Setzt man den sich aus Gl. 441) ergebenden Wert für i_I in Gl. 440) ein, so erhält man

$$w_I \cdot i_{II} + w_I i_c + w_I i_2 + L \frac{d i_2}{d t} + i_2 w_2 = 2 E \quad . \quad . \quad . \quad 442)$$

Vergleicht man Gl. 439) mit Gl. 440), so sind die ersten und letzten Glieder einander gleich, folglich müssen auch die übrigen Glieder der beiden Gleichungen einander gleich sein, daher

$$i_{II} w_{II} = L \frac{d i_2}{d t} + i_2 w_2.$$

Hieraus ergibt sich:

$$i_{II} = \frac{1}{w_{II}} L \frac{d i_2}{d t} + \frac{w_2}{w_{II}} i_2.$$

Setzt man den für i_{II} gefundenen Wert in Gl. 442) ein, so wird

$$w_I \frac{1}{w_{II}} L \frac{d i_2}{d t} + \frac{w_I}{w_{II}} i_2 w_2 + w_I i_c + w_I i_2 + L \frac{d i_2}{d t} + i_2 w_2 = 2 E \quad 443)$$

Da $i_c\, dt = dQ$, wenn Q die auf den Kondensator fließende Elektrizitätsmenge bedeutet, und da $Q = Ce$ ist, so ist auch

$$i_c = C \frac{d e}{d t}$$

und hieraus

$$e = \frac{1}{C} \int i_c\, d t.$$

Aus Gl. 438) und Gl. 440) erhält man durch Vergleich

$$e = L \frac{d i_2}{d t} + i_2 w_2,$$

mithin

$$\frac{1}{C} \int i_c\, d t = L \frac{d i_2}{d t} + i_2 w_2$$

oder

$$i_c = C L \frac{d^2 i_2}{d t^2} + C w_2 \frac{d i_2}{d t}.$$

Setzt man diesen Wert von i_c in Gl. 443) ein, so wird

$$L \frac{d i_2}{d t} \frac{w_I + w_{II}}{w_{II}} + w_I C L \frac{d^2 i_2}{d t^2} + C w_I w_2 \frac{d i_2}{d t} + \\ + i_2 \left(\frac{w_I \cdot w_2}{w_{II}} + w_2 + w_I \right) = 2 E.$$

Setzt man

$$\frac{w_{II}}{w_I + w_{II}} = A,$$

so wird

$$L \frac{d i_2}{d t} \frac{1}{A} + w_I C L \frac{d^2 i_2}{d t^2} + C w_I w_2 \frac{d i_2}{d t} + i_2 \left(\frac{w_2}{A} + w_I \right) = 2 E,$$

$$\frac{d i_2}{d t} \left(L + C \frac{w_I \cdot w_{II}}{w_I + w_{II}} \cdot w_2 \right) + \frac{w_I \cdot w_{II}}{w_I + w_{II}} C L \frac{d^2 i_2}{d t^2} + \\ + i_2 \left(w_2 + \frac{w_I w_{II}}{w_I + w_{II}} \right) = 2 A E.$$

Setzt man

$$\frac{w_I \cdot w_{II}}{w_I + w_{II}} = w_1$$

und

$$\frac{w_1 w_2}{w_1 + w_2} = w,$$

so wird

$$\frac{d i_2}{d t} (L + C w_1 w_2) + w_1 C L \frac{d^2 i_2}{d t^2} + i_2 (w_2 + w_1) = 2 A E.$$

Dividiert man durch $w_1 + w_2$, so wird

$$w \frac{d i_2}{d t} \left(\frac{L}{w_1 \cdot w_2} + C \right) + \frac{w}{w_2} C L \frac{d^2 i_2}{d t^2} + i_2 = 2 \frac{w}{w_1 \cdot w_2} A E. \quad 444)$$

Setzt man

$$i_2 - \frac{2 w}{w_1 \cdot w_2} A E = x \varepsilon^{\alpha t} \quad . \quad . \quad . \quad . \quad . \quad . \quad . \quad 445)$$

wo ε = Basis der natürlichen Logarithmen ist, so wird für $t = 0$ und demzufolge auch $i_2 = 0$

$$x = - \frac{2 w}{w_1 w_2} A E.$$

Mithin

$$i_2 - \frac{2 w}{w_1 \cdot w_2} A E = - \frac{2 w}{w_1 w_2} A E \varepsilon^{\alpha t},$$

$$\frac{d i_2}{d t} = - \frac{2 w}{w_1 w_2} \alpha \varepsilon^{\alpha t} A E,$$

$$\frac{d^2 i_2}{d t^2} = - \frac{2 w}{w_1 w_2} \alpha^2 \varepsilon^{\alpha t} A E.$$

Mit diesen Werten wird Gl. 444)

$$2\,C\,L\frac{w^2}{w_1\,w_2^2}\,a^2\,\varepsilon^{a\,t}\,A\,E+\frac{2\,w^2}{w_1\,w_2}\left(\frac{L}{w_1\,w_2}+C\right)A\,E\,a\,\varepsilon^{a\,t}+$$

$$+\frac{2\,w}{w_1\,w_2}\,A\,E\,\varepsilon^{a\,t}=0,$$

$$2\frac{w}{w_1\,w_2}\,\varepsilon^{a\,t}\,A\,E\left(\frac{C\,L\,w}{w_2}\,a^2+w\left(\frac{L}{w_1\,w_2}+C\right)a+1\right)=0,$$

$$a^2+a\frac{w_2}{C}\left(\frac{1}{w_1\,w_2}+\frac{C}{L}\right)+\frac{w_2}{w}\,\frac{1}{L\,C}=0.$$

Setzt man

$$\frac{1}{w_1\,C}+\frac{w_2}{L}=\frac{r}{L},$$

so wird

$$r=\left(\frac{L}{w_1\,C}+w_2\right).$$

Hiermit wird

$$a^2+a\frac{r}{L}+\frac{w_2}{w\,C\,L}=0,$$

$$a_1 \text{ bzw. } a_2=-\frac{r}{2\,L}\pm\sqrt{\frac{r^2}{4\,L^2}-\frac{w_2}{w\,C\,L}}.$$

Ist

$$\frac{r^2}{4\,L^2}<\frac{w_2}{w\,C\,L},$$

so ist der Wurzelwert imaginär. Aus den Ableitungen beim Thomsonschen Schwingungskreise wissen wir, daß die Kondensatorladung dann periodisch verläuft. Also für

$$r<2\sqrt{\frac{w_2}{w}\,\frac{L}{C}}$$

verläuft die Ladung unter Schwingungen. Wir setzen

$$\sqrt{\frac{w_2}{w\,C\,L}-\frac{r^2}{4\,L^2}}=\omega.$$

Hiermit

$$a_1=-\frac{r}{2\,L}+\omega\,\iota,$$

$$a_2=-\frac{r}{2\,L}-\omega\,\iota,$$

wo $\iota=\sqrt{-1}$ ist.

Der Gl. 445) können wir jetzt die allgemeine Form geben:

$$i_2 - \frac{2w}{w_1 \cdot w_2} A E = - \frac{2w}{w_1 w_2} A E (u \varepsilon^{\alpha_1 t} + v \varepsilon^{\alpha_2 t}) \quad . \; . \; . \; . \; . \quad 445a)$$

$$i_2 - \frac{2w}{w_1 \cdot w_2} A E = - \frac{2w}{w_1 \cdot w_2} A E \varepsilon^{-\frac{r}{2L}t} (u \varepsilon^{\iota \omega t} + v \varepsilon^{-\iota \omega t})$$

$$i_2 - \frac{2w}{w_1 w_2} A E = - \frac{2w}{w_1 w_2} A E \varepsilon^{-\frac{r}{2L}t} (u (\cos \omega t + \iota \sin \omega t) + \\ + v (\cos \omega t - \iota \sin \omega t))$$

$$i_2 - \frac{2w}{w_1 w_2} A E = - \frac{2w}{w_1 w_2} A E \varepsilon^{-\frac{r}{2L}t} ((u + v) \cos \omega t + \\ + \iota (u - v) \sin \omega t).$$

Setzen wir

$$(u + v) = M,$$

$$\iota (u - v) = N,$$

so wird

$$i_2 - \frac{2w}{w_1 w_2} A E = - \frac{2w}{w_1 w_2} A E \varepsilon^{-\frac{r}{2L}t} (M \cos \omega t + N \sin \omega t) \quad 446)$$

Für $t = 0$ ist auch $i_2 = 0$.

$$- \frac{2w}{w_1 w_2} A E = - \frac{2w}{w_1 w_2} A E M,$$

$$M = 1.$$

Aus Gl. 446) ergibt sich:

$$L \frac{d i_2}{d t} = \frac{2w}{w_1 w_2} \frac{r}{2} A E \varepsilon^{-\frac{r}{2L}t} (M \cos \omega t + N \sin \omega t) \\ + \frac{2wL}{w_1 w_2} A E \varepsilon^{-\frac{r}{2L}t} (M \omega \sin \omega t - N \omega \cos \omega t).$$

Zur Zeit $t = 0$ ist auch die Selbstinduktionsspannung der Drosselspule Null, da dann noch kein Strom fließt. Mithin zu dieser Zeit

$$L \frac{d i_2}{d t} = 0$$

$$0 = \frac{2w}{w_1 w_2} A E \left(\frac{r}{2L} M - N \omega \right),$$

$$N = \frac{r}{2 L \omega}.$$

Setzt man diese Werte in Gl. 446) ein, so wird

$$i_2 = \frac{2w}{w_1 w_2} A E \left[1 - \varepsilon^{-\frac{r}{2L}t} \left(\cos \omega t + \frac{r}{2 L \omega} \sin \omega t \right) \right] \quad . \quad 447)$$

Die Selbstinduktionsspannung an der Drosselspule wird jetzt

$$L\frac{d\,i_2}{d\,t}=\frac{2\,w}{w_1\,w_2}\,\frac{r}{2}\,\varepsilon^{-\frac{r}{2L}t}\,A\,E\left(\cos\omega\,t+\frac{r}{2\,L\,\omega}\sin\omega\,t\right)$$

$$+\frac{2\,w\,A\,E\,L}{w_1\,w_2}\,\varepsilon^{-\frac{r}{2L}t}\left(\omega\sin\omega t-\frac{r}{2\,L}\cos\omega\,t\right).$$

$$L\frac{d\,i_2}{d\,t}=\frac{2\,w}{w_1\,w_2}\,L\,A\,E\,\varepsilon^{-\frac{r}{2L}t}\sin\omega\,t\left(\omega+\frac{r^2}{4\,L^2\,\omega}\right).$$

Nun war

$$\frac{w_2}{w\,C\,L}-\frac{r^2}{4\,L^2}=\omega^2.$$

Hieraus

$$\frac{r^2}{4\,L^2\,\omega}+\omega=\frac{w_2}{w\,\omega\,C\,L}.$$

Hiermit

$$L\frac{d\,i_2}{d\,t}=\frac{2\,w}{w_1\,w_2}\,\frac{L\,A\,E\,w_2}{w\,\omega\,C\,L}\,\varepsilon^{-\frac{r}{2L}t}\sin\omega\,t,$$

$$L\frac{d\,i_2}{d\,t}=2\,A\,E\,\frac{1}{w_1\,\omega\,C}\,\varepsilon^{-\frac{r}{2L}t}\sin\omega\,t \quad \ldots\ldots \quad 448)$$

Die Spannung am Punkte d (s. Fig. 112) ist

$$e_d=i_2\,w_2=\frac{2\,w}{w_1}\,A\,E\left[1-\varepsilon^{-\frac{r}{2L}t}\left(\cos\omega\,t+\frac{r}{2\,L\,\omega}\sin\omega t\right)\right] \quad 449)$$

Die Spannung am Punkte k in Schaltskizze Fig. 112 beträgt

$$e_k=e_d+L\frac{d\,i_2}{d\,t} \quad \ldots\ldots\ldots \quad 450)$$

$$e_k=\frac{2\,w}{w_1}\,A\,E\left[1-\varepsilon^{-\frac{r}{2L}t}\left(\cos\omega\,t+\frac{r}{2\,L\,\omega}\sin\omega\,t\right)\right]$$

$$+2\,A\,E\,\frac{1}{w_1\,\omega\,C}\cdot\varepsilon^{-\frac{r}{2L}t}\sin\omega\,t,$$

$$e_k=\frac{2\,A\,E\,w}{w_1}\left[1-\varepsilon^{-\frac{r}{2L}t}\left(\cos\omega\,t+\left(\frac{r}{2\,L\,\omega}-\frac{1}{w\,\omega\,C}\right)\sin\omega\,t\right)\right] \quad 451)$$

Uns interessiert vor allem die Spannung e_d.

Da wir die endliche Länge der Wanderwelle durch Übereinanderlagerung von zwei entgegengesetzt gleichen, unendlich langen Wellen berücksichtigen, die im Abstande x einander folgen, so können wir für die gedachte negative Welle (s.Fig. 102) eine entsprechende Spannungsgleichung für die Spannung im Punkte d (Fig. 112) aufstellen, wenn wir in Gl. 449) für E jetzt $-E$ und für t jetzt $t-T$ setzen.

Wir erhalten hiermit für die negative Welle

$$\overline{e}_d = -\frac{2w}{w_1} A E \left[1 - \varepsilon^{-\frac{r}{2L}(t-T)} \left(\cos\omega(t-T) + \frac{r}{2L\omega}\sin\omega(t-T)\right)\right].$$

Für die zweite Phase, also für die Zeit $t = T$ bis $t = \infty$, erhalten wir durch Übereinanderlagerung von e_d und $\overline{e}_d$

$$e_d' = e_d + \overline{e}_d = \frac{2w}{w_1} A E \left[\varepsilon^{-\frac{r}{2L}(t-T)} \cos\omega(t-T) + \frac{r}{2L\omega}\sin\omega(t-T) - \varepsilon^{-\frac{r}{2L}t}\left(\cos\omega t + \frac{r}{2L\omega}\sin\omega t\right)\right] \quad 452)$$

Zur Zeit $t = 0$ beträgt die Spannung am Punkte d (Fig. 112)

$$e_d = 0.$$

Der Anstieg der Spannung im Punkte d erfolgt nach Gl. 449), und zwar unter Schwingungen. Zur Zeit $t = \infty$ würde die Spannung der positiven Welle $\frac{2w}{w_1} A E$ werden. Wie weit sich die Spannung im Punkte d diesem Werte nähert, hängt von dem Nachrücken der negativen Welle ab. Vom Zeitpunkte $t = T$ nimmt die Spannung infolge der zweiten Welle ab.

Aus Gl. 449) erkennt man, daß der erste Scheitelwert der Spannung e_d für $\omega t = \pi$ erreicht wird. Bis $t = \frac{\pi}{\omega}$ findet ein Steigen der Spannung statt. Der Eintritt der negativen Welle hängt von der Länge x der Wanderwelle ab, und da diese nur wenige Kilometer lang sein kann (10 km ist bereits hoch geschätzt), so wird die der Länge x entsprechende Zeit $T = \frac{x}{v}$ praktisch stets kleiner sein als $\frac{\pi}{\omega}$. Es tritt also unter dieser Voraussetzung das Maximum von e_d ein für $t = T$.

Sollte sich in praktischen Fällen $T > \frac{\pi}{\omega}$ ergeben, so hätte man zur Bestimmung des Maximalwertes von e_d für Gl. 449) das Maximum zu berechnen. Zu diesem Zweck differenzieren wir die rechte Seite der Gl. 449) nach t und setzen die erste Ableitung gleich Null. Wir erhalten

$$\frac{r}{2L} 2 E A \frac{w}{w_1} \varepsilon^{-\frac{r}{2L}t}\left(\cos\omega t + \frac{r}{2L\omega}\sin\omega t\right) - 2 E A \frac{w}{w_1} \varepsilon^{-\frac{r}{2L}t}\left(\frac{r}{2L\omega}\omega\cos\omega t - \omega\sin\omega t\right) = 0$$

$$\cos\omega t\left(\frac{r}{2L} - \frac{r}{2L}\right) + \sin\omega t\left(\frac{r^2}{4L^2\omega} + \omega\right) = 0,$$

$$\sin \omega t = 0,$$

$$\omega t = 0; \text{ bzw. } \omega t = \pi; \text{ bzw. } \omega t = 2\pi \text{ usf.},$$

$$e_{d\max} = 2 E A \frac{w}{w_1}\left(1 + \varepsilon^{-\frac{r\pi}{2L\omega}}\right) \quad . \quad . \quad . \quad . \quad 449\text{a})$$

Wir wollen dieses Maximum an Hand eines Beispiels berechnen.

Beispiel (periodischer Verlauf der Spannung an den Klemmen der geschützten Maschinen).

Schaltung nach Abbildung Fig. 112.

Zweck: Schutz einer Drehstrommaschinenanlage gegen Anprall von Wanderwellen mit steiler Stirn.

Gegeben: Wellenwiderstand[1]) der abgehenden Freileitung I mit 600 Ohm pro Leiter.

Wellenwiderstand der abgehenden Freileitung II mit 600 Ohm pro Leiter.

Drosselspulen zwischen Hilfsschienen und Hauptsammelschienen in jeder Phase mit 0,006 Henry.

Schutzkondensator an den Hilfssammelschienen pro Phase 0,05 Mikrofarad.

Wellenwiderstand der Maschine a 570 Ohm.

Wellenwiderstand der Maschine b ebenfalls 570 Ohm. Länge der Wanderwelle 3 km.

Spannung am Entstehungsort der Wanderwelle gegen Erde $2E$.

Da die Spannung gegen Erde am Entstehungsort der Wanderwelle nach oben durch die Überschlagsspannung der Isolatoren begrenzt wird, kann man $2E$ = Überschlagsspannung der Isolatoren setzen.

Aufgabe: Ermittelung der maximalen Überspannung gegen Erde an den Maschinenklemmen.

Lösung der Aufgabe: Die maximale Überspannung, welche an den Klemmen der geschützten Maschinenanlage herrscht, ergibt sich nach Gl. 449), wenn man für t die Zeit T, d. h. die Zeit setzt, in der sich die Wanderwelle um ihre eigene Länge fortbewegt hat; also

$$e_d = \frac{2w}{w_1} A E\left(1 - \varepsilon^{-\frac{r}{2L}T}\left(\cos\omega T + \frac{r}{2L\omega}\sin\omega T\right)\right).$$

Da die Leitungen, Drosselspulen, Kondensatoren und Wicklungen der Maschinen in bezug auf Influenzierung durch die Erde parallel geschaltet sind, so ergibt sich für die gegebenen Größen in Parallelschaltung:

---

[1]) Unter Berücksichtigung des S. 248 gegebenen Rechnungsganges.

$L = 0{,}002$ Henry (Drosselspulen),
$C = 0{,}15$ Mikrofarad (Schutzkondensatoren),
$w_I = 200$ Ohm Wellenwiderstand (Freileitung I),
$w_{II} = 200$ Ohm Wellenwiderstand (Freileitung II),
$w_a = 190$ Ohm Wellenwiderstand (Maschine a),
$w_b = 190$ Ohm Wellenwiderstand (Maschine b).

Wir bilden

$$w_1 = \frac{w_I\, w_{II}}{w_I + w_{II}} = \frac{200 \cdot 200}{200 + 200} = 100 \text{ Ohm},$$

$$w_2 = \frac{w_a \cdot w_b}{w_a + w_b} = \frac{190 \cdot 190}{190 + 190} = 95 \text{ Ohm},$$

$$w = \frac{w_1 \cdot w_2}{w_1 + w_2} = \frac{100 \cdot 95}{100 + 95} = 49 \text{ Ohm},$$

$$A = \frac{w_{II}}{w_I + w_{II}} = \frac{200}{200 + 200} = 0{,}5,$$

$$r = \left(\frac{L}{w_1 C} + w_2\right) = \left(\frac{0{,}002}{100 \cdot 0{,}15 \cdot 10^{-6}} + 95\right),$$

$$r = 228{,}3,$$

$$2\sqrt{\frac{w_2}{w}\frac{L}{C}} = 2\sqrt{\frac{95}{49}\,\frac{0{,}002}{0{,}15 \cdot 10^{-6}}} = 322,$$

$$r < 2\sqrt{\frac{w_2}{w}\frac{L}{C}},$$

$$228{,}3 < 322,$$

mithin verläuft die Spannung periodisch.

$$\omega = \sqrt{\frac{w_2}{w C L} - \frac{r^2}{4 L^2}} = \sqrt{\frac{95}{49 \cdot 0{,}15 \cdot 10^{-6} \cdot 0{,}002} - \frac{228{,}3^2}{4 \cdot 0{,}002^2}},$$

$$\omega = 56600,$$

$$T = \frac{x}{v} = \frac{3 \cdot 10^5}{3 \cdot 10^{10}} = 10^{-5},$$

wo $v =$ Fortpflanzungsgeschwindigkeit der Elektrizität ist.

$$\frac{\pi}{\omega} = \frac{3{,}14}{56600} = 5{,}55 \cdot 10^{-5} > T,$$

$$\omega T = 56600 \cdot 10^{-5} = 0{,}566,$$

2π entspricht 360^0,
6,28 » 360^0,
0,566 » $\frac{360 \cdot 0{,}566}{6{,}28} = 32{,}4^0$,

$$\cos \omega T = \cos 32{,}4 = 0{,}844,$$

$$\sin \omega T = \sin 32{,}4 = 0{,}5358,$$

$$\frac{r}{2L}T = \frac{228{,}3}{2\cdot 0{,}002}10^{-5} = 0{,}57,$$

$$\varepsilon^{-\frac{r}{2L}T} = \frac{1}{2{,}7^{0{,}57}} = 0{,}565,$$

$$\frac{2w}{w_1} = \frac{2\cdot 49}{100} = 0{,}98,$$

$$\frac{r}{2L\omega} = \frac{228{,}3}{2\cdot 0{,}002\cdot 56600} = 1{,}008,$$

$$e_{d\max} = 0{,}98\cdot 0{,}5\,E\,[1 - 0{,}565\,(0{,}844 + 1{,}008\cdot 0{,}5358)],$$

$$e_{d\max} = 0{,}107\,E.$$

Die Überspannung ($2E$) wird also auf ca. 5½% reduziert.

Die Spannung[1]) an den Klemmen der geschützten Apparate steigt von Null (für $t = 0$) bis zum Höchstwert $e_{d\max} = 0{,}107\,E$ (für $t = T$).

Wir wollen jetzt zum aperiodischen Verlauf der Ladung übergehen. Ein aperiodischer Verlauf tritt ein, wenn

$$r \geqq 2\sqrt{\frac{w_2}{w}\frac{L}{C}}$$

ist. Die Ausdrücke für a_1 und a_2 werden dann reell. Nennen wir

$$\omega_1 = \sqrt{\frac{r^2}{4L^2} - \frac{w_2}{wLC}},$$

so wird a_1 bzw. $a_2 = -\frac{r}{2L} \pm \omega_1$.

Entsprechend Gl. 445a) wird dann

$$i_2 - \frac{2w}{w_1 w_2}A\,E = -\frac{2w}{w_1 w_2}A\,E\,(u\,\varepsilon^{a_1 t} + v\,\varepsilon^{a_2 t}) \quad . \quad . \quad 453)$$

$$i_2 = \frac{2wAE}{w_1 w_2}\left(1 - \varepsilon^{-\frac{r}{2L}t}(u\,\varepsilon^{\omega_1 t} + v\,\varepsilon^{-\omega_1 t})\right) \quad . \quad . \quad . \quad 454)$$

Für $t = 0$ ist auch $i_2 = 0$, daher $u + v = 1$.

Es ist

$$L\frac{di_2}{dt} = \frac{L\,2wAE}{w_1 w_2}\varepsilon^{-\frac{r}{2L}t}\left[\frac{r}{2L}(u\,\varepsilon^{\omega_1 t} + v\,\varepsilon^{-\omega_1 t}) - \right.$$
$$\left. - (u\,\omega_1\,\varepsilon^{\omega_1 t} - v\,\omega_1\,\varepsilon^{-\omega_1 t})\right],$$

$$L\frac{di_2}{dt} = \frac{L\,2wAE}{w_1\cdot w_2}\varepsilon^{-\frac{r}{2L}t}\left[u\,\varepsilon^{\omega_1 t}\left(\frac{r}{2L} - \omega_1\right) + v\,\varepsilon^{-\omega_1 t}\left(\frac{r}{2L} + \omega_1\right)\right].$$

[1]) Ist die durch die Länge der Wanderwelle bestimmte Zeit T größer als $\frac{\pi}{\omega}$ (Eintritt des ersten Scheitelwertes der Schwingungen im Punkte d), so ist zur Berechnung des Maximums der Spannung an den zu schützenden Apparaten nicht Gl. 449), sondern 449a) zu benutzen.

Für $t = 0$ ist auch $L \frac{d i_2}{d t} = 0$,

daher

$$u \left(\frac{r}{2L} - \omega_1 \right) + v \left(\frac{r}{2L} + \omega_1 \right) = 0.$$

$$\frac{r}{2L}(u + v) + \omega_1 (v - u) = 0,$$

$$\frac{r}{2L\omega_1} = u - 1 + u,$$

$$2u = \frac{r}{2L\omega_1} + 1,$$

$$u = \frac{1}{2}\left(\frac{r}{2L\omega_1} + 1 \right),$$

$$v = 1 - u = \frac{1}{2}\left(1 - \frac{r}{2L\omega_1} \right).$$

Mit den für u und v gefundenen Ausdrücken wird aus Gl. 454)

$$i_2 = \frac{2w}{w_1 \cdot w_2} A E \left(1 - \varepsilon^{-\frac{r}{2L}t} \left[\left(\frac{r}{2L\omega_1} + 1 \right) \frac{\varepsilon^{\omega_1 t}}{2} + \right.\right.$$
$$\left.\left. + \left(1 - \frac{r}{2L\omega_1} \right) \frac{\varepsilon^{-\omega_1 t}}{2} \right] \right),$$

$$i_2 = \frac{2w}{w_1 w_2} A E \left[1 - \varepsilon^{-\frac{r}{2L}t} \left(\frac{r}{2L\omega_1} \frac{\varepsilon^{\omega_1 t} - \varepsilon^{-\omega_1 t}}{2} + \right.\right.$$
$$\left.\left. + \frac{\varepsilon^{\omega_1 t} + \varepsilon^{-\omega_1 t}}{2} \right) \right] \quad \ldots \ldots \quad 455)$$

Die Spannung an den Klemmen der geschützten Apparate wird jetzt

$$i_2 \cdot w_2 = \frac{2w}{w_1} A E \left[1 - \varepsilon^{-\frac{r}{2L}t} \left(\frac{r}{2L\omega_1} \frac{\varepsilon^{\omega_1 t} - \varepsilon^{-\omega_1 t}}{2} + \right.\right.$$
$$\left.\left. + \frac{\varepsilon^{\omega_1 t} + \varepsilon^{-\omega_1 t}}{2} \right) \right] \quad \ldots \ldots \quad 456)$$

Diese Spannung erreicht ihr Maximum zur Zeit $t = T$.

Beispiel (aperiodischer Verlauf der Spannung an den Klemmen einer geschützten Maschinenanlage).

Schaltung nach Schaltskizze Fig. 112.

Zweck: Schutz einer Maschinenanlage gegen Wanderwellen.

Gegeben: Wellenwiderstände[1]) der abgehenden Freileitungen 600 Ohm und 600 Ohm pro Leiter.

Wellenwiderstand jeder Maschine 570 Ohm.

---

[1]) Unter Berücksichtigung des S. 248 gegebenen Rechnungsganges.

Selbstinduktionskoeffizient jeder Drosselspule zwischen Hilfssammelschienen und Hauptsammelschienen 0,006 Henry.

Kapazität eines jeden der an den Hilfssammelschienen liegenden Schutzkondensatoren 0,005 Mikrofarad.

Länge der Wanderwelle $x = 3$ km.

Überspannung im Netz gegen Erde $2E$.

Da die Spannung gegen Erde am Entstehungsort der Wanderwelle nach oben durch die Überschlagsspannung der Isolatoren begrenzt wird, kann man $2E$ = Überschlagsspannung der Isolatoren setzen.

Aufgabe: Ermittelung der maximalen Spannung an den Maschinenklemmen gegen Erde.

Lösung der Aufgabe: Die maximale Spannung gegen Erde ergibt sich aus Gl. 456), wenn man $t = T$ setzt, also

$$e_{\max} = \frac{2w}{w_1} A\, E\left[1 - \varepsilon^{-\frac{r}{2L}T}\left(\frac{r}{2L\omega_1}\,\frac{\varepsilon^{\omega_1 T} - \varepsilon^{-\omega_1 T}}{2} + \right.\right.$$
$$\left.\left. + \frac{\varepsilon^{\omega_1 T} + \varepsilon^{-\omega_1 T}}{2}\right)\right].$$

Da die Leitungen, Drosselspulen, Kondensatoren und Maschinenwicklungen in bezug auf Influenzierung durch die Erde parallelgeschaltet sind, so ergibt sich für die gegebenen Größen in Parallelschaltung:

L = 0,002 Henry (Drosselspulen),
C = 0,015 Mikrofarad (Schutzkondensatoren),
w_{I} = 200 Ohm (Freileitung I),
w_{II} = 200 Ohm (Freileitung II),
w_a = 190 Ohm (Maschine a),
w_b = 190 Ohm (Maschine b).

Wir bilden:

$$w_1 = \frac{w_{\mathrm{I}} \cdot w_{\mathrm{II}}}{w_{\mathrm{I}} + w_{\mathrm{II}}} = \frac{200 \cdot 200}{200 + 200} = 100 \text{ Ohm}^{1)},$$

$$w_2 = \frac{w_a \cdot w_b}{w_a + w_b} = \frac{190 \cdot 190}{190 + 190} = 95 \text{ Ohm},$$

$$w = \frac{w_1 \cdot w_2}{w_1 + w_2} = \frac{100 \cdot 95}{100 + 95} = 49 \text{ Ohm},$$

$$A = \frac{w_{\mathrm{II}}}{w_{\mathrm{I}} + w_{\mathrm{II}}} = \frac{200}{200 + 200} = 0{,}5^{1)}$$

---

[1]) Gehen von den Hilfssammelschienen mehr als zwei Leitungen ab, so bildet man für w_{II} einen Ersatzwellenwiderstand aus der Gleichung

$$\frac{1}{w_{\mathrm{II}}} = \frac{1}{w_{\mathrm{II}}'} + \frac{1}{w_{\mathrm{II}}''} + \frac{1}{w_{\mathrm{II}}'''} \text{ usw.}$$

Hierbei sind w_{II}' bzw. w_{II}'' bzw. w_{II}''' usf. die Wellenwiderstände der Leitungen, auf welchen die Wanderwelle nicht entstanden ist.

$$r = \left(\frac{L}{w_1 C} + w_2\right) = \left(\frac{0{,}002}{100 \cdot 0{,}015 \cdot 10^{-6}} + 95\right).$$

$$r = 1428.$$

$$\omega_1 = \sqrt{\frac{r^2}{4L^2} - \frac{w_2}{C L w}} = \sqrt{\frac{1428^2}{4 \cdot 0{,}002^2} - \frac{95}{0{,}015 \cdot 10^{-6} \cdot 0{,}002 \cdot 49}}.$$

$$\omega_1 = 253600.$$

$$\varepsilon^{-\frac{r}{2L}T} = 2{,}7^{-\frac{1428}{2 \cdot 0{,}002}T},$$

$$T = \frac{x}{v} = \frac{3 \cdot 10^5}{3 \cdot 10^{10}} = 10^{-5},$$

wo v = Fortpflanzungsgeschwindigkeit der Elektrizität ist.

$$\varepsilon^{-\frac{r}{2L}T} = 0{,}028,$$

$$\varepsilon^{\omega_1 T} = 2{,}7^{253\,600 \cdot 10^{-5}} = 12{,}63,$$

$$\varepsilon^{-\omega_1 T} = \frac{1}{12{,}63} = 0{,}0792,$$

$$\frac{r}{2L\omega_1} = \frac{1428}{2 \cdot 0{,}002 \cdot 253\,600} = 1{,}408,$$

$$e_{\max} = \frac{2 \cdot 49}{100}\,\frac{1}{2}\,E\left[1 - 0{,}028\left(1{,}408\,\frac{12{,}63 - 0{,}0792}{2} + \frac{12{,}63 + 0{,}0792}{2}\right)\right],$$

$$e_{\max} = 0{,}28\,E.$$

Die Überspannung ($2E$) wird also auf 14% an den geschützten Apparaten herabgesetzt.

E. Eisenhaltige Spulen im Schutzkreis.

(Transformatoren, Maschinen.)

1. Selbstinduktionskoeffizient.

Wir denken uns an eine Induktionsspule eine Wechselstromquelle gelegt, welche die Spannung E hat und den Strom i durch die Spule treibt. Befindet sich in der Spule ein Luftkern, so ist das in der Spule hervorgerufene magnetische Feld

$$N = \frac{4\pi n i q}{l},$$

also direkt proportional dem Strome i. Es ist l die Länge der Spule, q ihr Querschnitt und n die Anzahl der Windungen.

Befindet sich statt Luft Eisen in der Spule, so ist das entstehende magnetische Feld μmal so groß, wo unter $\frac{1}{\mu}$ der spezifische magnetische

Widerstand des Eisenkerns verstanden ist. Der magnetische Widerstand des Eisens ist aber nicht konstant, sondern ist seinerseits eine Funktion der Felddichte oder Sättigung. Der Zusammenhang zwischen Felddichte und magnetischem Widerstande ist durch die bekannte Magnetisierungskurve des Eisens gegeben.

Das magnetische Feld wächst also langsamer (namentlich bei hoher Sättigung) als der Strom, welcher das magnetische Feld hervorbringt.

Da nun der Selbstinduktionskoeffizient durch die Gleichung

$$L \frac{di}{dt} = n \frac{dN}{dt} \quad \text{und}$$

$$L = \frac{dN}{di}$$

definiert ist, und man erkennt, daß der Zuwachs des magnetischen Feldes zurückbleibt hinter dem Zuwachse des Stromes, so muß L mit wachsendem Strome immer kleiner werden. L ist also keine Konstante, sondern erreicht seinen größten Wert bei geringster Sättigung und kleinstem Strome. Im Gebiet sehr geringer Sättigung kann man L annähernd als Konstante ansehen.

Wenn wir den Selbstinduktionskoeffizienten einer eisenhaltigen Spule angeben, so kann sich diese Angabe nur auf einen bestimmten Sättigungsgrad des Eisens beziehen. Bei Maschinen und Transformatoren legt man üblicherweise die Sättigung zugrunde, mit welcher solche Apparate betriebsmäßig bei voll erregtem Felde benutzt werden. Es ist also der angegebene Wert von L nur gültig für die normal belastete und unter normalen Bedingungen arbeitende Maschine (usw.).

Trotzdem kann L auch bei abnormalen Verhältnissen unter Umständen als konstanter Wert in Rechnung gestellt werden, wenn es sich um praktische Näherungsrechnungen handelt.

Übrigens darf der Selbstinduktionskoeffizient einer Maschine nicht mit dem Selbstinduktionskoeffizienten der Maschinenwicklung verwechselt werden, der außerdem eine wirklich konstante Zahl darstellt.

»Der Selbstinduktionskoeffizient eines Transformators« kann in leichtester Weise durch einen Kurzschlußversuch ermittelt werden. Man schließt die Niederspannungsklemmen über ein Amperemeter kurz und führt den Hochspannungsklemmen über ein Wattmeter Strom (Wechsel- oder Drehstrom) von solcher Spannung zu, daß der durch Amperemeter gemessene Kurzschlußstrom die Höhe des normalen Betriebsstromes erreicht. Die hierzu benötigte Spannung entspricht dann dem induktiven Spannungsabfall $e_{ind.}$, welcher sich aus der Selbstinduktionsspannung e_s und dem Ohmschen Spannungsabfall e_r zusammensetzt. Die Wattmeterablesung liefert $3 i^2 R$, wo i der Kurzschlußstrom und R der Ohmsche Widerstand der Transformatorspulen pro

Phase bedeutet. Es ist also jetzt $e_s = \sqrt{e_{\text{ind.}}^2 - e_r^2}$ bekannt. Der Selbstinduktionskoeffizient ist dann $L = \frac{e_s}{2\pi \sim i}$ Henry.

Die meisten Preislisten enthalten heute den Wicklungs-(Kupfer-) verlust in Watt oder in Prozenten der Leistung. Ebenso enthalten sie die Kurzschlußspannung in Prozenten der Spannung. Mit diesen Angaben wird jede Messung entbehrlich und ist der Selbstinduktionskoeffizient ohne weiteres bestimmbar. Z. B. gegeben:

Drehstromtransformator für 50 KVA 15000 Volt.
Wicklungsverlust 1200 Watt entsprechend 2,4%.
Kurzschlußspannung 4,1%.

Berechnung:

Phasenspannung $\frac{15000}{\sqrt{3}} = 8660$ Volt.

Strom $\frac{50\,000}{3 \cdot 8660} = 1{,}925$ Amp.

Ohmscher Spannungsabfall $\frac{1200}{3 \cdot 1{,}925} = 208$ Volt

oder $\frac{8660 \cdot 2{,}4}{100} = 208$ Volt.

Kurzschlußspannung $\frac{8660 \cdot 4{,}1}{100} = 355$ Volt

Selbstinduktionsspannung $\sqrt{355^2 - 208^2} = 288$ Volt

Selbstinduktionskoeffizient

$$L = \frac{288}{2\pi \cdot 50 \cdot 1{,}925} = 0{,}476 \text{ Henry pro Phase.}$$

Der »Selbstinduktionskoeffizient einer Dynamomaschine« wird in ganz ähnlicher Weise ermittelt. Man führt der mit normaler Tourenzahl sich bewegenden aber unerregten Maschine Strom über ein Amperemeter und ein Wattmeter zu von solcher Spannung, daß gerade der betriebsmäßige Vollaststrom erreicht ist. Die Spannung entspricht dann dem induktiven Spannungsabfall $e_{\text{ind.}}$. Aus der Wattmeterablesung, welche gleich $3i^2R$ ist, läßt sich der Ohmsche Spannungsabfall berechnen. Der weitere Gang der Rechnung ist genau wie bei den Transformatoren.

Beispiel. Gegeben Drehstromgenerator für 200 KVA, 2100 Volt, 500 Touren.

Um den betriebsmäßigen Vollaststrom $i = 55$ Amp. durch den unerregten Anker zu treiben, werden 65 Volt benötigt. Das Wattmeter zeigt 4470 Watt an. Also ist der Ohmsche Widerstand $w_r = \frac{4470}{3 \cdot 55^2} = 0{,}492\ \Omega$. Der Ohmsche Spannungsabfall beträgt also pro Phase $e_r = 0{,}492 \cdot 55 = 27$ Volt.

Die Selbstinduktionsspannung ist $e_s = \sqrt{65^2 - 27^2} = 59$ Volt.

Der Selbstinduktionskoeffizient beträgt also

$$L = \frac{59}{2\pi \cdot 50 \cdot 55} = 0{,}00341 \text{ Henry.}$$

Steht Strom in genügender Höhe und Spannung nicht zur Verfügung, so kann man auch durch einen Kurzschlußversuch zum Ziele kommen. Man stellt den Erregerstrom, in unserem Beispiel 8,88 Amp., fest, welcher nötig ist, um bei kurzgeschlossener Maschine 55 Amp. Kurzschlußstrom aufrecht zu erhalten. Die Maschine hat $p = 6$ Polpaare und auf jedem Magnetschenkel 200 Windungen. Es sind also zur Aufrechterhaltung des Kurzschlußstromes $8{,}88 \cdot 2 \cdot 200 = 3552$ Amp.-Windungen pro magnetischem Stromkreis erforderlich.

Durch die im Kurzschluß liegende Ankerwicklung werden entmagnetisierende Amperewindungen erzeugt. Diese betragen nach Arnold[1])

$$A \cdot W_e = 0{,}98\, k_0\, f_w \cdot m\, i\, w\, \frac{1}{p}.$$

k_0 ist ein Faktor, dessen Größe von $a = \dfrac{\text{ideeller Polbogen}}{\text{Polteilung}}$ abhängt. In unserem Falle ist $a = 0{,}65$ und daher nach Arnold $k_0 = 0{,}765$. Der Wicklungsfaktor f_w ist nach Arnold bei 3 Löcher im Anker pro Pol und Phase gleich 0,96. Die Anzahl der Phasen $m = 3$, die Anzahl der Windungen in Serie pro Phase beträgt $w = 162$. Hiermit wird $AW_e = 3200$.

Zieht man diese entmagnetisierenden Anker-Amperewindungen AW_e von den vorhin festgestellten totalen 3552 Amperewindungen ab, so erhält man diejenigen Amperewindungen, nämlich 352, welche bei offenem Anker die Maschine so weit erregen, wie zur Überwindung des induktiven Spannungsabfalls bei Kurzschluß erforderlich war. Die Maschine erregt sich bei offenem Anker und 352 Amperewindungen oder bei $\dfrac{352}{2 \cdot 200} = 0{,}88$ Amp. Erregerstrom pro magnetischen Stromkreis, auf 113 Volt oder $\dfrac{113}{\sqrt{3}} = 65{,}3$ Volt Phasenspannung.

Der Ohmsche Widerstand, mit Wechselstrom gemessen, sei mit 0,492 Ohm ermittelt worden. Der Ohmsche Spannungsabfall ist also $e_r = 27$ Volt.

Die Selbstinduktionsspannung wird also wieder

$$e_s = \sqrt{65{,}3^2 - 27^2} = 59 \text{ Volt}$$

und der Selbstinduktionskoeffizient

$$L = \frac{59}{2\pi\, 100 \cdot 55} = 0{,}00341 \text{ Henry.}$$

[1]) Arnold, 4. Bd., Wechselstromtechnik 1913, S. 605.

2. Wellenwiderstand.

Hierunter versteht man den Ausdruck $\sqrt{\frac{L}{C}}$. Bei eisenhaltigen Spulen ist der Wellenwiderstand naturgemäß keine konstante Größe, da er den veränderlichen Selbstinduktionskoeffizienten L enthält. Für die praktischen Fälle genügt aber der aus den normalen Betriebsverhältnissen errechnete Selbstinduktionskoeffizient im Ausdrucke $\sqrt{\frac{L}{C}}$.

Sieht man von der dämpfenden Wirkung des Ohmschen Widerstandes ab, so kann man annehmen, daß sich bei jeder Schwingung, welche einem Kreise aufgezwungen wird, die elektrische Energie in magnetische umsetzen muß. Es ist deshalb

$$\frac{L\,i^2}{2} = \frac{C\,e^2}{2},$$

gleichgültig, ob i und e Momentanwerte oder als Effektivwerte eingesetzt werden. Hieraus ergibt sich die einfache Beziehung für den Wellenwiderstand

$$\sqrt{\frac{L}{C}} = \frac{e}{i}.$$

Bei dem als Beispiel gewählten Transformator würde also der Wellenwiderstand

$$\sqrt{\frac{L}{C}} = \frac{8660}{1{,}925} = 4500 \text{ Ohm pro Phase}$$

und bei der als Beispiel gewählten Dynamomaschine

$$\sqrt{\frac{L}{C}} = \frac{2100}{\sqrt{3}\cdot 55} = 22 \text{ Ohm pro Phase.}$$

Der Wellenwiderstand kommt nur in Frage bei der Behandlung von Wanderwellenproblemen.

3. Kapazität.

Die Gesamtkapazität kann aus dem Wellenwiderstand berechnet werden und beträgt

$$C = L\,\frac{i^2}{e^2} \text{ Farad.}$$

Die Kapazität ist praktisch eine Konstante, erst bei ganz hohen Schwingungszahlen erfährt sie eine Änderung. Die auf der rechten Seite stehenden drei Größen sind derartig voneinander abhängig, daß C konstant bleibt.

Für den als Beispiel gewählten Transformator erhalten wir

$$C = 0{,}476\,\frac{1{,}925^2}{8660^2} = 0{,}0235 \text{ Mikrofarad.}$$

und für die als Beispiel behandelte Dynamomaschine

$$C = 0{,}00365 \frac{55^2}{1210^2} = 7{,}55 \text{ Mikrofarad.}$$

4. Eigenfrequenz.

Die Beschäftigung mit der Eigenfrequenz eisenhaltiger Spulen führt, wie Martienssen[1]) gezeigt hat, zu sehr interessanten Ergebnissen. Legt man an einen eisenhaltigen Schwingungskreis, welcher also Selbstinduktion, Kapazität und Widerstand in Serienschaltung enthält, eine Wechselstromquelle, welche mit der konstanten Frequenz 50 schwingt, und läßt die Spannung der Stromquelle von Null beginnend allmählich wachsen, so wird mit wachsendem Strome der Selbstinduktionskoeffizient L von seinem anfänglich höchsten Werte stetig abnehmen. Die Eigenfrequenz des eisenlosen Kreises war unter Vernachlässigung des Ohmschen Widerstandes $\omega = \frac{1}{\sqrt{LC}}$. Die Eigenschwingungszahl hängt also vom reziproken Werte der Selbstinduktion ab. Da nun L mit zunehmendem Strome, also mit wachsender Spannung der Stromquelle abnimmt, so steigt die Eigenfrequenz. Zu irgendeiner Zeit werden also Eigenfrequenz und erzwungene Schwingung gleich groß werden. Es tritt Resonanz ein.

Während beim eisenfreien Kreise, sobald $\omega L = \frac{1}{\omega C}$ wird, die Spannung an der Kapazität unter Vernachlässigung des Ohmschen Widerstandes unendlich wird, ist dieses im eisenhaltigen Kreise nicht der Fall. Die Kapazitätsspannung macht zwar einen Sprung, steigt aber dann bei weiterer Steigerung der zugeführten Spannung allmählich weiter. Beim eisenfreien Kreise sinkt die Kapazitätsspannung sofort wieder, sobald die Ungleichheit der Frequenzen wieder eingetreten ist.

Der Sprung in der Spannung ist erklärlich. Bis zum Eintritt der Resonanz waren die Momentanwerte der aufgedrückten und der Selbstinduktionsspannung entgegengesetzt gerichtet und ihre Differenz gleich der Kapazitätsspannung. Im Augenblick der Resonanz ändert der Augenblickswert der Selbstinduktionsspannung plötzlich sein Vorzeichen und addiert sich zur aufgedrückten Spannung, wodurch die Kapazitätsspannung gleich der Summe beider wird. Es tritt also vom Zeitpunkt der Resonanz ab eine Art Selbsterregung ein. Die Kapazitätsspannung strebt dem Wert Unendlich zu. In Wirklichkeit wird sie durch den dämpfenden Einfluß des Ohmschen Widerstandes wieder zum Sinken gebracht.

---

[1]) E. T. Z. 1910, Heft 8.

Ähnlich verhält sich der aufgedrückte Strom, der anfänglich mit steigender Spannung zunimmt, im Resonanzpunkt einen plötzlichen Sprung nach oben macht und dann weiterhin ansteigt, und zwar im schnelleren Maße als die Kapazitätsspannung.

Geht man umgekehrt und läßt die zugeführte Spannung von einem hohen Werte allmählich sinken, so tritt Strom- und Spannungssprung nicht bei derselben Spannung ein, bei welcher die Sprünge zuerst eintraten. Es gibt also ein unbestimmtes Gebiet, in welchem es für jede Spannung zwei verschiedene Ströme gibt.

Ähnlich auffällig verhält sich die Frequenz. Hält man an der Stromquelle eine geringe gleichbleibende Spannung und steigert die Frequenz, so steigt die Stromstärke bis zum Eintritt der Resonanz allmählich, beginnt aber dann wieder zu sinken bis auf einen zunächst gleichbleibenden Betrag.

Wiederholt man den Versuch mit höherer Spannung, so steigt die Stromstärke zunächst wieder allmählich. Bei Eintritt der Resonanz sinkt sie indessen sprunghaft auf einen fast gleichbleibenden Minimalbetrag.

Bei Wiederholung der Versuche in umgekehrtem Sinne treten die Sprünge nicht bei derselben Frequenz auf wie vorher, sondern erst später.

Ein eisenhaltiger Schwingungskreis hat also keine ausgeprägte Resonanzfrequenz, sondern statt dessen ein unbestimmtes Resonanzgebiet, in dem die Stromstärke, welche der Kreis aufnimmt, davon abhängig ist, welche Stromstärke und welche Frequenz vorher dem Kreise zugeführt worden war.

Der Vollständigkeit halber sei erwähnt, daß Biermanns[1]) für die Frequenz eisenhaltiger Schwingungskreise, sofern es sich um den jenseits des unbestimmten Gebiets liegenden Bereich handelt, eine Formel aufgestellt hat. Diese Gleichung enthält elliptische Funktionen, deren Wiedergabe hier zu weit führt. Zu seiner Rechnung hat er für die Magnetisierungskurve eine Annäherungsgleichung benutzt, die nur oberhalb des Knies dieser Kurve genaue Anpassung ermöglicht. Die Kenntnis des eigentümlichen Verhaltens eisenhaltiger Spulen im Schwingungskreise ist für praktische Maschinen- und Transformatorschaltungen von Bedeutung.

Maschinen und Transformatoren enthalten zwar Selbstinduktion und Kapazität in verteilter Gestalt und können deshalb nicht als selbstständige Schwingungskreise angesehen werden, jedoch sind zufällige Schaltungen möglich, bei welchen die Selbstinduktion einer

[1]) A. f. E. 1915, Bd. III, Heft 12: Schwingungskreis mit eisenhaltiger Induktivität.

Maschine oder eines Transformators mit der Leitungskapazität in Serie liegt und die Vorbedingungen zu stationären Schwingungen gegeben sind. Man denke nur an den Fall, daß in größerer Entfernung von der Maschinenstation eine Phase der Leitung Erdschluß bekommt, oder daß ein Transformator an ein unter Spannung stehendes Netz durch einen einpoligen Trennschalter angeschlossen wird.

Würde z. B. der im vorstehenden durchgerechnete Transformator an ein unter 15000 Volt stehendes Netz angeschlossen, und bestände dies aus einer langen Kabelleitung mit etwa 2 Mikrofarad pro Phase, so würde die stationäre Eigenschwingung (unter Vernachlässigung des Ohmschen Widerstandes, welcher dämpfend wirkt)

$$\sim = \frac{1}{2\pi}\sqrt{\frac{1}{LC}} = \frac{1}{2\pi}\sqrt{\frac{1}{0{,}476\cdot 2\cdot 10^{-6}}} = 164.$$

Man sieht, daß diese Schwingungszahl durchaus nicht außerhalb der Resonanzmöglichkeit mit der Betriebsperiodenzahl 50 liegt, wenn dritte Harmonische zu dieser noch auftreten.

Die Gefahr wird allerdings dadurch vermindert, daß die aus der Leitung auf den Transformator treffende Einschaltwelle (Wanderwelle) die Spannung an der Klemme der eingeschalteten Phase erhöht. Nach Gl. 346) erreicht die Spannung der Einschaltwelle beim ersten Auftreffen die Höhe von $e = 2\,E\,\frac{w_2}{w_1 + w_2}$. Für E ist in diesem Falle die Phasenspannung der Leitung also 8660 Volt zu setzen. Unter $w_1 = 60$ ist der Wellenwiderstand der Kabelleitung pro Phase verstanden und $w_2 = 4500$ ist der Wellenwiderstand des Transformators. Mithin $e = 17300$ Volt. Durch diese erhöhte Spannung wird ein erhöhter Strom erzeugt, welcher eine Herabsetzung des Selbstinduktionskoeffizienten im Gefolge hat. Bei Verminderung des Selbstinduktionskoeffizienten steigt aber sofort die Eigenschwingungszahl des zu Eigenschwingungen befähigten Kreises.

5. Spannungsverteilung an Transformatorwicklungen.

Transformatorwicklungen lassen sich in bezug auf freie Ladungen nicht in gleicher Weise behandeln wie gestreckte Leiter. Eine auf einer solchen Wicklung vorstoßende Welle erzeugt nicht nur Gegenladungen auf der Erde (Eisen), sondern auch auf dem eigenen Leiter. Die von der voreilenden Wellenstirn ausstrahlenden elektrischen Kraftlinien treffen nämlich die nächste Windung.

Wir haben also sowohl eine Windungskapazität, welche wir C nennen, als auch eine Erdkapazität c für jede Windung.

Die Ersatzschaltung ist in Fig. 113 dargestellt. Wir bezeichnen die Spannung der n_{ten} Windung gegen Erde mit E_n, die der vorhergehenden mit E_{n-1} und der folgenden mit E_{n+1}. Die Bezeichnung der

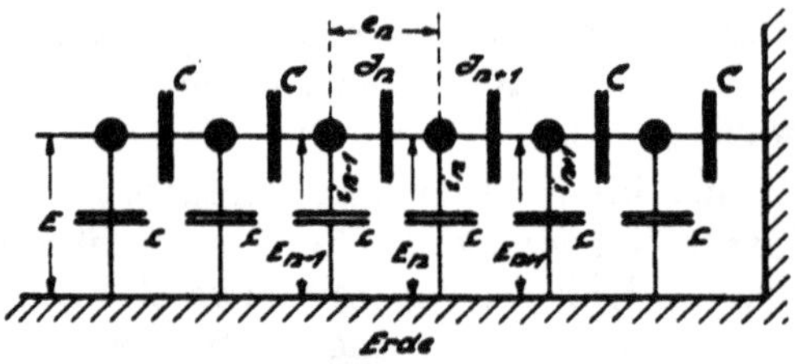

Fig. 113.

Verschiebungsströme geht aus der Zeichnung hervor. Es lassen sich die folgenden Bedingungsgleichungen aufstellen:

$$\text{a)}\quad i_n = \omega c E_n$$

$$\text{b)}\quad J_n = \omega C (E_n - E_{n-1})$$

$$\text{c)}\quad J_{n+1} = \omega C (E_{n+1} - E_n)$$

$$\text{d)}\quad i_n = J_{n+1} - J_n$$

Hieraus folgt

$$\frac{c}{C} E_n = E_{n+1} - 2 E_n + E_{n-1}.$$

Da es in diesem Falle unpraktisch ist, die Lösung mit Winkelfunktionen vorzunehmen, wollen wir dem von Vidmar[1]) eingeschlagenen Wege folgen.

Wir setzen

$$E_n = a b^n$$

$$E_{n+1} = a b^{n+1}$$

$$E_{n-1} = a b^{n-1}$$

Hiermit wird:

$$\frac{c}{C} = b - 2 + \frac{1}{b}$$

und hieraus

$$b = 1 + \frac{c}{2C} \pm \sqrt{\frac{c}{C}\left(1 + \frac{c}{4C}\right)}.$$

Da b zwei Werte zuläßt, setzen wir

$$E_n = a\left(b^{z-n} - \frac{1}{b^{z-n}}\right).$$

[1]) Vidmar, Die Transformatoren 1921, S. 191—198.

Für $n = 1$ muß $E_1 = E$ werden, wobei E die Aufladespannung am Wicklungsanfang bedeutet. Hiermit wird:

$$a = \frac{E}{b^{z-1} - \frac{1}{b^{z-1}}}.$$

Setzt man diesen Wert in die allgemeine Gleichung ein, so erhält man

$$E_n = \frac{E\left(b^{z-n} - \frac{1}{b^{z-n}}\right)}{b^{z-1} - \frac{1}{b^{z-1}}}.$$

Hiermit ist die Spannung jeder Windung gegen Erde (Eisen) gegeben. Für b ist der Wert, welcher größer als 1 ist, einzusetzen.

Die Spannung zwischen zwei Windungen ist

$$e_n = E_n - E_{n+1} = \frac{E}{b^{z-1} - \frac{1}{b^{z-1}}}\left[\left(b^{z-n} - \frac{1}{b^{z-n}}\right) - \left(b^{z-n-1} - \frac{1}{b^{z-n-1}}\right)\right].$$

Es ist z die totale Anzahl der Windungen pro Phase.

Die Spannungsverteilung hängt also lediglich von dem Verhältnis $\frac{c}{C}$ ab.

Bei Großtransformatoren wird die Hochspannungswicklung aus Bandkupfer hergestellt. Da die breiten Kupferflächen gegeneinander liegen, überwiegt die Windungskapazität gegenüber der Erdkapazität. Wir können im Grenzfalle $\frac{c}{C} = 0$ setzen und erhalten für b

$$b = 1 + \sqrt{\frac{c}{C}}.$$

Entwickelt man

$$b^{z \pm n} = \left(1 + \sqrt{\frac{c}{C}}\right)^{z \pm n}$$

in eine Reihe und begnügt sich mit dem ersten Glied, so wird

$$b^{z-n} = 1 - (z - n)\sqrt{\frac{c}{C}}.$$

Ebenso

$$b^{z-1} = 1 - (z - 1)\sqrt{\frac{c}{C}}$$

Man kann auch abgekürzt schreiben

$$b^{z-n} - \frac{1}{b^{z-n}} = \left(1 + \sqrt{\frac{c}{C}}\right)^{z-n} - \frac{1}{\left(1 + \sqrt{\frac{c}{C}}\right)^{z-n}} \cong -2(z-n)\sqrt{\frac{c}{C}}$$

und
$$b^{z-1} \cong -2(z-1)\sqrt{\frac{c}{C}}\,.$$

Wir erhalten dann die sehr einfachen Gleichungen:

$$\underline{E_n = E\frac{z-n}{z-1}}$$

$$\underline{e = E_n - E_{n+1} = E\frac{1}{z-1}}\,.$$

Die Spannung vermindert sich also von Windung zu Windung gleichmäßig.

Betrachten wir jetzt den anderen Fall, bei welchem die Erdkapazität höchstens gleich der Windungskapazität wird, wie dies bei kleinen Transformatoren der Fall ist, so können wir $\frac{c}{C} = 1$ setzen und erhalten für:

$$b = 1 + \frac{1}{2} + \sqrt{1\left(1 + \frac{1}{4}\right)} = 2{,}62.$$

Gestatten wir die Kürzung:

$$\frac{b^{z-n} - \frac{1}{b^{z-n}}}{b^{z-1} - \frac{1}{b^{z-1}}} \cong \frac{b^{z-n}}{b^{z-1}} = b^{-(n-1)},$$

so erhalten wir die Gleichungen:

$$\underline{E_n = \frac{E}{b^{n-1}} = \frac{E}{2{,}62^{n-1}}}$$

$$\underline{e = E_n - E_{n+1} = E\left(\frac{1}{2{,}6^{n-1}} - \frac{1}{2{,}6^{n}}\right)}.$$

Es würden sich also gegen Eisen die Spannungen:

$E_1 = E$	an	der	1.	Windung
$E_2 = 0{,}382\,E$	»	»	2.	»
$E_3 = 0{,}146\,E$	»	»	3.	»
$E_3 = 0{,}056\,E$	»	»	4.	»

und zwischen den Windungen die Spannungen

$e_1 = 0{,}618\,E$	zwischen	1.	und	2.	Windung
$e_2 = 0{,}236\,E$	»	2.	»	3.	»
$e_3 = 0{,}09\,E$	»	3.	»	4.	»
$e_4 = 0{,}034\,E$	»	4.	»	5.	»

ergeben.

Dringt die Welle bis zur zweiten Windung vor, so wird sie bereits einen kleinen Abbau erfahren haben. Die Spannung zwischen der ersten und zweiten Windung sinkt plötzlich, und zwar bis auf den geringen Betrag, welcher vom Abbau auf der ersten Windung zurückgeblieben ist. Ist die Welle bisher ungestört vorgedrungen, so wird sie jetzt reflektiert. Hierbei würde sie die doppelte ursprüngliche Spannung erreichen, wenn sie nichts durch den Abbau in der ersten Windung eingebüßt hätte. Die Spannung zwischen erster und zweiter Windung steigt also nicht ganz auf 2 mal 0,618 E. Bei einem Abbaufaktor von 0,9, wie er bei Werten von $\frac{c}{C} = 1$ vorkommt, wird also ungefähr die Eintrittsspannung E zwischen den beiden ersten Windungen erreicht.

Beim weiteren Vordringen in die nächsten Windungen wiederholt sich der Vorgang. Die Wellenstirn hat sich aber um so mehr abgeflacht, je weiter sie vordringt.

Man erkennt also, daß die Isolation der Eingangswindungen für die volle Spannung zwischen den Windungen und für die doppelte Spannung gegen Eisen bemessen werden muß.

Was in diesem Falle unter »Spannung« zu verstehen ist, hängt vom äußeren Schutz des Transformators ab. Bei Einschaltewellen kann höchstens die doppelte Betriebsspannung auftreten. Bei Ausschaltvorgängen hängt die Höhe der Spannung von der Größe der unterbrochenen Stromstärke ab. Durch Ölschalter läßt sich die Unterbrechung im Stromminimum erzwingen. Sonstige Überspannungen, welche in jeder Höhe auftreten, können durch Drosselspulen oder Kapazitäten zum größten Teil so unschädlich gemacht werden, daß nur ein Bruchteil der Überspannung mit abgeflachter Stirn auf die erste Windung stößt. Es genügt also, wenn wir die mit E bezeichnete Anfangsspannung der Betriebsspannung gleichstellen.

F. Hörnerfunkenstrecken und Dämpfungswiderstände.

Zur Ableitung von Überspannungsenergien verwendet man allgemein Hörnerfunkenstrecken, welche bei einer beliebig einstellbaren Spannung ansprechen. Sie beruhen darauf, daß der Zwischenraum zwischen einander gegenüberstehenden Metallhörnern durch einen Funken, der sich zum Lichtbogen entwickelt, überbrückt wird. Durch elektrodynamische Wirkung und durch die erhitzte Luft wird der Lichtbogen aufwärts getrieben und gleichzeitig verlängert, bis er abreißt. Die dem Überschlag vorausgehende Ionisierung beansprucht eine gewisse Zeit, etwa 10^{-6} bis 10^{-7} Sekunden, in dieser Zeit können Wanderwellen 30 bis 300 m zurücklegen. Um diese Entladungsverzögerung abzukürzen, kann man den Durchmesser der Hörner größer machen, sie können dann näher zusammengerückt werden. Die Überschlagsspannung ist außer von dem Horndurchmesser auch von der Form der Hörner, ihrer Oberflächenbeschaffenheit, dem Luftdruck, der Kurvenform der Spannung und von der Gegenwart benachbarter Metallmassen abhängig. Für die erste Einstellung kann die in Fig. 114 wiedergegebene Kurve benutzt werden, welche für AEG-Hörnerableiter aufgestellt wurde.

Die Schaltung und Einstellung ist grundsätzlich davon abhängig, ob der Nullpunkt der Anlage geerdet ist oder nicht.

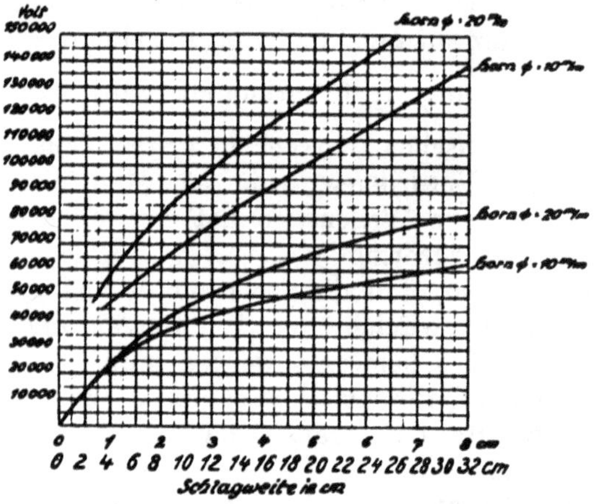

Fig. 114.

In geerdeten Anlagen werden die Ableiter nach Fig. 115 geschaltet. Sie sind im Stern an Erde gelegt. Überspannungen gegen Erde finden von jeder Phase über einen Widerstand ihren Weg zur Erde, wohingegen Überspannungen zwischen den Leitungen sich über die in Reihe geschalteten Widerstände ausgleichen. In kleinen Anlagen

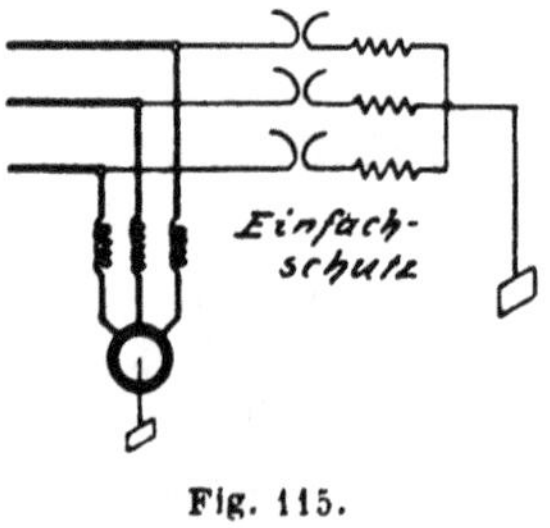

Fig. 115.

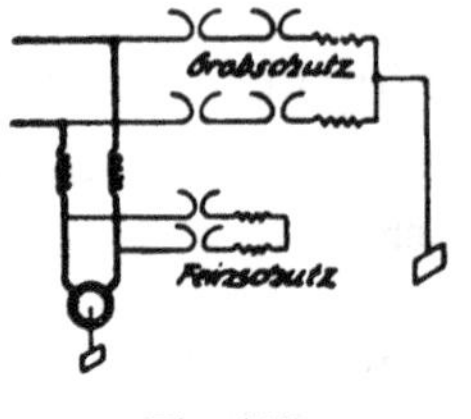

Fig. 116.

begnügt man sich häufig mit der skizzierten Anordnung des »Einfachschutzes«. Da für hohe Überspannungen (Wanderwellen atmosphärischer Herkunft) relativ niedrige Dämpfungswiderstände verlangt werden, so haftet der Anordnung des »Einfachschutzes« der Nachteil an, daß bei jedesmaligem Ansprechen des Ableiters ein großer Belastungsstoß auf die Maschine erfolgt. Man überträgt deshalb den Feinschutz, welcher höhere Widerstände erlaubt, besonderen Ableitern. Der Grobschutz wird dann gemäß Fig. 116 an das vor den Drosselspulen abzweigende

Netz gelegt, während der Feinschutz zwischen Drosselspulen und Maschinen abzweigt.

In Fig. 116 sind als Grobschutz zwei Hörner in Serie geschaltet. Die Zuverlässigkeit der Einstellung wird hierdurch erhöht, da der Abstand der Hörner für die halbe Spannung kleiner ist als die Hälfte des Abstandes für die ganze Spannung.

Als geringste Spannung für die Einstellung der Hörner des Feinschutzes gilt die Betriebsspannung zwischen den Leitungen. Bei Einhaltung dieser Grenze vermeidet man ein allzu häufiges und ungewolltes Arbeiten der Ableiter bei geringen Überspannungen infolge betriebsmäßiger Schaltungen; anderseits werden Überspannungen aufgenommen, welche den 1,7fachen Betrag der Betriebsspannung gegen

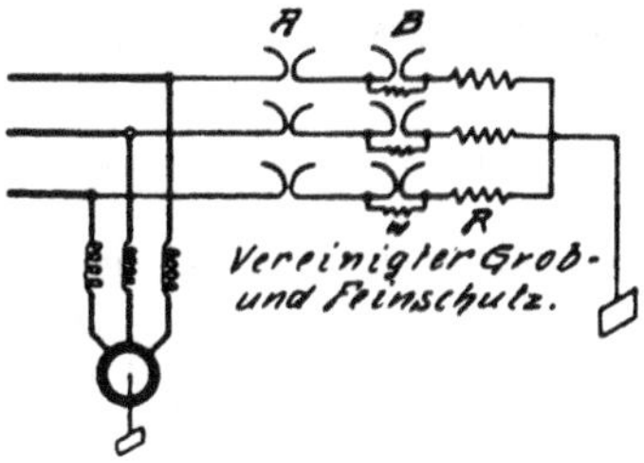

Fig. 117.

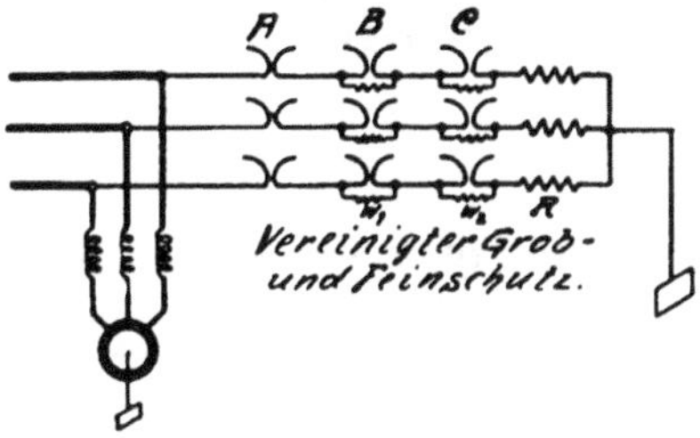

Fig. 118.

Erde überschreiten. Nur bei Anlagen, welche mit mehr als 30 KV arbeiten, geht man mit der Einstellung des Feinschutzes um einige Prozent unter die verkettete Betriebsspannung.

Der Grobschutz wird für etwa 30% bis 50% höhere Spannungen eingestellt. Als Maximalgrenze gilt die Prüfspannung der zur Anlage gehörigen Maschinen. Der »Verband Deutscher Elektrotechniker« gibt über die Höhe der Prüfspannung folgende Vorschrift: »Maschinen und Transformatoren von 40 bis 5000 Volt sollen mit der 2½fachen Betriebsspannung, jedoch nicht mit weniger als 1000 Volt geprüft werden. Maschinen und Transformatoren von 5000 bis 7500 Volt sind mit 7500 Volt Überspannung zu prüfen. Von 7500 Volt an beträgt die Prüfspannung das Zweifache.« Eine interessante Vereinigung von Grob- und Feinschutz zeigen die in Fig. 117 und Fig. 118 dargestellten Schaltskizzen. Bei heftigen Überspannungen werden sämtliche Hörner überschlagen, wohingegen weniger hohe Überspannungen nur die offenen ersten Hörner überbrücken und über die den andern Hörnern parallel geschalteten Widerstände abgeleitet werden. Die durch Widerstände überbrückten Funkenstrecken sprechen erst an, wenn der Spannungsabfall in den Widerständen den Betrag erreicht hat, welcher der Einstellung der zugehörigen Hörner entspricht. Diese Hörner unterbrechen infolge der hohen übergehenden Überspannungsenergie und des damit verbundenen energischen dynamischen Auftriebs des Lichtbogens den Strom schneller, so daß die normalen Betriebsverhältnisse eher zurückkehren. Beim Abnehmen der Überspannung schalten sich die Hörner einer Serie der Reihe nach ab. Es können also keine großen Ströme auf einmal abreißen. Gefährliche Überspannungen werden deshalb beim Unterbrechen des über die Funkenstrecken nachfolgenden Maschinenstromes vermieden, da die beim Unterbrechen eines Stromes entstehende Überspannung von der Stärke des unterbrochenen Stromes direkt abhängig ist (s. S. 199).

Die Größe der Widerstände und die Einstellung der Hörner kann durch folgenden Rechnungsgang festgelegt werden. Ist eine Anlage z. B. gegen eine Überschreitung der Spannung von 15000 Volt gegen Erde zu schützen, und ist der für den Feinschutz zulässige Strom mit 5 Amp. festgesetzt worden, so ergibt sich für eine Schaltung nach Fig. 117

$$w + R = \frac{15000}{5} = 3000 \text{ Ohm.}$$

Läßt man für den Grobschutz den doppelten Strom zu, so wird

$$R = \frac{15000}{10} = 1500 \text{ Ohm.}$$

Erfolgt die Einstellung der Hörner B derart, daß ein Überschlag bei einer 50% höheren Spannung eintritt, dann wird der zur Erde fließende Strom kurz vor dem Ansprechen der Hörner B

$$\frac{1{,}5 \cdot 15000}{w + R} = \frac{22500}{3000} = 7{,}5 \text{ Amp.}$$

Der Spannungsabfall im Widerstande w ist daher

$$7{,}5 \cdot w = 7{,}5 \cdot 1500 = 11250 \text{ Volt.}$$

Bei dieser Spannung muß also der Ableiter B ansprechen.

Die Einstellung der Hörner beträgt also nach Kurventafel Fig. 114

für Ableiter A: 10 mm,
für Ableiter B: 6 mm.

Für eine Schaltung nach Fig. 118 können die Widerstände und einzustellenden Abstände in ähnlicher Weise bestimmt werden.

Bei der Verwendung von mehreren hintereinander geschalteten Drosselspulen, sog. Stufendrosselspulen, ist eine Schaltung nach Fig. 119 beliebt. Eine scharfe Trennung zwischen Grob- und Feinschutz ist hierbei nicht mehr durchgeführt. Die Einstellung der den Maschinen am nächsten sitzenden Ableiter erfolgt am engsten, auch erhalten diese Ableiter den höchsten Widerstand. Ihnen fällt also die Rolle des Feinschutzes zu.

In Anlagen mit isoliertem oder über hohe Widerstände geerdetem Nullpunkt erfolgt die Schaltung — abgesehen von reinen Kabelanlagen — grundsätzlich nach Fig. 120. Die Schaltung unterscheidet sich von Schaltung nach Fig. 115 durch den vierten in der gemeinsamen Erdleitung angebrachten Dämpfungswiderstand. Da bei isoliertem Nullpunkt, und hierhin rechnen auch Anlagen, welche über sehr hohe Widerstände geerdet sind, die Erde bei zufälliger oder absichtlicher Erdung einer Leitung das Potential des geerdeten Leiters

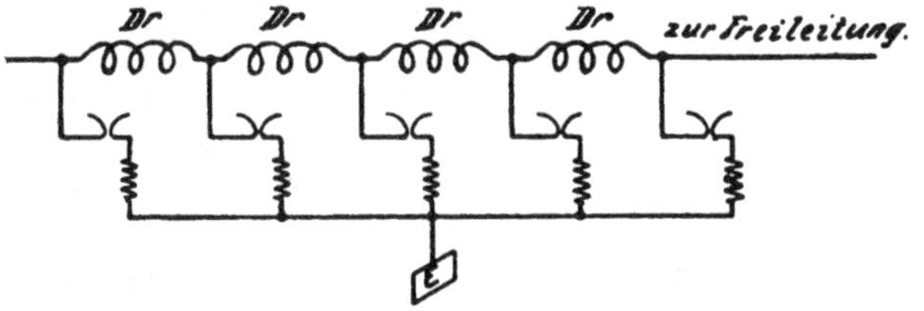

Fig. 119.

annimmt, so muß zwischen Ableiter und Erde der gleiche Dämpfungswiderstand liegen wie zwischen den einzelnen Phasen. Die nach der Erde geschalteten Ableiter dürfen aus demselben Grunde nicht nach der Phasenspannung, sondern müssen nach der verketteten Betriebsspannung eingestellt werden. Andernfalls würden bei Erdschluß einer Phase auch die Ableiter der nicht von der Überspannung betroffenen Pole ansprechen.

Zur Aufnahme der Überspannungen zwischen den Leitern dienen die im Sternpunkt vereinigten Ableiter. Überspannungen zwischen

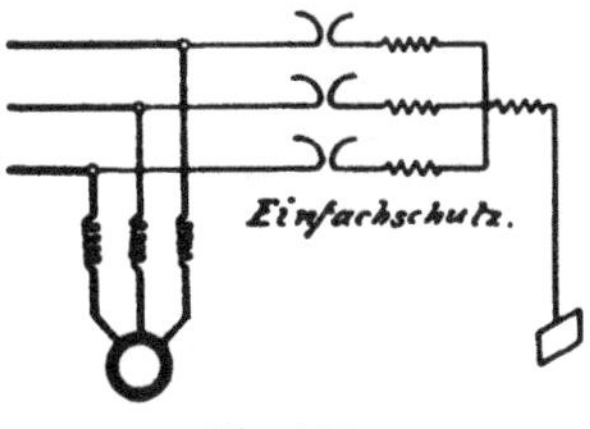

Fig. 120.

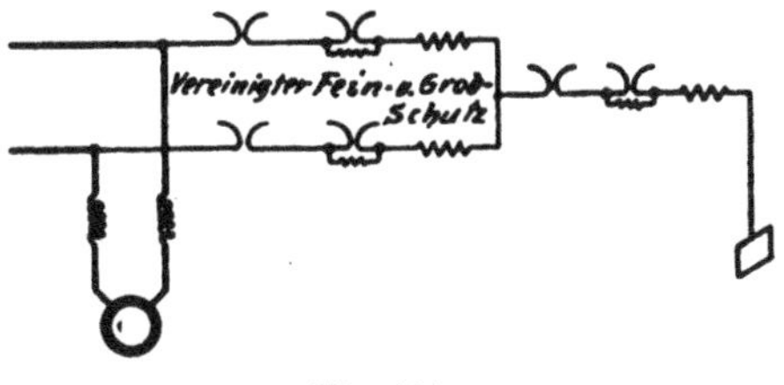

Fig. 121.

einer Leitung und Erde werden über den zur Leitung gehörigen Ableiter und den vierten Widerstand ausgeglichen.

Legt man nach Fig. 121 in die gemeinsame Erdleitung noch eine besondere einfache oder mehrfache Funkenstrecke, so kann die Einstellung der Ableiter, welche zwischen jede Leitung und dem Nullpunkt geschaltet sind, auf die Phasenspannung bezogen werden. Die Anwendung einer Mehrfachfunkenstrecke nach Fig. 121 zwischen Leitungen und Nullpunkt macht die Anwendung eines besonderen Feinschutzes entbehrlich, wenn die in Serie liegenden Hörner gemäß Schaltungsskizze teilweise durch Ohmsche Widerstände überbrückt werden.

Eine für die Montage sehr einfache Kombination von Grob- und Feinschutz stellt der von Siemens-Schuckert gebaute »Stern-Dreieck-Schutz« dar. In einem in sich abgeschlossenen Einzelapparat sind 3 Funkenstrecken und 4 Ölwiderstände gemäß Fig. 122 vereinigt. Der Schutzwert wird bei dieser Anordnung dadurch erhöht, daß der Ausgleich jeder Leitung zu einer andern oder zur Erde ein Ansprechen aller Funkenstrecken infolge gegenseitiger Ionisation herbeiführt.

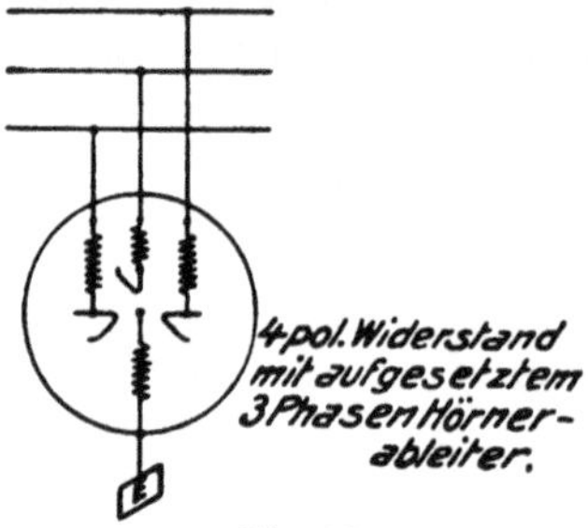

Fig. 122.

Um zu starke Erhitzung des Öls auszuschließen, sind in die Stromkreise Wärmesicherungen eingeschaltet. Zurzeit werden die Apparate bis 40000 Volt Betriebsspannung gebaut. Die Einstellung der Hörner gegen den mittleren Pol erfolgt mit der 1,25fachen Phasenspannung, jedoch nicht unter 3 mm.

Die Anordnung eines besonderen Feinschutzes erfolgt nach Schaltung Fig. 123. Die Einstellung desselben ist natürlich auf die verkettete Spannung zu beziehen.

Für die Einstellung der im Stern geschalteten Feinschutzhörner wählt man gewöhnlich die 1,25fache verkettete Betriebsspannung als Überschlagsspannung. Bei Betriebsspannungen über 30 KV kann man die Überschlagsspannung 5% bis 10% ermäßigen.

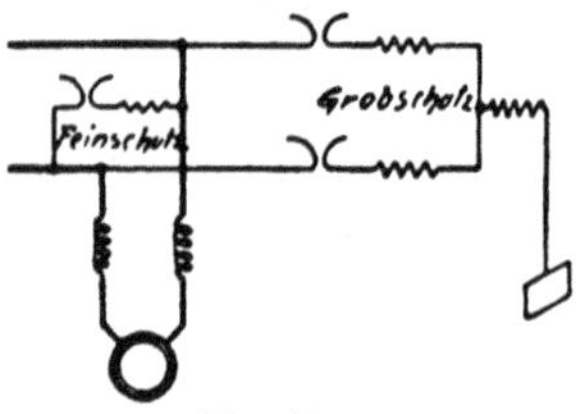

Fig. 123.

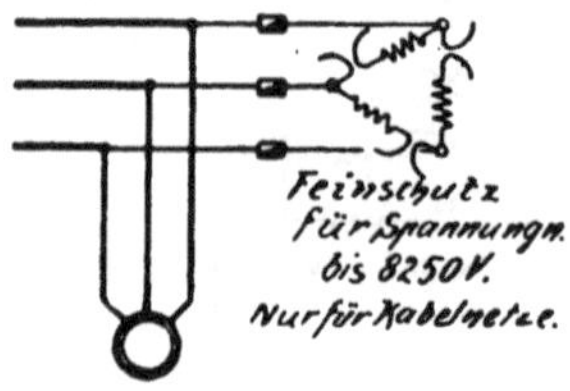

Fig. 124.

Die Grobschutzableiter werden für eine 25% bis 50% höher liegende Spannung eingestellt. Als obere Grenze ist die Prüfspannung der zur Anlage gehörigen Maschinen anzusehen.

In reinen Kabelnetzen sind natürlich Überspannungen atmosphärischer Herkunft gegen Erde ausgeschlossen. Es bedarf deshalb nur eines Schutzes zwischen den Leitungen. Die Allg. Elektr.-Ges. empfiehlt in ihren Preislisten für Überspannungsschutz bis etwa 8250 Volt Betriebsspannung einen Dreieckschutz nach Fig. 124 und für höhere Betriebsspannungen einen Sternschutz nach Fig. 125, um bei ersterem nicht zu enge, bei letzterem nicht zu weite Hörnerabstände zu erhalten. Da eine Erdung fehlt, werden auch die beim Ansprechen eines mit der Erde verbundenen Ableiters unvermeidlichen Potentialverschiebungen vermieden.

Die Einstellung des Feinschutzes erfolgt bei Schaltung nach Fig. 124 mit der 1,25fachen verketteten Betriebsspannung; bei Schaltung nach Fig. 125 mit der 1,25fachen Phasenspannung. Ein Grobschutz ist in Kabelanlagen meistens entbehrlich.

Eine Einstellung unter 3 mm ist für sämtliche Hörnerableiter mit Rücksicht auf zufällige Überbrückungen durch Insekten oder sonstige Fremdkörper grundsätzlich zu vermeiden.

Sollte rechnungsmäßig eine engere Einstellung erforderlich sein, so wird die Verwendung von Relaisableitern der Siemens-Schuckertwerke oder der Ableiter mit »Erregerfunkenstrecke«, System Land- und Seekabelwerke, Köln, am Platze sein.

Die Relaishörnerableiter der Siemens-Schuckertwerke (Fig. 126) enthalten einen Hilfsschwingungskreis, bestehend aus zwei kleinen Kondensatoren und einer Selbstinduktion (kleiner Transformator). Die Hilfsfunkenstrecke spricht bei geringer Überschreitung der Phasen-

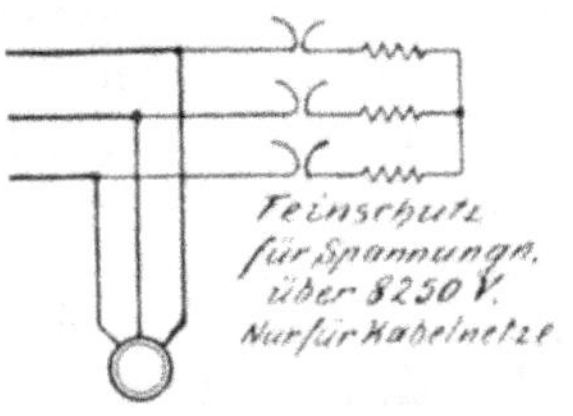

Fig. 125.

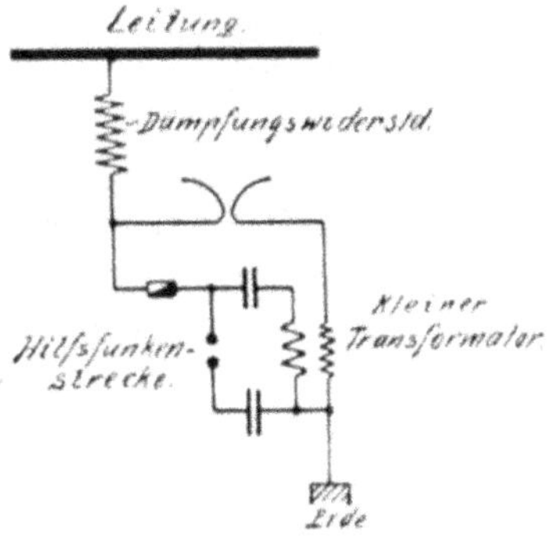

Fig. 126.

spannung an, da ihre Einstellung entsprechend fein vorgenommen wird. Der im Hilfsschwingungskreise auftretende Strom passiert die Niederspannungswicklung des kleinen Transformators. Die in der Hochspannungswicklung erzeugte Spannung reicht zum Überschlag der Hauptfunkenstrecke aus. Ist aber der Überschlag an der Hauptfunkenstrecke erst eingeleitet, so kann die Hauptentladung erfolgen. Eine in der Zuleitung zum Hilfsschwingungskreise eingebaute Sicherung trennt diesen Kreis bei Schadhaftwerden der Kondensatoren ab. Näheresüber die Konstruktion enthält E. T. Z. 1905, S. 485 ff.

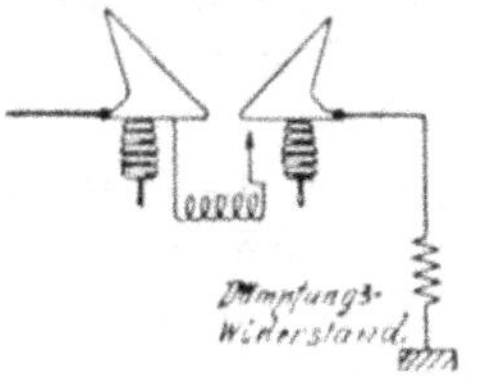

Fig. 127.

Auf einer ähnlichen Wirkungsweise beruhen die Hörnerableiter der Land- und Seekabelwerke, A.-G., Köln, welche ebenfalls eine fein einstellbare Hilfsfunkenstrecke haben (Fig. 127), so daß die Phasenspannung $^4/_5$ der Überschlagsspannung sein kann. Die Hörner können deshalb auf eine größere Entfernung eingestellt werden als der beabsichtigten Grenzspannung entspricht. In die Erregerfunkenstrecke ist ein hoher Widerstand eingebaut, welcher nur ganz geringe Ströme durchläßt. Die Hilfsfunkenstrecke macht die Hauptfunkenstrecke durch Jonisation leitend, so daß der Hauptausgleich erfolgen kann. Die Spitze der Hilfsfunkenstrecke besteht aus Platin. In neuerer Zeit werden die Haupthörner aus massiven Kupferstücken hergestellt, welche die bei der Hauptentladung entstehende Wärme schnell ableiten und den Lichtbogen zum schnellen Verlöschen bringen. Selbstverständlich können Hörnerableiter mit Erregerfunkenstrecken für alle Zwecke verwendet werden.

Für alle Hörnerableiter wird ein schnelles, aber kein plötzliches Erlöschen des Lichtbogens an der Funkenstrecke verlangt, um die Abführung größerer Mengen des Betriebsstromes, welcher der Überspannungsentladung auf dem Fuße folgt, zu verhindern. Bei den einfachen Hörnerableitern erfolgt die Unterbrechung des Lichtbogens durch elektrodynamische Wirkung des Stromes selbst und durch den Luftauftrieb.

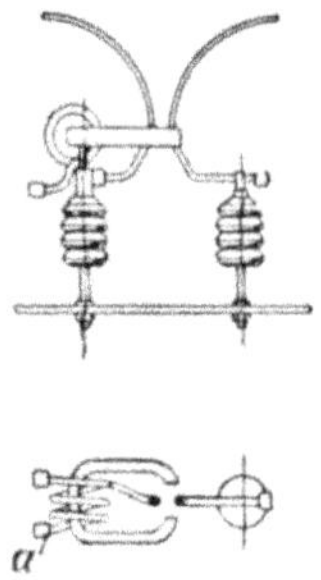

Fig. 128.

Die Allg. Elektr.-Ges. bringt für Anlagen bis etwa 13000 Volt Betriebsspannung den in Fig. 128 dargestellten Hörnerableiter »System Benischke« in den Handel, welcher jedoch nur zwischen Leitung und Erde geschaltet werden kann. Bei diesen Hörnerableitern ist ein Blasmagnet so angeordnet, daß der Lichtbogen von der engsten Stelle nach oben getrieben wird. Die Funkenstrecke liegt zwischen den Polen eines wagerecht angeschlossenen Elektromagneten. Die Spule des Blasmagneten muß so angeschlossen werden, daß *a* (Fig. 128) an der von der Stromquelle kommenden Leitung liegt; im andern Falle würde der Betriebsstrom nicht durch die Spule, sondern direkt über den Lichtbogen zur Erde fließen. Die Magnetwicklung wirkt bei richtigem Anschluß gleichzeitig als Drosselspule zum Schutz der Stromquelle gegen Eindringen von Überspannungswellen mit steiler Stirn. Die Spulen werden für maximal etwa 400 Amp. ausgeführt.

Bei starken Leitungen läßt sich die Magnetwicklung nicht gut ausführen. In diesem Falle ist eine dünndrähtige Magnetwicklung von der Erdleitung »abgeshuntet«. Als »Shunt« dient ein Karborundumstab. Hochfrequente Schwingungen werden über den bequemen Weg des Karborundumstabes zur Erde gehen, während der Strom von der Frequenz des Netzes zum größten Teil durch die Blasspule geht. Die Blasspule wird bei der zuletzt beschriebenen Anordnung für ca. 5 Amp. bemessen. Näheres siehe Benischke, »Schutzvorrichtungen der Starkstromtechnik«.

Den mit den Funkenableitern in Serie liegenden Dämpfungswiderständen fällt eine dreifache Aufgabe zu. Sie sollen das Auftreten von schwingenden Entladungen in dem der Überspannungsenergie gebotenen Ausgleichswege möglichst verhindern, sie sollen die nötige Wärmeaufnahmefähigkeit besitzen, um die Überspannungsenergie ehestens in Wärme umsetzen zu können, und sie sollen schließlich verhindern, daß der über den Ausgleichsweg nachfolgende Betriebsstrom mit der ungestörten Aufrechterhaltung des Betriebes unvereinbare Dimensionen annimmt.

Wir wollen uns zunächst mit dem Dämpfungswiderstand im Ableiterkreise einer einfachen Freileitung, bestehend aus einem einzelnen Leiter, beschäftigen. Es ist eine Hörnerfunkenstrecke in Serie mit einem Dämpfungswiderstande R zwischen Leiter und Erde geschaltet.

Hat eine auf die durch die Hörnerfunkenstrecke geschützte Maschinenanlage zueilende Wanderwelle, die ihre Entstehung der Spannung $2E$ zwischen dem Leiter und der Erde verdanken möge, die Länge x, so beträgt die Zeit, während welcher die Wanderwelle, die die Spannung E führt, auf den Ableiter wirkt

$$T = \frac{x}{v},$$

wo v = Fortpflanzungsgeschwindigkeit der Elektrizität auf einem Leiter in der Luft bedeutet, also $v = 3 \cdot 10^{10}$ cm pro Sekunde.

Der Strom der Wanderwelle beträgt nach Gl. 367)

$$i = E\sqrt{\frac{C}{L}} \quad \text{. . . . . 457)}$$

Hierin ist C die spezifische Kapazität des Leiters gegen Erde. Der Wert der spezifischen Selbstinduktion L des Leiters läßt sich aus der Wellengeschwindigkeit ermitteln

$$v = \frac{1}{\sqrt{LC}},$$

mithin

$$L = \frac{1}{v^2 C}.$$

Die Gesamtenergie einer Wanderwelle ist nach den Ausführungen S. 236

$$\frac{C \cdot x \cdot E^2}{2} + \frac{L \cdot x \cdot i^2}{2} = C \cdot x \cdot E^2 \quad \text{. . . . . 458)}$$

Der Widerstand R vermag in der Zeit T die Energie aufzunehmen

$$A = R i^2 T.$$

Setzt man für i seinen Wert aus Gl. 457), so wird

$$A = \frac{R E^2 C}{L} \cdot T$$

oder

$$A = \frac{R E^2 C}{L} \frac{x}{v},$$

$$A = \frac{R E^2 C \cdot x}{L} \sqrt{L C},$$

$$A = R C \cdot x E^2 \sqrt{\frac{C}{L}}.$$

Soll nun der Widerstand die Energie der Wanderwelle in Wärme umsetzen, so muß nach Gl. 458)

$$C \cdot x \cdot E^2 = R C \cdot x E^2 \sqrt{\frac{C}{L}}$$

sein. Diese Gleichheit besteht aber nur, wenn

$$R = \sqrt{\frac{L}{C}} \quad \ldots\ldots\ldots \quad 459)$$

Hiermit ist die theoretisch richtige Größe des Dämpfungswiderstandes gegeben.

An der Richtigkeit der Gl. 459) wird nichts geändert, wenn es sich statt eines einzelnen Leiters beispielsweise um eine Drehstromleitung handelt, bei welcher sämtliche Leiter in bezug auf Influenzierung durch die Erde (Wanderwelle) als parallel geschaltet anzusehen sind. Es sind dann die Dämpfungswiderstände in den drei Phasen ebenfalls als unter sich parallel geschaltet zu betrachten.

Beispiel: Es möge sich um eine Drehstromleitung von 16 qmm Kupferquerschnitt handeln, welche 10 m über dem Erdbogen verlegt ist. Die Länge der Wanderwelle werde auf 3 km geschätzt.

Die Kapazität eines Leiters im Drehstromsystem, sofern sämtliche Leiter gegen Erde parallel geschaltet sind, ergibt sich nach der Seite 250 gegebenen Rechnungsmethode zu

$$C = \frac{l}{2 \ln \frac{8 h^3}{r D^2}}$$

$h = 1000$ cm (Höhe des Leiters über Erde),

$r = 0{,}255$ cm (Radius des verseilten Leiters),

$D = 70$ cm (Abstand der Leiter voneinander).

$$C = \frac{1}{2 \cdot \ln \frac{8 \cdot 1000^3}{0{,}255 \cdot 70^2}} \cdot \frac{1}{9 \cdot 10^{11}} = 3{,}55 \cdot 10^{-14} \text{ Farad/cm.}$$

Die Selbstinduktion des Leiters berechnet sich aus der Beziehung

$$v = \frac{1}{\sqrt{LC}},$$

$$L = \frac{1}{v^2 C},$$

$$L = \frac{1}{(3 \cdot 10^{10})^2 \cdot 3{,}55 \cdot 10^{-14}} = 3{,}13 \cdot 10^{-8} \text{ Henry/cm}.$$

Der Wellenwiderstand des Leiters ist daher

$$w = \sqrt{\frac{L}{C}} = \sqrt{\frac{3{,}13 \cdot 10^{-8}}{3{,}55 \cdot 10^{-14}}} = 940.$$

Der theoretisch richtige Wert des Dämpfungswiderstandes für den Funkenableiter eines jeden Pols der Drehstromleitung ist also

$$R = \sqrt{\frac{L}{C}} = 940 \text{ Ohm}.$$

Der vom Dämpfungswiderstand R aufzunehmende Strom ergibt sich nach Gl. 457)

$$i = E \sqrt{\frac{C}{L}}.$$

Hierin ist E die Spannung der Wanderwelle.

Diese beträgt nach der Theorie über die Entstehung der Wanderwellen (s. S. 233 usf.) die Hälfte der durch Potentialverschiebung der Erdoberfläche am Entstehungsort der Wanderwelle möglichen Spannung zwischen Leitung und Erde. Nach oben wird letztere durch die Überschlagsspannung der Isolatoren begrenzt. Betrage in unserem Beispiele die Überschlagsspannung an den Isolatoren 60000 Volt, so ist das Maximum für E mithin 30000 Volt und der größte zur Erde fließende Strom demnach

$$i = 30000 \sqrt{\frac{C}{L}},$$

$$i = \frac{30000}{940} = 32 \text{ Amp}.$$

Dieser Strom ist abzuleiten während der Zeit

$$T = \frac{x}{v} = \frac{3 \cdot 10^5}{3 \cdot 10^{10}} = 10^{-5} \text{ Sekunden}.$$

Die von jedem Dämpfungswiderstand aufgenommene Energie ist also

$$A = R i^2 T,$$

$$A = 940 \cdot 32^2 \cdot 10^{-5} = 9{,}63 \text{ Watt}.$$

Der für den Dämpfungswiderstand ermittelte theoretisch richtige Wert $R = \sqrt{\frac{L}{C}}$ würde sich genau so ergeben haben, wenn wir eine Überspannung innerer Herkunft als Ausgangsbetrachtung gewählt hätten.

Auf einer Leitung von der Länge l befinde sich infolge eines Schaltvorganges eine gleichmäßig über die Länge der Leitung gelagerte Ladung Q mit der Spannung E gegen den Mittelpunkt des beliebigen Stromsystems. E ist dann zugleich die Überspannung. Das Ende der Leitung sei offen oder durch einen hohen induktiven Widerstand (Transformator) versperrt. Am Anfange sei ein Hörnerfunkenableiter mit dem Dämpfungswiderstande R in Serie zwischen Leitung und Systemmittelpunkt geschaltet. Ist der Ableiter so eingestellt, daß er beim Überschreiten der Betriebsspannung anspricht, so wird sofort über den Widerstand R ein Strom i_1 zum Systemmittelpunkt fließen (Fig. 129). Infolgedessen wird sich die Spannung im Punkte K vermindern. Die Abnahme sei e_1. Zwischen i_1 und e_1 besteht die Beziehung

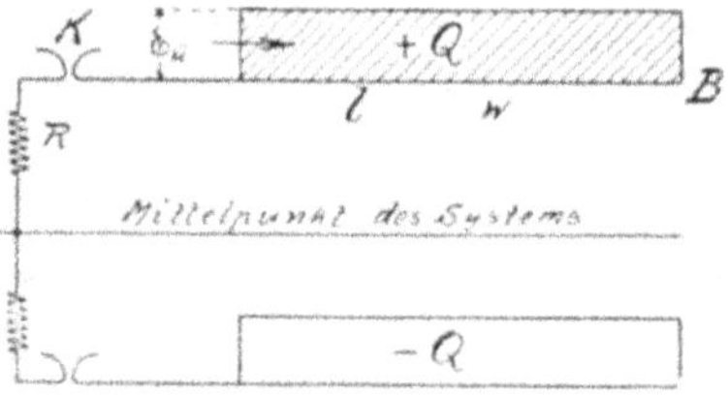

Fig. 129.

$$\frac{1}{2} L i_1^2 = \frac{1}{2} C e_1^2,$$

wo L und C die Konstanten des betrachteten Leiters für Selbstinduktion und Kapazität sind.

Hieraus folgt

$$i_1 = e_1 \sqrt{\frac{C}{L}} = \frac{e_1}{w} \quad \text{. . . . . 460)}$$

w sei der Wellenwiderstand des Leiters.

Die Wirkung ist dieselbe als ob eine Welle $-e_1$ von K aus in die Leitung eingedrungen wäre. Diese Abbauwelle wird in B reflektiert, und zwar wollen wir den äußersten Fall, den einer vollkommenen Reflexion annehmen. Durch die Reflexion steigt die Spannung der Abbauwelle auf den doppelten Betrag. Der zu $-e_1$ gehörige Strom verschwindet am Ende der Leitung, da er sich mit dem reflektierten entgegengesetzten Strome zu Null addiert. Durch das Verschwinden des Stromes wird die an ihn gebunden gewesene elektromagnetische Energie frei und die Spannung $-e_1$ erzeugt. Diese addiert sich zu der der Abbauwelle $-e_1$ und liefert für die zum Ableiter zurückflutende Welle die Spannung

$$-2e_1 - (-e_1) = -e_1.$$

Diese Spannung addiert sich zu der am Punkte K vorhandenen Spannung $E - e_1$, so daß dort jetzt herrscht

$$E_1 = E - 2e_1 \quad \text{. . . . . 461)}$$

Diese bewirkt wieder einen Stromabfluß über den Widerstand R von der Größe

$$i_2 = e_2 \cdot w \text{ usf.}$$

Nach Abfluß des ersten Stromes i_1 verblieb die Spannung

$$E - e_1 = i_1 \cdot R.$$

Daraus ergibt sich in Verbindung mit Gl. 460)

$$E = e_1 + e_1 \frac{R}{w},$$

$$e_1 = E \frac{w}{R + w} \quad \ldots \ldots \ldots \quad 462)$$

Die Spannung e_2 des zweiten Abflusses i_2 bestimmt sich ohne weiteres aus Gl. 462), wenn man an Stelle von E die am Beginn des zweiten Stromabflusses in K vorhandene Spannung $E - 2e_1$ einsetzt (Gl. 461). Folglich

$$e_2 = (E - 2\,e_1) \frac{w}{R + w} = E \left(1 - \frac{2\,w}{R + w}\right) \frac{w}{R + w} =$$

$$= E \frac{R - w}{R + w} \frac{w}{R + w} \quad \ldots \ldots \ldots \quad 463)$$

Auch dieser Abfluß kann entstanden gedacht werden durch eine negative Abbauwelle mit der Spannung $- e_2$, die bei K in die Leitung eindringt und in B reflektiert wird. Nach ihrer Rückkehr wird in K die Spannung herrschen

$$E - 2\,e_1 - 2\,e_2.$$

Entsprechend sind die übrigen Stromabflüsse

$$e_3 = E \frac{(R - w)^2}{(R + w)^2} \frac{w}{R + w} \quad \ldots \ldots \ldots \quad 464$$

$$e_4 = E \frac{(R - w)^3}{(R + w)^3} \frac{w}{R + w} \quad \ldots \ldots \ldots \quad 465)$$

usf.

$$e_n = E \frac{(R - w)^{n-1}}{(R + w)^{n-1}} \frac{w}{R + w} \quad \ldots \ldots \quad 466)$$

Um also die Spannung am Punkte K nach dem $n$ten Stromabfluß zu berechnen, hat man den Ausdruck zu bilden

$$E - 2\,e_1 - 2\,e_2 - 2\,e_3 - \cdots\cdots - 2\,e_n$$

oder

$$E \left(1 - \frac{2\,w}{R + w} - 2 \frac{R - w}{R + w} \frac{w}{R + w} - 2 \frac{(R - w)^2}{(R + w)^2} \frac{w}{R + w} - \cdots \right.$$

$$\left. \cdots - 2 \frac{(R - w)^{n-1}}{(R + w)^{n-1}} \frac{w}{R + w}\right).$$

Setzt man

$$\frac{w}{R+w} = p \text{ und } \frac{R-w}{R+w} = q,$$

so wird

$$E_n = E\,(1 - 2\,p - 2\,p\,q - 2\,p\,q^2 - \cdots\cdots - 2\,p\,q^{n-1}),$$

$$E_n = E\left(1 - 2\,p\,\frac{1-q^n}{1-q}\right) \quad \ldots \ldots \ldots \ldots \quad 467)$$

$$E_n = E\left(1 - (1-q^n)\,\frac{2\,p}{1-q}\right) = E\left(1 - (1-q^n)\,\frac{2\,w}{(R+w)}\,\frac{R+w}{2\,w}\right),$$

$$E_n = E\,[1 - (1-q^n)],$$

$$E_n = E\,q^n \quad \ldots \ldots \ldots \ldots \quad 468)$$

Soll die Überspannung E auf Null gebracht werden, so haben wir zu setzen

$$E_n = E\,q^n = 0,$$

$$q^n = \left(\frac{R-w}{R+w}\right)^n = 0.$$

Dies ist für endliche Werte von n nur möglich, wenn

$$R = w$$

ist. Also

$$R = \sqrt{\frac{L}{C}} \quad \ldots \ldots \ldots \quad 469)$$

Wir finden also wieder als theoretisch richtigen Wert für die Bemessung des Dämpfungswiderstandes den Ausdruck

$$R = \sqrt{\frac{L}{C}}.$$

Gibt man dem Dämpfungswiderstand diesen Wert, so wird durch den ersten Stromabfluß die Überspannung reduziert um den Betrag (s. Gl. 462)

$$e_1 = E\,\frac{w}{R+w} = \frac{E}{2}.$$

Hierdurch wird die Spannung nach der ersten Reflexion der Abbauwelle nach Gl. 461)

$$E_1 = E - 2\,e_1 = 0.$$

Die Überspannung ist also nach einem Hin- und Rückgang der Abbauwelle bereits auf Null gesunken.

Die Dauer der Entladung ist demnach

$$t = \frac{2\,l}{v}\sqrt{\mu \cdot \varrho}\ \text{sec.} \quad \ldots \ldots \ldots \quad 470)$$

Hierin ist l = Länge der Leitung in cm,

v = Fortpflanzungsgeschwindigkeit der Elektrizität auf einem in Luft verlegten Leiter,

$\sqrt{\mu \cdot \varrho}$ = Korrekturfaktor falls die Elektrizität sich auf der Oberfläche eines Leiters fortbewegt, der sich in einem Medium mit der Dielektrizitätskonstanten ϱ und der magnetischen Permeabilität μ befindet.

Der Ausgleichsstrom $i = i_1$ ist nach Gl. 460)

$$i = \frac{e_1}{w} = \frac{E}{2 \cdot w}$$

und da nach der Voraussetzung $R = w$

$$i = \frac{E}{2\,R} \qquad \text{471)}$$

Beispiel. In einer 10 km langen Drehstromkabelleitung von 3 · 25 qmm Querschnitt, welche mit 10000 Volt betrieben wird, ist durch irgendeine Ursache die Spannung zwischen den Leitern auf 30000 Volt angestiegen. Zum Schutz des Kabels sind am Anfange desselben Hörnerfunkenableiter mit Dämpfungswiderständen R in Sternschaltung eingebaut. Die Funkenstrecken sind so eingestellt, daß sie bei 7300 Volt ansprechen.

Jeder Ableiter hat demnach eine Spannung von $\frac{30000}{\sqrt{3}} - 7300$ = 10000 Volt zu beseitigen. Beträgt die Betriebskapazität — da es sich hier um eine Überspannung innerer Herkunft handelt und die Überspannung zwischen den Leitern besteht, so ist in dem Ausdruck $R = \sqrt{\frac{L}{C}}$ für C die Betriebskapazität einzuführen —

$$C = 0{,}144 \text{ Mikrofarad/km}$$

und der Selbstinduktionskoeffizient des Kabels

$$L = 0{,}36 \cdot 10^{-3} \text{ Henry/km},$$

so ist der Wellenwiderstand

$$w = \sqrt{\frac{L}{C}} = \sqrt{\frac{0{,}36 \cdot 10^{-3}}{0{,}144 \cdot 10^{-6}}} = 50.$$

Ebenso groß muß der theoretisch richtige Dämpfungswiderstand, also $R = 50$ Ohm sein.

Aus der Beziehung $\frac{v}{\sqrt{\mu \cdot \varrho}} = \frac{1}{\sqrt{LC}}$

ergibt sich

$$\sqrt{\mu \cdot \varrho} = 3 \cdot 10^{10} \sqrt{0{,}36 \cdot 10^{-8} \cdot 0{,}144 \cdot 10^{-11}} = 2{,}16.$$

Die Zeit der Entladung des Kabels von $\frac{30000}{\sqrt{3}} = 17300$ Volt auf 7300 Volt ist nach Gl. 470)

$$t = \frac{2\,l}{v}\sqrt{\mu \cdot \varrho} = \frac{2 \cdot 10 \cdot 10^5}{3 \cdot 10^{10}}\,2{,}16,$$

$$t = 1{,}44 \cdot 10^{-4} \text{ Sekunden.}$$

Da nur der erste Stromabfluß zustande kommt, so beträgt der über den Widerstand fließende Strom nach Gl. 471)

$$i_1 = \frac{E}{2\,R} = \frac{17300}{2 \cdot 50} = 173 \text{ Amp.}$$

Die vom Dämpfungswiderstand aufgenommene Energie wäre

$$A_1 = R\,i_1^2\,t = 50 \cdot 173^2 \cdot 1{,}44 \cdot 10^{-4} = 216 \text{ Watt,}$$

wenn die Spannung $E = 17300$ auf Null gebracht würde.

Da der Ableiter erst bei 7300 Volt anspricht, so muß der über den Widerstand fließende Strom abbrechen, sobald die Spannung auf 7300 Volt gesunken ist. Der Strom, welcher der auf der Leitung verbleibenden Spannung entspricht, berechnet sich ebenso wie i_1, indem man annimmt, daß die Spannung von 7300 Volt auf Null gebracht werden müßte. Er beträgt also

$$i_1' = \frac{7300}{2\,R} = 73 \text{ Amp.}$$

Die bei diesem Strom vom Widerstande aufzunehmende Energie würde sein

$$A_1' = R\,(i_1')^2\,t = 50 \cdot 73^2 \cdot 1{,}44 \cdot 10^{-4} = 38{,}37 \text{ Watt.}$$

Tatsächlich hat der Widerstand nur die Differenz dieser beiden Energien in der Zeit t in Wärme umgesetzt, also

$$A = A_1 - A_1' = 216 - 38{,}37,$$

$$A = 177{,}63 \text{ Watt.}$$

Schaltet man die Ableiter im Dreieck statt im Stern, so würde der über den Widerstand (zwischen zwei Leitungen) fließende Ausgleichsstrom $\sqrt{3}$ mal so groß, also

$$i_1 = \sqrt{3} \cdot 173 = 300 \text{ Amp.}$$

Da dieselbe Überspannungsenergie in derselben Zeit zu vernichten ist, so muß jeder Widerstand bei dieser Schaltung dreimal so klein werden wie bei Sternschaltung, also

$$R = \frac{50}{3} = 16{,}7 \text{ Ohm.}$$

Vergrößert man den Widerstand (bei Sternschaltung) auf beispielsweise $R = 1200$ Ohm, so dauert die Entspannung des Kabels länger, und der Abbau der Überspannung erfolgt schwingend, da die Abbauwelle jetzt die Leitung mehrmals durcheilen muß.

Die Anzahl n der vollen Pendelungen der Abbauwelle über die Leitung läßt sich aus Gl. 468) bestimmen, wenn man setzt

$E_n = 7300$ Volt (Spannung, bei welcher der Ableiter anspricht),

$E = 17300$ Volt (anfängliche höchste Spannung),

$$q = \frac{R - w}{R + w} = \frac{1200 - 50}{1200 + 50} = 0{,}92.$$

Es ist dann

$$E_n = E\, q^n,$$

$$7300 = 17300 \cdot 0{,}92^n,$$

$$n = \frac{\log 0{,}422}{\log 0{,}92} = 10{,}3.$$

Die Entladung erfolgt also in elf Staffeln. Die Dauer der gänzlichen Beseitigung der Überspannung ist demnach

$$t = \frac{2\, l \cdot n \cdot \sqrt{\mu \cdot \varrho}}{v},$$

$$t = \frac{2 \cdot 10 \cdot 10^5 \cdot 11 \cdot 2{,}16}{3 \cdot 10^{10}},$$

$$t = 1{,}58 \cdot 10^{-3} \text{ Sekunden.}$$

Die Stromstärken, welche der Widerstand während der einzelnen Entladungsstaffeln aufzunehmen hat, sind:

$i_1 = \frac{e_1}{w} = 13{,}84$ Amp.,	$i_7 = \frac{e_7}{w} = 8{,}38$ Amp.,
$i_2 = \frac{e_2}{w} = 12{,}73$ »	$i_8 = \frac{e_8}{w} = 7{,}71$ »
$i_3 = \frac{e_3}{w} = 11{,}71$ »	$i_9 = \frac{e_9}{w} = 7{,}09$ »
$i_4 = \frac{e_4}{w} = 10{,}77$ »	$i_{10} = \frac{e_{10}}{w} = 6{,}51$ »
$i_5 = \frac{e_5}{w} = 9{,}91$ »	$i_{11} = \frac{e_{11}}{w} = 5{,}98$ »
$i_6 = \frac{e_6}{w} = 9{,}12$ »	

Die Dauer jeder Staffelentladung ist $t = 1{,}44 \cdot 10^{-4}$ Sekunden. Die Gesamtenergie, welche jeder Widerstand in Wärme umzusetzen hat, ist

$$A = \sum i^2 R t = R t \sum i^2 = 1200 \cdot 1{,}44 \cdot 10^{-4} \cdot 1045{,}96,$$

$$A = 177{,}7 \text{ Watt.}$$

Es ist dies natürlich der gleiche Betrag wie bei $R = 50$.

Schaltet man die Ableiter im Dreieck, statt im Stern, so werden die einzelnen Staffelströme $\sqrt{3}$ mal so groß wie für Sternschaltung, und jeder Widerstand müßte dann dreimal so klein werden wie vorher, also

$$R = \frac{1200}{3} = 400 \text{ Ohm},$$

wenn die Entladung in elf Staffeln erledigt werden soll.

Da man gewöhnlich in Freileitungen die Dämpfungswiderstände mit Rücksicht auf Wanderwellen atmosphärischer Herkunft und in reinen Kabelanlagen nur mit Rücksicht auf Überspannungen innerer Herkunft bemißt, so ergeben sich als Mittelwerte für einen »Einfachschutz« von Freileitungen $R = 500$ bis $R = 1000$ Ohm und für einen Einfachschutz einer reinen Kabelanlage etwa $R = 40$ bis $R = 60$ Ohm.

Die Anwendung des theoretisch richtigen Wertes für R läßt sich in der Praxis häufig nicht durchführen, da der sich über den Lichtbogen der Funkenstrecke schließende Betriebsstrom zu hohe Werte annehmen würde. Man wählt deshalb die Größe der Dämpfungswiderstände unter möglichster Annäherung an den theoretischen Wert $\sqrt{\frac{L}{C}}$ so, daß der nachfolgende Betriebsstrom in zulässigen Grenzen bleibt (abhängig von der Größe der Maschinenanlage, der Spannung und den zulässigen Spannungsstößen).

Sind in eine Freileitung getrennte Grob- und Feinschutzableiter eingebaut, so kann man mit den Dämpfungswiderständen für die Grobschutzanlage bis auf den Wert $\sqrt{\frac{L}{C}}$ herabgehen, da die Grobschutzableiter nur bei den heftigsten Überspannungen arbeiten und hier die Wiederherstellung des betriebsmäßigen Zustandes in möglichst kurzer Zeit alle andern Rücksichten überwiegt, zumal solche Überspannungen nur sehr selten auftreten. Für die Feinschutzanlage kann die nachstehende Abstufung[1]) für Ölwiderstände für längere Einschaltung — ca. 5 Minuten — als Anhalt dienen.

---

[1]) Die Abstufungen werden von Siemens-Schuckert gemäß P. L. 6g 1917 so ausgeführt.

Höchstzulässige Betriebsspannung für den Widerstand	Widerstand für einen Entladestrom von etwa 5 Amp.	10 Amp
6900 V	640 Ω	320 Ω
9200 »	870 »	435 »
13000 »	1280 »	640 »
17000 »	1740 »	870 »
27000 »	2560 »	1280 »
40000 »	3760 »	1880 »

Für Kabelanlagen kann man den theoretischen Wert (40—60) auf den 3- bis 4fachen Wert erweitern, da derartige Anlagen einen verhältnismäßig hohen Sicherheitsgrad haben.

Aus der Tabelle S. 224 ist übrigens erkennbar, daß selbst bei starken Abweichungen vom theoretischen Wert die Überspannung bereits nach der ersten Staffelentladung erheblich herabgesetzt worden ist.

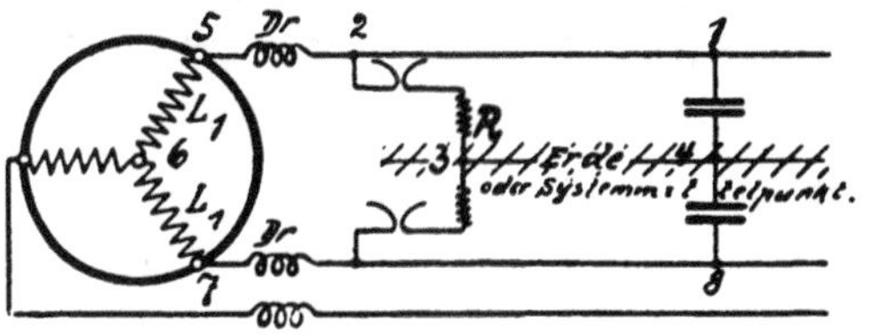

Fig. 130.

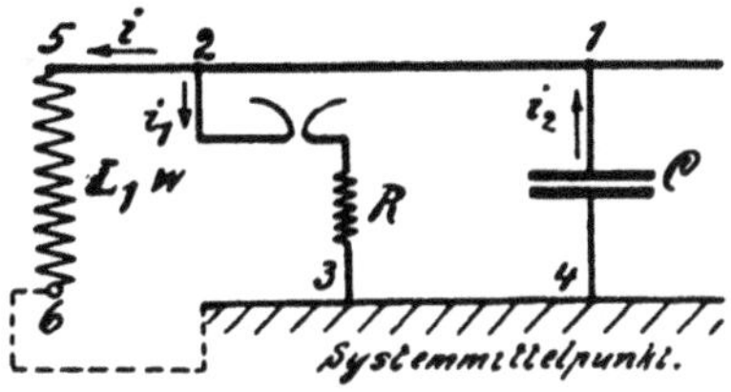

Fig. 131.

Da bei Abweichung des Widerstandes vom theoretischen Wert $\sqrt{\frac{L}{C}} = R$ im Ableitungskreise Schwingungen auftreten, ist noch zu prüfen, ob sich diese nicht auf einen andern Teil der Anlage übertragen bzw. in gewissen Sektionen der Anlage, welche zu Eigenschwingungen befähigt sind, Resonanzschwingungen auslösen können.

Denkt man sich die Leitungskapazität in der Mitte der Leitung konzentriert, so bildet die Maschinenanlage, welche eine hohe Selbstinduktion besitzt, mit der zu ihr in Serie liegenden Leitungskapazität ein zu Eigenschwingungen befähigtes System.

In diesem Schwingungskreis (Fig. 130) von 1 über 2, 5, 6, 7 und 8 liegen die Ableiter mit ihren Dämpfungswiderständen parallel zu den Leitungskapazitäten. In der Skizze Fig. 130 sind die Ableiter in der dritten Phase der Deutlichkeit halber fortgelassen. Natürlich besitzen auch diese die gleiche Einrichtung. Denken wir uns einen solchen Eigenschwingungskreis in einfachster Gestalt herausgezeichnet, so erhalten wir die in Fig. 131 dargestellte Anordnung. Im Schwingungskreise 1, 2, 5, 6, 3, 4 liegt die Leitungskapazität C mit der Selbstinduktion

L_1 der Maschinenanlage in Serie. Die Selbstinduktion der Leitungsstrecke 1 bis 2 wollen wir gegenüber L_1 vernachlässigen. L_1 sei der gemeinschaftliche Wert des auf die Oberspannung reduzierten Selbstinduktionskoeffizienten der Maschine und desjenigen eines eventuell zur Maschine gehörigen Transformators (s. Gl. 309). Von der Berücksichtigung der zwischen Maschinenanlage und Leitung geschalteten Drosselspule wollen wir absehen; auch ziehen wir die Kapazität der Maschinenanlage nicht in die Rechnung herein, da es sich doch nur um eine Näherungsrechnung handeln kann.

Der Widerstand der Leitung sei ebenfalls vernachlässigt, derjenige der Maschinenwicklung sei w.

Wir wollen den Entladungsvorgang der Kapazität C in dem beschriebenen Schwingungskreise verfolgen.

Die Spannung am Kondensator sei e und der Entladungsstrom i_2. Im Punkte 2 teilt sich der Entladungsstrom i_2 in die Zweige i und i_1.

An Hand der Fig. 131 können wir folgende Bedingungsgleichung aufstellen

$$e = i w + L_1 \frac{di}{dt} \quad \ldots \ldots \ldots \quad 472)$$

Es ist nun

$$i = i_2 - i_1,$$

$$i_1 = \frac{e}{R},$$

$$i_2 = -C \frac{de}{dt}.$$

Daher

$$i = -C \frac{de}{dt} - \frac{e}{R},$$

$$\frac{di}{dt} = -C \frac{d^2 e}{dt^2} - \frac{1}{R} \frac{de}{dt}.$$

Setzen wir diese Werte in die Bedingungsgleichung ein, so wird

$$e + w\left(C \frac{de}{dt} + \frac{e}{R}\right) + L_1\left(C \frac{d^2 e}{dt^2} + \frac{1}{R} \frac{de}{dt}\right) = 0,$$

$$\frac{d^2 e}{dt^2} + \frac{de}{dt}\left(\frac{w}{L_1} + \frac{1}{RC}\right) + e\left(\frac{w}{R L_1 C} + \frac{1}{L_1 C}\right) = 0,$$

$$\frac{d^2 e}{dt^2} + \frac{de}{dt}\left(\frac{C w + \frac{L_1}{R}}{L_1 C}\right) + e\left(\frac{\frac{w + R}{R}}{L_1 C}\right) = 0.$$

Setzt man

$$e = x \varepsilon^{\alpha t},$$

dann ist
$$\frac{de}{dt} = a\,x\,\varepsilon^{\alpha\,t}$$

und
$$\frac{d^2 e}{d t^2} = a^2\,x\,\varepsilon^{\alpha\,t}.$$

Hierin ist
$$\varepsilon = \text{Basis der natürlichen Logarithmen.}$$

Wir erhalten jetzt
$$x\,\varepsilon^{\alpha\,t}\left[a^2 + a\left(\frac{C\,w + \dfrac{L_1}{R}}{L_1\,C}\right) + \frac{\dfrac{w+R}{R}}{L_1\,C}\right] = 0.$$

Hieraus
$$a = -\frac{C\,w + \dfrac{L_1}{R}}{2\,L_1\,C} \pm \sqrt{\left(\frac{C\,w + \dfrac{L_1}{R}}{2\,L_1\,C}\right)^2 - \frac{\dfrac{w+R}{R}}{L_1\,C}},$$

$$a = -\frac{C\,w + \dfrac{L_1}{R}}{2\,L_1\,C} \pm \sqrt{\frac{\left(C\,w + \dfrac{L_1}{R}\right)^2 - 4\,L_1\,C\,\dfrac{w+R}{R}}{4\,L_1^2\,C^2}}.$$

Soll die Entladung der Leitungskapazität aperiodisch verlaufen, nach der Form
$$\varepsilon = x\,\varepsilon^{\alpha\,t},$$
so muß a reell werJen, also
$$4\,L_1\,C\,\frac{R+w}{R} \leqq \left(C\,w + \frac{L_1}{R}\right)^2.$$

Vernachlässigt man w als klein gegenüber R, indem man $w = 0$ setzt, so wird
$$4\,L_1\,C \leqq \left(\frac{L_1}{R}\right)^2,$$

$$R \leqq \frac{1}{2}\sqrt{\frac{L_1}{C}} \quad \ldots \quad \ldots \quad 473)$$

Hiermit ist die Bedingung für schwingungslosen Verlauf der Kondensatorentladung gegeben.

Wir wollen die Rechnung aber auch für periodischen Verlauf der Entladung der Leitungskapazität fortsetzen.

Setzen wir
$$\sqrt{\frac{-\left(C\,w + \dfrac{L_1}{R}\right)^2 + 4\,L_1\,C\,\dfrac{R+w}{R}}{4\,L_1^2\,C^2}} = \omega,$$

so wird

$$c_1 = -\frac{C w + \frac{L_1}{R}}{2 L_1 C} + \omega \iota,$$

$$c_2 = -\frac{C w + \frac{L_1}{R}}{2 L_1 C} - \omega \iota;$$

hierin ist

$$\iota = \sqrt{-1}.$$

Der Spannungsgleichung $e = x \varepsilon^{\alpha t}$ können wir hiermit die allgemeinste Form geben

$$e = \varepsilon^{-\frac{C w + \frac{L_1}{R}}{2 L_1 C} t} (x \varepsilon^{\iota \omega t} + y \varepsilon^{-\iota \omega t}).$$

Eine weitere Fortführung der Rechnung ist nicht nötig. Wir erhalten für den Klammerausdruck einen cos ωt und sin ωt enthaltenden Ausdruck ähnlicher Zusammensetzung wie in der analogen Gl. 293).

Die Scheitelwerte für e ergeben sich, wenn man nacheinander setzen würde

$$\omega t = 0,$$
$$\omega t = \pi,$$
$$\omega t = 2\pi \text{ usf.}$$

Man erhielte dann eine Tabelle ähnlich der S. 187 aufgestellten.

Das Verhältnis zweier auf derselben Seite gelegener benachbarter Scheitelwerte, z. B. für den ersten und dritten, ist dann gegeben durch

$$\frac{e_1}{e_3} = \varepsilon^{-\frac{C w + \frac{L_1}{R}}{L_1 C \omega} \pi}.$$

Wollen wir nun eine Dämpfung erzielen, so daß das Verhältnis zweier auf derselben Seite gelegener benachbarter Scheitelwerte 4 : 1 nicht überschreitet, so wird

$$\varepsilon^{\frac{C w + \frac{L_1}{R}}{L_1 C \omega} \pi} = 4,$$

$$\ln 4 = \pi \frac{C w + \frac{L_1}{R}}{L_1 C \omega},$$

$$C w + \frac{L_1}{R} = \frac{L_1 C \omega \ln 4}{\pi}.$$

Setzt man für ω seinen Wert ein, so wird

$$C w + \frac{L_1}{R} = \frac{L_1 C \ln 4}{\pi} \sqrt{\frac{-\left(C w + \frac{L_1}{R}\right)^2 + 4 L_1 C \frac{R + w}{R}}{4 L_1^2 C^2}},$$

$$\left(C\,w + \frac{L_1}{R}\right)^2 \left(1 + \left(\frac{\ln 4}{\pi}\right)^2\right) = \left(\frac{\ln 4}{2\,\pi}\right)^2 4\,L_1\,C\,\frac{R+w}{R},$$

$$\left(C\,w + \frac{L_1}{R}\right)^2 1{,}048 = 0{,}1936\,L_1\,C\,\frac{R+w}{R}.$$

Nimmt man w als verschwindend klein gegenüber R an, so wird

$$\left(\frac{L_1}{R}\right)^2 = 0{,}185\,L_1\,C,$$

$$\frac{L_1}{R} = 0{,}43\sqrt{L_1\,C}.$$

$$\frac{1}{R} = 0{,}43\sqrt{\frac{C}{L_1}},$$

$$R = 2{,}3\sqrt{\frac{L_1}{C}}\,^{1)} \quad \ldots\ldots\ldots \quad (474)$$

Da derartig gedämpfte Schwingungen keine Gefahr für die Maschinenwicklung in sich schließen, so stellt Gl. 474) die praktische Grenze vor, bis zu welcher man im äußersten Falle mit R gehen kann. Es muß also

$$R < 2{,}3\sqrt{\frac{L_1}{C}} \quad \ldots\ldots\ldots \quad (475)$$

sein.

Die Dämpfungswiderstände für Feinschutzableiter sind für eine Einschaltdauer von etwa 5 Minuten zu bemessen. Auf eine längere Einschaltdauer braucht nicht gerechnet zu werden, da ein längeres ununterbrochenes Arbeiten der Ableiter auf eine ernsthafte Störung im Netz hinweist. Als Dämpfungswiderstände für Feinschutz kommen in erster Linie in Ölbehälter eingebaute induktionslose Metallwiderstände in Frage. Zum Schutz gegen zu starke Erhitzung werden in die Anschlußleitungen Temperatursicherungen eingebaut, die bei einer Öltemperatur von etwa 180° C den Strom unterbrechen. Neben den Metallwiderständen sind wohl Wasserwiderstände am meisten verbreitet. Das Wasser ist in Tongefäßen stehender oder meist liegender U-förmiger Anordnung untergebracht, welche ca. 1 m Länge haben. Ein Widerstand reicht für etwa 15000 bis 20000 Volt Spannung gegen Erde. Erforderlichenfalls werden mehrere dieser Widerstände hintereinander geschaltet. Das Wasser erhält einen Zusatz von Kochsalz oder Soda zur Erhöhung der Leitfähigkeit. Gegen Verdunsten schützt man sich durch Auffüllen einer Schicht Glyzerin. Da derartige Wider-

[1]) Eine ähnliche Grenzbedingung stellt F. Schrottke in seiner Abhandlung: »Schützen elektr. Ventile und Schutzkondensatoren wirklich gegen Überspannungen«, E. T. Z. 1910, S. 445 auf.

stände unter Umständen einfrieren können, ist die Aufstellung nur an Orten zulässig, deren Temperatur nicht unter — 5° C fällt. Bis zu dieser Temperatur schützt die Glyzerinschicht gegen Gefrieren.

Die Belastungsfähigkeit in Kilowattstunden der von der Allg. Elektr.-Ges. gebauten U-förmigen (liegenden) Wasserwiderstände ist nach Angabe[1]) der Gesellschaft zu ermitteln aus der Formel

$$K \cdot z \cdot t = 1{,}0 \cdot 10^3.$$

Hierin bedeuten

K = Anzahl Kilowatt, die beim Ansprechen des Funkenableiters vernichtet werden dürfen.

z = Anzahl der Entladungen pro Stunde.

t = Zeit jeder Entladung in Sekunden.

(Die Entladungszeit kann bis 2 Sekunden maximal angenommen werden.)

Bei Einhaltung der durch die Formel ausgedrückten Bedingung steigt die Übertemperatur nicht über 40 bis 50° C.

Der Ohmwert der Widerstände ist von der Zusatzmenge des Salzes oder der Soda und der Temperatur abhängig. Derselbe beträgt bei warmem Wasser (80 bis 90° C) etwa 1000 Ohm.

Wird zu einem Wasserwiderstande eine Hörnerfunkenstrecke parallel geschaltet, so richtet sich die Einstellung nach dem Spannungsabfall im parallelen Widerstand. Für die Einstellung kommt die Kurventafel, Fig. 114, in Betracht. Steigt die Überspannung über die der Einstellung entsprechende Überschlagsspannung, so kommt ein Lichtbogen zustande. Mit wachsender Überspannung entzieht der Widerstand dem Bogen, je höher dieser steigt, immer mehr Strom, und die Unterbrechung erfolgt nach und nach, also nicht plötzlich, trotzdem der Widerstand im Ableiterkreise anfänglich verhältnismäßig gering war. Hierdurch werden die beim Unterbrechen unvermeidlichen neuen Überspannungen, welche von der Stärke des unterbrochenen Stromes abhängig sind, sehr gemildert.

Die weiterhin gebräuchlichen Karborundum- oder Ohmitwiderstände (erstere von der Allg. Elektr.-Ges., letztere von der Voigt & Häffner-A.-G.) bestehen aus einer Anzahl hintereinander geschalteter Elemente. Sie können während 3 Sekunden etwa — Karborundum 3 bis 4 Amp., Ohmit etwa 1 Amp. — in Wärme verwandeln. Der Widerstand eines Elementes beträgt etwa 500 Ohm fällt aber infolge des negativen Temperaturkoeffizienten bei wiederholten Entladungen auf im Mittel ca. 250 Ohm. Über die erforderliche Anzahl von Elementen geben die Fabrikanten detaillierte Angaben in ihren Preislisten bekannt.

---

[1]) Allg. Elektr.-Ges. Preisliste »Überspannungsschutz« Tr. 4. November 1911.

Als Dämpfungswiderstände für Grobschutzanlagen, also für heftige Überspannungen, meist allerdings sehr kurzer Dauer, eignen sich in erster Linie emaillierte Drahtwiderstände, die für maximal etwa 3 Sekunden Einschaltdauer bemessen werden. Mit Rücksicht auf Überschlagsgefahr werden diese nur einpolig verwendet. Die Siemens-Schuckertwerke stufen derartige von ihnen gefertigte Dämpfungswiderstände gemäß Preislistenangabe wie folgt:

Betriebsspannung für den Widerstand	Widerstand
1700 Volt	83 Ω
3400 »	180 »
4600 »	360 »
6900 »	638 »
9200 »	1200 »
13000 »	1275 »
17000 »	1920 »
27000 »	2550 »

Aber auch alle anderen Widerstände können verwendet werden.

G. Elektrolytableiter.

In Anlagen mit hohen Betriebsspannungen verwendet man vielfach zur Abführung der Überspannungsenergie Aluminiumbatterien in Gestalt von Säulen, welche aus aufeinander geschichteten tellerförmigen Elektroden bestehen, zwischen welch letzteren sich ein Elektrolyt befindet. Die Teller sind durch isolierende Ringe distanziert.

Solche Batterien werden in Deutschland von der Allg. Elektr.-Ges. in den Handel gebracht. Die Gestalt derartiger Batterien kann als bekannt vorausgesetzt werden.

Das Aluminium überzieht sich unter der Einwirkung eines Gleichstromes auf der Anode mit einer isolierenden Schicht von Aluminiumoxyd. Diese Schicht paßt sich der Ladespannung bis etwa 175 Volt (je nach Zusammensetzung des Elektrolyts) vollkommen an. Bei einer weiteren Steigerung der Spannung erfolgt ein Durchbruch, und die Zelle läßt den Strom kurzschlußartig hindurch. Sinkt die Spannung unter den kritischen Wert, so schließt sich die isolierende Schicht wieder.

Bei Wechselstrom tritt dieselbe Erscheinung auf, jedoch überziehen sich jetzt beide Elektroden, und die kritische Spannung liegt bei etwa 350 Volt.

Der Elektrolytableiter stellt also einen idealen Dämpfungswiderstand dar, dessen Ohmscher Wert bis zur Überschreitung der kritischen Spannung dieser proportional ist, so daß kein nennenswerter Betriebsstrom abfließen kann, wohingegen bei Überschreiten der kritischen Spannung dem augenblicklichen Abfluß der Überspannungsenergie nur ein außerordentlich geringer Ohmscher Widerstand entgegenwirkt.

Da die Aluminiumzellen nebenher als Kondensatoren wirken, ist es erforderlich, zwischen die Zellen und die zu schützenden Leitungen eine Hörnerfunkenstrecke zu schalten, um eine zu hohe Erwärmung infolge des dauernd fließenden Ladestromes zu vermeiden.

Den Aluminiumzellen haftet nur der Übelstand an, daß die Oxydschicht nach kurzer Zeit verschwindet, sie müssen deshalb täglich formiert werden. Dies geschieht in einfachster Weise durch Verringerung des Hörnerabstandes. Es genügt ein Überschlag, da die Ladung (Formierung) in der Zeit vollendet ist, in welcher der Lichtbogen an den Hörnern der Funkenstrecke ansteigt.

Bei geerdeten Drehstromnetzen erfolgt die Schaltung nach Fig. 132. Für nicht geerdete Drehstromnetze kommt die Schaltung nach Fig. 133

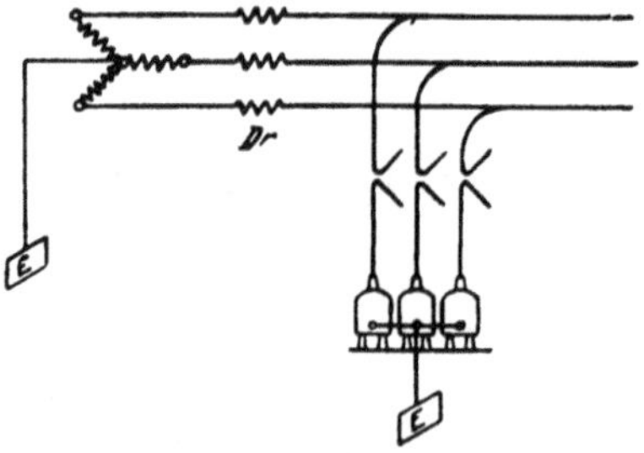

Fig. 132.

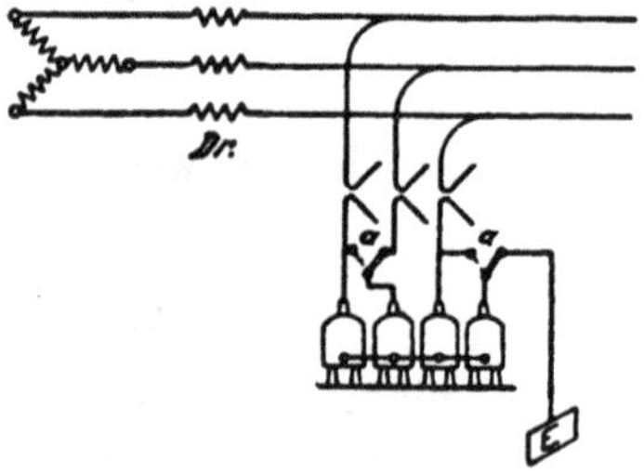

Fig. 133.

in Betracht. Die Zellen sind in letzterem Falle sämtlich von Erde isoliert aufzustellen. Zur Formierung der vier Zellen sind zwei besondere Trennumschalter bei *a* erforderlich, welche zwecks Formierung an den punktiert gezeichneten Kontakten geschlossen werden. In reinen Kabelnetzen kann die vierte Säule wegfallen, doch müssen die übrigen dann von der Erde isoliert bleiben.

Für kombinierte Netze, welche aus Kabel- und Freileitungen bestehen, kommen Schaltung Fig. 132 oder Schaltung Fig. 133 in Frage, je nachdem der Nullpunkt geerdet ist oder nicht.

Die den Zellen vorgeschalteten Hörnerfunkenstrecken sind so konstruiert, daß die Hörner der drei Ableiter durch die Bewegung einer einzigen Welle durch einen Mitnehmer für einen Augenblick einander so weit genähert werden, daß bei der normalen Betriebsspannung ein Funken übergeht. Nach Übergang des Funkens läßt man die Welle los, und die Hörner kehren vermittelst Federwirkung wieder in den Betriebszustand zurück. Dreht man die Welle nach der entgegengesetzten Seite, so kann der Hörnerabstand derartig erweitert werden, daß besondere Trennschalter nicht erforderlich sind. Rasten und Anschläge bewirken die richtige Einstellung der Hörner in den drei Stellungen.

Über die bei der Formierung und in der Betriebsstellung einzustellenden Horndistanzen geben die Fabriken, welche Elektrolytableiter bauen, genaue Anweisungen.

In neuerer Zeit werden die Funkenstrecken auch mit fester Einstellung der Überschlagsweite geliefert und dienen zur Formierung besonderer Hilfshörner, welche dem an der Leitung liegenden Haupthorn für einen Augenblick genähert werden können. Den Hilfshörnern sind alsdann Karborundumwiderstände vorgeschaltet.

H. Nullpunktserdung.

Wird ein Erdschluß unterbrochen, so bleibt auf dem Netz eine Ladung bestehen, welche zu Rückzündungen führen kann, wenn die Betriebsspannung im Sinne der Entladung ihren Scheitelwert durchläuft. Durch wiederholtes Rückzünden entstehen Überspannungen sowohl an den gesunden wie auch an der kranken Phase, die den mehrfachen Betrag der Betriebsspannung erreichen können. Zur Abführung dieser Ladungen, die als Gleichstromladungen aufzufassen sind, dienen Nullpunktserdungen.

Bis zu etwa 20000 Volt Betriebsspannung verwendet man zur Begrenzung des Erdungsstromes Draht- oder Karborundumwiderstände.

Über 20000 Volt sind Drosselspulen mit Eisenkern in Öltrögen zu empfehlen. In Drehstromanlagen mit Nullpunktserdung kann eine höhere Spannung als die, welche der Sternspannung entspricht, nicht auftreten, während bei Drehstromanlagen mit isoliertem Nullpunkt bei Erdschluß einer Phase die verkettete Spannung gegen Erde herrschen kann. Hierdurch wird die Isolationsbeanspruchung solcher Anlagen herabgesetzt.

In Anlagen mit mehreren Stromerzeugern schließt man die Nullpunktserdung hochspannungsseitig an die Sternpunkte der stets eingeschalteten Transformatoren an, die zur Hochtransformierung der Maschinenspannung dienen. Würde man die Nullpunkte verschiedener Stromerzeuger dauernd erden, so besteht die Möglichkeit, daß Ausgleichsströme zwischen den Erzeugern infolge unvermeidlicher Abweichungen der Spannungswellen von der reinen Sinusform zwischen den Maschinen durch die Erde verlaufen, welche die Erwärmung der Maschinen vergrößern.

Weicht der Verlauf der EMK parallel geschalteter Maschinen von der reinen Sinusform (bei etwa verschiedenen Verhältnissen des Polbogens zur Polteilung, oder verschiedenen Polschuhformen, oder verschiedenen Loch- und Drahtzahlen im Anker) verschiedenartig ab, so treten Schwingungen höherer Ordnung auf, die sich den Grundschwingungen der Maschinen überlagern. Diese Oberschwingungen können sich durch die Sammelschienen schließen und Ausgleichsströme durch die gemeinsame Erdleitung hervorrufen. Diese Ausgleichsströme haben zwar wattlosen Charakter, führen aber unter Umständen eine starke zusätzliche Erwärmung der Wicklungen herbei. Auch Pendelungen paralleler Maschinen infolge verschiedenartigen Antriebes (Ungleichheit des Kurbelantriebes, Regulatorschwingungen) verursachen periodisch auftretende Ausgleichsströme (Wattströme) zwischen den Maschinen, die allerdings nur den gemeinsamen Nulleiter belasten, wenn die Wicklungen der parallel geschalteten Maschinen verschiedenartig sind.

Zur Vermeidung von Unzuträglichkeiten würde man immer nur die größte der in Betrieb befindlichen Maschinen erden können.

Man legt deshalb zur Vermeidung des Umschaltens die Nullpunktserdung an die Sternpunkte der stets eingeschalteten Transformatoren in der Zentrale an.

Die Nullpunktserdung ist lange Zeit Gegenstand geteilter Meinung gewesen. Heute hat man wohl allgemein erkannt, daß ein großer Teil der Störungen in Hochspannungsanlagen den aussetzenden Erdschlüssen zugeschrieben werden muß. Durch den Erdschluß wird die bisherige Spannung zwischen den Phasen und der Erde auf den Wert der verketteten Spannung erhöht. Die Leitungen laden sich also entsprechend ihrem erhöhten Potential über den Erdschlußlichtbogen auf. Hierdurch erhält das Leitungsnetz die Fähigkeit sich im Augenblicke, wo die Betriebsspannung ihren Scheitelwert überschritten hat, seinerseits unter Rückzündung des Erdungslichtbogens zu entladen. Durch wiederholtes Abbrechen und Zünden des Lichtbogens werden Überspannungen hervorgerufen, welche den 3- bis 4fachen Betrag der Phasenspannung erreichen können. Unter Umständen wirkt der Lichtbogen als Resonanz-Schwingungserzeuger, indem der Betriebsstrom im Tempo der Eigenschwingung des Erdschlußkreises Energienachschübe leistet.

Es ist deshalb von Wichtigkeit, schon die erste Rückzündung dadurch unmöglich zu machen, daß man die auf den Leitungen ruhenden Ladungen schnell abführt.

Diesen Zweck erreicht man durch »Erdungsdrosselspulen«, »Nullpunktswiderstandserdung« und »Löschtransformatoren«.

1. Erdungsdrosselspulen.

Auf den Schutzwert dieser hat als erster Petersen[1]) auf der Jahresversammlung des V.D.E. 1918 hingewiesen. Ihre Schutzwirkung besteht in der vollständigen Unterdrückung des Erdschlußstromes.

[1]) E. T. Z. 1919, Heft 1: W. Petersen, »Die Begrenzung des Erdschlußstromes und die Unterdrückung des Erdschlußlichtbogens durch die Erdschlußspule«.

Bei der Behandlung des Themas folgen wir im allgemeinen den von Petersen gegebenen Darlegungen.

Sobald eine Phase einer Drehstromleitung an Erde gelegt wird, erhält die am Nullpunkt der Zentrale liegende Erdungsdrosselspule die Phasenspannung E_p.

Der von der Spule erzeugte Strom — wir wollen ihn Löschungsstrom nennen — hat die Größe

$$J_0 = \frac{E_p}{\omega L_0}.$$

L_0 ist der Selbstinduktionskoeffizient der Erdungsdrosselspule, ω die Betriebsfrequenz.

Die Kapazitäten der Leitungen gegen Erde wollen wir C nennen. Sie sind als gleich hoch anzusehen. Durch Erdung einer Phase wird die Spannung der gesunden Leiter auf den Betrag der verketteten Spannung gehoben. Die Kapazitäten der gesunden Leitungen laden sich also auf, und zwar entsteht an jeder ein Ladestrom

$$J_c' = \omega C E_p \sqrt{3}.$$

Da diese Ladeströme unter sich um 120° gegeneinander verschoben sind, ist ihre Summe

$$J_c = E_p \sqrt{3}\, \omega C \sqrt{3} = 3 E_p \omega C.$$

Der Ladestrom eilt seiner Spannung um 90° voraus, wohingegen der von der Erdungsdrosselspule gelieferte Strom der ihr aufgedrückten Spannung um 90° nacheilt. Die beiden Ströme heben sich also gegenseitig auf, wenn wir sie gleich groß machen. Wir können also schreiben

$$\frac{E_p}{\omega L_0} = 3 E_p \omega C \text{ oder}$$

$$3 \omega^2 L_0 C = 1.$$

Für Einphasenstrom würde dieselbe Gleichung lauten

$$2 \omega^2 L_0 C = 1.$$

Hierdurch ist der Selbstinduktionskoeffizient der Erdungsdrosselspule bestimmt.

Ein vollkommener Ausgleich der beiden Ströme tritt indessen nicht ein, da beide eine gleichgerichtete Wattkomponente haben und Oberschwingungen von Einfluß sind. Letztere sind beim Ladestrom nicht ausgeschlossen. Infolge dieser Ursachen bleibt noch ein »Reststrom« an der Erdungsstelle bestehen, welcher nach zahlreichen Messungen von Petersen zu 4% bis 15% des kapazitiven Stromes geschätzt wird. Praktisch ist also die Stromunterbrechung vollkommen.

Görges[1]) berechnet den »Reststrom« unter Berücksichtigung aller Wattkomponenten (jedoch nicht unter Berücksichtigung etwaiger

[1]) A. f. E. 1918, Bd. VII, Heft 5: »Über den Schutzwert der Erdungsdrosselspule im Nullpunkt von Wechselstromanlagen«.

Oberschwingungen) und ermittelt ihn zu

$$J_r = E_p \frac{R_0}{R_0^2 + \omega^2 L_0^2 + R_0 R_a}$$

R_a ist der Ohmsche Widerstand der Strombahn außerhalb der Spule und R_0 derjenige der Spule selbst.

Vernachlässigt man R_a, so wird

$$J_r = E_p \frac{R_0}{R_0^2 + \omega^2 L_0^2} \cong E_p \frac{R_0}{\omega^2 L_0^2}.$$

Setzt man

$$\frac{R_0}{\omega L_0} = \varepsilon$$

so wird

$$J_r = \varepsilon \frac{E_p}{\omega L_0}.$$

Da wir aber $\frac{E_p}{\omega L_0} = 3 E_p \omega C$ gemacht haben, wird

$$J_r = \varepsilon 3 E_p \omega C = \varepsilon \cdot J_c.$$

Der Schutzwert der Erdungsdrosselspule ist also von dem Verhältnis ihres Ohmschen Widerstandes zu ihrem induktiven Widerstande abhängig und noch beträchtlich, wenn die Verhältnisse der Erdungsdrosselspule weit von dem gewünschten abweichen.

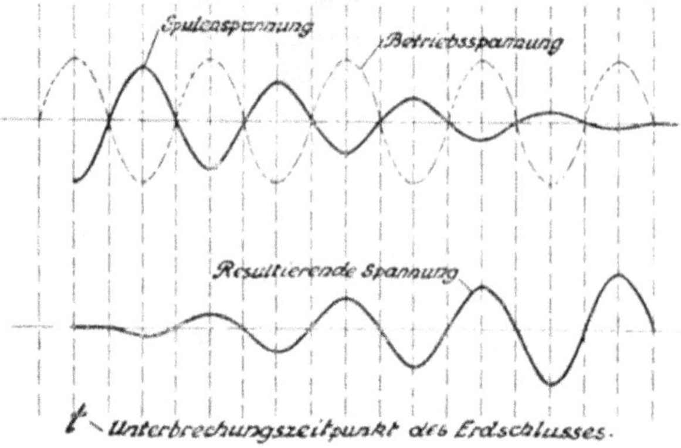

Fig. 134.

Unter normalen Verhältnissen wird der Reststrom so klein, daß eine Rückzündung des abgebrochenen Erdungslichtbogens unmöglich ist.

Während des Erdschlusses wird die Spannung E_p an den Klemmen der Erdungsdrosselspule zwangsweise gehalten. Die in der Spule induzierte Spannung ist der betriebsmäßigen normalen Spannung in der erkrankten Phase entgegen gerichtet. Sobald der Erdschluß unterbricht, stirbt die von der Spule induzierte Spannung ab und geht als stark gedämpfte Sinusschwingung auf Null zurück (s. Fig. 134).

Es treten also wieder die Verhältnisse ein, die vor dem Erdschluß bestanden haben, d. h. die absterbende Spulenspannung überlagert sich der Betriebsspannung. Die Betriebsspannung erholt sich wieder allmählich und erreicht ihren alten Wert E_p. Aus Fig. 134) erkennt man, daß die Höhe der resultierenden Spannung in der ersten Halbperiode nach Unterbrechung des Erdschlußlichtbogens so niedrig ist, daß eine Rückzündung vollständig ausgeschlossen ist.

Es sei noch erklärt, warum der Entladestrom nach Unterbrechung des Erdschlusses mit der gleichen Frequenz schwingt wie der Betriebsstrom.

Erfolgt die Unterbrechung des Erschlusses zur Zeit, wo die Betriebsspannung E_p ihren Scheitelwert erreicht hat, so bilden die drei Leitungskapazitäten mit der Erdungsdrosselspule eine schwingungsfähige Serienschaltung. Die Eigenfrequenz dieses Kreises ist $\omega_1 = \sqrt{\frac{1}{L_0 C_1}}$. Die Kapazitäten sind als parallel geschaltet anzusehen. Daher $C_1 = 3\,C$. Hat nun L_0 die nach der Bestimmungsgleichung geforderte Größe $\frac{1}{3\,\omega^2\,C}$, so wird

$$\omega_1 = \sqrt{\frac{3\,\omega^2\,C}{3\,C}} = \omega.$$

Wird durch Abweichung von den Verhältnissen der Bestimmungsgleichung die Eigenfrequenz höher oder niedriger als die Betriebsfrequenz, so treten Schwebungen der Betriebsspannung in der Übergangszeit ein, in welcher sich die Betriebsspannung an der Erdschlußstelle wieder erholen muß. Wird die Abweichung der beiderseitigen Frequenzen nicht zu groß, so ist die Löschfähigkeit der Spule nicht aufgehoben. Es können dann an der Erdungsstelle schon früher Spannungserhöhungen auftreten, die aber zur Rückzündung nicht genügen.

2. Nullpunktswiderstände.[1])

Da derartige Widerstände einerseits die Höhe des Erdschlußstromes begrenzen, anderseits die Ableitung der auf die gesunden Leiter fließenden Ladungen in kürzester Zeit übernehmen sollen, ist ihre Größe bestimmbar.

Durch Erdung einer Phase erhöht sich die Spannung der übrigen gegen Erde. Es entsteht ein Ladestrom, welcher die Kapazität der beiden gesunden Leiter aufladet, bis deren Kapazitätsspannung gegen Erde $\sqrt{3}\,E_p$ beträgt. E_p ist die Phasenspannung, C die Erdkapazität jedes Leiters. Der entstehende Strom hat die Größe

$$J_c = E_p\,3\,C\,\omega.$$

---

[1]) Gegenstand wurde in Anlehnung an die Darstellung von W. Petersen bearbeitet, E. T. Z. 1918, Heft 35: »Unterdrückung des aussetzenden Erdschlusses durch Nullwiderstände usw.«.

Die Erklärung ist bereits unter Abschnitt »Erdungsdrosselspulen« gegeben.

Sofort nach Eintritt des Erdschlusses steht der Widerstand unter der Spannung E_p.

Wir wollen nun den Widerstand zunächst so groß annehmen, daß der zur Erde fließende Betriebsstrom J_1 dieselbe Größe hat wie der Ladestrom. Wir erhalten also

$$\frac{E_p}{R} = E_p 3 C \omega$$

oder

$$R = \frac{1}{3 C \omega}.$$

Die beiden Ströme J_c (Ladestrom) und J_1 stehen senkrecht aufeinander. Die Resultierende, der eigentliche Erdschlußstrom, wird

$$J = \sqrt{J_c^2 + J_1^2}.$$

Der Erdschlußstrom J ist gegen den Ladestrom J_c um 45° verschoben. Zur Löschung des Kapazitätsstromes gehört also eine $\frac{\sqrt{2}}{2}$ kleinere Spannung als wenn der Erdungsstrom in Richtung von J_c verliefe.

Bezeichnet man den Scheitelwert der Phasenspannung mit $E_{p\max}$, so wird die auf die Kapazitäten aufgeladene Ladung bei 0,7 $E_{p\max}$ abgetrennt und beginnt die Entladung nach Löschen des Lichtbogens, wenn die Phasenspannung wieder auf 0,7 des Scheitelwertes gesunken ist.

Die Entladungsform der abgetrennten Ladung hängt vom Größenverhältnis des Erdungswiderstandes R zum Werte $\sqrt{\frac{L_1}{C}}$ ab. Unter L_1 ist die Induktivität des Stromerzeugers pro Phase zu verstehen. In den meisten Fällen ist die Induktivität L_1 gegen R vernachlässigbar. Die Entladung erfolgt dann aperiodisch nach Gl. 385). Die momentane Spannung des kapazitiven Entladestromes beträgt dann

$$e = E_p \varepsilon^{-\frac{1}{R C_1} t}.$$

ε ist die Basis der natürlichen Logarithmen, t die Zeit von Beginn der Entladung an gerechnet. Die für eine Rückzündung in Frage kommende resultierende Spannung erhält man durch Überlagerung der aperiodisch abnehmenden Entladespannung e mit der Spannung, die vom durchfließenden Betriebsstrome im Widerstande als Spannungsabfall hervorgebracht wird.

Die Entladung der Leitungskapazitäten muß also mindestens in der Zeit einer Netzperiode abgeschlossen sein, da sonst ein zu großes

Anwachsen der resultierenden Spannung die Rückzündungsgefahr vergrößert (s. Fig. 135).

Der Energiebetrag der auf den gesunden Leitungen lagernden Ladungen beträgt[1])

$$A = 2\left[C\,(E_p\sqrt{3})^2\right] = 6\,C\,E_p^2.$$

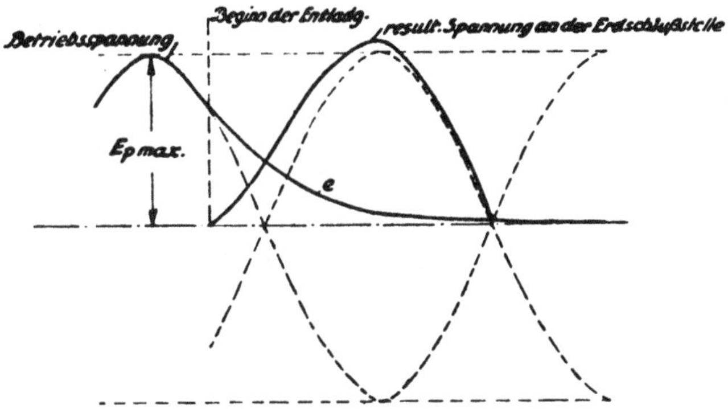

Fig. 135.

Diese Energie muß vom Widerstande in der Zeit T aufgenommen werden. Also

$$R\,J_c^2\,T = 6\,C\,E_p^2.$$

Die Zeit ergibt sich zu

$$T = \frac{1}{\omega}.$$

Setzen wir für J_c seinen Wert ein, so wird:

$$R = 2\,\frac{1}{3\,\omega\,C}.$$

Wir haben also jetzt die Grenzen für den Erdungswiderstand festgelegt. Er darf also betragen:

$$R = 1 \text{ bis } 2\,\frac{1}{3\,C\,\omega}.$$

Wir wollen uns die weitere Betrachtung an Hand eines Beispiels klar machen.

Beispiel.

Es sei gegeben:

Zusammenhängende Länge eines Freileitungsnetzes 100 km = 10^7 cm.

Betriebsspannung 15000 Volt, also $E_p = 8660$ Volt.

---

[1]) Die Energie einer Ladungswelle beträgt $\frac{C\,E^2}{2} + \frac{L\,J^2}{2}$, da elektrische und elektromagnetische Energie einander gleich sind, ist die Gesamtenergie CE^2, wo E die Spannung der Welle ist.

Abstand der Leiter voneinander $D = 70$ cm.
Radius der Leiter bei 16 qmm Querschnitt $r = 0{,}255$ cm.
Mittlere Höhe über Erde $h = 1000$ cm.

Nach Angabe S. 250 beträgt die Kapazität eines einzelnen Leiters des Drehstromsystems gegen Erde:

$$C = \frac{1}{2 \ln \frac{8 h^3}{r D^2}} \cdot \frac{1}{9 \cdot 10^{11}} = 3{,}55 \cdot 10^{-14} \text{ Farad/cm.}$$

Hiermit ergibt sich $R = 1$ bis $2 \frac{1}{3 C \omega} = 3000$ bis 6000 Ohm

$$J_c = 3 E_p C \omega = 2{,}9 \text{ Amp. für } 100 \text{ km}$$

$$J_1 = \frac{E_p}{R} = \frac{8660}{6000} = 1{,}45 \text{ Amp. für } 100 \text{ km}$$

$$J = \sqrt{J_c^2 + J_1^2} = 3{,}23 \text{ Amp. für } 100 \text{ km.}$$

Die Kapazität eines Luftleiters im Drehstromsystem gegen Erde ist nicht sehr verschieden. Ihre Werte bewegen sich zwischen 0,0035 bis etwa $0{,}0045 \cdot 10^{-6}$ Farad pro km.

Die Kapazitäten der Kabel sind im Mittel etwa 25mal größer.

Man kann deshalb der Grenzgleichung die Form geben:

$$R = 1 \text{ bis } 2 \frac{1}{3 C_{\text{km}} \omega (l_{f\,\text{km}} + 25 \cdot l_{k\,\text{km}})} \text{ Ohm,}$$

C_{km} ist dann die auf 1 km entfallende Kapazität eines Luftleiters in Farad (Freileitung),

$l_{f\,\text{km}}$ ist die zusammenhängende einfache Länge der Freileitung in km,

$l_{k\,\text{km}}$ ist die zusammenhängende Länge der Kabelleitung in km.

Die Entladung kann natürlich auch über Hörnerfunkenstrecken erfolgen, welche mit Dämpfungswiderständen in Reihe zwischen den Phasen und der Erde geschaltet sind. In diesem Falle muß der Widerstand aller gleichzeitig ansprechenden Hörner dem nach obiger Formel berechneten Nullpunktswiderstand entsprechen.

3. Löschtransformator.

Bei dem Löschtransformator von Bauch[1]) handelt es sich um einen primär im Stern geschalteten Transformator, welcher an die Hochspannungsleitungen in normaler Weise angeschlossen ist. Der Sternpunkt der Hochspannungswicklung wird an Erde gelegt. Die Niederspannungswicklungen sind im offenen Dreieck geschaltet. In die offene Stelle

[1]) E. T. Z. 1920, Heft 42, S. 827: Schrottke, »Schutzeinrichtungen der Großkraftübertragungen«.

wird eine verstellbare Drosselspule eingefügt. Solange das Netz störungsfrei arbeitet, wird nur der Leerlaufstrom von demselben abgenommen. Tritt im Netz Erdschluß ein, so wird das Gleichgewicht auf der Niederspannungsseite gestört. Die Hochspannungswicklungen entnehmen dann dem Netz Strom, welcher in ähnlicher Weise wie bei der Erdungsdrosselspule dem an der Erdungsstelle einsetzenden Ladungsstrom entgegenwirkt. Eine Lichtbogenbildung wird dadurch im Keime erstickt. Der Hauptvorzug des Löschtransformators besteht in der Möglichkeit, ihn jedem Umfange des Leitungsnetzes durch Regulierung der Drosselspule anpassen zu können.

Der Löschtransformator kann bei Erdschlüssen, welche nicht vorübergehender Natur sind, so verstimmt werden, daß ein erheblich verstärkter Strom durch die Fehlerstelle geht und deren Abschaltung ermöglicht.

Der Löschtransformator kann mit dritter Wicklung versehen und als normaler Betriebstransformator verwendet werden.

J. Allgemeine Anordnung der Überspannungsableiter.

Alle Drosselspulen und Schutzkapazitäten müssen so geschaltet sein, daß Überspannungswellen von ihrem Entstehungsort ungehindert zu den Ableitern gelangen können.

In der Zentrale rüstet man alle abgehenden Leitungen mit Ableitern aus, die in möglichster Nähe der Ausführungsstelle anzuschließen sind. Bei kleinen Anlagen begnügt man sich hier mit einem »Einfachschutz« (Fig. 115 u. 120). Bei größeren Anlagen wird eine Unterteilung in »Fein- und Grobschutz« an dieser Stelle durchgeführt. Große Anlagen erfordern sogar noch eine weitere Gliederung in Fein-, Mittel- und Grobschutz. Ist nur ein Einfachschutz gewählt, so ist ein gemeinsamer Feinschutzableiter an den Sammelschienen erforderlich.

Die Hauptsammelschienen größerer Anlagen, welche einerseits durch Drosselspulen von den Hilfssammelschienen (von letzteren zweigen die Außenleitungen unmittelbar, also ohne trennende Induktivitäten ab) und anderseits meist auf gleiche Weise von den Maschinen (mit ihren zugehörigen Transformatoren) getrennt sind, erhalten stets mit Rücksicht auf die heftigen Überspannungen, welche infolge von Fehlschaltungen auftreten können, oder welche durch Resonanz bei Belastungsstößen im Netz in diesem Schienensystem entstehen (s. S. 228), besondere Grobschutzableiter (mit Widerständen für kurzzeitige Einschaltung).

In Fig. 136 ist die prinzipielle Anordnung des Sammelschienensystems und der Überspannungseinrichtungen für eine Zentralanlage mit isoliertem Nullpunkt dargestellt.

Transformatorenstationen und Unterwerke werden nach ähnlichen Gesichtspunkten geschützt.

Der Streckenschutz von Freileitungen kann sich auf die Anordnung von Grobschutzableitern an allen Diskontinuitätspunkten (Knotenpunkten, Veränderung des Querschnitts, scharfe Winkel, Höhenüberschreitungen etc.) und auf gerader Strecke in allen etwa 20 km auseinander liegenden Punkten beschränken. Wanderwellen atmosphärischer Herkunft können höchstens mit halber Überschlagsspannung der Isolatoren über die Leitungen pendeln. An den Reflexionspunkten

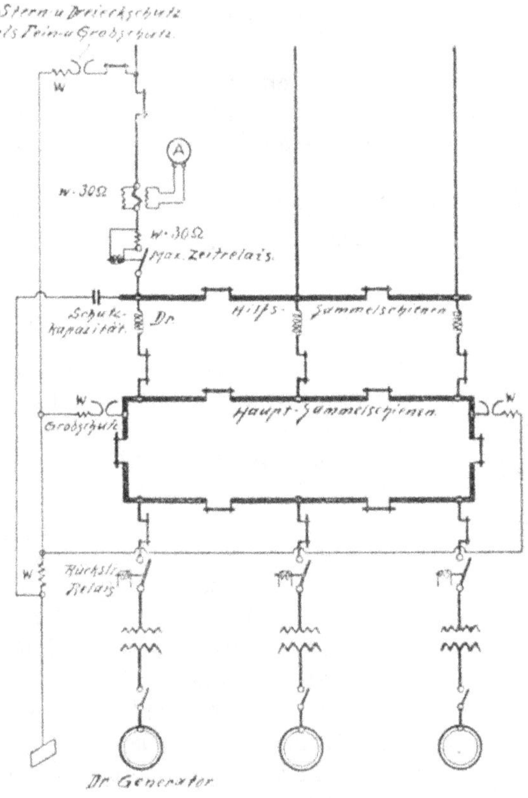

Fig. 136.

kann sich diese Spannung höchstens verdoppeln. Ist die Spannung zwischen Erde und Leitung am Entstehungsort der Wanderwellen infolge plötzlicher Potentialänderung der Erde höher als die Überschlagsspannung der Isolatoren, so hilft kein Ableiter etwas. Es findet dort alsdann ein Ausgleich auf kürzestem Wege zur Erde statt. Ist jedoch diese Grenze nicht erreicht worden, so können auch die entstandenen Wanderwellen einer gut konstruierten Leitung keinen Schaden zufügen. Durch Darbietung eines ungehinderten möglichst großen Weges, also durch Beseitigung oder Überbrückung aller trennenden Induktionsspulen zwischen den einzelnen Leitungsstrecken, wird die natürliche Dämpfung dieser Wellen beschleunigt. Die Wanderwellen verflachen sich immer mehr und kommen, soweit sie von den Ableitern nicht beseitigt sind, endlich als statische auf der Leitung liegende Ladungen zur Ruhe. Je mehr sich die Wanderwellen verflachen, je länger sie also werden, um so mehr Ableiter nehmen an der Beseitigung der Überspannung teil, und um so länger wird die Zeit, während welcher sie auf die Ableiter wirken.

Die empfindlichen Stellen der Anlage, dies sind die Maschinenstationen, Transformatorstationen usw. sind gegen den ungedämpften und der Gestalt nach unveränderten Übertritt von Wanderwellen durch Drosselspulen oder Schutzkondensatoren zu schützen. Zur Berechnung dieser Spulen und Kapazitäten kommt man unter normalen Verhältnissen mit der Annahme einer Wanderwellenlänge von 3 bis 6 km aus. In einzelnen Fällen, wie bei Überschreitung größerer Waldbestände oder ausgedehnter Sumpfanlagen, sind unter Umständen größere Werte der Berechnung zugrunde zu legen. Die richtige Einschätzung ist Sache der Erfahrung. In allen zur Gewitterbildung neigenden Gegenden oder bei Überschreitung von Wäldern oder Wasserläufen sind Blitzdrähte über den Leitungen von hohem Vorteil, da sie sowohl die Potentialdifferenz zwischen Leitung und Erde herabsetzen als auch einen nicht zu unterschätzenden Schutz gegen direkte Blitzschläge bieten (s. S. 234).

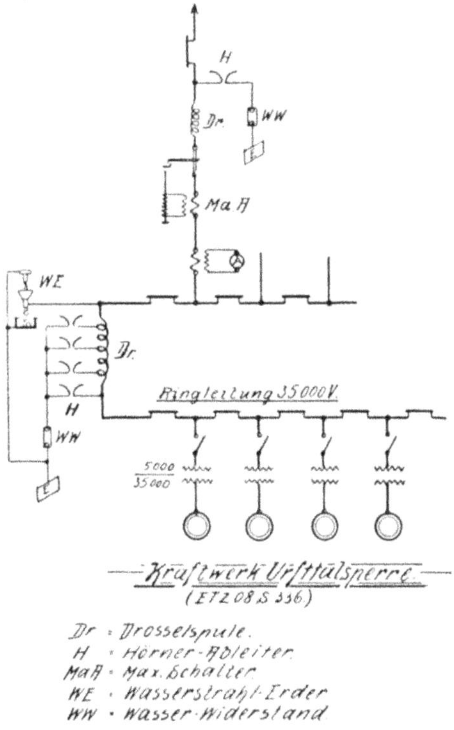

Fig. 137.

Alle Übergänge zwischen Freileitungen und Kabeln sind durch nicht zu fein eingestellte Hörnerfunkenstrecken (Mittel- oder Grobschutzableiter) nach Schaltung Fig. 115 oder Fig. 120, je nachdem der Nullpunkt der Anlage geerdet ist oder nicht, zu schützen. Für diese Ableiter sind nicht zu hoch bemessene Dämpfungswiderstände (etwa 150 bis 300 Ohm) zu wählen.

In Fig. 137 haben wir des Vergleichs halber die schematische Anordnung des Überspannungsschutzes des »Kraftwerkes Urfttalsperre« und in Fig. 138 den Überspannungsschutz der aus der Zentrale abgehenden Leitungen des »Uppenbornkraftwerkes München-Moosburg« dargestellt.

An dieser Stelle wollen wir noch erwähnen, daß Überspannungssicherungen nach Möglichkeit (Feinschutz immer) in bedeckten Räumen unterzubringen sind, um sowohl eine genügende Überwachung als auch eine feinere Einstellung bewirken zu können. Alle Ableitersicherungen sollen abtrennbar eingerichtet werden, um eine Revision im spannungslosen Zustande ausführen zu können. Zur Abtrennung genügen einfache Trennschalter.

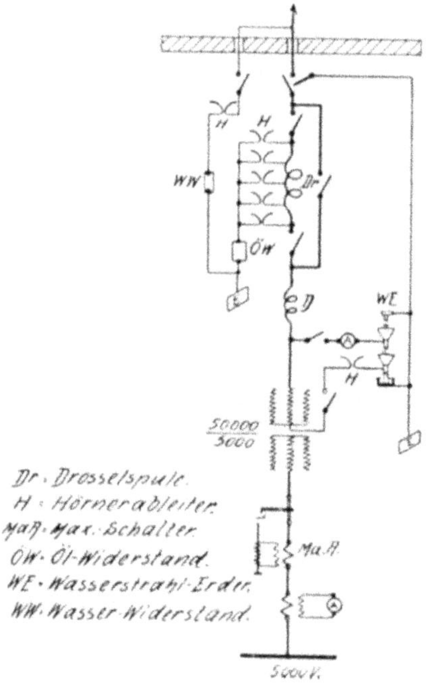

Fig. 138.

Besondere Wichtigkeit ist der Erdung zuzuweisen. Die Erdleitung soll wenigstens einen Querschnitt von 16 qmm haben. Entspricht dieser Querschnitt (mit Rücksicht auf Erdschluß) nicht dem durch die Auslösestromstärken der im Bereich der Ableiter liegenden Stromsicherungen (bei 10 Amp. pro qmm), so ist die Erdleitung stärker auszuführen.

Die Erdplatte ist durch zuverlässige Lötung mit der Erdleitung zu verbinden.

Als Elektroden benutzt man bei feuchtem Erdreich 3 mm starke verzinkte Erdplatten von etwa 1 qm Fläche, welche aufrecht eingegraben werden. Auf eine solche Platte rechnet man 100 Amp. Ableitungsstrom.

Bei mangelnder natürlicher Feuchtigkeit des Bodens kann man statt einer Platte drei 2½zöllige verbleite Gasröhren von etwa je 2 m Länge in die Erde treiben. Das Innere der Rohre füllt man mit Salz und Koksstaub. Eine häufige Anfeuchtung ist aber dann vorzunehmen.

Der Übergangswiderstand der Platten (oder Rohre) addiert sich zur Größe der Dämpfungswiderstände, deshalb ist ein besonders guter Übergang zur Erde anzustreben. Unter Umständen genügt bei kleinen Anlagen mit geringer Spannung der Üergangswiderstand zur Erde als Dämpfungswiderstand. In solchen Fällen müssen besondere Platten für jeden Pol verwendet werden, welche mindestens 30 m auseinander liegen und nicht untereinander oder mit der Nullpunktserdung verbunden sind.

Bei Anlagen sehr hoher Spannung (über 100000 Volt) läßt man neuerdings Überspannungsschutzvorrichtungen ganz weg, wenn auch die Meinungen über die Zweckmäßigkeit dieser Handhabung bis heute noch nicht abgeschlossen sind. In Fig. 139 ist das Schaltbild des Kraftwerkes Golpa dargestellt. (Erbaut in den Jahren 1915/16 von der AEG.) Die von den Sammelschienen mit 100000 Volt abgehenden Leitungen, welche das ca. 130 km entfernte Berlin mit elektrischer Energie versorgen, sind mit keinerlei Überspannungsschutzvorrichtungen ausgerüstet. Anlagen mit derart hoher Spannung sind an sich viel unempfindlicher gegen Überspannungserscheinungen, da der absolute Betrag der Spannungserhöhung in einem viel kleineren Verhältnis zur Betriebsspannung steht als bei Anlagen der mittleren und niedrigeren Spannungen. Außerdem ist der Isolationszustand dieser Einrichtungen sehr gut, so daß infolge der reichlicheren Bemessung des Materials Störungen weniger zu befürchten sind. Ein weiterer natürlicher Schutz bildet bei diesen Höchstspannungen die Koronastrahlung, indem größere Überschreitungen der Betriebsspannung über die kritische Spannung Glimmentladungen zur Folge haben, die einen Ausgleich herbeiführen. Im übrigen st bei dieser Anlage im weitestgehenden Maße von der An-

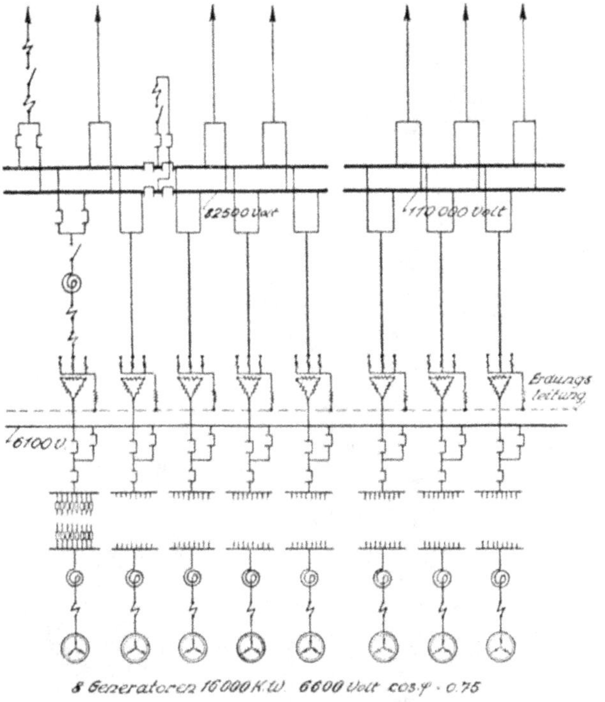

Fig. 139.

wendung von Erdungsdrosselspulen zur Nullpunktserdung Gebrauch gemacht. — Die Generatoren, welche eine Spannung von 6100 Volt erzeugen, sind durch besondere Reaktanzen (Drosselspulen mit Eisen-

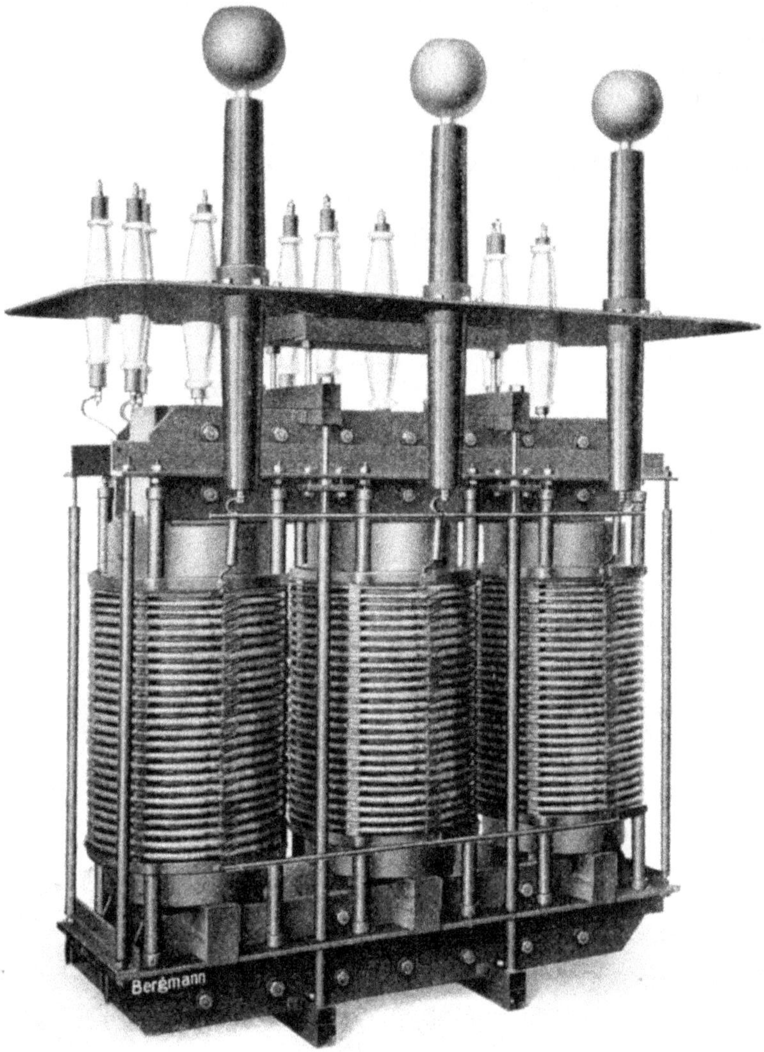

Fig. 140.

kernen) geschützt; außerdem wirken die vielen Verbindungskabel als Kapazitätenschutz.

Im Gegensatz hierzu ist eine andere Anlage der Chile Exploration Co. in Tocopilla und Chuquicamata, erbaut von den Siemens-Schuckert-werken in den Jahren 1914/16, welche ebenfalls mit 100000 Volt Übertragungsspannung arbeitet, mit reichlichen Überspannungsschutzvorrichtungen ausgerüstet. Auf der Oberspannungsseite sind jedem Transformator Drosselspulen vorgeschaltet. Die Sammelschienen sind durch Hörnerableiter mit Öldämpfungswiderständen in Stern-Dreieckschaltung geschützt. Außerdem ist jede Phase über Erdungsdrosselspulen und Hörnersicherungen an Erde gelegt und zur Kontrolle des abfließenden Stromes in jede Phase ein Strommesser für 0,05 Amp. eingefügt Die Erdungsdrosselspulen sind mit einer Sekundärwicklung versehen, welche die Messung der Spannung zwischen jeder Phase und Erde gestattet. Ferner ist noch ein drittes Schutzsystem, nur aus in Stern-Dreieck geschalteten Hörnern mit Ölwiderständen bestehend, an die Schienen gelegt.

Außerdem ist an jede Fernleitung ein Überspannungsschutz angeordnet, bestehend aus Hörnerableitern mit Ölwiderständen in Sternschaltung. Bemerkenswert ist, daß die etwa 140 km langen Fernleitungen eine Höhendifferenz von wenigen Metern bis auf 2800 m zu überwinden haben. Über die näheren Ausführungen vgl. den Artikel in der E. T. Z. 1921, Heft 2 u. f., von M. Neustätter.

Zu beachten ist noch, daß die Anschlußklemmen zur Herabsetzung der Strahlung durchweg kugelförmig ausgebildet sind. Die typische Anordnung dieser Ausführung ist aus der nebenstehenden Abb. 140, welche einen Transformator von 60000 Volt zeigt, zu ersehen.

8. Schutzeinrichtungen gegen Überströme.

Überströme sind meist mit Überspannungen gepaart; es sei denn, daß es sich um betriebsmäßige Überlastungen handelt.

Bei Besprechung der Überspannungen haben wir nach Möglichkeit auch auf die Entstehung von Überströmen hingewiesen. Als Schutzvorrichtungen gegen Überströme kommen »Sicherungen« und »automatisch wirkende Schalter« in Betracht.

A. Abschmelz-Sicherungen.

Bei allen Sicherungen muß der beim Durchschmelzen des Einsatzes auftretende Lichtbogen mit Sicherheit gelöscht werden.

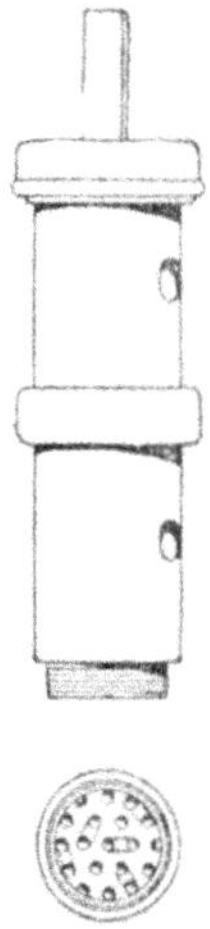

Fig. 141.

Die Löschung erfolgt in offenen oder an beiden Enden geschlossenen Porzellanpatronen.

Einer der bekanntesten Typen geschlossener Patronen ist die F. b.-Patrone der Allg. Elektr.-Ges. Der Schmelzeinsatz wird in Zickzackform durch besondere Kanäle gezogen. Durch Porzellanerhöhungen in den Kanälen wird der Schmelzeinsatz an mehreren Stellen geknickt. Die Schmelzflamme, welche hier auftritt, wird durch diese Erhöhungen schnellstens getrennt. Zwischen den Erhöhungen sind die Kanäle zum Ersticken der Flamme mit Talkum gefüllt. Die Enden der Patronensegmente sind durch elastische Metallmembranen geschlossen, die den beim Abschmelzen auftretenden Gasdruck aufnehmen. Entsprechend der Spannung werden mehrere solcher Patronenelemente durch Gewindestücke in Serienschaltung miteinander vereinigt. Die geschlossenen Patronen haben den Vorteil, daß sie in jeder Lage montiert werden können. Man verwendet sie für Spannungen bis etwa 24000 Volt als Hauptsicherungen und bis zu allen Spannungen als Spannungssicherungen für Meßtransformatoren. In Fig. 141 ist eine F. b.-Patrone der Allgem. Elektr.-Gesellsch. dargestellt.

Bei offenen Patronensicherungen benutzt man den durch die senkrecht oder schräg montierten Porzellanröhren strömenden Luftzug zum Abkühlen und Löschen der Schmelzflamme. Derartige Sicherungen werden bis etwa 24000 Volt konstruiert.

Sog. Hörnersicherungen der in Fig. 142 dargestellten typischen Form werden nur noch bei Freileitungen kleiner Zentralen zum Schutz von Masttransformatorenstationen verwendet. Die Funkenlöschung erfolgt durch dynamische Wirkung und durch Luftauftrieb. Diesen Sicherungen haftet der Nachteil an, daß der Lichtbogen durch den nachfolgenden Betriebsstrom unter Umständen aufrechterhalten bleibt. Das Anwendungsgebiet der Hörnersicherungen reicht höchstens bis 20000 Volt Überschlagsspannung.

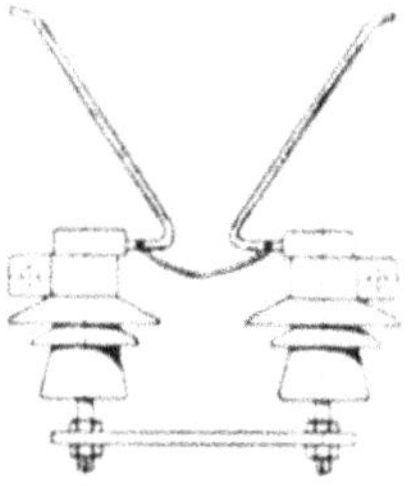

Fig. 142.

Alle Sicherungen, welcher Konstruktion sie auch seien, haben den Fehler, daß die Abschmelzzeit mit wachsender Stromstärke sehr schnell abnimmt. Es besteht daher die Gefahr, daß alle in einem Stromkreise hintereinander liegenden Sicherungen bei einem heftigen Kurzschlusse (die Abschmelzzeit wird alsdann praktisch gleich Null) gleichzeitig durchschmelzen. Außerhalb des Kurzschlußgebietes liegende Teile der Anlage sollen aber keine Unterbrechung erfahren. In neuerer Zeit hat man deshalb die Anwendung von Sicherungen auf den Schutz einzelner Transformatorenanlagen nicht zu großer Leistungen beschränkt, um hier die Kosten für automatisch wirkende Ölschalter zu sparen.

Ein weiterer Nachteil der Abschmelzsicherungen besteht darin, daß sie den Strom im Höchstwert unterbrechen. Aus den Ausführungen über »Kurzschluß« wissen wir aber, daß die bei Unterbrechung eines solchen entstehende Überspannung von der Größe des Kurzschlußstromes abhängig ist.

Die Sicherheit der Abschaltung ist bei Röhrensicherungen bewährter Konstruktion durchaus gewährleistet; dagegen ist dies bei Hörnersicherungen nicht der Fall. Man hat die Hörnersicherungen deshalb für Schaltanlagen ganz aufgegeben.

Zum Schutz von Meßtransformatoren sind Röhrensicherungen durchgängig in Gebrauch.

Nachfolgend seien die Grenzströme von Silberdrähten für Sicherungen genannt:

Durchmesser mm	2,2	2,0	1,75	1,53	0,9	0,5	0,33,	0,25
Ampere	143	124	102	80	40	18	11,5	7,6

B. Ölschalter.

Die Konstruktion der von den einzelnen Firmen gebauten Ölschalter ist eine grundsätzlich übereinstimmende. Die Abbildung Fig. 143 zeigt einen für 35000 Volt ausreichenden Schalter der Bergmann-Elektrizitätswerke, A.-G., nach Entfernung des Öltroges.

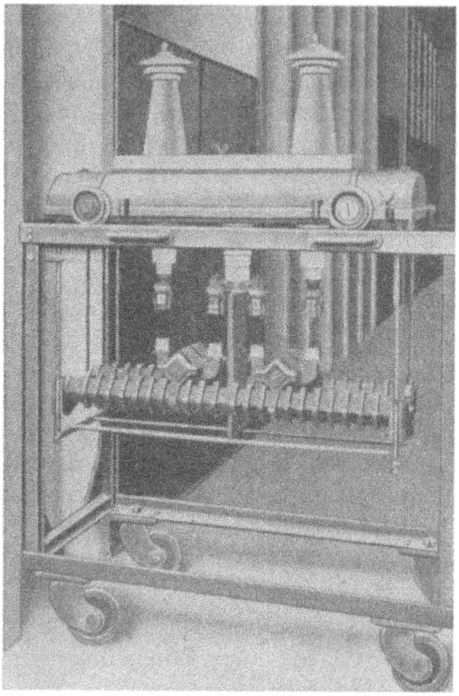

Fig. 143.

Alle schaltenden oder die Schaltbewegung vermittelnden Teile sind an dem Deckel des Öltroges angebracht, so daß nach Herablassen des Troges der gesamte Schaltmechanismus zugänglich ist. Der Antrieb erfolgt allgemein durch eine Schaltwelle, die im Deckel gelagert ist, und welche eine in Kulissen geführte Traverse senkrecht unter Öl bewegt.

Durch Drehung der Welle um ca. 90° wird die Traverse, welche die Messerkontakte trägt, so weit gehoben, daß diese die Feder- oder Gelenkkontakte überbrücken. Für höhere Spannungen wird die Ausschaltstrecke unterteilt. Auch pflegt man für hohe Betriebsspannungen (über 35000 Volt) die Ölschalter einpolig in getrennte Öltröge einzubauen.

Parallel mit den Hauptkontaktmessern werden Hilfskontakte als Funkenzieher angebracht. Die eigentliche Ausschaltung erfolgt beim Durchgang des Stromes durch Null, indem das beim Verlöschen des Lichtbogens zwischen die Kontakte tretende Öl die Neuzündung des Bogens verhindert.

In der Einschaltstellung wird die Kurbelwelle durch eine Arretierklinke gehalten. Löst man diese Sperrung, so unterstützen beim Anheben der Traverse gespannte Federn das Ausschalten. Der Strom wird also durch die schnelle Bewegung momentan unterbrochen.

Als lichtbogenlöschend hat sich die Unterdrucksetzung des Öls günstig erwiesen. Die AEG verwendet im Großkraftwerk Golpa Ölschalter, bei welchen der Druck durch die Hitze des Lichtbogens selbst erzeugt wird. Um einen unzulässigen Druck von den Wänden und den fest aufgeschraubten Deckeln fernzuhalten, sind an den Wänden Lufttaschen angeordnet, die unter Abschluß einer hohen Ölschicht stehen. Ölgase oder verbrannte Ölteile können infolge des Ölabschlusses nicht in die Taschen gelangen.

Für die Bemessung der Schaltergrößen und Abstände stromführender Teile hat die Kommission für Hochspannungsapparate des Verbandes Deutscher Elektrotechniker »Richtlinien« aufgestellt. Nach diesen Richtlinien sind Schalter nach der Spannung und nach dem Dauerkurzschlußstrom zu wählen, welcher für den Ort der Verwendung errechnet werden kann.

Die genannten »Richtlinien« geben folgende Anhalte für die Berechnung:

a) Bei Apparaten, welche ohne merkliche Widerstände an den Sammelschienen einer Zentrale liegen, ist, sofern bestimmte Werte nicht zur Verfügung stehen, das Dreifache des bei Vollbelastung aller gleichzeitig arbeitenden Maschinen in die Sammelschienen fließenden Stromes anzunehmen.

b) Bei Apparaten, welche durch einen merklichen Widerstand mit einem Spannungsverlust von n % beim Normalverbrauch des betreffenden Abzweiges von den Sammelschienen der Zentrale getrennt sind, ist als Dauerkurzschlußstrom anzunehmen $\frac{100}{n}$ des Normalstromes des Abzweiges.

c) Apparate in Ringleitungen sind wie b) zu bestimmen, wobei anzunehmen ist, daß die Stromzuführung nur aus dem Teil der Ringleitung erfolgt, bei welchem sich die ungünstigste Beanspruchung des Apparates ergibt.

Bei Apparaten, die in Abzweigungen von Ringleitungen liegen, gilt die Regel b) ohne Einschränkung.

d) Bei Apparaten hinter Transformatoren ist als Dauerkurzschlußstrom — unter Annahme eines Spannungsabfalles von 3,3 % in den

Transformatoren — das $\frac{100}{3,3} = 30$fache des normalen Stromes der Transformatoren anzunehmen.

e) Bei Apparaten hinter Transformatoren, bei denen in der primären Zuleitung ein Spannungsverlust von n % bei Normalleistung der Transformatoren vorhanden ist, ist als Dauerkurzschlußstrom anzunehmen $\frac{100}{3,3+n}$ des normalen Transformatorstromes.

f) Bei Apparaten hinter Transformatoren, bei denen in den primären und sekundären Leitungen ein Spannungsverlust von n_1 bzw. n_2 % bei Normalleistung der Transformatoren auftritt, ist als Dauerkurzschlußstrom anzunehmen $\frac{100}{3,3 + n_1 + n_2}$ des normalen Stromes in der Sekundärleitung.

g) In den Fällen b) bis f) ist für die Auswahl der Apparate als Dauerkurzschlußstrom der der Zentrale anzunehmen, wenn dieser kleiner als der errechnete ist.

Ist die Dauerkurzschlußstromstärke ermittelt, so sucht man unter Benutzung der nachstehenden Tabelle den erforderlichen Typ auf.

Nennspannung	Dauer-Kurzschlußstrom in Amp.					
Volt	1000	1500	2000	3000	4500	6000
1 500	I	I	I	I		
3 000	I	I	I	II	II	II
6 000	II	II	II	III	III	III
12 000	III	III	IV	IV	IV	
24 000	IV	V	V			
35 000	V					
50 000	VI					
80 000	VII					
110 000	VIII					
150 000	IX					
200 000	X					

Anmerkung zur Tabelle: Bei Anlagen für 15000 Volt kann die Serie III verwendet werden, wenn der Dauerkurzschlußstrom nicht mehr als 500 Amp. beträgt.

Die nachfolgende Tabelle enthält sowohl die Prüfspannung als auch die lichten Maße für die einzelnen Abstände.

Maß A:

1. gegen Erde,
2. verschiedener Pole oder Phasen gegeneinander,
3. im ausgeschalteten Zustand getrennter Teile gleichnamiger Pole oder Phasen gegeneinander.

Maß B:

1. gegen Erde,
2. gegen den Ölspiegel,
3. verschiedener Pole oder Phasen gegeneinander,
4. im ausgeschalteten Zustand getrennter Teile gleichnamiger Pole oder Phasen gegeneinander mit Ausnahme der Ausschaltstrecke.

Maß C:

Der Unterbrechungsstelle an den feststehenden Kontakten von der Öloberfläche.

Serie	Prüfspannung Volt	Lichte Maße mm außer Öl A	unter Öl B	C
1	2	3	4	5
I	10 000	75	40	90
II	20 000	100	50	100
III	30 000	125	60	120
IV	50 000	180	90	180
V	70 000	240	120	240
VI	100 000			
VII	160 000			
VIII	220 000			
IX	300 000			
X	400 000			

Für die Porzellanteile ist durch die hohe vorgeschriebene Prüfspannung eine hinreichende Gewähr gegeben. Ein etwaiger Spannungsausgleich kommt bei Einhaltung der Maße keinesfalls von den im Ölbade liegenden Schalterteilen nach dem Troge zustande, sondern findet eher zwischen den Isolatorkappen und dem Deckel statt. Die Luftstrecke bildet demnach eine gewisse Sicherheit. Die Schaltertröge müssen natürlich vorschriftsmäßig geerdet sein.

Ölschalter mit automatischer Auslösung.

Die von der Zeit »abhängigen Überstrom-Auslöser« sollen bei Kurzschlüssen die betroffenen Netzteile oder Maschinen abschalten, ohne den Betrieb der intakt gebliebenen Teile zu unterbrechen. Sie haben vor Sicherungen den Vorzug, daß die Abschaltung aller Phasen gleichzeitig erfolgt.

Stromüberlastungen brauchen nicht immer in vollendeten Kurzschlüssen zu bestehen. Handelt es sich um kurzzeitige Erdschlüsse durch Isolatorenüberschlag oder um Störungen, die durch Vögel oder Baumäste herbeigeführt sind, so ist es wünschenswert, die Abschaltung zu vermeiden, wenn in einer kurzen vorauszubestimmenden Zeit der Normalzustand wieder eintritt.

Die Auslöser müssen also, um beiden Zwecken zu dienen, sowohl für eine bestimmte Stromstärke einstellbar sein, als auch eine Verzögerungsvorrichtung besitzen, die die Zeit einzustellen erlaubt, nach welcher die Abschaltung eintritt.

Die Einstellbarkeit der Zeit muß unabhängig von der Stromstärke erfolgen können und eine solche Abstufung gestatten, daß man die Auslösezeit um so kürzer bemessen kann, je weiter die Schalter von der Zentrale entfernt sind. Hierdurch wird es möglich, kranke Bezirke auszuschalten, ohne den Betrieb der übrigen, mit längerer Auslösezeit eingestellten Teile zu stören.

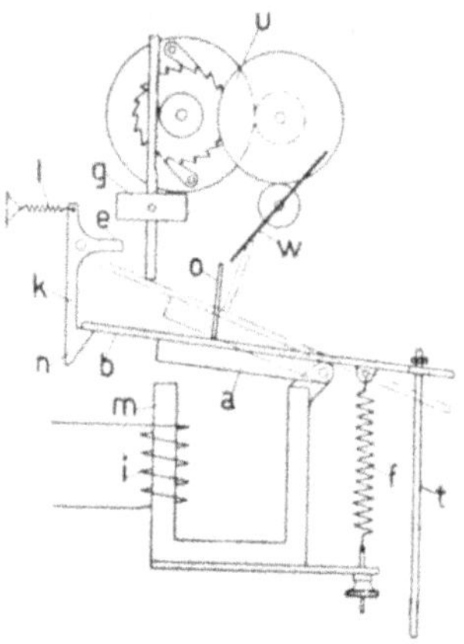

Fig. 144.

Außerdem müssen die Auslöser, wie schon bemerkt, bei allen Stromüberlastungen zwischen schwachem Erdschluß und direktem Kurzschluß mit Sicherheit ansprechen, wenn nicht vor Ablauf der eingestellten Zeit wieder Nennstrom eingetreten ist.

Die Konstruktion dieser Auslöser wird am besten an Hand einer praktischen Ausführung der Bergmann-Elektrizitäts-Werke beschrieben, da das Prinzip stets dasselbe ist, und die beschriebene Einrichtung als typisch gelten kann.

Die Bergmann-Werke[1]) berichten über ihren in Fig. 144 schematisch dargestellten Auslöser wie folgt:

»Es stellt *m* den unter Einfluß der Stromwicklung *i* stehenden Magnetkern des Auslösers vor, mit dem drehbar gelagerten Anker *a*, welcher bei normalen Stromverhältnissen die punktiert gezeichnete Stellung einnimmt und auf die Auslösestange *t* des Ölschalters wirken kann. Bei Überschreitung der durch die Feder *f* einstellbaren Auslösestromgrenze wird der Anker angezogen, bis er in der voll gezeichneten Stellung durch Anlegen seines Anschlages *b* gegen die Nase *n* der drehbar gelagerten Sperrklinke *k* an der Weiterbewegung gehindert wird, wobei aber eine Auslösung des Schalters noch nicht stattfindet.

Durch diese Ankerbewegung wird das auf einer Zahnstange sitzende Gewicht *g* freigegeben, in seiner Abwärtsbewegung aber durch das Uhrwerk *u* mit dem Windflügel *w* als Dämpfung verzögert, bis nach Ablauf einer gewissen durch Verschiebung des Gewichtes auf der Zahnstange einstellbaren Zeit das Gewicht *g* auf den Arm *e* der Sperrklinke *k* drückt. Die Nase *n* gibt dadurch den Anschlag *b* frei, und der Anker *a* wird

[1]) Technische Mitteilungen Nr. 21;

vom Elektromagneten *m* nun vollständig angezogen, und zwar unter kräftiger Schlagwirkung, die sich auf die Auslösestange *t* überträgt und das Abschalten des Ölschalters sicher bewirkt. Die Magnetwicklung *i* wird hiermit stromlos, und der Anker *a* unter Wirkung der Feder *f* in die punktiert gezeichnete Lage zurückgezogen, wobei er das Gewicht *g* wieder anhebt, was unter Leerlauf eines Sperrkegeltriebes ohne Mitnahme des Uhrwerks geschieht. Der Auslöser befindet sich dann wieder in seinem Anfangszustande und ist bei Wiedereinschaltung des Ölschalters zu neuem Spiel bereit.«

Die Zeitverzögerung ist also von der Stromstärke unabhängig und wird nur durch das Uhrwerk geregelt.

Um bei langsamem Ansteigen des Stromes zu vermeiden, daß das Gewicht bei langsamem Niedergehen des Ankers *a* entsprechend nachsinkt, ist die Vorkehrung getroffen, daß der Stift 0, welcher auf dem Anker sitzt, den Windflügel *w* hemmt und erst dann den Flügel losläßt, wenn der Anker mit seiner Verlängerung *b* die Nase *n* berührt. Jetzt erst kann das Uhrwerk ablaufen und das Gewicht in Bewegung kommen.

Die Abschaltung unterbleibt, wenn vor Ablauf der eingestellten Auslösezeit wieder Nennstrom eingetreten ist. Der Anker verbleibt während der ganzen Ablaufdauer des Uhrwerks halb angezogen in der durch die Nase *n* begrenzten Stellung. Es ist also ohne Einfluß, wann der Nennstrom wieder eintritt, wenn dies vor Ablauf der Verzögerungszeit geschieht.

In Fig. 145 ist die tatsächliche Ausführung dargestellt.

Für eine n-phasige Anlage genügen $n-1$ Auslöser, sofern der Nullpunkt isoliert oder über einen hohen Widerstand oder eine Erdungsdrosselspule geerdet ist. Andernfalls muß in jede Phase ein Auslöser eingebaut werden.

Da unter Umständen der Wunsch bestehen kann, die Abschaltung unabhängig von der Zeit zu machen, um eine »sofort wirkende« Abschaltung bei Kurzschlüssen zu sichern, so sind die Auslöser allgemein so eingerichtet, daß man die Zeitbegrenzung durch eine einfache Arretierung ganz ausschalten kann. Die Auslöser wirken dann als einfache Maximalauslöser und lassen sich dann für beliebige Überstromstärken bis zum 5fachen Betrag des Nennstromes einstellen. Die Abschaltung erfolgt bei der eingestellten Stromstärke ohne Rücksicht auf Zeit augenblicklich.

Um die Magnetwicklungen der Auslöser, welche eine hohe Induktivität haben, vor aufprallenden Überspannungswellen zu schützen, legt man einen Widerstand parallel zur Wicklung. Bei der abgebildeten Ausführung ist ein Stabwiderstand zu diesem Zweck angeordnet.

Die Ölschalter werden vielfach noch mit einem besonderen Auslösemagneten ausgestattet, wodurch eine elektrische Fernauslösung ermöglicht wird, ohne die Ausschaltung von Hand zu beeinträchtigen.

Diese Auslösemagnete werden sowohl für Arbeitsstrom als auch für Ruhestrom eingerichtet, je nach der in Betracht kommenden Aufgabe.

Arbeitsstrom kommt in der Hauptsache für indirekte Auslösung mittels Relais in Frage. Diese Relais, seien es Rückstrom- oder Überstromrelais, werden über Strom- und Spannungswandler mit dem Hauptstrom gekoppelt. Hierbei kann unter Umständen ein besonderer Verzögerungszeitschalter in den Kopplungskreis eingefügt

Fig. 145.

werden. Durch die Relais wird ein besonderer Hilfsstrom geschaltet, welcher einer unabhängigen Stromquelle entnommen wird, z. B. als Gleichstrom von dem Maschinenerregerkreis, oder als Wechselstrom von einem besonderen Spannungswandler. Der abzuschaltenden Anlage (Maschine) kann der Hilfsstrom nicht entnommen werden, weil bei Kurzschluß in der Hauptanlage deren Spannung bekanntlich sehr stark zurückgeht. Der Hilfsstrom betätigt den Auslösemagneten. Die Relais können natürlich in mehreren Phasen angebracht werden.

Ruhestrom verwendet man bei »Nullspannungsauslösung«. In diesem Falle wird der Auslösemagnet direkt (also ohne Hilfsstrom) über einen Spannungswandler an die Hauptanlage angeschlossen. Der Auslösemagnet wird so eingestellt, daß er bei etwa 40% der Normalspannung die Abschaltung bewirkt.

Bei allen automatisch wirkenden Ölschaltern muß der Handhebel Freilaufkupplung haben, welche von den automatischen Auslösern oder Auslösemagneten so lange freigegeben wird, wie eine Ursache besteht, die die automatische Ausschaltung hervorgerufen hat.

Neben der Einschaltung von Hand kann auch eine elektrische Ferneinschaltung durch Hub- oder Einschaltmagnet vorgesehen sein.

In Fig. 146 ist ein Ölschalter der Bergmann Elektrizitätswerke

Fig. 143.

mit zweiphasigem Überstromzeitauslöser und mit Ruhestrom-Auslösemagnet zur Anschauung gebracht.

Für den Aufbau des Rückstromrelais ist die Konstruktion der Allg. Elektr.-Ges. typisch (s. Fig. 147). Sie verwendet das Prinzip, nach dem die Ferrariszähler gebaut sind. Eine drehbare Aluminiumscheibe wird von einem Magneten beeinflußt, welcher drei nebeneinander liegende Kerne hat. Die Wicklungen der beiden äußeren Kerne sind hintereinander geschaltet und werden über einen Spannungswandler zwischen Phase 1 und Phase 3 (verkettete Spannung) in Drehstromanlagen angeschlossen. Der mittlere Kern erhält seinen Strom über einen Stromwandler von Phase 2. Die vom Magneten erzeugten Felder stehen also, unter der Voraussetzung, daß $\cos \varphi = 1$ ist, senkrecht aufeinander. Unter der Einwirkung der beiden senkrecht aufeinander stehenden Magnetfelder wird sich die Aluminiumscheibe in einem bestimmten Sinne drehen. Das auf die Scheibe ausgeübte Drehmoment ist von der gegenseitigen Winkelstellung der beiden Magnetfelder abhängig. Tritt zwischen Strom- und Phasenspannung eine Phasenverschiebung auf, so wird auch die Stellung der beiden Magnetfelder eine von 90° abweichend werden. Hierdurch wird das auf die Scheibe ausgeübte Drehmoment kleiner. Erreicht die Phasenverschiebung zwischen Strom und Spannung 90°, so ist das ausgeübte Drehmoment Null. Wird die Phasenverschiebung zwischen Strom und Spannung größer als 90°, d. h. cos φ der Anlage negativ, so ändert sich der Drehsinn der Scheibe.

Man benutzt die drehende Aluminiumscheibe, um eine mit ihr durch ein Räderwerk verbundene Kontaktvorrichtung anzutreiben.

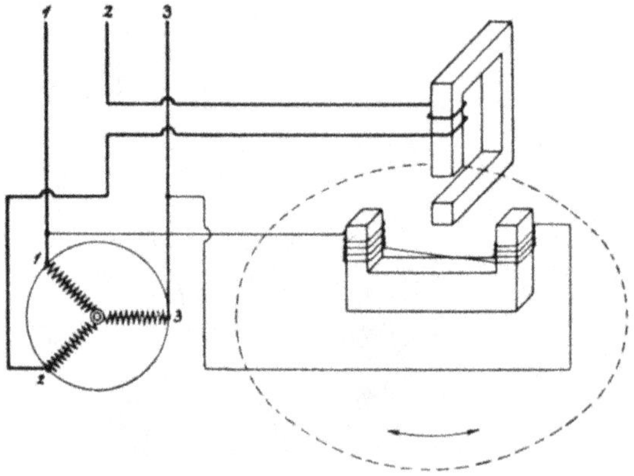

Fig. 147.

Je nach der Energierichtung rotiert also die Scheibe links oder rechts herum. Bei ersterer Drehrichtung legt sie sich gegen einen verstellbaren Anschlag und wird am weiteren Rotieren gehindert, bei letzterer betätigt sie durch das Räderwerk die Kontaktgebung für das Zwischenrelais. Der Drehrichtung im Rückstromsinne wirkt ein Gewicht entgegen, welches je nach der Stärke des Rückstroms geändert werden kann. Das Relais kann so eingestellt werden, daß es noch bei 50% der normalen Spannung und cos $\varphi = 0{,}2$ des Rückstromes gegenüber der zugehörigen Phasenspannung anspricht. Hierbei kann die Auslösezeit von 2 bis 10 Sekunden verändert werden. Zur Auslösung genügen 15% Rückstrom. Mit Rücksicht auf die beim ungeschickten Parallelschalten von Maschinen unvermeidlichen Ausgleichströme empfiehlt es sich, den zulässigen Rückstrom nicht zu klein zu wählen.

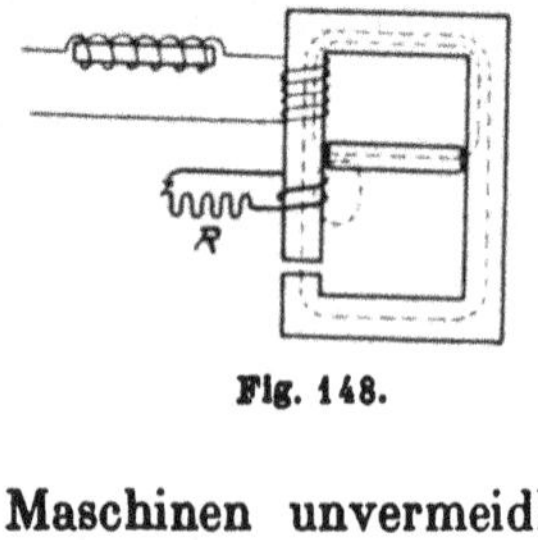

Fig. 148.

In Drehstromnetzen mit isoliertem Nullpunkt genügen zwei Relais. Für Netze mit geerdetem Nullpunkt muß in jeder Phase ein »Rückstromrelais für Einphasenstrom« angeordnet werden. Die Bauart dieser Relais ist dieselbe, jedoch wird zur Erzielung der aufeinander senkrecht stehenden Magnetfelder an dem U-förmigen mittleren Magneten (s. Fig. 148) ein magnetischer Nebenschluß angeordnet. Außerdem ist ein einstellbarer Ohmscher Widerstand in einen besonderen Stromkreis geschaltet. Der Erregerstromkreis erhält überdies dann meist noch eine vorgeschaltete kleine (eisenhaltige) Drosselspule.

C. Überstromschutz verzweigter Leitungsnetze.

Bei der Verwendung der einzelnen Überstromschutzeinrichtungen kann man nach folgenden grundsätzlichen Gesichtspunkten verfahren:

Kleinere Stromverbraucher (Transformatorstationen oder Hochspannungsmotoren) relativ geringer Leistung im Verhältnis zur Erzeugungsstation können durch »Sicherungen« oder »sofort wirkende Maximalschalter« geschützt werden. Derartige Schutzmittel sind sogar geboten, wenn längere Zeit andauernde Überströme (Kurzschlüsse), wie bei Hochspannungsmotoren, nicht ausgeschlossen sind. Eine Serienschaltung derartiger Schutzmittel ist zu vermeiden, da die Abschaltung bei heftigen Kurzschlüssen in unendlich kurzer Zeit erfolgt, also hintereinander liegende Schutzeinrichtungen gleichzeitig ansprechen können.

Größere Stromverbraucher und Speiseleitungen schützt man durch »Schalter mit abhängigem Überstromauslöser«. Bei Serienschaltung ist die Zeiteinstellung um so größer, je näher die Schalter der Zentrale liegen. Die Abstufung kann mit etwa 2 bis 3 Sekunden Differenz durchgeführt werden.

Parallel geschaltete Speiseleitungen werden an den Sammelschienen vorteilhaft mit »Überstromrelais und unabhängigem Zeitschalter« ausgerüstet, wobei natürlich die Zeiteinstellung länger sein muß wie bei allen nach dem Verbrauchsort zu folgenden Einstellungen der Auslöser. Will man parallel geschaltete Speiseleitungen nur mit »abhängigen Zeitschaltern« schützen, so sind die Schalter für einen Überstrom einzustellen, welcher mindestens der Summe der Ströme beider Zweige entspricht. Bei diesem Überstrom muß dann noch das Prinzip der Zeitabstufung in bezug auf alle später liegenden Zeitschalter durchgeführt sein.

Ringleitungsteile, in welchen sich die Energierichtung umkehren kann, je nachdem von welchem Ende die Speisung erfolgt, werden durch »unabhängige Zeitschalter« geschützt. Die Einstellung ist so vorzunehmen, daß das Verbindungsstück stets länger eingeschaltet bleibt als jede der anschließenden Speiseleitungen (Fig. 149).

Generatoren. Bei parallel geschalteten Generatoren verwendet man in erster Linie Rückstromschalter, welche verhindern, daß sich beim Ausbleiben der Erregung eines Generators starke Ströme in die Wicklung der unerregten Maschine ergießen. Daneben können gegen

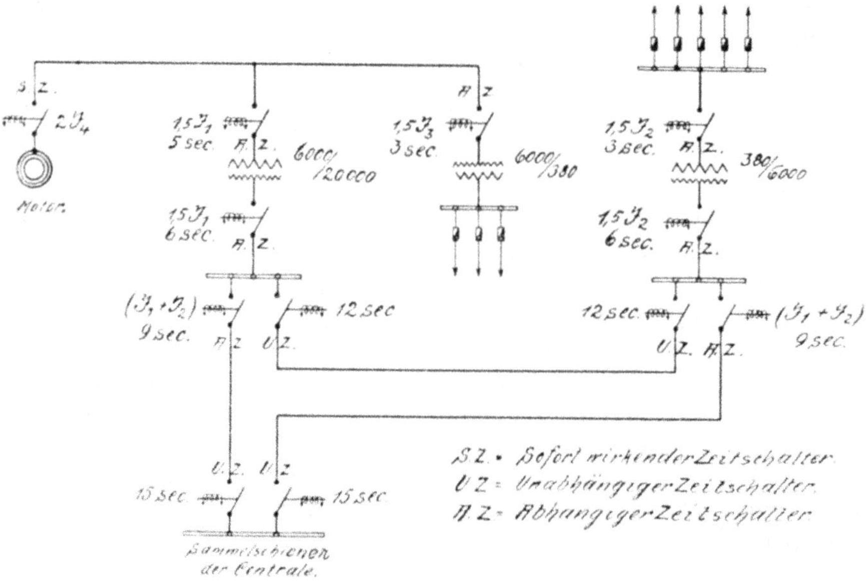

Fig. 149.

Überstrom »unabhängige Zeitschalter« mit der längsten Zeiteinstellung verwendet werden. Nötig ist ein solcher Schutz indessen nicht, da solid gearbeitete Maschinen unter Kurzschlüssen nicht leiden dürfen.

Ein eigenartiges Differentialschutzsystem ist von der Allg. Elektr.-Ges. in einigen größeren Hochspannungsanlagen durchgeführt worden. Bei diesem nach den Erfindern Merz und Price benannten System werden besondere Hilfsleitungen zwischen den Abschaltstellen benötigt, welche nur im Falle eines partiellen Überstromes in der Hauptanlage Strom führen und Relais in Tätigkeit setzen.

In Fig. 150 seien *a* und *b* die Adern einer einphasigen Hochspannungsleitung und *c* und *d* Hilfsleitungen. An den Enden werden die Stromwandler *I* bis *IV* eingefügt. Die Sekundärwicklungen der Stromwandler sind so gegeneinander geschaltet, daß für gewöhnlich kein Strom in den Hilfsleitungen fließt. Würde in *F* ein Schluß eintreten, so würde der Stromdurchfluß durch *I* gegen *III* erhöht. Die in den Sekundärwicklungen von *I* und *II* erzeugte EMK überwiegt dann gegen die von

III und *IV*, und die Hilfsleitungen *d* und *c* führen Strom, welcher die Relais *R* zum Ansprechen bringt. Diese bewirken dann ihrerseits (mittels Hilfsströmen) die Abschaltung der Leitungsstrecke an beiden Enden.

Bei einer Drehstromleitung mit isoliertem Nullpunkt genügen zwei Hilfsleitungen. Eine eingehende Beschreibung des Systems gibt Dr.-Ing. Kuhlmann in der Elektrotechnischen Zeitschrift 1908, Heft 12 bis 14.

Das Differentialsystem kann in mannigfaltigster Weise angewendet werden, da es sich ebensogut zum Schutz von Transformatoren als von Sammelschienensystemen eignet. Es sind nur in die Leitungen der zufließenden und abfließenden Ströme des zu schützenden Teiles

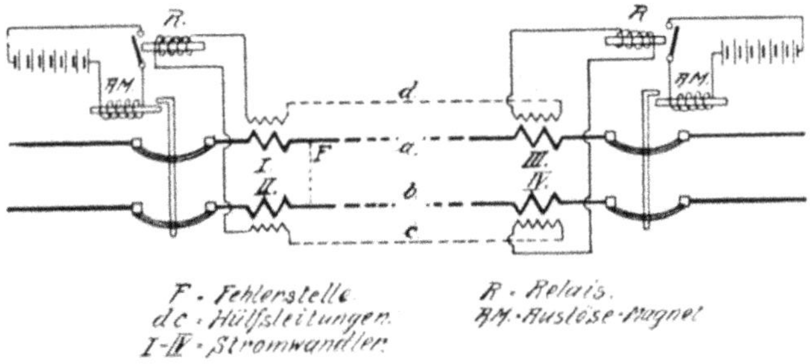

Fig. 150.

der Anlage entsprechende Stromwandler in Gegenschaltung einzubauen und durch Hilfsleitungen zu verbinden. Im ungestörten Betriebszustande müssen sich bei richtiger Anordnung der Wicklungen die elektromotorischen Kräfte der Sekundärseiten der Stromwandler aufheben. Es steht auch nichts entgegen, Zeitrelais in die zur Betätigung der Schalter benutzten Hilfsströme einzufügen, um die Abschaltung beliebig zu verzögern.

Der Schutz des Differentialsystems erstreckt sich naturgemäß — und darin liegt sein Vorteil — nur auf diejenigen Teile der Anlage, in welchen ein unerwünscht hoher Überstrom auftritt. Werden die Stromwandler hinreichend groß gemacht, so kann der Sekundärstrom auch direkt zur Betätigung der Auslösemagnete benutzt werden.

Da der Stromkreis über die Hilfsleitungen *d* und *c* in Fig. 150 eine Serienschaltung von Kapazität (Hilfsleitungen) und Selbstinduktion (Sekundärwicklung der Stromwandler) darstellt, so ist Resonanzmöglichkeit gegeben. Als Schwingungserreger sind die Stromwandler (Resonanztransformatoren) anzusehen, welche die Schwingungen des Betriebsstromes oder seiner höheren harmonischen oder die Lichtbogenschwingungen bei unvollkommenem Erdschluß auf den Schwingungskreis übertragen. Zur Vermeidung von Schwingungen schaltet man deshalb parallel zu den Sekundärwicklungen der Stromwandler induktionslose Widerstände. Für die Bemessung dieser Widerstände sind dieselben Überlegungen am Platze wie die auf S. 330ff. für die Berechnung von Dämpfungswiderständen bei Überspannungsschutzvorrichtungen gemachten.

Ist R die Größe eines solchen Widerstandes in Ohm, C die Kapazität einer Hilfsleitung (beispielsweise c) in Farad und L der auf die Sekundärseite bezogene Selbstinduktionskoeffizient eines Stromwandlers

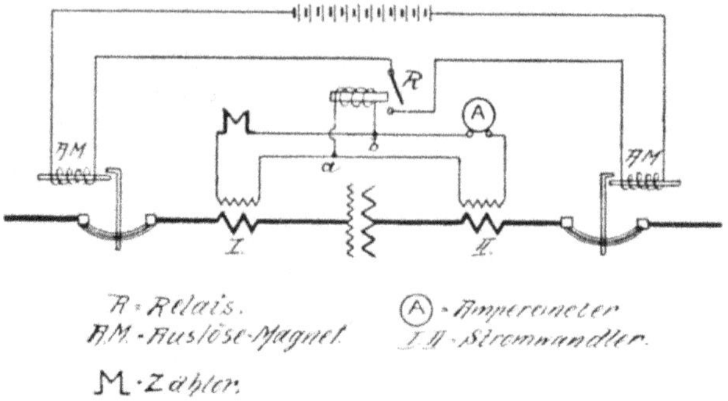

Fig. 151.

in Henry, so müßte zur Vermeidung von Schwingungen nach S. 331 $R \leqq \frac{1}{2}\sqrt{\frac{L}{C}}$ sein.

Die parallel zu den Hauptleitungen liegenden Hilfsleitungen lassen sich als Telephonleitungen benutzen, da sie im ungestörten Betriebszustand keinen Strom führen.

Schaltet man die Stromwandler nicht gegeneinander, sondern im Sinne der Energierichtung hintereinander (Fig. 151), so führen die Hilfsleitungen dauernd Strom. Verbindet man zwei zugeordnete Punkte a und b gleichen Potentials der beiden Hilfsleitungen über ein Relais, so wird dieses Relais stromlos bleiben, so lange Störungsfreiheit im geschützten Gebiet vorliegt. Wird dagegen bei Eintritt eines Kurz- oder Erdschlusses ein Stromwandler stärker beansprucht, so verschiebt sich der Gleichgewichtszustand zwischen den beiden zugeordneten Punkten a und b, das Relais erhält Strom und bewirkt die Abschaltung des geschützten Gebietes vermittelst einer Hilfsstromquelle. Diese Ausgestaltung des Differentialschutzes stammt von Dr.-Ing. Kuhlmann und ist in seiner bereits oben erwähnten Abhandlung des näheren eingehend beschrieben. Der ständig in den Hilfsleitungen fließende Strom kann zum Anschluß von Meßapparaten, Zählern usw. benutzt werden.

Wir erwähnen noch das »AEG-Kabelschutzsystem Pfannkuch«[1]). Dasselbe setzt eine besondere Konstruktion der zu schützenden Kabel voraus. Die einzelnen Drähte der äußeren Decklage der verseilten Leiter erhalten eine schwache Papierisolation. An den Enden werden die auf diese Weise isolierten Drähte der Decklage abwechselnd zusammengeschlossen, so daß die Drähte der Decklage zwei Gruppen bilden.

Man führt in den Endstationen zwei isolierte Leiter, welche von den beiden Decklagengruppen kommen, um einen Kern eines kleinen Serien-

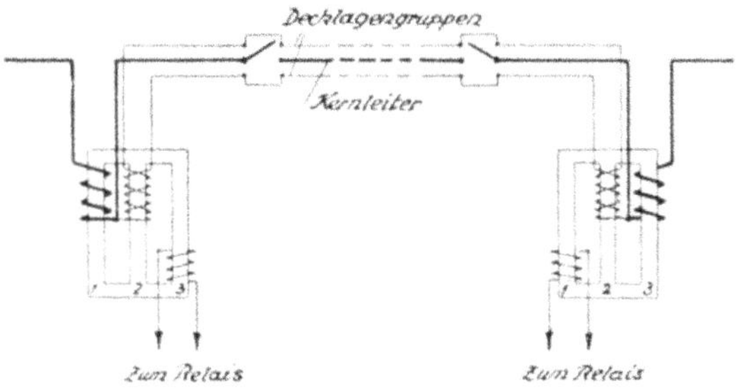

Fig. 152.

transformators, und zwar so, daß der Wicklungssinn der beiden Wicklungen einander entgegengesetzt gerichtet ist. Die beiden Leiter werden dann mit dem Kernleiter zusammengeschlossen und der Gesamtquerschnitt um einen zweiten Schenkel des Serientransformators gewickelt.

Hierdurch wird die Spannung der einen Decklagengruppe gegen den Kernleiter etwas erhöht, die Spannung der anderen Gruppe gegen den Kernleiter etwas heruntergesetzt, so daß zwischen den beiden Decklagengruppen 25—50 Volt Spannungsdifferenz bestehen.

Die beiden Serientransformatoren an den beiden Kabelenden werden so geschaltet, daß sich die Spannungsdifferenz zwischen den beiden Gruppen wieder ausgleicht (s. Fig. 152).

Tritt nun an irgendeinem Punkte ein Isolationsfehler auf, so wird auch die schwache Isolation zwischen den Gruppen in Mitleidenschaft gezogen. An dieser Stelle bildet sich zwischen den Gruppen ein Stromübergang aus, welcher sofort die Serientransformatoren beeinflußt.

Die Serientransformatoren besitzen eine besondere Niederspannungswicklung, welche entweder um einen oder um zwei Schenkel geführt werden kann. Im ersteren Falle ist der Niederspannungsstromkreis direkt vom Hauptstrome abhängig und kann ein Maximalrelais betätigen, welches die Abschaltung des defekten Kabels bewirkt.

Im zweiten Falle ist der Sekundärstromkreis unabhängig und kann zur Betätigung einer Signallampe benutzt werden. Selbstverständlich können auch beide Anordnungen zugleich getroffen werden.

1) AEG Mitteilungen 1920, Heft 9, S. 111 ff. ETZ 1920, Heft 15, S. 297.

Durch die Signalgebung bei schwachem Isolationsfehler wird ein sich vorbereitender Durchschlag schon frühzeitig — oft tagelang vorher — angekündigt. Man ist also in der Lage, in aller Ruhe Vorbereitungen zu treffen und das kranke Kabel durch Umschalten der Stromwege außer Betrieb zu setzen. Viele Isolationsfehler lassen sich dann durch verhältnismäßig leichte Reparaturen wieder in Ordnung bringen, ehe es überhaupt zu einem Durchschlag oder Kurzschluß kommt.

Schlagwörterverzeichnis.

www.ingramcontent.com/pod-product-compliance
Lightning Source LLC
Chambersburg PA
CBHW081526190326
41458CB00015B/5471